광산 보안법과
총포·도검·화약류 등 단속법

목차

광산보안법

[시행 2010. 7. 5] [법률 제10339호, 2010. 6. 4, 타법개정]

광산보안법

[시행 2009. 3.18] [법률 제9506호, 2009. 3.18, 일부개정]

지식경제부 (광물자원팀), 02-2110-5437

제1장 총칙

제1조 (목적) 이 법은 광산근로자에 대한 위해를 방지함과 아울러 광해를 방지함으로써 지하자원의 합리적인 개발을 도모함을 목적으로 한다. <개정 1999.1.29>

제2조 (정의) 이 법에서 사용하는 용어의 정의는 다음과 같다. <개정 2007.1.3>

1. "광산"이라 함은 광업을 경영하는 사업장을 말한다.
2. "광업시설"이라 함은 광산에서 광업에 사용되는 건축물·공작물·갱도·기계·기구 기타의 시설을 말한다. 다만, 광물의 채굴과 직접 관계가 없는 부속시설로서 대통령령이 정하는 것을 제외한다.
3. "광산근로자"라 함은 광산에서 임금을 목적으로 근로를 제공하는 자를 말한다.
4. "광산보안"이라 함은 광산에서의 다음 각목의 사항을 말한다.
   가. 사람에 대한 위해의 방지(재해시의 구호를 포함한다)
   나. 지하자원의 보호
   다. 광업시설의 보전
   라. 광해의 방지
5. "광해"라 함은 광산에서의 토지의 굴착, 광물의 채굴, 선광 및 제련과정에서 생기는 지반침하, 폐석·광물찌꺼기의 유실, 갱수·폐수의 방류 및 유출, 광연의 배출, 먼지의 날림, 소음·진동의 발생으로 광산 및 그 주변의 환경에 미치는 피해를 말한다.

[전문개정 1999.1.29]

제3조 (처분등의 효력) ①이 법(이 법에 의하여 발하는 명령을 포함한다. 이하 이 조에서 같다)의 규정에 의하여 행한 처분과 광업권자 또는 조광권자가 이 법의 규정에 의하여 행한 절차 기타의 행위는 광업권자 또는 조광권자의 승계인에 대하여도 그 효력을 가진다.

②조광권의 설정 또는 조광구의 증가가 있는 때에는 이 법의 규정에 의하여 행한 처분과 광업권자가 이 법의 규정에 의하여 행한 절차 기타의 행위는 조광권의 범위안에서 조광권자에 대하여도 그 효력을 가진다.

③조광권의 소멸 또는 조광구의 감소가 있는 때에는 이 법의 규정에 의하여 행한 처분과 조광권자가 이 법의 규정에 의하여 행한 절차 기타의 행위는 광업권의 범위안에서 광업권자에 대하여도 그 효력을 가진다. 다만, 광업권의 소멸로 인한 조광권의 소멸의 경우에는 그러하지 아니하다.

[전문개정 1980·12·31]

제4조 삭제 <1999.1.29>

제2장 보안

제5조 (광업권자 또는 조광권자의 의무) ①광업권자 또는 조광권자는 다음 각호의 목적을 위하여 필요한 조치를 취하여야 한다. <개정 1973·2·7, 1980·12·31, 1999.1.29>

1. 낙반·붕괴·용수·가스의 누출·가스 또는 탄진의 폭발·자연발화·화재의 방지 및 통기의 유지
2. 가스·먼지·소음·진동·폐석·광물찌꺼기·갱수·폐수 및 광연의 처리에 수반되는 위해와 광해의 방지
3. 기계·기구·화약류 기타 재료·동력 및 불의 취급에 수반되는 위해의 방지

4. 광업시설의 보전
5. 구호조직의 설치, 안전장비의 확보, 광산근로자에 대한 안전교육의 실시와 안전규정의 제정
6. 지하자원의 보호
7. 광해의 방지 기타 보안

②제1항의 규정에 의하여 광업권자 또는 조광권자가 취하여야 할 조치의 세부적인 내용은 대통령령으로 정한다. <신설 1999.1.29>

제6조 (광산근로자의 의무) ①광산근로자는 광산시설에 해당하는 기계(이하 이 항에서 "광산기계"라 한다)를 운전함에 있어서 광산보안상 필요한 다음 각 호의 사항을 준수하여야 한다.

1. 광산근로자는 광산기계의 운전 중에 보수・주유 또는 청소를 하여서는 아니 된다. 다만, 보안관리직원이 그 작업에 위험성이 없다고 인정한 때에는 그러하지 아니하다.
2. 광산기계를 운전하는 광산근로자는 부근의 사람에게 위험이 미치지 아니할 것을 확인한 후에 광산기계의 운전을 시작하여야 한다.

②광산근로자는 사람을 운반하는 시설 외의 운반시설에 편승하여서는 아니 된다. 다만, 당해 운반시설에서의 작업, 수갱과 40도 이상의 사갱 또는 이들에 설치된 케이블・파이프 등의 검사・보수, 보안관리직원의 지시를 받아 당해 운반시설에 의하여 운반하는 물건의 안전수송을 위하여 편승하는 경우에는 그러하지 아니하다.
③광산근로자는 광산보안시설의 보전 및 훼손방지를 위하여 필요한 경우 다음 각 호의 사항을 준수하여야 한다.

1. 광산근로자는 보안관리직원의 지시에 의하지 아니하고는 보안을 위하여 시설한 경고표지, 통행차단의 설비 또는 보안에 관한 기계・기구 그 밖의 시설을 파손 또는 변경하여서는 아니 된다.
2. 보안관리직원 또는 보안관리직원이 지정한 자 외에는 통행이 차단되거나 출입이 금지된 장소에 들어가서는 아니 된다.
3. 광산근로자는 통풍시설・갱내배수시설 그 밖에 보안상 필요한 시설의 유지 또는 운전을 정지・폐지 또는 방해하여서는 아니 된다.

④광산근로자는 당해 작업과 관련하여 위해 또는 광해 발생 방지에 필요한 사항으로서 대통령령이 정하는 사항을 준수하여야 한다.
[전문개정 2007.1.3]

제7조 삭제 <1999.1.29>

제8조 (광업시설 설치공사의 승인등) ①광업권자 또는 조광권자는 광업시설의 설치공사 또는 변경공사를 하고자 하는 때에는 그 공사계획에 관하여 대통령령이 정하는 구분에 따라 지식경제부장관의 승인을 얻거나 지식경제부장관에게 신고하여야 한다. <개정 2008.2.29>
② 광업권자 또는 조광권자는 제1항의 규정에 의하여 승인을 얻은 공사를 완료한 때 또는 동항의 규정에 의한 시설을 폐지한 때에는 그 사실을 지식경제부장관에게 신고하여야 한다. <개정 2008.2.29>
③ 지식경제부장관은 제1항의 규정에 의한 신고를 한 공사에 관하여 필요하다고 인정하는 때에는 광업권자 또는 조광권자에 대하여 그 공사의 착수를 금지하게 하거나 그 계획의 변경을 명할 수 있다. <개정 2008.2.29>
[전문개정 1999.1.29]

제9조 (성능검사등) 광업권자 또는 조광권자는 대통령령이 정하는 광업시설의 설치공사 또는 변경공사가 완료된 때와 그 완료후 일정한 기간을 경과하는 때마다 지식경제부장관의 검사를 받아야 하며, 이에 합격하지 아니하면 이를 사용할 수 없다. <개정 2008.2.29>
[전문개정 1999.1.29]

第9조의2 (집적장등) ①광업권자 또는 조광권자는 이 법 또는 이 법에 의하여 발하는 명령에 의한 조치를 취하여야 할 폐석 또는 광물찌꺼기의 집적장·갱도 기타 지식경제부령이 정하는 물건(이하 "집적장등"이라 한다)을 양도 또는 포기한 후에도 그 조치를 취하여야 한다. <개정 1993·3·6, 1997·12·13, 1999.1.29, 2008.2.29>

②광업권 또는 조광권의 이전이 있는 때에는 광업권자 또는 조광권자의 승계인은 당해 광업권자 또는 조광권자의 집적장등에 관한 의무를 승계한다.

③조광권의 설정이 있는 때에는 조광권자는 당해 광업권자의 집적장등에 관한 의무를 승계한다. 다만, 광구의 일부구역을 조광구로 하는 경우에는 그러하지 아니하다.

④조광권의 소멸이 있는 때에는 광업권자는 당해 조광권자의 집적장등에 관한 의무를 승계한다.

[본조신설 1980·12·31]

第10조 (화약류의 사용 <개정 1999.1.29>) ①광업권자 또는 조광권자는 화약류의 사용에 있어서는 「총포·도검·화약류 등 단속법」의 규정에 의하여야 한다. 다만, 화약류관리보안책임자는 그 책임하에 지식경제부령이 정하는 일정한 자격을 가진 자에 한하여 직접 화약류를 취급하게 할 수 있다. <개정 1993·3·6, 1997·12·13, 1999.1.29, 2007.1.3, 2008.2.29>

②「총포·도검·화약류 등 단속법」에 규정된 사항 이외에 광산에서의 화약류사용에 관하여 필요한 사항은 지식경제부령으로 정한다. <개정 1993·3·6, 1997·12·13, 1999.1.29, 2007.1.3, 2008.2.29>

[전문개정 1980·12·31]

第11조 삭제 <1999.1.29>

第12조 삭제 <1999.1.29>

第13조 (보안관리직원) ①광업권자 또는 조광권자는 지식경제부령이 정하는 바에 의하여 광산보안관리직원(이하 "관리직원"이라 한다)을 선임하여야 한다. <개정 1973·2·7, 1993·3·6, 1997·12·13, 1999.1.29, 2008.2.29>

②지식경제부장관은 광산보안상 필요하다고 인정할 때에는 광업권자 또는 조광권자에 대하여 관리직원의 해임을 명할 수 있다. <개정 1973·2·7, 1993·3·6, 1997·12·13, 1999.1.29, 2008.2.29>

③광업권자 또는 조광권자는 관리직원을 선임 또는 해임한 때에는 지식경제부령이 정하는 바에 의하여 이를 지식경제부장관에게 신고하여야 한다. <개정 1973·2·7, 1993·3·6, 1997·12·13, 1999.1.29, 2008.2.29>

④관리직원은 지식경제부령이 정하는 바에 의하여 광산보안에 관한 사항을 관리한다. <개정 1993·3·6, 1997·12·13, 1999.1.29, 2008.2.29>

⑤광업권자 또는 조광권자는 관리직원이 여행·질병 기타의 사고로 인하여 그 직무를 행할 수 없는 경우에 그 직무를 행하게 하기 위하여 지식경제부령이 정하는 바에 의하여 미리 대리자를 선임하고 이를 지식경제부장관에게 신고하여야 한다. <개정 1973·2·7, 1993·3·6, 1997·12·13, 1999.1.29, 2008.2.29>

⑥제5항의 규정에 의한 대리자가 관리직원의 직무를 행하는 경우에는 그 대리자는 이 법 및 이 법에 의하여 발하는 명령의 규정의 적용에 있어서 이를 관리직원으로 본다. <개정 1980·12·31>

⑦관리직원은 「국가기술자격법」의 규정에 의하여 일정한 자격을 가진 자로서 지식경제부령이 정하는 자이어야 한다. <개정 1980·12·31, 1993·3·6, 1997·12·13, 1999.1.29, 2007.1.3, 2008.2.29>

⑧관리직원은 2이상의 광산의 관리직원을 겸할 수 없다. 다만, 특별한 사유로 인하여 지식경제부장관의 승인을 얻은 때에는 예외로 한다. <개정 1993·3·6, 1997·12·13, 1999.1.29, 2008.2.29>

第14조 삭제 <1999.1.29>

第15조 (보안명령) 지식경제부장관은 광업시설의 사용이나 화약류 기타 재료·동력 또는 불의 취급 기타 광업경영의 방법이 이 법 또는 이 법에 의하여 발하는 명령에 위반된다고 인정될 때에는 광업권자 또는 조광권자에 대하여 그 시설의 사용의 정지 · 개조 · 수리 · 이전 또는 광업경영의 방법의 변경 기타 필요한 조치를 명할 수 있다. <개정 1973 · 2 · 7, 1993 · 3 · 6, 1997 · 12 · 13, 1999.1.29, 2008.2.29>

第15조의2 (구호명령) 지식경제부장관은 광산에서 재해를 입은 자를 구출하기 위하여 필요가 있다고 인정할 때에는 광업권자 또는 조광권자에 대하여 필요한 조치를 명할 수 있다. <개정 1993 · 3 · 6, 1997 · 12 · 13, 1999.1.29, 2008.2.29>
[본조신설 1980 · 12 · 31]

第16조 (보고) 지식경제부장관은 대통령령이 정하는 바에 따라 광업권자 또는 조광권자로 하여금 광산보안에 관한 다음 각 호의 사항을 보고하게 할 수 있다. <개정 2008.2.29>

1. 재해 및 사고에 관한 사항
2. 도급공사에 관한 사항
3. 위험발생에 관한 사항

[전문개정 2007.1.3]

第17조 (광산보안도의 작성) 광업권자 또는 조광권자는 지식경제부령이 정하는 바에 의하여 광산보안도를 작성하여 이를 광산사무소에 비치하고 그 부본을 지식경제부장관에게 제출하여야 한다. <개정 1973 · 2 · 7, 1993 · 3 · 6, 1997 · 12 · 13, 1999.1.29, 2008.2.29>

第18조 (광업권자 또는 조광권자이었던 자의 책임) ①지식경제부장관은 광업권이 소멸한 후라도 3년간은 광업권자 또는 조광권자이었던 자에 대하여 그가 광업을 경영하였음으로 인하여 발생할 위해 또는 광해를 방지하기 위하여 필요한 조치를 명할 수 있다. <개정 1973 · 2 · 7, 1980 · 12 · 31, 1993 · 3 · 6, 1997 · 12 · 13, 1999.1.29, 2008.2.29>
②제1항의 규정에 의한 명령을 받은 자는 그 명령에 대한 조치를 실시하기 위하여 필요한 범위안에서 이를 광업권자 또는 조광권자로 본다. <개정 1973 · 2 · 7, 1980 · 12 · 31>

제3장 감독기관

第19조 (주무관청) ①광산보안의 감독에 관한 사무는 지식경제부장관이 관장한다. <개정 1993 · 3 · 6, 1997 · 12 · 13, 1999.1.29, 2008.2.29>
②노동부장관은 광산근로자의 안전과 보호에 관하여 필요한 사항을 지식경제부장관에게 권고할 수 있다. <개정 1981 · 4 · 8, 1993 · 3 · 6, 1997 · 12 · 13, 1999.1.29, 2008.2.29>
③환경부장관은 광해의 방지에 관하여 필요한 사항을 지식경제부장관에게 권고할 수 있다. <신설 1999.1.29, 2008.2.29>

第20조 (광산보안관) ①지식경제부장관은 광산보안의 감독에 관한 업무를 수행하게 하기 위하여 지식경제부 및 그 소속기관에 광산보안관을 둔다. <개정 2008.2.29>
②제1항의 규정에 의한 광산보안관은 지식경제부장관이 소속공무원중에서 임면한다. <개정 2008.2.29>
③지식경제부장관은 광산보안의 감독상 필요하다고 인정할 때에는 광산보안관을 광산에 파견하여 광산보안에 관한 업무 또는 광업시설의 상황 · 장부 · 서류 기타 물건을 검사하게 하며 관계인에 대한 질문 기타 보안상 필요한 조치를 취하게 할 수 있다. <개정 2008.2.29>
④제3항의 규정에 의하여 검사 또는 질문을 하는 광산보안관은 그 권한을 표시하는 증표를 관계인에게 내보여야 한다.
[전문개정 1999.1.29]

제21조 (사법경찰권) 광산보안관은 이 법 위반의 죄에 관하여 「사법경찰관리의 직무를 행할 자와 그 직무범위에 관한 법률」이 정하는 바에 의하여 사법경찰관의 직무를 행한다. <개정 2007.1.3>
[전문개정 1981·12·31]

제22조 (지식경제부장관 및 광산보안관에 대한 신고 <개정 1999.1.29, 2008.2.29>) ①광산근로자는 광산에서 이 법에 위반되는 사실이 있어 위해 또는 광해가 발생하거나 그 우려가 있을 때에는 그 사실을 지식경제부장관이나 광산보안관에게 신고할 수 있다. <개정 1993·3·6, 1997·12·13, 1999.1.29, 2008.2.29>
②광업권자 또는 조광권자는 광산근로자가 제1항의 규정에 의하여 신고하였음을 이유로 해고·정직·전직·감봉 기타 불리한 처우를 할 수 없다. <개정 1973·2·7, 1980·12·31, 1999.1.29>

제4장 보칙 <신설 1999.1.29>

제22조의2 (수수료) 제9조의규정에 의한 성능검사를 받고자 하는 자는 지식경제부령이 정하는 바에 의하여 수수료를 납부하여야 한다. <개정 2008.2.29>
[본조신설 1999.1.29]

제22조의3 (권한의 위임·위탁) ①이 법의 규정에 의한 지식경제부장관의 권한은 그 일부를 대통령령이 정하는 바에 의하여 그 소속기관의 장에게 위임할 수 있다. <개정 2008.2.29>
②이 법에 의한 지식경제부장관의 권한중 제9조의 규정에 의한 시설의 성능검사등의 업무는 대통령령이 정하는 바에 의하여 「한국광물자원공사법」에 따른 한국광물자원공사 또는 「광산피해의 방지 및 복구에 관한 법률」에 따른 한국광해관리공단에 위탁할 수 있다. <개정 2007.1.3, 2008.2.29, 2008.3.28, 2008.12.26>
[본조신설 1999.1.29]

제22조의4 (벌칙적용에 있어서의 공무원 의제) 지식경제부장관이 제22조의3제2항의 규정에 의하여 위탁한 업무에 종사하는 법인의 임원 및 직원은 형법 제129조 내지 제132조의 적용에 있어서는 이를 공무원으로 본다. <개정 2008.2.29>
[본조신설 1999.1.29]

제23조 삭제 <1999.1.29>

제5장 벌칙 <개정 1999.1.29>

제24조 (벌칙) 제15조·제15조의2 또는 제18조제1항의 규정에 의한 명령에 위반한 자는 1년이하의 징역 또는 1천만원이하의 벌금에 처한다. <개정 1980·12·31, 1999.1.29>

제25조 (벌칙) 다음 각호의 1에 해당하는 자는 6월이하의 징역 또는 500만원이하의 벌금에 처한다.
1. 제5조의 규정에 의한 조치를 취하지 아니하거나 제6조의 규정에 의한 광산보안상 필요한 사항을 준수하지 아니한 자
2. 제8조제1항의 규정에 의한 공사계획의 승인을 얻지 아니하고 공사를 한 자
3. 제8조제3항 또는 제13조제2항의 규정에 의한 명령에 위반한 자
4. 제9조·제13조제1항·제13조제4항 또는 제22조제2항의 규정에 위반한 자

[전문개정 1999.1.29]

제25조의2 (양벌규정) 법인의 대표자나 법인 또는 개인의 대리인, 사용인, 그 밖의 종업원이 그 법인 또는 개인의 업무에 관하여 제24조 또는 제25조의 위반행위를 하면 그 행위자를 벌하는 외에 그 법인 또는 개인에게도

해당 조문의 벌금형을 과(과)한다. 다만, 법인 또는 개인이 그 위반행위를 방지하기 위하여 해당 업무에 관하여 상당한 주의와 감독을 게을리하지 아니한 경우에는 그러하지 아니하다.

[전문개정 2008.12.26]

第26조 (과태료 <개정 1999.1.29>) ①다음 각호의 1에 해당하는 자는 200만원이하의 과태료에 처한다. <개정 1980・12・31, 1999.1.29>

1. 제17조의 규정에 위반한 자

1의2. 제8조제1항의 규정에 의한 공사계획의 신고를 하지 아니하거나 허위의 신고를 한 자

2. 제8조제2항 또는 제13조제3항의 규정에 위반하여 신고를 하지 아니하거나 허위의 신고를 한 자
3. 제16조의 규정에 의한 보고를 하지 아니하거나 허위의 보고를 한 자
4. 제20조제2항의 규정에 의한 검사를 거부・방해 또는 기피하거나 질문에 대하여 진술을 하지 아니하거나 허위의 진술을 한 자

②제1항의 규정에 의한 과태료는 대통령령이 정하는 바에 따라 지식경제부장관이 부과・징수한다. <신설 1999.1.29, 2008.2.29>

③ 삭제 <2009.3.18>

④ 삭제 <2009.3.18>

⑤ 삭제 <2009.3.18>

第27조 삭제 <1999.1.29>

第27조의2 삭제 <1999.1.29>

第5장 삭제 <1999.1.29>

第28조 삭제 <1999.1.29>

第29조 삭제 <1999.1.29>

부칙 <제9506호,2009.3.18>

이 법은 공포한 날부터 시행한다.

광산보안법 시행령

[시행 2009.12.14] [대통령령 제21881호, 2009.12.14, 타법개정]

┌ <제20678호, 2008.2.29>

┌ <제21566호, 2009.6.26>

┌ <제21881호, 2009.12.14>

- ┌ 별표/서식

┌ [별표] 위반행위의종류별과태료금액[제47조의2제3항관련]

광산보안법 시행령

[시행 2009.6.26] [대통령령 제21566호, 2009.6.26, 타법개정]

지식경제부 (광물자원팀), 02-2110-5437

제1장 총칙

제1조(목적) 이 영은 「광산보안법」에서 위임한 사항과 그 시행에 관하여 필요한 사항을 규정함을 목적으로 한다. <개정 1999.7.16, 2007.8.29>

제2조(부속시설의 범위) 「광산보안법」(이하 "법"이라 한다) 제2조제2호 단서의 부속시설의 범위는 다음 각호와 같다. 다만, 제1호 내지 제3호의 시설중 석유광산에서 해양의 광업시설물에 부설한 것을 제외한다. <개정 1993.3.6, 1999.7.16, 2007.8.29, 2008.2.29>

1. 병원 또는 진료소
2. 사택 또는 합숙소
3. 사무소 및 후생시설(제1호 및 제2호의 시설을 제외한다)
4. 기타 광물의 채굴과 직접 관계가 없는 갱외시설로서 지식경제부장관이 고시하는 것

제3조(광업대리인의 보안에 관한 대리권) ①「광업법」 제97조에 따른 광업대리인은 법ㆍ이 영 및 지식경제부령에 의하여 광업권자 또는 조광권자가 행할 절차 기타 행위를 대리할 수 있다. <개정 1993.3.6, 1999.7.16, 2002.7.20, 2007.8.29, 2007.9.10, 2008.2.29>

②광업권자 또는 조광권자는 제1항의 광업대리인을 선임 또는 변경하거나 광업대리인의 대리권이 소멸된 때에는 광업대리인과 연서하여 광산보안사무소장(이하 "사무소장"이라 한다)에게 그 뜻을 신고하여야 한다. <개정 1985.2.27>

제4조(광산의 구분) ①광산은 광산보안상 이를 일반광산ㆍ석탄광산 및 석유광산으로 구분하고, 석탄광산은 다시 갑종탄광과 을종탄광으로 구분한다.

②일반광산은 석탄광산과 석유광산을 제외한 모든 광산을 말한다.

③갑종탄광은 다음 각호의 1에 해당하는 석탄광산을 말한다. <개정 1985.2.27, 1989.4.20, 1999.7.16>

1. 주요배기갱도의 기류중에서의 가연성가스 함유율이 0.25퍼센트 이상인 것
2. 채탄작업장의 기류중에서의 가연성가스 함유율이 1퍼센트 이상인 것
3. 통풍시설의 운전을 1시간 정지한 경우에 함유율 3퍼센트 이상의 가연성가스가 통행갱도 또는 채탄작업장에서 검출되는 것
4. 갱내에서 가연성가스가 폭발 또는 연소한 사고가 있은 것

④ 삭제 <1999.7.16>

⑤ 삭제 <1999.7.16>

⑥을종탄광은 갑종탄광 이외의 석탄광산을 말한다.

⑦제3항제1호 내지 제3호의 가연성가스의 함유율은 광업권자 또는 조광권자가 당해 장소의 공기를 가연성가스검정기 또는 가스분석에 의하여 3회이상 측정한것에 의한다. <개정 1985.2.27, 1999.7.16>

제5조(특례구역) ①광업권자 또는 조광권자는 갑종탄광의 작업구역중 가연성가스에 관한 조치를 취할 필요가 없다고 인정되는 구역(이하 "특례구역"이라 한다)의 경우에는 갑종탄광에 대한 보안조치의 전부 또는 일부를 생략할 수 있다.

②광업권자 또는 조광권자는 특례구역에는 가스발생량의 측정 및 통기시설의 확보등의 보안조치를 취하여야 한다.

③광업권자 또는 조광권자는 제1항 및 제2항의 규정에 의한 특례구역의 범위와 특례구역에서의 보안조치에 관한 사항을 광산안전규정에 정하여야 한다.
[전문개정 1999.7.16]

제6조 삭제 <1999.7.16>

제7조 삭제 <1999.7.16>

제2장 광업권자 또는 조광권자의 의무

제8조(광업권자 또는 조광권자의 의무) 광업권자 또는 조광권자가 법 제5조의 규정에 의하여 취하여야 할 조치는 제5조의 규정에 의하는 이외에 제9조・제11조・제12조・제15조・제16조 및 제19조 내지 제21조의 규정에 의한다. <개정 1999.7.16>

제9조(보안조치) ①광업권자 또는 조광권자는 지식경제부령으로 정하는 바에 따라 다음 각 호의 보안조치를 취하여야 한다. <개정 1993.3.6, 1999.7.16, 2007.8.29, 2008.2.29>

1. 통풍의 유지 및 갱내가스에 대한 보안에 관하여는 갱내공기의 유지・측정, 통풍시설의 설치・유지, 갱내가스에 대한 조치, 불 및 가스발생시설의 사용제한 기타 보안조치
2. 낙반 및 붕괴에 대한 보안에 관하여는 지주등의 설치・유지, 노천채굴장에서의 붕괴・추락 방지시설의 설치・유지 기타 보안조치
3. 전기설비에 대한 보안에 관하여는 가연성가스로부터의 위험방지를 위한 시설의 설치・제한, 송전정지, 감전방지, 접지・과전류에 대한 보호 기타 전기설비의 보안조치
4. 운반에 대한 보안에 관하여는 운반시설의 보안장치의 설치・유지, 운반시설의 운행상 보안조치
5. 갱내의 통로 및 취업장소에 대한 보안에 관하여는 연결통로의 설치, 사람의 안전통행을 위한 통로유지, 먼지의 날림방지, 소음・진동방지, 안전작업 및 재해시의 연락을 위한 설비의 설치・유지, 고기압하의 작업금지등 보안조치
6. 화재의 방지에 관하여는 방화설비・소화설비의 설치・유지, 발화물질 또는 가연성물질등의 안전보관・저장 및 처리, 불의 사용제한 기타 화재 방지조치
7. 갱외시설 및 배수시설등에 대한 보안에 관하여는 티프라 및 선탄장등에서의 먼지의 날림방지 및 처리, 기관・콤푸레샤・아세틸렌용접장치・가스접합용접장치・기중기・가공삭도・일반기계장치 및 배수시설의 안전한 설치・유지
8. 출수방지를 위한 구갱등에의 접근에 관하여는 굴진 및 채굴의 제한, 방수설비의 설치・유지, 선진천공 및 보안광주의 설치
9. 광해의 방지에 관하여는 다음 각 목의 보안조치
   가. 토지의 굴착에 의한 광해의 방지를 위한 지반침하의 측정, 갱도 및 채굴한 자리의 되메우기와 그 밖에 지반침하방지를 위한 조치
   나. 지반침하, 폐석 또는 광물찌꺼기에 의한 광해의 방지를 위한 집적장의 안전한 설치・유지
   다. 광업폐기물에 의한 광해의 방지를 위한 투기금지, 안전한 보관 및 처리 기타 보안조치
   라. 먼지의 날림 또는 소음・진동에 의한 광해의 방지를 위한 조치 및 사고위험시의 응급조치
   마. 갱수 또는 폐수에 의한 광해의 방지를 위한 갱수・폐수의 배출금지와 갱수・폐수의 발생시설 및 처리시설의 안전한 관리 및 사고위험시의 응급조치

②광업권자 또는 조광권자는 갑종탄광의 갱도에 지식경제부령이 정하는 전기설비를 설치하거나 전기기구를 사용하고자 하는 경우에는 가연성가스에 의한 폭발을 방지할 수 있는 시설을 설치하거나 사용하여야 한다. <개정 1999.7.16, 2008.2.29>

③광업권자 또는 조광권자는 광산근로자의 대표와 합의하여 다음 각호의 보안조치를 취하여야 한다. <개정 1999.7.16>

1. 재해예방과 재해발생시에 대비한 광산안전장비 및 구호장비의 확보와 구호조직의 설치
2. 광산안전규정의 제정 및 안전교육의 실시

제10조 삭제 <1999.7.16>

제11조(응급구호) 광업권자 또는 조광권자는 작업장부근의 적당한 장소에 지식경제부령이 정하는 응급구호용구 및 재료를 준비하고, 그 설치장소·사용방법 및 구급방법을 광산근로자에게 주지시켜야 한다. <개정 1993.3.6, 1999.7.16, 2008.2.29>

제12조(재해상황설명도의 작성) 광업권자 또는 조광권자는 제38조제1항 각호의 1에 해당하는 때에는 당해장소의 상황설명도를 작성하고, 그 현상을 보존하여야 한다. 다만, 재해의 방지·구호 기타 보안을 위하여 필요한 때 또는 사무소장의 지시가 있는 때에는 현상을 보존하지 아니할 수 있다. <개정 1985.2.27>

제13조 삭제 <1999.7.16>

제14조 삭제 <1999.7.16>

제15조(구호규정) ①광산구호대의 조직·훈련과정·소집방법 및 주요장비의 정기검사의 방법에 관하여는 이를 광산안전규정으로 정하여야 한다. <개정 1999.7.16>
② 삭제 <1999.7.16>

제16조(계획채광) ①광업권자 또는 조광권자는 광상 및 탄층부존상태를 면밀히 조사하여 이에 가장 적합하고 보안상 지장이 없는 계획을 수립하고 그 계획에 따라 굴진 및 채광을 하여야 한다.
②광업권자 또는 조광권자는 최소 2년간의 연도별굴진 및 채광계획도와 당해 연도의 상·하반기별 굴진 및 채광계획도를 「측량법」 제5조의 기준에 따라 작성한 후 각각 채색하여 표시하고 이를 광업소에 비치하여야 한다. <개정 2007.8.29>
③사무소장은 제1항의 계획이 보안상 지장이 있다고 인정할 때에는 광업권자 또는 조광권자에 대하여 그 계획의 변경을 명할 수 있다. <개정 1985.2.27>

제17조 삭제 <1999.7.16>

제18조 삭제 <1999.7.16>

제19조(가채율의 향상) 광업권자 또는 조광권자는 보안상 위험이 없는 한도내에서 가채율을 높이는 방법으로 채광하여야 한다.

제20조(법령등의 주지) 광업권자 또는 조광권자는 법·이 영 및 지식경제부령이 정하는 규정중 광산근로자가 준수하여야 할 사항과 광산안전규정을 광산의 보기쉬운 장소에 게시 또는 비치하거나 기타 적절한 방법에 의하여 이를 광산근로자에게 주지시켜야 한다. <개정 1993.3.6, 1999.7.16, 2008.2.29>

제21조(보안명령사항의 게시) ①광업권자 또는 조광권자가 법 제15조의 규정에 의한 보안명령을 받은 때에는 즉시 그 내용을 광산의 보기쉬운 장소에 게시하거나 기타 적절한 방법으로 이를 광산근로자에게 알려야 한다. <개정 1999.7.16>
②제1항의 규정에 의한 보안명령사항의 게시는 보안명령사항의 이행을 완료할 때까지 하여야 한다. <개정 1999.7.16>

제22조 삭제 <1999.7.16>

제3장 광산근로자의 의무 <개정 1999.7.16>

제23조(광산근로자의 준수사항) ①법 제6조제4항에서 "대통령령이 정하는 사항"이란 다음 각 호의 구분에 따른 안전조치 사항을 말한다.

1. 노천채굴장에서의 안전 : 작업장 주변의 수시검사, 표토(表土)·부석(浮石) 또는 전석(轉石)의 제거, 보호장구의 착용, 적절한 기구의 사용, 장비의 안전운전과 그 밖의 안전조치
2. 운반에 대한 안전 : 다음 각 목의 구분에 따른 안전조치
   가. 권양기(捲楊機) 운전원 또는 그 운반시설에서 작업하는 광산근로자{ 이하 "조차원(操車員)"이라 한다} : 작업장소 이탈금지, 인차(人車)의 진행 관리, 안전속도의 유지, 인차의 시운전·운반·승강(乘降) 관리와 그 밖의 안전조치
   나. 기관차·열차 운전원 또는 그 조차원: 사람의 운반금지, 운행 중인 기관차 등의 승강금지, 로프소켓 등의 이상유무 검사, 이석(離席)시 조치와 그 밖의 안전조치
   다. 차량계광산기계 및 광산용자동차의 운전원 또는 그 작업장소에서 같이 작업하는 광산근로자: 장비의 안전점검 및 안전운행, 시계(視界) 확보, 갱내 무단통행 금지, 접근 및 편승 관리와 그 밖의 안전조치
3. 갱외시설에 대한 안전 : 아세틸렌용접작업의 안전한 수행, 기중기 및 가공삭도(架空索道)의 안전한 운전과 그 밖의 안전조치

②제1항 외에 광산근로자가 해당 작업과 관련하여 위해 또는 광해를 방지하기 위하여 준수하여야 할 기술적인 사항은 지식경제부령으로 정한다. <개정 2008.2.29>

[전문개정 2007.8.29]

제24조 삭제 <2007.8.29>

제25조 삭제 <2007.8.29>

제26조 삭제 <2007.8.29>

제27조 삭제 <2007.8.29>

제4장 보안교육

제28조 삭제 <1999.7.16>

제29조 삭제 <1999.7.16>

제30조 삭제 <1999.7.16>

제31조 삭제 <1999.7.16>

제32조 삭제 <1999.7.16>

제33조 삭제 <1999.7.16>

제5장 광업시설의 승인·신고 및 성능검사등 <개정 1999.7.16>

제33조의2(승인대상 광업시설의 공사) 광업권자 또는 조광권자는 법 제8조제1항의 규정에 의하여 다음 각호의 1에 해당하는 광업시설의 설치공사 또는 변경공사를 하고자 하는 경우에는 그 공사계획에 관하여 지식경제부령이 정하는 바에 따라 지식경제부장관의 승인을 얻어야 한다. <개정 2008.2.29>

1. 주요선풍기 및 예비선풍기
2. 가공삭도(자동교주식 가공삭도를 제외한다)
3. 사람을 운반하거나 150킬로와트이상의 동력을 사용하는 권양장치
4. 100킬로와트이상의 동력을 사용하는 벨트컨베이어
5. 150킬로와트이상의 동력을 사용하는 공기압축기
6. 200킬로와트이상의 동력을 사용하는 갱내의 양수기
7. 선광장(원동기를 사용하지 아니하는 건식의 것을 제외한다)
8. 설비용량이 200킬로볼트암페어이상인 갱내의 변전설비
9. 석유광산의 원동기를 사용하는 굴착장치
10. 해양채굴시설
11. 용량 50킬로리터이상의 원유저장탱크 또는 내용적 500입방미터이상의 가스저장탱크
12. 육상 및 해상에 설치하는 파이프라인
13. 가솔린플랜트
14. 스태빌라이저플랜트
15. 차량계광산기계 및 광산용자동차
16. 삭제 <2001.12.31>
17. 지표에 새로 설치되는 갱구
18. 기타 지식경제부장관이 고시하는 시설

[본조신설 1999.7.16]

제33조의3(신고대상 광업시설의 공사) 광업권자 또는 조광권자는 법 제8조제1항의 규정에 의하여 다음 각호의 1에 해당하는 광업시설의 설치공사 또는 변경공사를 하고자 하는 경우에는 지식경제부령이 정하는 바에 따라 지식경제부장관에게 신고하여야 한다. <개정 2008.2.29>

1. 보조선풍기 및 이에 부속되는 전기시설
2. 50킬로와트이상 150킬로와트미만의 동력을 사용하는 권양장치(사람을 운반하는 것을 제외한다) 및 이에 부속되는 전기시설
3. 50킬로와트이상 150킬로와트미만의 동력을 사용하는 공기압축기 및 이에 부속되는 전기시설
4. 50킬로와트이상 200킬로와트미만의 동력을 사용하는 갱내의 양수기 및 이에 부속되는 전기시설
5. 동일 장소에 설치한 시설용량의 합계가 50킬로볼트암페어이상 200킬로볼트암페어미만인 갱내의 변전설비

[본조신설 1999.7.16]

제33조의4(폐지된 광업시설의 재활용) ①법 제8조제2항의 규정에 의하여 폐지신고된 광업시설을 재활용하고자 하는 자는 사무소장의 안전진단을 받아야 한다.

②제1항의 규정에 의한 안전진단의 절차와 방법은 지식경제부령으로 정한다. <개정 2008.2.29>

[본조신설 1999.7.16]

제34조(성능검사 등) ①광업권자 또는 조광권자는 법 제9조의 규정에 의하여 제33조의2제1호 내지 제14호·제17호 및 제18호에 해당하는 시설의 설치가 완료되거나 당해 시설에 관하여 지식경제부장관이 정하여 고시하는 사항의 변경이 완료된 때에는 지식경제부장관의 검사(이하 "완성검사"라 한다)를 받아야 한다. 다만, 지식

경제부장관이 보안상 지장이 없다고 인정하는 경미한 사항은 그러하지 아니하다. <개정 1985.2.27, 1989.4.20, 1993.3.6, 1999.7.16, 2001.12.31, 2008.2.29>

1. 삭제 <1999.7.16>
2. 삭제 <1999.7.16>
3. 삭제 <1999.7.16>
4. 삭제 <1999.7.16>
5. 삭제 <1999.7.16>
6. 삭제 <1999.7.16>
7. 삭제 <1999.7.16>
8. 삭제 <1999.7.16>
9. 삭제 <1999.7.16>
10. 삭제 <1999.7.16>
11. 삭제 <1999.7.16>
12. 삭제 <1999.7.16>
13. 삭제 <1999.7.16>
14. 삭제 <1999.7.16>
15. 삭제 <1999.7.16>

②광업권자 또는 조광권자는 법 제9조에 따라 다음 각 호의 검사를 받은 후 2년이 경과할 때마다 검사(이하 "성능검사"라 한다)를 받아야 한다. 사용 휴지(休止) 중에 그 기간을 경과한 시설에 관하여는 다시 이를 사용할 때에 성능검사를 받아야 한다. <개정 2007.8.29>

1. 제33조의2제1호·제3호·제5호 및 제9호부터 제14호까지의 시설의 경우에는 완성검사
2. 제33조의2제15호의 시설(갱외에서 사용하는 무한궤도식을 제외한다)의 경우에는 「건설기계관리법」 제13조제1항제1호에 따른 신규등록검사

③제1항의 완성검사 또는 제2항의 성능검사를 받고자 할 때에는 지식경제부장관에게 신청하여야 한다. 이 경우에 성능검사에 관하여는 제2항의 기간(제5항의 규정에 의하여 기간을 단축 또는 연장한 때에는 그 기간)의 만료일의 1월전까지 신청하여야 한다. <개정 1993.3.6, 1999.7.16, 2008.2.29>

④제1항 및 제2항의 검사는 사전에 기일을 정하여 행한다.

⑤검사의 결과에 따라 제2항의 기간을 단축하거나 1년의 범위내에서 연장할 수 있다.

제35조(검사증 등) ①지식경제부장관은 완성검사 또는 성능검사를 한 때에는 광업권자 또는 조광권자에게 검사증을 교부하여야 한다. <개정 1993.3.6, 1999.7.16, 2008.2.29>

②지식경제부장관은 완성검사 또는 성능검사에 있어서 부득이한 경우에는 기간과 사용방법을 정하여 광업권자 또는 조광권자에게 가검사증을 교부할 수 있다. <개정 1993.3.6, 1999.7.16, 2008.2.29>

③광업권자 또는 조광권자는 검사증·가검사증 또는 그 사본을 당해 시설 또는 그 부근의 보기쉬운 장소에 게시하여야 한다.

제36조(검사준비) 광업권자 또는 조광권자는 완성검사 또는 성능검사를 받고자 할 때에는 공작물·기계 또는 기구의 손질·분해 기타 검사에 필요한 준비를 하여야 한다.

제37조 삭제 <1999.7.16>

제6장 보고

第38조(재해 · 사고의 보고) ①광업권자 또는 조광권자는 법 제16조의 규정에 의하여 다음 각호의 1에 해당하는 때에는 전신 · 전화 기타 적절한 방법에 의하여 즉시 그 개황을 지식경제부장관에게 보고하여야 한다. <개정 1985.2.27, 1993.3.6, 1999.7.16, 2008.2.29>

1. 가스 또는 탄진이 폭발 또는 연소하거나 화재 또는 풍수해가 발생한 때
2. 유정이 폭발한 때
3. 제1호 및 제2호 이외의 재해에 의하여 사망자 또는 4주일 이상의 가료가 예상되는 부상자가 발생한 때
4. 제1호 내지 제3호 이외의 재해에 의하여 작업의 전부 또는 일부를 휴지한 때

②광업권자 또는 조광권자는 재해가 발생한 경우에는 재해에 관한 월보를 다음 달 10일까지 지식경제부장관에게 제출하여야 한다. <개정 1999.7.16, 2008.2.29>

第39조(도급공사의 보고) ①광업권자 또는 조광권자는 법 제16조의 규정에 의하여 갱내공사를 3월 이상의 기간 도급시키고자 할 때에는 공사 착수전에 당해 작업의 보안에 관한 다음 각호의 사항을 지식경제부장관에게 보고하여야 한다. <개정 1993.3.6, 1999.7.16, 2008.2.29>

1. 보안에 관한 지휘 및 감독에 관한 사항
2. 종업원의 교육에 관한 사항
3. 기계 · 기구 및 재료중 보안에 밀접한 관계가 있는 것의 조달에 관한 사항

②제1항의 보고에는 공사계획의 개요를 기재한 서면을 첨부하여야 한다.

第40조(보안보고) 광업권자 또는 조광권자는 법 제16조에 따라 가연성가스의 발생, 광해발생 또는 출수의 위험, 그 밖에 지식경제부장관이 정하는 위험이 있는 때에는 지식경제부장관에게 보고하여야 한다. <개정 1993.3.6, 1999.7.16, 2007.8.29, 2008.2.29>

제7장 광산보안위원회

第41조 삭제 <1999.7.16>

第42조 삭제 <1999.7.16>

第43조 삭제 <1999.7.16>

第44조 삭제 <1999.7.16>

第45조 삭제 <1999.7.16>

第46조 삭제 <1999.7.16>

제8장 보칙

第47조(권한의 위임 · 위탁) ①법 제22조의3제1항의 규정에 의하여 지식경제부장관은 다음 각호의 권한을 사무소장에게 위임한다. <개정 1985.2.27, 1993.3.6, 1999.7.16, 2001.12.31, 2008.2.29>

1. 법 제8조의 규정에 의한 광업시설계획의 승인 및 신고의 접수, 공사완료 및 시설폐지신고의 접수, 공사착수금지 및 계획변경명령
2. 법 제13조의 규정에 의한 광산보안관리직원의 해임명령, 선임 또는 해임에 관한 신고수리, 겸임의 승인
3. 법 제15조의 규정에 의한 광산보안에 관한 명령
4. 법 제15조의 2의 규정에 의한 구호명령

5. 법 제16조의 규정에 의한 광산보안에 관한 보고의 수리

6. 법 제17조의 규정에 의한 광산보안도의 수리

7. 법 제18조의 규정에 의한 광업권자 또는 조광권자이었던 자에 대한 조치명령

8. 법 제26조제1항제1호・제1호의2・제2호 및 제3호의 규정에 의한 과태료의 부과・징수

②법 제22조의3제2항의 규정에 의하여 지식경제부장관은 법 제9조의 규정에 의한 광업시설의 검사에 관한 권한을 한국광물자원공사에 위탁한다. <개정 1999.7.16. 2001.12.31, 2008.2.29, 2009.6.26>

③ 삭제 <2001.12.31>

제47조의2(과태료의 부과・징수절차) ①법 제26조제1항의 규정에 의하여 과태료를 부과할 때에는 당해위반행위를 조사・확인한 후 위반사실・과태료금액등을 서면으로 명시하여 이를 납부할 것을 과태료처분대상자에게 통지하여야 한다.

②지식경제부장관 또는 사무소장은 제1항의 규정에 의하여 과태료를 부과하고자 할 때에는 10일이상의 기간을 정하여 과태료처분대상자에게 구술 또는 서면에 의한 의견진술의 기회를 주어야 한다. 이 경우 지정된 기일까지 의견진술이 없는 때에는 의견이 없는 것으로 본다. <개정 2001.12.31, 2008.2.29>

③지식경제부장관 또는 사무소장은 과태료의 금액을 정함에 있어서는 당해위반행위의 동기와 그 결과등을 참작하되, 그 부과기준은 별표와 같다. <개정 2001.12.31, 2008.2.29>

④지식경제부장관 또는 사무소장은 위반행위의 동기・내용 및 그 횟수등을 참작하여 제3항의 규정에 의한 금액의 2분의 1의 범위안에서 이를 가중 또는 경감할 수 있다. 다만, 가중하여 부과하는 경우에도 과태료의 총액은 200만원을 초과할 수 없다. <개정 2001.12.31, 2008.2.29>

⑤과태료의 징수절차는 지식경제부령으로 정한다. <개정 2008.2.29>

[본조신설 1999.7.16]

제48조 삭제 <1999.7.16>

⊞ 부칙 <제21566호, 2009.6.26> (한국광물자원공사법 시행령)

제1조(시행일) 이 영은 공포한 날부터 시행한다.

제2조(다른 법령의 개정) ① 생략

② 광산보안법 시행령 일부를 다음과 같이 개정한다.

제47조제2항 중 "대한광업진흥공사"를 "한국광물자원공사"로 한다.

③ 부터 ⑪ 까지 생략

제3조 생략

(별표)

광산보안법 시행령

- ⊞ [별표] 위반행위의종류별과태료금액[제47조의2제3항관련]

[별표] <신설 1999.7.16>

위반행위의 종류별 과태료금액(제47조의2제3항관련)

위 반 행 위	해당법조문	과태료의 금 액
1. 법 제17조의 규정에 위반한 경우	법 제26조제1호	30만원
2. 법 제8조제1항의 규정에 의한 공사계획의 신고를 하지 아니하거나 허위의 신고를 한 경우	법 제26조제1호의2	50만원
3. 법 제8조제2항 또는 법 제13조제3항의 규정에 위반하여 신고를 하지 아니하거나 허위의 신고를 한 경우	법 제26조제2호	50만원
4. 법 제16조의 규정에 의한 보고를 하지 아니하거나 허위의 보고를 한 경우	법 제26조제3호	100만원
5. 법 제20조제2항의 규정에 의한 검사를 거부·방해 또는 기피하거나 질문에 대하여 진술을 하지 아니하거나 허위의 진술을 한 경우	법 제26조제4호	200만원

광산보안법 시행규칙

[시행 2010. 7. 1] [지식경제부령 제374호, 2010. 6.30, 타법개정]

광산보안법 시행규칙

[시행 2008.9.30] [지식경제부령 제31호, 2008.9.30, 타법개정]

지식경제부 (광물자원팀), 02-2110-5437

제1장 총칙

제1절 통칙

제1조 (목적) 이 규칙은 「광산보안법」 및 동법시행령에서 위임된 사항과 그 시행에 관하여 필요한 사항(석유광산에 관한 사항을 제외한다)을 규정함을 목적으로 한다. <개정 2007.11.7>

제2조 (광업대리인의 선임신고등) 「광산보안법 시행령」(이하 "영"이라 한다) 제3조제2항의 규정에 의한 광업대리인의 선임·변경 및 대리권의 소멸신고는 별지 제1호서식에 의한다. <개정 2007.11.7>

제3조 삭제 <1999.8.23>

제4조 삭제 <1999.8.23>

제5조 삭제 <1999.8.23>

제6조 (보안조치 등 <개정 1999.8.23, 2007.11.7>) ① 영 제9조제1항 및 영 제23조제2항에 따라 광업권자 또는 조광권자가 취하여야 할 보안조치에 관한 세부사항과 광산근로자가 위해 또는 광해를 방지하기 위하여 준수하여야 할 기술적인 사항은 제2장부터 제10장까지에서 정한다. <개정 2007.11.7>

②광업권자 또는 조광권자는 영 제9조제1항의 규정에 의한 보안조치를 위하여 다음 각호의 장비를 비치하고 항상 사용 가능한 상태로 관리하여야 한다. <개정 1999.8.23, 2008.3.3>

1. 안전모·안전등 및 자기구명기 등 개인장비
2. 온도계·습도계·기압계·풍속계·메탄가스검정기·메탄가스자동경보기·일산화탄소검정기·탄산가스검정기·산소측정기·접지저항측정기·절연저항측정기 및 선진천공기 등 검정장비
3. 환자후송용차량·산소호흡기·산소구급기·고압산소펌프등 구호장비
4. 특수고포말소화기등 소화장비
5. 영사기·비디오·환등기등 교육장비
6. 갱내유선통신시설
7. 기타 지식경제부장관이 보안조치를 위하여 특히 필요하다고 인정하는 장비

③ 삭제 <1999.8.23>

제6조의2 (안전교육의 대상자등) ①영 제9조제3항제2호의 규정에 의한 안전교육은 다음 각호의 자에 대하여 실시할 수 있다.

1. 주요 선풍기를 취급하는 자
2. 전기공작물의 설치·조작 또는 수리작업을 하는 자
3. 사람을 운반하거나 50킬로와트이상의 동력을 사용하는 권양기의 운전업무를 하는 자
4. 광차·인차 또는 사람을 운반하는 승강기를 조작하는 업무를 하는 자
5. 기관차·채광기계(스크레이퍼를 제외한다)·굴진기계 또는 반타기계를 운전하는 자
6. 지주의 설치 또는 유지업무를 하는 자
7. 용접작업을 하는 자
8. 공기압축기 및 갱내 배수펌프를 취급하는 자

9. 제162조의 규정에 의한 내연기관의 차량계광산기계 및 자동차의 정비·수리작업 또는 운전업무를 하는 자
10. 광물을 직접 채굴하는 작업을 하는 자
11. 광산재해시의 구호작업담당자
12. 화약류를 취급·사용하는 자
13. 보안관리직원
②제1항의 규정에 의한 안전교육에는 다음 각호의 내용이 포함되어야 한다.
1. 작업의 내용 및 방법
2. 작업을 위한 기계·기구·재료등의 구조·성질 및 기능
3. 작업으로 인한 위험발생시의 조치사항
③광업권자 또는 조광권자는 제1항제9호 내지 제13호에 해당하는 자에 대한 안전교육을 「대한광업진흥공사법」에 의한 대한광업진흥공사(이하 "대한광업진흥공사"라 한다)에 요청할 수 있다. <개정 2007.11.7>
④대한광업진흥공사가 제3항의 규정에 의하여 안전교육을 실시한 경우에는 그 교육을 수료한 자에게 별지 제4호의2서식의 교육이수증을 발급하여야 한다.
[본조신설 1999.8.23]

제7조 (응급구호용구등) ①영 제11조의 규정에 의하여 비치할 응급구호용구 및 재료는 다음 각호와 같다. 다만, 제1호의 용구는 석탄광산의 경우에 한한다. <개정 1999.8.23>
1. 일산화탄소용 자기구명기 또는 간이구명기
2. 붕대·핀셋트·머큐롬등 소독약
3. 화상치료약
4. 지혈대 및 부목류
5. 들것
② 삭제 <1999.8.23>

제8조 삭제 <1999.8.23>

제9조 (작업재개시의 승인신청) ① 「광산보안법」 (이하 "법"이라 한다) 제15조의 규정에 의한 보안명령으로 사용이 정지된 시설등의 사용을 재개하고자 하는 자는 별지 제5호서식의 승인신청서에 작업설명서 및 작업도면을 첨부하여 광산보안사무소장(이하 "사무소장"이라 한다)에게 제출하여야 한다. <개정 1999.8.23, 2007.11.7>
② 삭제 <1999.8.23>

제10조 (광산보안관증표) 법 제20조제3항의 규정에 의한 광산보안관의 증표는 별지 제6호서식에 의한다.

제11조 삭제 <1999.8.23>

제12조 삭제 <1999.8.23>

제13조 삭제 <1999.8.23>

제14조 삭제 <1999.8.23>

제15조 삭제 <1999.8.23>

제16조 (재해월별보고서) ①영 제38조제2항의 규정에 의한 월보는 별지 제10호서식에 의한다.

제17조 (도급공사의 보고) 영 제39조의 규정에 의하여 도급공사를 보고하고자 하는 자는 별지 제11호서식의 보고서에 공사계획서를 첨부하여 사무소장에게 제출하여야 한다.

제17조의2 (과태료의 징수절차) 영 제47조의2제5항의 규정에 의한 과태료의 징수절차에 관하여는 세입징수관 사무처리규칙을 준용한다. 이 경우 납입고지서에는 이의방법 및 이의기간등을 함께 기재하여야 한다.
[본조신설 1999.8.23]

제2절 시설계획과 성능검사

제18조 (공사계획의 승인) 법 제8조제1항 및 영 제33조의2의 규정에 의하여 광업시설의 설치공사 또는 변경공사에 관한 공사계획의 승인을 얻고자 하는 자는 공사착수일 20일이전에 별지 제12호서식의 신청서에 다음 각호의 서류를 첨부하여 사무소장에게 제출하여야 한다.

1. 계획서 및 계획도 1부
2. 공사설계설명서 1부
3. 새로이 설치되는 갱구의 위치·규격·경사·설치목적 및 갱내운반방법등에 관한 설명서(지표에 설치되는 갱구의 경우에 한한다)

[전문개정 1999.8.23]

제19조 (공사계획의 신고) 법 제8조제1항 및 영 제33조의3의 규정에 의하여 광업시설의 설치공사 또는 변경공사에 관한 공사계획의 신고를 하고자 하는 자는 공사착수일 20일이전에 별지 제12호서식의 신고서에 다음 각호의 서류를 첨부하여 사무소장에게 제출하여야 한다.

1. 계획서 및 계획도 1부
2. 공사설계설명서 1부

[전문개정 1999.8.23]

제20조 (공사완료신고등) ①법 제8조제2항의 규정에 의한 공사완료신고는 별지 제13호서식, 시설폐지신고는 별지 제14호서식에 의하여 공사완료일 또는 시설폐지일부터 20일이내에 이를 하여야 한다. 이 경우 공사완료신고와 제22조의 규정에 의한 완성검사신청을 동시에 하는 경우에는 공사완료신고를 하지 아니할 수 있다. <개정 1999.8.23>

② 삭제 <1999.8.23>

제21조 (폐지시설 및 장비반출) 광업권자 또는 조광권자는 법 제8조제2항의 규정에 의하여 폐지신고된 시설 및 장비를 갱외로 반출하여야 한다. 다만, 광해의 우려가 없다고 사무소장이 인정하는 경우에는 그러하지 아니하다. <개정 1999.8.23>

제21조의2 (폐지된 광업시설의 재활용) ①영 제33조의4의 규정에 의하여 폐지신고된 광업시설에 대한 안전진단을 받고자 하는 자는 별지 제14호의2서식의 신청서에 다음 각호의 서류를 첨부하여 사무소장에게 제출하여야 한다.

1. 용도별 사용계획서 1부
2. 계획도(평·단면도) 1부
3. 추가공사의 설계도 및 설명서 1부
4. 안전관리 및 감독계획서 1부
5. 환경오염방지계획서 1부

②사무소장은 제1항의 규정에 의한 안전진단의 신청이 있는 경우에는 당해광업시설의 재활용에 대한 안전성·환경성·기술성등을 검토하여 안전진단을 하여야 한다.

[본조신설 1999.8.23]

제22조 (완성검사신청등) 영 제34조제1항의 규정에 의한 완성검사 및 동조제2항의 규정에 의한 성능검사의 신청은 별지 제15호서식에 의한다.

제23조 (검사증·가검사증) 영 제35조제1항의 규정에 의한 검사증 및 동조제2항의 규정에 의한 가검사증은 별지 제16호서식에 의한다.

제24조 삭제 <1999.8.23>

제25조 삭제 <1999.8.23>

제26조 (수수료) 법 제22조의2 및 영 제34조에 따른 완성검사 및 성능검사에 대한 수수료는 대한광업진흥공사 사장이 지식경제부장관의 승인을 얻어 이를 정한다. <개정 2006.6.28, 2007.11.7, 2008.3.3>
[전문개정 1999.8.23]

제3절 광산안전규정 <개정 1999.8.23>

제27조 (광산안전규정) 광업권자 또는 조광권자가 법 제5조제1항제5호의 규정에 의한 안전규정(이하 "광산안전규정"이라 한다)을 제정함에 있어서는 광산근로자의 대표와 합의하여야 한다.
[전문개정 1999.8.23]

제28조 (광산안전규정에 정할 사항 <개정 1999.8.23>) 광산안전규정에는 다음 각호의 사항을 정하여야 한다. 다만, 당해광산에 관하여 해당사항이 없는 때에는 그러하지 아니하다. <개정 1999.8.23>

1. 자체광산보안조직 및 관리감독에 관한 사항
2. 보안관리직원이 준수하여야 할 사항
3. 광산근로자가 준수하여야 할 사항
4. 신규로 갱내에 작업시키는 광산근로자에 대한 교육의 내용 및 방법에 관한 사항
5. 광산보안도에 관한 사항
6. 대피훈련의 실시에 관한 사항
7. 광산구호대에 관한 사항
8. 통기와 갱내가스에 관한 사항
9. 낙반 및 붕괴의 방지에 관한 사항
10. 화약류의 발파에 관한 사항
11. 발파장소의 검사에 관한 사항
12. 전기설비에 관한 사항
13. 운반에 관한 사항
14. 갱내통로와 작업장소에 관한 사항
15. 화재에 관한 사항
16. 갱외시설에 관한 사항
17. 배수시설에 관한 사항
18. 광해의 방지에 관한 사항
19. 제162조의 규정에 의한 내연기관의 차량계광산기계 및 자동차에 관한 사항
20. 제1호 내지 제19호외에 광업권자 또는 조광권자가 광산근로자의 대표와 합의하여 당해광산의 보안에 관하여 필요하다고 인정하는 사항

제29조 삭제 <1999.8.23>

제30조 삭제 <1999.8.23>

제4절 보안관리직원

제31조 (보안관리직원의 선임 및 자격) ①법 제13조의 규정에 의하여 선임하여야 할 광산보안관리직원(이하 "보안관리직원"이라 한다)은 보안관리자·보안계원·보안감독자 및 보안감독계원으로 구분한다.

②보안관리자 및 보안감독자는 다음 각호의 1의 자로서 25세이상인 자로 한다. <개정 1999.8.23>

1. 광산보안기사의 자격을 가진 자
2. 광산보안산업기사이상의 자격을 가지고 3년이상 광업에 관한 실무에 종사한 자

③보안계원은 다음 각호의 1에 해당하는 자로서 20세이상인 자로 한다. <개정 1999.8.23>

1. 광산보안산업기사이상의 자격을 가진 자
2. 광산보안기능사의 자격을 가진 자로서 1년이상 광업에 관한 실무에 종사한 자

④보안감독계원은 보안계원으로서 2년이상 근무한 자이거나 광산보안기사 또는 광산보안산업기사의 자격을 가지고 1년이상 광업에 관한 실무에 종사한 자이어야 한다. <개정 1999.8.23>

⑤ 삭제 <1999.8.23>

⑥제3항의 규정에 불구하고 「총포·도검·화약류 등 단속법」에 의하여 선임된 화약류 관리보안책임자는 사무소장의 승인을 얻어 화약보안계원이나 발파보안계원을 겸하게 할 수 있다. <개정 2007.11.7>

⑦제3항의 규정에 불구하고 전기산업기사·전기공사산업기사 또는 전기공사기능사이상의 자격을 가진 자는 사무소장의 승인을 얻어 전기보안계원으로 선임될 수 있다. <개정 1999.8.23>

⑧제3항의 규정에 불구하고 환경관계법령에 의하여 수질·대기·폐기물·소음·진동 관련 산업기사이상의 자격을 가진 자는 사무소장의 승인을 얻어 광해보안계원으로 선임될 수 있다. <개정 1999.8.23>

⑨제3항의 규정에 불구하고 일반기계산업기사 또는 건설기계산업기사이상의 자격을 가진 자는 사무소장의 승인을 얻어 기계보안계원으로 선임될 수 있다. <신설 1999.8.23>

제32조 (보안관리자) ①갑종탄광 또는 상시 100명 이상의 광산종업원을 고용하는 광산과 연간 50만톤 이상의 광물(원광석을 말한다)을 생산하는 광산의 광업권자 또는 조광권자는 보안관리자 1명을 선임하여야 한다. <개정 2007.11.7>

②지식경제부장관은 제1항의 규정에 의한 광업권자 또는 조광권자외의 광업권자 또는 조광권자에 대하여도 보안상 필요하다고 인정될 때에는 보안관리자의 선임을 명할 수 있다. <개정 1999.8.23, 2008.3.3>

제33조 (보안계원) ①광업권자 또는 조광권자는 다음 각 호의 구분에 따라 보안계원을 선임하여야 한다. <개정 1999.8.23, 2001.4.7, 2007.11.7>

1. 갱내에서 채굴하는 광산에서는 갱내보안계원
2. 노천에서 채굴하는 광산 또는 평시 300인이상의 광산근로자를 고용하는 광산에서는 갱외보안계원
3. 동력을 사용하는 기계류의 출력을 합하여 200킬로와트이상인 광산에서는 기계보안계원
4. 다음 각 목의 경우에는 전기보안계원. 다만, 출력을 합하여 500킬로와트 미만인 전기설비를 설치한 노천채굴광산 중 「전기사업법」 제73조제3항 각 호에 따른 전기안전관리업무를 대행하는 자와 대행계약을 체결한 때에는 사무소장의 승인을 얻어 전기보안계원을 선임하지 아니할 수 있다.
   가. 갑종탄광에서 갱내에 전기설비를 설치할 때
   나. 갑종탄광외의 광산에서 출력을 합하여 200킬로와트이상인 전기설비를 설치할 때
   다. 갑종탄광외의 광산에서 안전등을 상시 30대이상 사용할 때
   라. 가연성가스검정기를 사용할 때
5. 화약류취급소를 설치하여 화약류를 취급할 때에는 화약보안계원

6. 화약류를 사용할 때에는 발파보안계원

7. 다음 각목의 광산으로서 폐기물이 발생하는 광산은 광해보안계원. 다만, 광해발생의 우려가 없다고 사무소장이 인정하는 경우에는 광해보안계원을 선임하지 아니할 수 있다.

가. 월 8천톤이상의 석탄을 생산하는 석탄광산

나. 월 5만톤이상의 광물을 생산하는 일반광산

다. 습식선광장을 보유한 금속광산으로서 1일처리용량 100톤이상(유기물질 및 유해물질을 사용하는 광산에 한한다)의 폐기물을 자가처리하는 광산

②제1항의 규정에 불구하고 상시 10인이하의 광산근로자를 고용하는 일반광산으로서 사무소장이 보안상 지장이 없다고 인정하는 경우에는 갱내보안계원 및 갱외보안계원을 선임하지 아니할 수 있다. 이 경우 갱내보안계원 및 갱외보안계원의 관리사항 및 준수사항은 광업권자 또는 조광권자가 스스로 이를 담당하여야 한다. <개정 1999.8.23>

③광업권자 또는 조광권자는 「국가기술자격법」에 의한 광산보안기능사의 자격을 가진 자를 보안계원으로 선임할 경우에는 그 시험분야에 따라 다음 각호의 구분에 의하여야 한다. <개정 1999.8.23, 2007.11.7>

1. 채광분야 : 갱내보안계원 또는 갱외보안계원
2. 화약분야 : 화약보안계원 또는 발파보안계원
3. 전기분야 : 전기보안계원
4. 기계분야 : 기계보안계원
5. 환경분야 : 광해보안계원

④광업권자 또는 조광권자는 동일인이 3이상의 보안계원직을 겸하게 할 수 없다. 다만, 상시 10인이하의 광산종업원을 고용하는 광산의 경우에는 그러하지 아니하다.

⑤갱내보안계원 1인당 직접 감독할 수 있는 광산종업원의 수는 30인이하로 한다.

⑥지식경제부장관은 보안상 필요하다고 인정할 때에는 광업권자 또는 조광권자에 대하여 보안계원의 증원을 명할 수 있다. <개정 1999.8.23, 2008.3.3>

第34조 (보안감독자) ①상시 200인이상의 광산근로자를 고용하는 갑종탄광 또는 상시 600인이상의 광산근로자를 고용하는 광산의 광업권자 또는 조광권자는 보안감독자를 선임하여야 한다. <개정 1999.8.23>

②지식경제부장관은 보안상 필요하다고 인정할 때에는 제1항의 규정에 의한 광업권자 또는 조광권자외의 광업권자 또는 조광권자에 대하여도 보안감독자의 선임을 명할 수 있다. <개정 1999.8.23, 2008.3.3>

第35조 (보안감독계원) ①상시 100인이상의 갱내 광산근로자를 고용하는 광산의 광업권자 또는 조광권자는 보안감독계원을 선임하여야 한다. <개정 1999.8.23>

②제1항의 규정에 의하여 보안감독계원을 선임하는 경우 100인이상 300인이하의 갱내 광산근로자를 고용할 때에는 1인의 보안감독계원을 선임하여야 하며, 300인을 초과하는 갱내 광산근로자를 고용할 때에는 그 초과하는 매 300인마다 1인이상씩 추가하여 선임하되 보안감독계원이 3인이상일 경우에는 그 중 1인을 기계분야 또는 전기분야의 자격을 가진 자로 선임하여야 한다. <개정 1999.8.23>

③보안감독계원은 사무소장의 승인을 얻어 보안감독업무외의 다른 업무를 겸임할 수 있다.

④지식경제부장관은 보안상 필요하다고 인정할 때에는 제1항의 규정에 의한 광업권자 또는 조광권자외의 광업권자 또는 조광권자에 대하여도 보안감독계원의 선임을 명할 수 있다. <개정 1999.8.23, 2008.3.3>

第36조 (선임 및 해임신고) 보안관리직원이 선임 또는 해임된 경우에는 선임 또는 해임후 15일이내에 별지 제20호서식의 신고서에 다음 각호의 서류를 첨부하여 사무소장에게 신고하여야 한다.

1. 국가기술자격수첩
2. 광업에 관한 실무종사경력증명서(신규선임의 경우에 한한다)

第37条 (보안관리직원의 대리자) 법 제13조제5항의 규정에 의한 대리자는 당해보안관리직원의 자격이 있는 자를 선임하여야 하며, 선임후 15일이내에 별지 제21호서식의 신고서에 의하여 신고하여야 한다. 다만, 보안계원의 대리자에 관하여는 신고를 하지 아니할 수 있다.

第38条 (보안관리자의 관리사항) ①보안관리자는 다음 각호의 사항을 관리한다.

1. 광산보안에 관한 계획의 작성
2. 보안시설의 설치·변경 및 운영
3. 광해의 방지
4. 광산보안규정의 제정 및 변경
5. 보안교육
6. 재해의 원인 조사와 그 대책
7. 보안계원의 지휘 및 감독
8. 기타 중요한 보안사항

②보안관리자를 선임하지 아니한 광산의 광업권자 또는 조광권자는 제1항 각호의 사항을 스스로 관리하여야 한다.

第39条 (보안계원의 관리사항) 다음 각 호의 보안계원은 보안관리자의 지휘를 받아 다음 각 호의 사항을 분장한다. <개정 1999.8.23, 2007.11.7>

1. 갱내보안계원 : 갱내에서 다른 보안계원이 분장하는 사항외의 갱내보안 전반에 관한 사항
2. 갱외보안계원 : 갱외에서 다른 보안계원이 분장하는 사항외의 갱외보안 전반에 관한 사항
3. 기계보안계원 : 기계류의 보안에 관한 사항
4. 전기보안계원 : 전기설비의 보안, 안전등과 가스검정기의 검사·정비 및 수불에 관한 사항
5. 화약보안계원 : 화약류의 보관·수불·운반 기타 취급에 관한 사항
6. 발파보안계원 : 화약류의 휴대·점화 기타 발파에 관한 사항
7. 광해보안계원 : 폐석유실방지, 갱내수 및 선광수의 정화, 먼지의 날림, 소음, 진동, 지반침하, 그 밖의 광해방지에 관한 사항

第40条 (보안감독자의 관리사항) 보안감독자는 다음 각호의 사항에 관하여 보안관리자 또는 보안계원에게 권고한다.

1. 광산시설의 사용·정지·수리·개조 및 이전
2. 채광방법의 개선
3. 기타 보안상 필요한 사항

第41条 (보안감독계원의 관리사항) 보안감독계원은 광산내를 순시하여 광산의 시설, 광업의 실시방법 기타 보안을 위하여 필요한 사항을 조사하여 그 결과를 보안감독자에게 보고한다. 다만, 보안감독자를 선임하지 아니한 경우에는 보안관리자 또는 보안계원에게 통보한다.

第42条 (보안관리자의 준수사항) 보안관리자는 다음 각호의 사항을 준수하여야 한다. <개정 1999.8.23>

1. 위험의 염려가 있을 때에는 즉시 적절한 응급조치를 취할 것
2. 재해가 발생한 때에는 응급구호조치 또는 위험방지조치를 취할 것
3. 시설과 재료를 정기로 검사하여 정비사항을 확인할 것
4. 보안계원 기타 광산근로자에게 보안상 필요한 지시를 할 것
5. 광산지역안을 정기 또는 수시로 순시할 것
6. 보안관계 중요사항을 기록하여 보존할 것

7. 보안감독자 또는 보안감독계원으로부터 통보받은 사항의 시정조치내용 및 그 결과를 보안감독자 또는 보안감독계원에게 통보할 것

第43조 (보안계원의 준수사항) ①갱내보안계원은 다음 각호의 사항을 준수하여야 한다. <개정 1999.8.23>

1. 광산근로자의 작업장소·주요통행장소·주요운반갱도·가스발생장소 기타 특히 위험성이 많은 장소를 교대작업시간마다 2회이상 순시하고 낙반·붕괴·폭발·자연발화·화재·출수 기타 위험성의 유무를 검사할 것
2. 제1호외의 통행장소·운반갱도·주요배기갱도·기계실·갱내화약류취급소·기름류 기타 위험물의 저장소를 교대작업시간마다 1회이상 순시하고 위험성의 유무를 검사할 것
3. 위험의 염려가 있다고 인정할 때에는 광산근로자에게 필요한 지시를 하고 필요에 따라 작업의 중지, 통행의 차단, 경계표시의 게시 기타 응급조치를 취하고 이를 보안관리자에게 보고할 것
4. 갱내작업장소의 보안상황·각 시설의 보안상황과 보안을 위한 조치내용 및 그 확인결과등을 보안일지에 기재할 것

②갱외보안계원은 다음 각호의 사항을 준수하여야 한다. <개정 1999.8.23>

1. 노천채굴장, 광산근로자가 작업하는 갱외장소 기타 위험한 장소를 교대작업시간마다 1회이상 순시하고 붕괴·폭발·화재·자연발화 기타 위험성의 유무를 검사할 것
2. 제1호의 장소외의 기계실·갱외화약류취급소·기름류 기타 위험물의 저장소를 매일 1회이상 순시하고 위험성의 유무를 검사할 것
3. 위험의 염려가 있다고 인정할 때에는 광산근로자에게 필요한 지시를 하고 필요에 따라 작업의 중지, 통행의 차단, 경계표시의 게시 기타 응급조치를 취하고 이를 보안관리자에게 보고할 것
4. 갱외작업장소 및 제2호의 규정에 의한 시설의 보안상황과 보안을 위한 조치내용 및 그 결과등을 보안일지에 기재할 것

③기계보안계원은 다음 각호의 사항을 준수하여야 한다.

1. 각종 보일러·아세틸렌용접장치·주요선풍기·권양장치 기타 보안상 주의를 요하는 기계·기구에 대하여 이상유무를 검사할 것
2. 제1호에 규정되지 아니한 기계·기구에 대하여 정기적으로 이상유무를 검사할 것
3. 기계·기구의 설치·수리등을 감독할 것
4. 기계·기구에 이상이 발생한 때에는 즉시 적절한 응급조치를 취하고 이를 보안관리자에게 보고할 것
5. 제1호 및 제2호의 검사를 하는 경우에는 당해기계·기구의 검사일지에 이상유무등을 표시하고 기계·기구의 조작·보전·수리·운전중지상황과 보안을 위한 조치내용 기타 중요사항을 보안일지에 기재할 것

④전기보안계원은 다음 각호의 사항을 준수하여야 한다. <개정 1999.8.23>

1. 주요변압기·주요전동기·전기기관차 기타 보안상 주의를 요하는 전기기기·배선·이동전선 및 접지선에 대하여 이상유무를 매일 1회이상 검사할 것
2. 제1호에 규정하지 아니한 전기기기 및 전선로에 대하여도 정기적으로 이상유무를 검사할 것
3. 제1호 및 제2호의 검사를 할 때마다 당해전기기기의 검사일지에 이상유무등을 표시할 것
4. 전기기기·배선·이동전선 및 접지선의 설치·수리등을 감독할 것
5. 안전등 및 가연성가스검정기의 접합부를 검사하여 이상유무를 확인하고 열쇠를 잠근 후에 이를 광산근로자에게 교부할 것
6. 안전등 및 가연성가스검정기의 총수·사용수·파손 및 수리상황과 그 검사 및 수불에 관한 사항을 기재할 것
7. 전기기기에 이상이 발견된 때에는 즉시 적절한 응급조치를 취하고 이를 보안관리자에게 보고할 것
8. 전기기기·배선·이동전선 및 접지선의 조작·보전·수리등과 운전중지상황, 보안을 위한 조치내용 기타 중요사항을 보안일지에 기재할 것

⑤화약보안계원은 다음 각호의 사항을 준수하여야 한다. <개정 1999.8.23>

1. 화약류취급소에서 취급하는 화약류를 매일 1회이상 검사하고 이상유무와 수불상황을 명확히 기록하여 이를 보존할 것
2. 화약류의 운반중 이상이 있을 때에는 즉시 적절한 응급조치를 취하고 이를 보안관리자에게 보고할 것
3. 갱구 기타 적절한 장소에서 화약류를 단속하기 위하여 필요한 경우에는 광산근로자의 휴대품을 검사할 것

⑥발파보안계원은 다음 각호의 사항을 준수하여야 한다. <개정 1999.8.23>

1. 발파 전후에 있어서 화약류 및 천정을 검사하고 갑종탄광에서는 가연성가스의 측정등 보안에 필요한 조치를 취할 것
2. 검사결과 이상이 있을 때에는 즉시 적절한 조치를 취하고 이를 보안관리자에게 보고할 것
3. 발파일지를 작성하고 발파에 관한 중요사항을 기재할 것
4. 보안상 필요에 따라 광산근로자에 대하여 갱구 기타 적절한 장소에서 화약류의 단속상 필요한 휴대품의 검사를 할 것

⑦광해보안계원은 다음 각 호의 사항을 준수하여야 한다. <개정 1999.8.23, 2007.11.7>

1. 폐석 및 광물찌꺼기의 유실방지시설의 이상유무를 점검할 것
2. 갱구의 유출수, 선광장 및 광물찌꺼기의 집적장의 배출수 및 정화시설에서 최종적으로 방류되는 배출수의 수소이온농도·생물학적산소요구량 및 부유물질 및 중금속의 농도를 측정할 것
3. 주요 작업장의 먼지의 날림, 소음 및 진동, 지반침하 등 주요 광해발생의 우려가 있는 장소에 대하여 이상유무를 점검할 것
4. 제1호 내지 제3호의 점검결과 이상이 있을 때에는 즉시 적절한 조치를 취하고 이를 보안관리자에게 보고하고, 그 결과를 광해보안일지에 기재할 것

제44조 (보안감독자의 준수사항) 보안감독자는 다음 각호의 사항을 준수하여야 한다.

1. 광산작업장을 정기 또는 수시로 순시하여 사용하는 기계·기구·건축물·공작물등의 시설과 화약류·동력 기타 재료의 취급상황을 조사할 것
2. 정기적으로 채광방법을 면밀히 검토하여 난굴여부를 조사할 것
3. 제1호 및 제2호의 조사를 한 때에는 조사한 사항을 조사기록부에, 제40조 각호의 권고를 한 때에는 권고한 사항을 권고기록부에 기재할 것

제45조 (보안감독계원의 준수사항) ①보안감독계원은 제44조제1호 및 제2호의 사항을 준수하여야 한다.

②보안감독계원은 제1항의 규정에 의하여 조사를 하거나 제41조의 규정에 의하여 보고 또는 통보를 한 때에는 보안일지에 조사의 결과·의견 또는 통보사항을 기재하여야 한다.

제5절 광산보안도

제46조 (광산보안도의 작성) 법 제17조의 규정에 의한 광산보안도(이하 "광산보안도"라 한다)는 다음 각호의 요령에 의하여 작성하여야 한다. <개정 1999.8.23>

1. 축척은 5천분의 1이상으로 할 것
2. 갱내 또는 노천채굴장에서는 같은 축척으로 평면도와 단면도를 지형도상에 작성할 것
3. 갱내채굴광산에서는 갱구,인도, 통기갱도·운반갱도·수직갱도 기타갱도, 채광작업장, 굴진장소, 채굴한 장소, 구갱도, 선풍기의 위치 및 종류, 통기방향·통기량 및 가스함유율, 통기문·풍교, 배수용펌프, 권양기, 선광장·폐석장 및 광물찌꺼기의 집적장, 폐수정화시설 기타 보안상 필요한 사항을 기재할 것
4. 노천채굴광산에서는 노천채굴장, 주요시설 기타 보안상 필요한 사항을 기재할 것
5. 제1호 내지 제4호외에 사무소장이 보안상 필요하다고 인정하여 지시하는 사항을 기재할 것

第47조 (광산보안도 등의 제출 <개정 2007.11.7>) ①광업권자 또는 조광권자는 매년 12월 31일 현재의 광산보안도 1부를 작성하여 다음 해 1월 31일까지 이를 사무소장에게 제출하여야 한다. 다만, 상시 10명 이하의 광산근로자를 고용하는 노천채굴광산으로서 사무소장이 보안상 지장이 없다고 인정하는 경우에는 광산보안도를 제출하지 아니할 수 있다. <개정 1999.8.23, 2007.11.7>

②광업권자 또는 조광권자는 사업을 휴지하거나 폐광한 때에는 지체없이 그 당시의 광산보안도, 채광원도 및 장소별 생산실적표를 첨부하여 관할사무소장에게 제출하여야 한다.

③사무소장은 제2항에 따라 제출된 광산보안도를 5년간 보존하여야 하며, 5년이 경과한 후에는 대한광업진흥공사 및 「광산피해의 방지 및 복구에 관한 법률」 제31조에 따른 한국광해관리공단에 이관하여 보존할 수 있도록 조치하여야 한다. <개정 1999.8.23, 2006.6.28, 2007.11.7, 2008.9.30>

제2장 통기와 갱내가스 및 작업장 환경기준

제1절 갱내통기와 가스 및 작업장 환경

第48조 (갱내의 공기) 광산근로자가 작업하거나 통행하는 갱내 공기의 산소함유량은 19퍼센트이상으로 하여야 한다. 다만, 재해구조작업등 사무소장이 부득이 하다고 인정하는 경우에는 그러하지 아니하다. <개정 1999.8.23>

第49조 (유해가스) 광산근로자가 작업하거나 통행하는 갱내 공기중 유해가스는 다음 각호의 기준치이하로 하여야 한다. 다만, 재해구호작업등으로 보안상 지장이 없다고 사무소장이 인정하는 경우에는 그러하지 아니하다. <개정 1999.8.23>

1. 일산화탄소 함유율 : 50ppm
2. 이산화탄소 함유율 : 1퍼센트
3. 일산화질소 함유율 : 25ppm
4. 이산화질소 함유율 : 3ppm
5. 이산화황 함유율 : 2ppm

第50조 (작업장의 먼지의 날림 <개정 1999.8.23>) 작업장내의 먼지의 날림은 다음 각호의 기준치이하로 하여야 한다. 다만, 보호장구의 착용등으로 보안상 지장이 없다고 사무소장이 인정하는 경우에는 그러하지 아니하다. <개정 1999.8.23>

1. 금속광산과 규석광산의 갱내 또는 옥내선광장 : 공기 1입방미터당 2밀리그램
2. 석탄광의 갱내 또는 옥내선광장 : 공기 1입방미터당 5밀리그램
3. 기타 비금속 일반광산의 갱내 또는 옥내선광장 : 공기 1입방미터당 10밀리그램

第51조 (작업장의 소음 및 충격소음) ①소음이 발생하는 작업장내에서의 작업기준은 다음 각호와 같으며, 최대소음의 강도가 115데시벨을 초과하여서는 아니된다. 다만, 보호장구의 착용등으로 보안상 지장이 없다고 사무소장이 인정하는 경우에는 그러하지 아니하다.

1. 최대소음의 강도가 90데시벨(dB)이하인 경우 : 1 일 8시간이내의 노출
2. 최대소음의 강도가 90데시벨(dB)초과 95데시벨(dB)이하인 경우 : 1 일 4시간이내의 노출
3. 최대소음의 강도가 95데시벨(dB)초과 100데시벨(dB)이하인 경우 : 1 일 2시간이내의 노출
4. 최대소음의 강도가 100데시벨(dB)초과 105데시벨(dB)이하인 경우 : 1 일 1시간이내의 노출
5. 최대소음의 강도가 105데시벨(dB)초과 110데시벨(dB)이하인 경우 : 1 일 30분이내의 노출
6. 최대소음의 강도가 110데시벨(dB)초과 115데시벨(dB)이하인 경우 : 1 일 15분이내의 노출

②충격소음이 발생하는 작업장내에서의 작업기준은 다음 각호와 같고, 충격소음의 강도가 140데시벨을 초과하여서는 아니된다. 다만, 보호장구의 착용등으로 보안상 지장이 없다고 사무소장이 인정하는 경우에는 그러하지 아니하다.

1. 최대충격소음의 강도가 115데시벨(dB)초과 120데시벨(dB)이하 : 1 일 1만회이내의 노출
2. 최대충격소음의 강도가 120데시벨(dB)초과 130데시벨(dB)이하 : 1 일 1천회이내의 노출
3. 최대충격소음의 강도가 130데시벨(dB)초과 140데시벨(dB)이하 : 1 일 100회이내의 노출

第52조 (주요배기갱도의 공기중 가연성가스) 주요배기갱도의 공기중 가연성가스함유율은 1.5퍼센트이하로 하여야 한다.

第53조 (작업장의 공기중 가연성가스) 갱내작업장의 공기중 가연성가스함유율은 1.5퍼센트이하로 하여야 한다. 다만, 제77조제1항 단서 및 제3항에 규정된 경우에는 그러하지 아니하다.

第54조 (갱내기온) 갱내작업장의 기온은 섭씨 35도이하라야 한다.

第55조 (갱내통기량) ①당해작업장의 작업원의 수, 가연성가스 및 유해가스의 발생량, 자연발화의 가능성, 기온·습도등의 기준에 의하여 갱내작업장의 통기량을 확보하여야 한다.

②갱내작업장의 통기속도 및 통기량은 가연성가스·유해가스·먼지의 날림 및 발파연기를 희석하여 이를 배제하는데 필요한 속도와 양으로 하여야 한다. <개정 1999.8.23>

③입기갱구에서의 통기량은 갱내에서 동시에 작업하는 광산근로자의 1일중의 최대수를 표준으로 하여야 하며 갑종탄광에서는 1인당 매분 3입방미터이상으로 하여야 한다. 다만, 갱을 처음 사용하는 경우로서 보안상 지장이 없는 경우에는 사무소장의 승인을 얻어 그 이하로 할 수 있다. <개정 1999.8.23>

④제162조의 규정에 의한 내연기관의 차량계광산기계 및 자동차를 사용하는 갱도의 통기량은 같은 통기계통내에서 동시에 운전하는 내연기관의 정격 출력 1킬로와트당 매분 3입방미터이상을 증가하여야 한다. 다만, 제48조의 규정에 의한 산소함유량이 기준치이상이거나 제49조의 규정에 의한 유해가스가 기준치이하로 보안상 지장이 없다고 사무소장이 인정하는 경우에는 정격 출력 1킬로와트당 매분 3입방미터미만으로 증가할 수 있다.

第56조 (갱내의 통기속도) 갱내의 통기속도는 매분 450미터이하로 하여야 한다. 다만, 수직갱도 및 통기전용갱도에서는 매분 600미터까지 증가시킬 수 있다.

제2절 통기시설

第57조 (일반통기시설) 채굴작업장에는 필요한 양의 공기를 송풍하기 위하여 필요한 통기시설을 갖추어야 한다.

第58조 (대기압측정기와 온도계) 광산근로자 50인이상을 동시에 작업시키는 갑종탄광 및 심도 300미터이상인 광산에서는 적절한 곳에 대기압측정기와 온도계를 비치하여야 한다. <개정 1999.8.23>

第59조 (입·배기갱) 입기갱과 배기갱은 각각 다른 위치에 설치하여야 한다. 다만, 갱을 처음 사용하는 때 또는 보안관리자가 보안상 지장이 없다고 인정할 때에는 그러하지 아니하다.

第60조 (주요선풍기의 설치) ①갑종탄광 또는 사무소장이 지정하는 광산에서는 통기(국부적 통기를 제외한다)용 주요선풍기를 설치하여야 한다. 다만, 특별한 사유가 있는 경우에 사무소장의 승인을 얻은 때에는 그러하지 아니하다.

②주요선풍기는 갱도의 연장선외의 갱외내화건축물내에 설치하여야 하며 적절한 위치에 폭풍문을 설치하여야 한다. 다만, 특별한 사유가 있는 경우에 사무소장의 승인을 얻은 때에는 그러하지 아니하다.

③주요선풍기와 갱도를 접속시키는 통기풍도는 내화구조로서 6미터이상으로 하여야 한다. 다만, 특별한 사유가 있는 경우에 사무소장의 승인을 얻은 때에는 그러하지 아니하다.

④주요선풍기는 갱도로부터의 배기가 입기갱구에 끌려 들어가지 아니하는 위치에 설치하여야 하며 자기풍압계 또는 수주식풍압계를 비치하여야 한다. 이 경우 사무소장이 필요하다고 인정할 때에는 자기회전계 또는 자기전류계를 추가로 비치하게 할 수 있다.

⑤주요선풍기에는 항시 감시인을 두어야 한다. 다만, 주요선풍기가 감속 또는 정지할 때 경보를 발할 수 있는 자동경보장치를 설치한 경우에는 그러하지 아니하다.

⑥주요선풍기의 고장 기타 보안상 필요한 경우에는 예비선풍기를 설치하여야 한다.

⑦주요선풍기를 운전하는 전기회로는 갱내의 다른 회로에서 독립시켜야 한다.

第61조 (주요선풍기의 운전) ①갑종탄광에서는 주요선풍기를 계속적으로 운전하여야 한다. 다만, 통기계통의 변화 기타 사유로 인하여 10일이상 주요선풍기의 운전을 정지하고자 할 때에는 이를 사무소장에게 보고하여야 한다.

②보안관리자는 주요선풍기의 운전이 정지되어 갱내보안상 위험의 염려가 있다고 인정할 때에는 즉시 필요한 조치를 취하고 광산근로자를 안전한 곳에 대피시켜야 한다. <개정 1999.8.23>

③보안관리자는 주요선풍기의 운전이 정지된 후 운전을 재개시한 때에는 보안상 필요한 조치를 취한 후가 아니면 위험구역에 송전하거나 광산근로자에게 작업을 시켜서는 아니된다. <개정 1999.8.23>

第62조 (보조선풍기) 통기의 부족 기타 보안상 필요한 경우에는 보조선풍기를 설치하여야 한다.

第63조 (국부선풍기) ①갑종탄광에서 굴진할 때에는 국부선풍기·풍관등 국부적 통기를 위한 시설을 갖추어야 한다.

②국부선풍기로서 통기를 하는 때에는 갱내보안계원은 다음 각호의 사항을 준수하여야 한다. <개정 1999.8.23>

1. 국부선풍기는 배기가 입기에 끌리지 아니할 위치에 설치하여 돌림바람이 되지 아니하도록 할 것
2. 국부선풍기는 보안상 필요가 없을 때를 제외하고는 계속적으로 운전할 것
3. 국부선풍기는 통기를 필요로 하는 장소에서 5미터이상 떨어진 장소에 설치할 것
4. 풍관은 누풍이 없도록 양호한 상태로 유지하여야 하며 풍관의 끝은 굴진 및 채탄작업면에서 7미터이내에 있도록 할 것
5. 국부선풍기의 운전이 중지되어 보안상 위험성이 있다고 인정될 때에는 즉시 광산근로자를 안전한 장소에 대피시키고 그 구역에 대한 송전을 중지시킬 것
6. 전동국부선풍기의 운전이 정지된 후에는 가연성가스를 측정하여 위험성이 없음을 확인한 후 운전을 재개할 것

③국부선풍기로 통풍을 취하는 구역에서 그 선풍기의 운전이 정지되어 있을 때에는 담당 보안계원의 지시없이는 누구든지 그 구역에 들어가서는 아니된다.

第64조 (풍관통기) 국부선풍기로서 풍관통기를 하는 때에는 풍관의 길이는 500미터이하로 하여야 한다. 다만, 보안관리자가 보안상 지장이 없다고 인정할 때에는 그러하지 아니하다.

第65조 (차단벽과 풍문) ①입기수직갱도와 배기수직갱도의 사이 또는 주요입기갱도와 주요배기갱도의 사이에는 차단벽 또는 풍문을 설치하여야 한다.

② 풍문은 2개 이상 설치하여야 하고, 그 간격은 차량 또는 열차가 들어갈 수 있도록 하여야 한다. 다만, 갑종탄광 외의 광산에서 자연통기(자연통기)에 의하는 경우 보안상 지장이 없는 때에는 그러하지 아니하다. <개정 2007.11.7>

③갑종탄광에서는 견고하고 누풍이 없도록 콘크리트·연와 등 불연성의 재료를 사용하여 차단벽을 설치하여야 한다.

④ 삭제 <2007.11.7>

⑤풍문은 항상 닫아두어야 하며 이를 연 광산근로자는 통과 즉시 이를 닫아야 한다. <개정 1999.8.23>

第66조 (풍교) 풍교를 설치할 때에는 누풍(누풍)이 없도록 하고, 철재류, 콘크리트 등의 재료를 사용하여 낙반에 견딜 수 있도록 설치하여야 한다.
[전문개정 2007.11.7]

第67조 (통기계통) ①갑종탄광에서 채탄작업장 또는 채굴한 자리의 배기중에 가연성가스가 0.25퍼센트이상일 때에는 그 배기를 다른 채탄작업장에 통과시켜서는 아니된다.
②갑종탄광에서 주요통기계통을 변경할 때에는 보안관리자가 지정한 자가 아니면 갱에 들어가서는 아니된다.

第68조 (통기갱도의 크기) 통기갱도의 단면적은 통기에 필요한 크기를 유지하여야 한다.

제3절 갱내공기의 측정

第69조 (통기량의 측정) 갑종탄광의 보안관리자는 담당 보안계원을 지정하여 갱내 총입기량과 총배기량을 매주 1회이상 측정하여 그 측정결과를 통기부에 기재하여야 한다.

第70조 (갱내채굴광산 통기량의 측정) 50인이상 광산근로자를 동시에 작업시키는 갱내 채굴광산의 갱내보안계원은 다음 각호의 사항을 준수하여야 한다. <개정 1999.8.23>

1. 통기부를 비치하고 제58조 및 제60조제4항의 규정에 의한 계기의 표시를 매일 1회이상 조사하여 통기부에 기재하고 이상이 있을 때에는 즉시 보안관리자에게 보고할 것
2. 매월 1회이상 갱내전반에 대하여 풍속계로 통기속도와 통기량을, 가연성가스검정기로 가연성가스를 각각 측정할 것
3. 통기와 갱내공기에 이상이 있거나 통기계통 및 통기량을 변경한 때에는 제2호의 규정에 의한 측정을 할 것

第71조 (통기 이상시의 조치) ①갱내보안계원은 갱내통기의 방향, 갱내공기 및 갱내통기량의 배분에 이상이 발견될 때에는 즉시 필요한 응급조치를 취하고 이에 관한 사항을 보안일지에 기재하여야 한다.
②통기계통 또는 통기량배분에 변경이 필요할 때에는 보안관리자에게 즉시 보고하고 이에 대한 지시를 받아 조치하여야 한다.

第72조 (먼지의 날림, 소음 및 충격소음의 조치 <개정 1999.8.23>) ①광해보안계원 또는 갱외보안계원은 당해 작업장내의 먼지의 날림, 소음 및 충격소음을 6월마다 1회이상 측정하여야 한다. <개정 1999.8.23>
②제1항의 규정에 의하여 측정한 결과, 이상을 발견할 때에는 필요한 조치를 취하고 이에 관한 사항을 보안일지에 기재하여야 한다.

第73조 (기온 및 습도의 측정) 갱내보안계원은 갱내작업장의 기온 및 습도를 매월 2회이상 측정하여 그 결과를 통기부에 기재하여야 한다.

제4절 갱내가스

第74조 (가스의 발견보고) ①석탄광산에서 주요 배기갱도의 공기중에 가연성가스의 함유율이 0.25퍼센트이상이거나 채탄작업장의 공기중에 가연성가스의 함유율이 1퍼센트이상인 경우에는 즉시 이 사실을 사무소장에게 보고하고 가스검정의 강화 및 통기대책을 강구하여야 한다.

②제162조의 규정에 의한 차량계광산기계 및 자동차를 사용하는 갱내채굴 광산에서는 광산근로자가 작업하거나 통행하는 장소의 공기중에 유해가스의 함유율이 제49조의 규정에 의한 기준치이상인 경우에는 즉시 필요한 조치를 취하고 이러한 사실을 사무소장에게 보고하여야 한다. <개정 1999.8.23>

제75조 (가연성가스의 측정) ①갑종탄광의 갱내보안계원은 가연성가스검정기로 가연성가스를 검정하지 아니하고는 광산근로자를 갱에 들어가게 하지 못하며 매 교대단위 작업시간중에도 2회이상 검정하여야 한다. <개정 1999.8.23>

②을종탄광에서 가연성가스가 존재하거나 굴진하여 새로운 탄층이 나타난 장소 등 가연성가스가 존재할 염려가 있는 장소에는 가연성가스검정기로 그 함유율과 존재범위를 매주 1회이상 측정하여 그 결과를 보안일지에 기재하여야 한다.

제76조 (유해가스의 측정) 갱내보안계원은 갱내탄산가스 기타 유해가스가 있거나 있을 염려가 있는 장소에 대하여 가스검정기로 매일 1회이상 측정하여 그 결과를 보안일지에 기재하여야 한다. 다만, 보안관리자가 보안상 지장이 없다고 인정할 때에는 그러하지 아니하다.

제77조 (가연성가스에 대한 조치) ①갱내보안계원은 갱내작업장 또는 배기공기중에 가연성가스의 함유율이 1.5퍼센트를 초과할 때에는 즉시 그 곳에 대한 송전을 정지시켜 응급조치를 취하여야 하며, 그 위험상태가 계속될 때에는 광산근로자를 그 위험구역외로 대피시키고 일정의 경계표시를 한 후 전기보안계원에게 통보하여야 한다. 다만, 전기설비가 없고 계속하여 가연성가스를 검사할 경우에는 가연성가스의 함유율이 2퍼센트를 초과하지 아니하는 경우에는 작업을 계속할 수 있다. <개정 1999.8.23>

②가연성가스의 함유율이 2퍼센트를 초과하는 경우에는 광산근로자를 위험구역외로 대피시킨 후 울타리 기타 방법으로 통행을 완전히 차단하고 일정의 경계표시를 한 후 지체없이 보안관리자에게 보고하여야 한다. <개정 1999.8.23>

③제1항 및 제2항의 규정은 보안관리자의 지시로 안전한 방법에 의하여 인명구조·통기개선 기타 보안에 관한 작업을 할 때에는 이를 적용하지 아니한다.

④채광작업에 필요가 없는 채굴한 자리, 구갱도, 구입기갱 및 배기갱도에 가연성가스가 다량으로 존재할 때에는 이를 메우거나 점토·석회·시멘트등으로 밀폐하여야 한다.

⑤갱도의 굴진 또는 굴착작업중 가스돌출의 염려가 있을 때에는 선진천공 또는 채굴법의 개선등 필요한 조치를 취하여야 한다.

⑥가스돌출의 염려가 많은 곳에서는 광산근로자의 대피 또는 송전중지를 위한 적절한 시설을 갖추어야 한다. <개정 1999.8.23>

제78조 (굴진의 제한) 갑종탄광에서는 통기회로에서 500미터를 앞서서 암석갱도굴진을 하여서는 아니된다. 다만, 보안관리자가 보안상 지장이 없다고 인정할 때에는 그러하지 아니하다.

제79조 (유해가스에 대한 조치) ①갱내보안계원은 갱내에서 유해가스가 발생하여 위험성이 있을 때에는 그 곳에 일정한 경계표시를 하고 울타리 기타 방법으로 통행을 차단하여야 한다.

②제1항의 경계표시·울타리 기타 통행차단의 시설은 보안관리자 또는 담당 보안계원의 지시에 의하지 아니하고는 철거하여서는 아니된다.

제5절 불의 사용제한 <개정 1999.8.23>

제80조 (불의 사용제한 <개정 1999.8.23>) ①갱내에서 불을 사용하고자 할 때에는 보안관리자의 지시에 의하여 지정된 장소(이하 "불의 사용지정장소"라 한다)에서 안전한 방법으로 사용하여야 한다. <개정 1999.8.23>

②보안관리자는 제1항의 규정에 의하여 갱내에서 불을 사용하고자 할 때에는 미리 가연성가스를 측정하여 이상이 없음을 확인한 후 담당 보안계원의 관리감독하에 불을 사용하도록 하여야 한다. <개정 1999.8.23>

③갱내에서 불을 사용한 광산근로자는 불씨를 완전히 제거한 후 담당 보안계원의 확인을 받아야 한다. <개정 1999.8.23>

第81조 (불의 사용지정장소의 보안조치 <개정 1999.8.23>) ①불의 사용지정장소는 다음 각호의 구조 및 시설을 갖추어야 한다. <개정 1999.8.23>

1. 내화 및 불연성구조로 할 것
2. 불의 사용에 따른 적절한 소화시설을 갖출 것
3. 조명시설을 갖출 것
4. 갱외사무실과 연결할 수 있는 통신시설을 갖출 것

②불의 사용지정장소외에 보안관리자가 불의 사용을 지정하는 장소에서는 제1항제2호 내지 제4호의 시설을 갖추고 보안책임자를 지정하여 현장에서 관리감독하여야 한다. <개정 1999.8.23>

第82조 (발화물질의 휴대금지) ①갑종탄광의 갱내에서는 담배를 피우거나 발화기구등 발화성물질을 휴대하여서는 아니된다. 다만, 제80조의 경우에는 발화기구를 사용할 수 있다.
②갑종탄광의 담당 보안계원은 갱구 또는 지정된 장소에서 갱에 들어가는 자에 대하여 발화기구 등 발화성물질을 휴대하지 못하도록 검사를 하여야 한다.
③제2항의 규정에 의한 검사는 필요에 따라 갱내에서도 할 수 있다.

제3장 낙반과 무너져내림

제1절 지주

第83조 (지주 등) ①갱내에서 낙반이나 무너져 내릴 염려가 있을 때에는 즉시 천정·측면벽등의 상태에 적합한 지주나 안전시설을 하여야 한다.
②보안상 필요한 경우에는 보조지주 및 반공적을 세우는 등 응급조치를 취하여야 한다.
③지주의 재료는 작업상 적합한 곳에 필요한 양을 준비하여 두어야 한다.
④작업·발파등으로 인하여 손상된 지주는 즉시 교체하거나 보강하여야 한다.

第84조 (지주의 회수등) ①지주를 회수할 때에는 숙련된 광산종업원이 해당보안계원의 지시를 받아 적절한 기구를 사용하여 안전한 방법으로 실시하여야 한다.
②위험성이 많은 장소에서 지주의 설치·회수 또는 회수하지 아니한 지주를 처리할 때에는 담당 보안계원은 그 방법을 광산근로자에게 지시하여야 하며 필요에 따라 현장에서 작업을 감독하여야 한다. <개정 1999.8.23>

第85조 (채광공동내 진입금지 및 안전조치) ①붕락식채광법에 의하여 생긴 채광공동 또는 무너져 내릴 위험성이 있는 채광공동내에 진입하여서는 아니된다.
②갱내의 경사진 채광장에서는 이중탄막이 또는 광석막이를 설치하여야 한다.

제2절 안전조치

第86조 (검사) ①채굴 및 지주작업을 행하는 광산근로자는 작업을 하기 이전 및 작업중에 수시로 작업장의 천정·측면벽과 작업면을 검사하여 위험의 염려가 있을 때에는 부석의 제거등 필요한 조치를 하여야 한다. <개정 1999.8.23>
②부석을 제거할 때에는 적절한 길이의 철제기구를 사용하여야 한다.

第87条 (노천채굴장) 노천채굴장에서는 광업권자 또는 조광권자와 광산근로자는 다음 각호의 사항을 준수하여야 한다. 다만, 사무소장이 보안상 지장이 없다고 인정하는 경우에는 각호의 사항중 일부를 예외로 할 수 있다. <개정 1999.8.23>

1. 채광장은 적절한 계단 및 안전한 경사를 유지할 것
2. 채광장 바닥의 넓이는 소형적재기계 및 운반차량을 사용할 때와 대형차량계광산기계 및 자동차를 사용할 때를 구분하여 안전하게 운전 및 조작할 수 있는 넓이를 유지할 것
3. 전석이나 사람의 추락을 방지하기 위하여 채광장 상부·하부 또는 작업면등 필요한 장소에 추락 또는 낙하방지시설을 설치할 것
4. 채광장과 다른 채광장의 통로사이에는 안전에 필요한 간격을 유지할 것
5. 사광의 경우에는 채광·운반·분리·수세·폐석처리등 작업단계별로 채광계획을 수립하여 사무소장에게 제출할 것
6. 육지에서 사광개발시 채굴벽 붕괴의 위험성이 있는 경우에는 방지시설을 설치하여야 하며 채광이 완료되거나 휴지할 때에는 위험한 채굴지를 즉시 메울 것

第88条 (노천채굴장에서의 광산근로자의 준수사항 <개정 1999.8.23>) 노천채굴장에서 광산근로자는 다음 각호의 사항을 준수하여야 한다. <개정 1999.8.23>

1. 붕괴위험성이 있는 표토를 제거할 것
2. 경사진 작업면 및 작업장 주변의 부석과 전석을 제거할 것
3. 경사면에서 작업하는 때에는 안전로프와 보호장구를 착용할 것
4. 안전로프는 이중으로 안전하게 설치할 것
5. 부석 및 전석제거 작업을 하는 때에는 안전한 거리를 유지하여야 하며 적절한 기구를 사용할 것
6. 작업전과 작업중에는 수시로 작업장주변을 검사하여 작업면 및 표토의 붕괴등의 우려가 있는 때에는 즉시 담당보안계원에게 보고할 것
7. 삭제 <1999.8.23>

第89条 (상하 동시작업의 금지) 노천채굴장에서 돌이 떨어지거나 구를 위험이 있는 때에는 상하의 장소에서 동시에 광산근로자를 작업시키거나 통행시켜서는 아니된다. 다만, 특별한 보안조치를 한 때에는 그러하지 아니하다. <개정 1999.8.23>

第90条 (위험시의 작업중지등) ①노천채굴장에서 비·눈등으로 인하여 위험이 있는 때에는 작업을 중지시키고 위험구역에의 출입을 금지하는 등 적절한 조치를 하여야 한다.

②작업장의 균열이나 표토의 붕괴등의 우려가 있을 때에는 즉시 작업을 중지하고 인원을 대피시키는 등 적절한 보안조치를 취하여야 한다.

第91条 (튀는 돌등에 의한 위험의 방지) 노천채굴장에서 작업으로 인하여 채광장 밖으로 돌이 튀거나 구를 위험이 있는 때에는 적절한 방호시설을 하거나 출입금지구역을 설정하여 감시인을 배치하고 위험표시를 하는 등 출입을 금지시키기 위한 조치를 하여야 한다.

第92条 (폐지시의 조치) ①노천채굴장을 폐지 또는 휴지하고자 할 때에는 다음 각호의 규정에 의한 조치를 하여야 한다.

1. 채굴하던 벽은 붕괴를 방지하기 위하여 암반의 상태에 따라서 안전한 경사로 할 것
2. 사람이 추락하거나 돌이 구를 위험을 방지하기 위하여 필요한 조치를 할 것
3. 기타 위해 및 광해를 방지하기 위하여 필요한 조치를 취할 것

②광업권자 또는 조광권자는 제1항의 규정에 의한 조치를 한 때에는 그 결과를 사무소장에게 보고하여야 한다.

第93条 (노천광산에서 장비의 운전제한) ①노천채굴장에서 제162조의 규정에 의한 내연기관의 차량계광산기계 및 자동차를 운전 또는 조작할 때에는 다음 각호의 사항을 준수하여야 한다.

1. 채광장내에서는 수리 및 시운전을 금할 것
2. 출입이 금지된 장소에서 수리 및 운전을 금할 것
3. 기타의 장소에서 제162조의 규정에 의한 내연기관의 차량계광산기계 및 자동차의 운전으로 인하여 사람에 대한 위해의 우려가 있을 때에는 운전을 금할 것

②같은 작업장내에서는 제162조의 규정에 의한 내연기관의 차량계광산기계 및 자동차에 의한 기계작업과 사람에 의한 수작업을 같이 하여서는 아니된다. 다만, 안전유도요원이 별도로 있는 경우에는 그러하지 아니하다.

③제162조의 규정에 의한 내연기관의 차량계광산기계 및 자동차를 운전하고자 하는 자는 「국가기술자격법」에 의한 광산기능사(차량계광산기계 및 자동차 분야)의 자격을 소지한 자이거나 다른 법령에 의하여 국가에서 인정하는 동등이상의 자격을 소지한 자이어야 한다. <개정 1999.8.23, 2007.11.7>

第4장 화약류와 발파

第94条 (규정범위) 광업권자 또는 조광권자가 화약류와 발파에 관하여 준수하여야 할 보안조치는 총포·도검·화약류등단속법령에 규정된 것외에는 이 장의 규정에 의하여야 한다.

第95条 (화약류의 취급자) 법 제10조제1항 단서에서 "지식경제부령이 정하는 일정한 자격을 가진 자"라 함은 다음 각호의 1의 자를 말한다. <개정 1999.8.23, 2008.3.3>

1. 발파보안계원
2. 화약보안계원
3. 대한광업진흥공사 사장이 행하는 화약류취급에 관한 소정의 교육을 이수한 자로서 화약류관리보안책임자가 지정한 자

第96条 (점화작업의 제한) ①가연성가스의 함유율이 0.5퍼센트이상인 장소에서는 점화작업을 하여서는 아니된다. 다만, 전기점화방법(지발전기뇌관 또는 전기도화선을 사용하는 경우를 제외한다)에 의한 점화작업의 경우에는 가연성가스의 함유율이 1퍼센트를 초과하지 아니하는 장소에서는 점화작업을 할 수 있다.

②발파작업시 대피 및 경계가 완료되지 아니하였을 때에는 도화선에 점화하거나 발파기에 전류를 공급하여서는 아니된다.

③1인이 도화선발파방법으로 연속점화를 할 때에는 다음 각호의 사항을 준수하여야 한다.

1. 도화선 1본의 길이가 1.5미터이상의 경우에는 10발이하
2. 도화선 1본의 길이가 1.5미터미만의 경우에는 5발이하
3. 도화선 1본의 길이가 0.5미터미만의 경우에는 연속점화 금지

第97条 (점화금지) 갑종탄광에서는 도화선발파를 행하여서는 아니된다.

第98条 (발파작업시 대피와 경계) ①발파작업자는 발파작업시 안전한 장소로 대피하여 암석의 날림에 의한 피해가 없도록 하여야 한다.

②발파전에는 적색기등의 경보표시와 경종을 발하여야 하며, 위험지역에는 외부인의 출입을 방지할 수 있도록 감시인을 배치하여야 한다.

③갱내에서는 안전한 거리와 위치에 감시인을 배치하여 광산근로자 기타 인원의 접근을 차단하여야 한다. <개정 1999.8.23>

第99条 (점화후의 확인) 도화선발파의 경우 점화후에는 점화공수와 폭음수의 일치여부를 확인하여야 한다.

제100조 (발파작업장의 검사등) 발파작업을 한 후에는 발파작업장을 검사하여야 하고, 검사시에는 발파면 및 불발공등을 조사하여 위해요인을 제거하여야 한다.

제101조 (불발공에 대한 안전조치) 제100조의 규정에 의한 불발공등이 있는 때에는 다음 각호의 규정에 의한 안전조치를 하여야 한다.

1. 불발공을 재발파할 때에는 발파공으로부터 60센티미터이상의 간격을 두고 평행으로 구멍을 뚫어 처리할 것
2. 물리적인 방법으로 불발공을 처리하고자 할 때에는 물을 주입하여 안전하게 화약류를 회수하거나 압축공기를 불어 넣어 안전하게 메지를 회수하고 새로운 전폭약포를 장전하여 재발파할 것
3. 불발로 발생되는 화공품·화약류 및 폭약류는 회수하여 안전한 방법으로 폐기할 것

제5장 전기

제1절 통칙

제102조 (규정범위) 광산전기설비의 안전관리를 위하여 준수하여야 할 보안조치는 「전기사업법」 제67조에 따른 기술기준에 규정된 사항 외에는 이 장의 규정을 따라야 한다. <개정 2007.11.7>

제103조 (설치제한) 가연성가스의 함유율이 1퍼센트를 초과하는 구역에는 전기설비를 설치하여서는 아니된다.

제104조 삭제 <1999.8.23>

제105조 (송전정지) ①해당보안계원은 가연성가스의 함유율이 1.5퍼센트를 초과하게 된 구역에는 전기기구의 사용 및 송전을 중지하여야 한다. 다만, 전기안전등·정밀가연성가스검정기등 소형전기기구의 사용과 당해 구역을 통과하는 지중전선로에 관하여는 그러하지 아니하다.

②제1항의 규정에 의하여 전기기구의 사용 및 송전이 중지된 구역에서 전기기구의 사용 및 재송전을 할 때에는 전기보안계원은 보안관리자의 지시를 받아 그 구역을 담당하는 보안계원에게 연락하여 안전상 위험성이 없음을 확인한 후에 전기기구의 사용 및 송전을 하게 하여야 한다.

제106조 (감전의 방호) ①갱내 전기설비의 단자 기타 나충전부에는 사람 또는 물체가 접촉하지 아니하도록 적절히 방호하여야 한다.

②가스가 발생하거나 위험물보관장소등이 있는 갱내에서는 활선작업을 하여서는 아니된다. 다만, 활선작업을 하지 아니할 경우에는 재해를 예방할 수 없을 때에는 보안관리자의 책임하에 전기보안계원이 활선작업을 할 수 있다.

제107조 (경계표시의 게시등) ①전기보안계원 또는 전기분야 광산근로자가 아니면 취급할 수 없는 전기설비가 있는 갱내의 장소에는 울타리등을 만들고 출입금지의 표시를 하여야 한다. <개정 1999.8.23>

②갱내에 설치된 고압변압기·고압배전기 기타 고압전기장치에는 고압위험의 표시를 하고, 고압배전판에는 그 조작상 적절한 절연대를 설치하여야 한다.

③갱내 및 갱외에서 전기설비에 대한 보수·점검작업을 할 때에는 해당전기설비의 차단기·개폐기 및 운전조작실에 작업의 장소, 작업의 내용, 작업자 및 주의사항을 게시하여야 한다.

제2절 접지

제108조 (접지공사) ①갱내에 설치하는 케이블의 금속제피복 및 장갑의 금속관은 제3종 또는 이와 동등이상의 안전성을 가진 접지공사에 의하여야 한다.

②갱내에 설치한 전기기구의 철대 및 외함은 제3종 또는 이와 동등이상의 안전성을 가진 접지공사에 의하여야 한다. 다만, 110볼트이하의 소형전기기구로서 위험성이 적을 때에는 그러하지 아니하다.
③갱내에서 2개이상의 전기기구를 접지할 때에는 각 전기기구를 직렬로 접속시켜서 접지하여서는 아니된다.
④갱내에 설치한 변압기는 고압과 저압의 혼촉의 위험을 방지하기 위하여 다음 각호의 규정을 준수하여 접지하여야 한다.
1. 저압측의 중성점에 접지할 것. 다만, 저압측의 전압이 300볼트이하인 경우에는 저압측의 1선에 접지할 수 있다.
2. 1차권선과 2차권선 사이에 설치한 비자기성금속의 혼촉예방판을 접지할 것
⑤갱내 캡타이어케이블의 접지선, 케이블의 금속제피복 및 장갑의 금속관은 고압·저압을 구별하여 전기적으로 연속한 접지간선으로 할 수 있다. 이 경우 저압으로서 유효한 접지공사를 할 수 없을 때에는 공통간선으로 할 수 있다.

제109조 (접지선) ①갱내에서의 접지선은 지름 3.6밀리미터이상의 굵기를 가진 연동선을 사용하여야 한다. 다만, 다음 각호의 경우에는 그러하지 아니하다.
1. 지름 3.6밀리미터미만의 심선을 가진 접지선에 사용할 때
2. 계기류나 계기용변성기를 접지할 때
②1개의 전기설비를 단독으로 접지하는 접지선 또는 전기설비와 접지간선을 접속하는 접지선은 제1항의 규정에 불구하고 지름 3밀리미터이상의 것으로 할 수 있다.

제110조 (접지판 및 접지봉) ①갱내에서의 주요접지판 또는 접지봉은 그 묻은 위치와 접지공사의 종류를 표시하여야 한다.
②접지선과 접지판 또는 접지봉의 접속은 전기적으로 완벽하게 접속되도록 하여야 한다.

제111조 (철판등의 접지) 장갑케이블외의 배선을 설치한 갱도에서는 철판·귀선으로서 사용하지 아니하는 궤도 기타 접지할 필요가 있는 시설은 각각 전기적으로 접속하여야 하며 150미터이내마다 접지하여야 한다. 다만, 특별한 사유가 있는 경우로서 사무소장의 승인을 얻은 때에는 그러하지 아니하다.

제112조 (접지단자) 전기기구에 접지를 하여야 할 때에는 해당전기기구에 접지단자를 설치하여야 한다.

제113조 (검사) 전기보안계원은 전기설비에 대한 주요접지공사의 접지저항에 관하여 매년 2회이상 검사하여 그 결과를 보안일지에 기재하여야 한다.

제3절 과전류에 대한 보호

제114조 (보호장치의 구비사항) ①갱내에 설치한 전기기구 및 전기회로를 과전류로부터 보호하기 위하여 적절한 곳에 과전류보호장치를 설치하여야 한다.
②갱내에서는 제1항에 규정한 것외에 다음 각호의 사항을 준수하여야 한다.
1. 전동기에는 과전류개방장치부자동차단기를 설치할 것
2. 변압기의 1차측·2차측에는 각각 과전류개방장치부자동차단기를 설치할 것
3. 고압전로의 변압기에 의하여 결합되는 회로에 저압전기기구를 사용하는 경우 저압측전로에 이상이 발생하였을 때에는 자동적으로 전로를 차단하는 장치를 할 것

제4절 전동기와 부속장치

제115조 (작업용 전기기구) ①콜드릴 기타 갱내휴대용 전기기구의 전압은 250볼트이하로 하여야 하며, 채탄작업장의 부근과 굴진장소에 사용하는 전기기구의 전압은 600볼트이하로 하여야 한다. 다만, 채탄작업장의 부

근과 굴진장소에 사용하는 전기기구에 관하여 특별한 사유가 있는 경우에 사무소장의 승인을 얻은 때에는 그러하지 아니하다.

②갑종탄광의 갱내에서는 국부선풍기와 채탄작업장의 부근 및 굴진장소에 사용하는 전동기는 재송전시 자동적으로 가동하지 아니하도록 하여야 한다.

第116조 (개폐기) ①원방조작의 갱내전동기기에는 그 운전용 개폐기의 전원에 가까운 위치에 조작회로를 차단할 수 있는 구분개폐기를 설치하여야 한다.

②갑종탄광의 갱내에서는 압입접속장치를 운전조작용에 사용하여서는 아니된다.

③개폐기는 전기설비마다 별도로 설치하여야 한다. 다만, 전등배선은 그러하지 아니하다.

第117조 (계기류의 사용) 전기보안계원 기타 광산근로자는 가연성가스가 존재할 염려가 있는 곳에는 갱내보안계원과 연락하여 주위의 가연성가스의 측정결과를 확인한 후 전기시설물의 조작이나 제반 갱내의 공기측정등을 하여야 한다. <개정 1999.8.23>

제5절 갱내배선등

第118조 (케이블선의 사용) ①갱내의 주요배선에는 보안상 케이블을 사용하여야 한다.

②갱내의 주요운반갱도 또는 사람의 통행이 잦은 갱도에 전선을 배선하는 경우에는 일정한 안전높이를 유지하여 고정하여야 한다.

③전선의 접속시에는 접속장치 또는 접속자재를 사용하여 접속전과 동등이상의 효율과 강도를 유지하도록 하여야 하며, 지중에 매설하거나 전선관에 매입하여서는 아니된다.

④강대케이블 및 금속관에 매입한 케이블외에는 지중에 매설할 수 없으며, 지중에 매설하는 경우에는 갱도바닥으로부터 깊이 30센티미터이상이 되도록 하고 지상에 위치를 표시하여야 한다.

第119조 (배선의 종류) ①갑종탄광의 갱내배선은 다음 각호의 규정에 의하여야 한다.

1. 전등선・신호선과 전화선에는 케이블선 또는 이와 동등이상의 효율과 강도를 가진 전선을 사용할 것. 다만, 입기측 권양기신호선은 그러하지 아니하다.
2. 동력선에는 다음의 경우외에는 장갑케이블선을 사용할 것
   가. 이동용 동력선은 다음 표의 구분에 의하여 캡타이어케이블 또는 이와 동등이상의 효율과 강도를 가진 전선을 사용할 것

사 용 전 압	사 용 상 황	캡타이어케이블의 종류
600볼트미만의 전압	채탄기계등에 손상을 받을 염려가 많을 때	제4종
	기 타	제3종
250볼트미만의 전압	채탄기계등에 손상을 받을 염려가 많을 때	제3종
	기 타	제3종

   나. 저압동력선으로 제3종의 캡타이어케이블 또는 이와 동등이상의 효율과 강도를 가진 전선을 사용할 때
   다. 전기철도전용 갱도에서 궤조면으로부터 높이가 1.8미터이상인 전기철도용 급전선에 면절연전선 또는 이와 동등이상의 효율과 강도를 가진 전선을 사용할 때

②을종탄광 및 일반광산의 갱내배선은 다음 각호의 규정에 의하여야 한다.

1. 전선으로 케이블・캡타이어케이블 또는 이와 동등이상의 효율과 강도를 가진 전선을 사용하는 경우외에는 지름 1.6밀리미터이상의 고무절연전선 또는 이와 동등이상의 효율과 강도를 가진 전선을 사용하여야 하며 이를 애자로 받쳐서 철판・측면벽・풍문・지주등과 접촉하지 아니하도록 할 것
2. 저압동력선으로 케이블・캡타이어케이블 또는 이와 동등이상의 효율과 강도를 가진 전선을 사용할 것

3. 고압전선에는 장갑케이블을 사용할 것. 다만, 고압용특별고무케이블을 사용할 때에는 그러하지 아니하다.

제120조 (신호선) ①신호선에 사용하는 전력은 독립된 절연변압기에 의하지 아니하고는 이를 사용할 수 없으며, 선사이의 전압은 30볼트를 초과하여서는 아니된다.

②갑종탄광의 갱내신호시설은 직류저전압식ㆍ고주파식ㆍ로오프식 기타 이에 준하는 안전한 방식에 의하여야 한다.

제121조 (절연충전물의 주입등) ①갱내에 있는 종이절연연피의 강대케이블의 접속점ㆍ분기점 및 종단에는 각각 금속제접속함ㆍ분기함 및 종단함을 설치하여 이에 절연물을 주입하거나 그 이상의 효율을 가진 절연물로 조치하여야 한다.

②갱내에 있는 합성고무 또는 합성수지를 절연물로 사용하는 외장케이블의 접속점ㆍ분기점 또는 종단에는 그 부분의 절연물과 동등이상의 절연효율이 있는 절연물을 사용하여 절연하고 각각 금속제의 접속함ㆍ분기함 또는 종단함을 사용하여 외부로부터 손상되지 아니하도록 보호하여야 한다.

③갱내의 금속피복이 없는 캡타이어케이블의 접속점ㆍ분기점 또는 종단에는 그 부분의 절연물과 동등이상의 절연효율이 있는 절연물을 사용하여 절연하고 외상을 받지 아니하도록 보호장치를 하여야 한다.

④제1항 및 제2항의 규정에 불구하고 저압이고 주위환경이 건조하거나 기타 상황에 의하여 누전이나 감전의 염려가 없는 곳에는 종단함을 설치하지 아니할 수 있다.

제122조 (절연전선) 갱내의 전등선ㆍ신호선 또는 동력선에 사용한 저압의 절연전선은 다른 저압의 전선, 철관, 그 밖의 금속체에서 15센티미터 이상 떨어져 설치하여야 한다. 다만, 각 호의 경우에는 그러하지 아니하다. <개정 2007.11.7>

1. 해당 절연전선을 애관(애관)에 설치할 때
2. 두께 1밀리미터이상의 금속관안에 설치할 때
3. 제2종캡타이어케이블 또는 이와 동등이상의 효율과 강도를 가진 전선을 사용할 때

제123조 (갱내의 개폐장치) ①갱내의 고압전선로에서는 갱내부근 수전단과 주요분기점에 구분개폐기를 설치하여야 한다.

②갱내의 저압전선로에서는 갱내부근과 가연성가스의 돌출 기타 위험성이 많은 곳에 이르는 전선로에 구분개폐기를 설치하여야 한다.

③갱내의 고압구분개폐기를 거치형으로 설치할 때에는 견고한 기초위에 설치된 전용대에 설치하여야 하며 지주등에 설치하여서는 아니된다.

④갱내의 고압배전판의 안팎에는 검사ㆍ조정 및 수리를 위한 통로를 개설하여야 하며 조명시설을 갖추어야 한다.

제124조 (피뢰장치) ①갱내의 고압배선을 낙뢰 또는 이상전압으로 인한 사고로부터 보호하기 위하여 갱구부근에 피뢰기를 설치하여야 한다. 다만, 갱의 가공선로가 짧을 때에는 그러하지 아니하다.

②갱내의 전환회로에는 낙뢰 또는 전등선이나 동력선과의 접촉으로 인한 사고를 방지하기 위하여 밀봉가용차단기를 설치하여야 한다.

제125조 (갱내전차선) ①갱내에 가공선전기철도를 설치하고자 할 때에는 사무소장의 승인을 얻어야 한다.

②전차선과 가공선전기철도용 급전선을 갱내에 설치하고자 할 때에는 다음 각호의 규정에 의하여야 한다. 다만, 특별한 사유가 있는 경우로서 사무소장의 승인을 얻은 때에는 그러하지 아니하다.

1. 전차선의 전압은 직류전압으로 할 것
2. 전차선과 가공선전기철도용 급전선의 높이는 궤조면에서 1.8미터이상으로 할 것
3. 철판ㆍ측면벽ㆍ풍문ㆍ지주등에 전기적으로 접촉하지 아니하도록 가설할 것
4. 회로의 주요분기점 및 적절한 구간마다 개폐기를 설치할 것

5. 곡선부에는 전차선이 늘어나지 아니하도록 적절한 간격으로 장선을 가설할 것
6. 장선은 전차선에서 0.6미터이내에서 절연하고 고정시킬 것
7. 사람이 횡단하는 곳에서는 위험이 없도록 적절한 시설을 할 것

③갱내에 설치하는 가공단선식전기철도의 궤조에 관하여는 다음 각호의 규정에 의하여야 한다.

1. 용접에 의하는 경우외에는 지름 9밀리미터이상의 나동연선 또는 이와 동등이상의 전도력을 가진 본드로 전기적으로 접속할 것
2. 보조귀선과 크로스본드는 적절한 전도력을 가진 것이어야 하며, 궤조연결점 10군데마다 1군데이상 양측의 궤조와 접촉할 것
3. 본드의 접촉저항은 당해궤조의 저항으로 환산하여 5미터이하로 할 것

④귀선을 사용하는 궤조는 소모되는 전류를 방지하기 위하여 근접한 갱내의 다른 궤조 및 철관류와 절연하거나 격리하여야 한다.

⑤갱내의 전차선로 및 제3궤조의 절연부분의 절연저항(가공복선식 전차로에서는 양 전선을 일괄한 것과 대지 사이에서 측정한 절연저항을 말한다)은 그 최대사용전압에 대한 소모되는 전류를 궤조의 연장 1킬로미터에 대하여 100밀리암페아를 초과하지 아니하도록 하여야 한다.

⑥제5항의 규정에 의한 절연저항은 부득이한 경우가 아니면 매주 1회이상 송전하기 전에 이를 측정하고, 그 결과를 보안일지에 기록하여야 한다.

제126조 (갱내전기설비의 보수 및 점검) ①갱내에서 전기설비의 충전부를 수리하거나 충전부접촉검사등의 작업을 할 때에는 전기보안계원 또는 전기보안계원이 지정한 자가 전원을 차단하여야 한다. 다만, 전차선의 수리등 특별한 사유가 있는 경우로서 보안관리자가 지시한 안전한 방법에 의할 때에는 그러하지 아니하다.

②갱내에서 전원을 차단하고 수리·검사등의 작업을 할 때에는 전기보안계원은 당해작업중 작업으로 인하여 정전중임을 알리는 경계표시를 하고 개폐기에 자물쇠를 채우는 등 송전을 방지할 수 있는 안전한 조치를 하여야 한다.

③갱내에서 전기설비의 수리·교체작업을 하였을 때에는 송전을 하기전에 해당전기설비에 대한 절연검사를 하여야 하며, 못쓰게 된 철거물은 갱외로 반출하거나 갱내수리실등으로 옮겨야 한다.

④전기보안계원은 제1항 내지 제3항의 작업결과를 확인하고, 그 내용을 보안일지에 기록하여야 한다.

제127조 (갱내 전력의 관리) 갱내의 작업을 휴지하는 곳에는 동력선의 전원은 차단하여야 한다. 다만, 보안상 필요한 펌프 또는 국부선풍기 운전용회로는 그러하지 아니하다.

제6절 갱내조명

제128조 (사용의 제한) 갑종탄광에서는 휴대용안전등외의 다른 조명기구를 사용하여서는 아니된다.

제129조 (휴대용안전등의 사용) 휴대용안전등을 사용하는 광산근로자는 다음 각호의 사항을 준수하여야 한다. <개정 1999.8.23>

1. 전기의 외함·뚜껑 및 전구덮개유리 부위를 개방하지 아니할 것
2. 파손 또는 고장을 발견한 때에는 즉시 안전한 것과 교환할 것

제130조 (안전등의 검사) ①전기보안계원은 안전등의 이상유무를 검사하고 파손·고장 또는 과열방전된 것을 대출하여서는 아니된다.

②전기보안계원은 적어도 매월 1회이상 안전등 전부를 검사하여 그 검사결과를 보안일지에 기재하여야 한다.

③제2항의 검사에 있어서는 안전등의 청소상태, 전압, 액체의 비중 기타 부속품의 상태를 세밀히 검사하여야 한다.

第131조 (조명) ①자연조명이 불충분한 갱외의 원동기실, 작업갱도의 입구부근, 광차 또는 열차의 조차장, 전기권양기실, 전기펌프실, 축전차충전실 기타 필요한 장소에서는 작업시간중 적절한 조명을 하여야 한다.

②가연성가스가 발생하는 통기구역인 갱내에서는 국부선풍기보다 앞서서 전등선을 설치하여서는 아니된다.

제6장 운반

제1절 통칙

第132조 (검사) ①담당보안계원은 권양기의 제동장치・로프킹・핀・소켓・심도지시기・케이지・바켓・인차 및 구급차에 대하여 이상의 유무를 매주 1회이상 검사하고, 그 결과를 보안일지에 기재하여야 한다.

②기계보안계원은 제1항의 인차 및 구급차의 안전장치에 대하여 매월 1회이상 정밀검사를 하고, 그 결과를 보안일지에 기재하여야 한다.

③담당보안계원은 사람을 운반하는 권양장치의 전기적 신호 및 안전장치에 대하여 이상의 유무를 매주 1회 이상 검사하고, 그 결과를 보안일지에 기재하여야 한다.

④전기보안계원은 제3항의 규정에 의한 신호 및 안전장치에 대하여 매월 1회이상 정밀검사를 하고, 그 결과를 보안일지에 기재하여야 한다.

⑤담당보안계원은 권양장치를 설치한 갱도 및 그 궤도에 대하여 이상의 유무를 매주 1회이상 검사하고, 그 결과를 보안일지에 기재하여야 한다.

제2절 일반보안장치

第133조 (브레이크) 수직갱도 및 사갱의 권양기의 브레이크는 어떠한 위치에서나 최대편하의 케이지・바켓・스킵 또는 열차를 즉시 정지시키고 이를 유지할 수 있는 것이라야 한다.

第134조 (안전율) ①사람을 운반하는 수직갱도 및 사갱의 권양장치에서 케이지・인차 또는 바켓을 지지하는 부속품 및 로프를 설치할 때에는 안전율을 최대정하중에 대하여 10이상으로 하여야 하며, 최대총하중에 대하여 5이상으로 하여야 한다.

②물품만을 운반하는 권양장치에서 케이지・바켓・스킵 또는 차량을 받치는 부속품 및 로프를 설치할 때에는 안전율을 최대정하중에 대하여 6이상, 최대총하중에 대하여 3이상으로 하여야 한다.

第135조 (신호장치) ①권양장치가 설치된 수직갱도・사갱등에는 신호장치를 하여야 한다.

②사람을 운반하는 권양장치를 설치한 수직갱도・사갱등의 승강장과 권양기실 사이에는 청음식(전화를 포함한다) 및 그 이상의 것을 포함하는 신호장치를 설치하여야 한다.

③사람을 운반하는 권양장치를 설치한 사갱 및 사도에서는 제2항의 규정에 의한 신호장치의 하나는 사갱 및 사도의 어느 위치에서나 권양기실과 신호할 수 있도록 하여야 한다. 다만, 인차내에서 어느 위치에서나 권양기를 정지시킬 수 있는 장치를 설치할 때에는 그러하지 아니하다.

④담당보안계원 또는 보안관리자가 지정한 광산근로자가 아니면 제3항의 규정에 의한 신호를 하여서는 아니된다. <개정 1999.8.23>

⑤신호선(전화선을 포함한다)은 다른 케이블선 또는 전기기기에 접촉하지 아니하도록 애자로 고정시켜야 하며 전압은 30볼트이하로 하여야 한다.

第136조 (심도지시기) 60킬로와트이상의 동력을 사용하는 권양기실에서는 운전원이 항상 로프에 연속된 열차의 위치를 확실하게 볼 수 있는 심도지시기를 설치하여야 한다.

第137조 (정지장치의 설치) 경사가 진 암석갱도를 굴진할 때에는 작업장부근의 차량 기타 필요한 장소에 광차가 저절로 굴러내리지 아니하도록 안전조치를 하여야 한다.

제3절 사람의 운반등

제138조 (사람을 운반하는 수직갱도의 권양장치) 사람을 운반하는 수직갱도에 권양장치를 설치할 때에는 다음 각호의 규정에 의하여야 한다. 다만, 특별한 사유가 있는 경우로서 사무소장의 승인을 얻은 때에는 그러하지 아니하다.

1. 심도지시기를 설치할 것
2. 권양초과 및 속도초과로 인한 위험을 방지할 수 있는 시설을 갖출 것
3. 정전 기타 동력에 이상이 있을 때에 위험을 방지할 수 있는 시설을 갖출 것
4. 갱구와 가운데층의 승강장등에는 자동 또는 수동인 안전문 기타 추락을 방지할 수 있는 시설을 갖출 것
5. 갱의 바닥과 가운데층의 승강장 양측에 갱도가 있을 때에는 한 쪽 옆에서 다른 쪽 옆으로 통하는 우회통로를 개설할 것
6. 로프는 부식·마모·단선등으로 인하여 제134조제1항의 규정에 의한 안전율의 80퍼센트이하로 감소한 때에는 이를 사용하지 아니할 것
7. 탑승정원수를 승강장 또는 인차내에 게시할 것

제139조 (사갱인차 권양장치등) ①사갱인차 권양장치를 설치할 때에는 제138조제1호 내지 제3호 및 제7호의 규정외에 다음 각호의 사항을 준수하여야 한다.

1. 인차와 갱도의 측면벽·장애물 기타 시설물의 간격의 한쪽을 0.75미터이상, 그 외의 간격은 0.3미터이상으로 할 것
2. 인차의 지붕과 천정 또는 장애물과의 간격을 0.3미터이상으로 할 것
3. 인차의 측면에는 난간 또는 안전고리를 설치할 것
4. 인차에 구급차를 연결할 것
5. 로프소켓·구급차 또는 인차를 연결할 때에는 다음 각목의 예비조치를 갖출 것
   가. 예비고리 또는 로프를 설치
   나. 안전고리를 설치
6. 로프는 부식·마모·단선등으로 인하여 제134조제2항에 규정에 의한 안전율이 80퍼센트이하로 감소한 때에는 이를 사용하지 아니할 것

②제1항제1호 및 제2호의 규정은 기관차에 의하여 사람을 운반할 때에 이를 준용한다.

제140조 (로프의 관리) ①로프는 최장으로 연장한 때에 권동에 최소 3회이상 감겨 있어야 하며, 그 중 1회이상은 동축에 크람프식으로 감겨서 안전하게 결속하여야 한다.

②로프소켓은 6월마다 1회이상 교환하여야 한다. 다만, 상시 사용하지 아니하는 경우에는 보안관리자가 기간을 정하여 사용기간을 연장할 수 있다.

③로프의 방향을 변경시키는 장치는 안전하게 설치하여야 한다.

④다음 각호의 1에 해당하는 로프는 이를 사용하여서는 아니된다.

1. 한 절의 꼬임 사이에서 전체소선중 15퍼센트이상의 소선이 끊어진 것이 나타난 것
2. 부식 또는 만곡이 생긴 것
3. 킹크가 된 부분을 보수하지 아니한 것
4. 각 소선의 지름이 3분의 1이상 닳아 없어진 것

제141조 (사람을 운반하는 권양기의 운전원등) ①사람을 운반하는 권양기의 운전원과 영 제9조제1항제4호에 규정에 의한 운반시설에서 작업하는 광산근로자(이하 "조차원"이라 한다)는 다른 광산근로자가 갱내에 있을 때에는 그 작업장소에서 이탈하여서는 아니된다. <개정 1999.8.23>

②조차원은 사갱인차권양장치 또는 사도인차권양장치가 운전중인 때에는 인차 또는 구급차에 승차하여 인차의 진행방향의 감시 및 신호 기타 인차의 관리를 하여야 하며, 광산근로자가 인차에 승강할 때에는 각 승강장에서 승강에 관한 정리를 하여야 한다. 다만, 인차의 진행방향의 감시에 관하여는 콘크리트 권양갱도로서 보안상 지장이 없을 때에는 그러하지 아니하다. <개정 1999.8.23>

第142조 (인차의 운전속도) 인차는 궤도나 그 밖의 시설에서 시간당 10킬로미터 이하의 속도로 운전하여야 한다.

[전문개정 2007.11.7]

第143조 (인차의 시운전) 사람을 운반하는 권양장치는 8시간이상 사용하지 아니하거나 로프를 교체한 후 다시 광산근로자를 운반하고자 할 때에는 1회이상 시운전을 하여야 한다. 다만, 사갱인차권양장치의 경우에는 운전구간의 일부에 대하여만 시운전할 수 있으며 담당보안계원이 운전구간의 전부를 순회한 때에는 그러하지 아니하다. <개정 1999.8.23>

第144조 (사람과 재료등의 동시운반금지) 사람을 운반할 때에는 기계·기구·재료등을 동일차량으로 운반하여서는 아니된다. 다만, 해당작업에 종사하는 광산근로자가 그 운반에 부득이 동행할 필요가 있는 경우로서 담당보안계원의 승인을 얻은 경우에는 그러하지 아니하다. <개정 1999.8.23>

第145조 (인차의 승강) 광산근로자는 인차가 완전히 정지한 후에 승강하여야 한다. 다만, 조차원이 인차의 조작을 하기 위하여 승강할 때에는 그러하지 아니하다. <개정 1999.8.23>

제4절 기관차등에 의한 운반

第146조 (기관차) ①기관차에는 다음 각호의 기구등을 비치하여야 한다. 다만, 제1호의 기구는 기관차외의 적절한 장소에 배치할 수 있다.

1. 차량의 탈선복구용의 기구
2. 경보기
3. 헤드라이트

②기관차에는 다음 각호의 시설을 갖추어야 한다.

1. 운전원이 기계적 동작으로 직접 사용할 수 있는 제동장치
2. 궤조에 모래를 뿌릴 수 있는 장치
3. 경종장치
4. 운전원의 좌석
5. 운전원이 상체를 내밀지 아니하고 운전과 동시에 전면을 바라보며 동작시킬 수 있는 제어장치

第147조 (열차의 후진금지) 주요운반갱도에서 기관차에 의하여 열차를 운반할 때에는 기관차를 후진하여서는 아니 된다. 다만, 다음 각 호의 경우에는 그러하지 아니하다. <개정 1999.8.23, 2007.11.7>

1. 조차장에서 조차할 때
2. 특별한 사유로 인하여 해당 광산근로자의 유도에 의하여 시간당 3킬로미터 이하의 속도로 운전할 때
3. 기관차의 구조상 부득이한 경우로서 위험의 염려가 적을 때

第148조 (열차의 후미등 등) ①야간 또는 갱내에서 기관차에 의하여 열차를 운전할 때에는 후미등을 비치하여야 한다.

②권양장치를 설치한 사갱의 분기점에서 차량을 분리할 때에는 경보 기타 방법에 의하여 위험을 방지하여야 한다.

第149조 (사람의 운반금지) 사람을 운반하는 시설외의 시설에 의하여 사람을 운반하여서는 아니된다. 다만, 운전에 관계되는 자의 경우에는 그러하지 아니하다.

第150조 (운행 중인 차량의 승강금지 <개정 2007.11.7>) 광산근로자는 운행 중인 차량에 승강하여서는 아니 된다. 다만, 조차원이 조작상 필요에 의하여 시간당 3킬로미터 이하의 속도로 운행 중인 때에는 그러하지 아니하다. <개정 1999.8.23, 2007.11.7>

第151조 (조차원의 준수사항) 조차원은 로프소켓, 광차의 링, 핀등의 이상유무를 항상 검사하여야 하며, 각 광차의 완전한 연결을 확인한 후 운전신호를 하여야 한다.

第152조 (내연기관의 사용) ①광산에서 다음 각호의 1의 차량등을 사용하고자 할 때와 사용기간을 연장하고자 할 때에는 사무소장의 승인을 얻어야 하며, 다음 각호의 1의 차량등의 사용을 폐지하고자 할 때에는 사무소장에게 신고하여야 한다. <개정 1999.8.23>

1. 내연기관차
2. 제162조의 규정에 의한 내연기관의 차량계광산기계 및 자동차

②갑종탄광에서 사용되는 기관차는 방폭형으로 하여야 한다. 다만, 작업장소에서 300미터이상 떨어져 있고, 작업장을 거친 공기가 통과하지 아니하는 갱도에서 운행되는 경우로서 사무소장의 승인을 얻은 경우에는 그러하지 아니하다.

③경사 150분의 1이상의 갱도에서는 기관차로 운행하여서는 아니된다.

④제1항의 규정에 의한 사용승인을 얻고자 하는 자는 별지 제22호서식의 신청서에 다음 각호의 서류를 첨부하여 사무소장에게 제출하여야 한다. <개정 1999.8.23>

1. 내연기관 또는 장비제원 1부
2. 배출가스인정서 1부
3. 정화장치의 인정서 1부(갱내에서 사용하는 경우에 한한다)
4. 내연기관 및 장비사용계획서(보안관리대책에 포함한다)
5. 내연기관사용장소 작업도면 1부
6. 통기계통도(평 · 단면) 및 통기시설설치도 1부(갱내에서 사용하는 경우에 한한다)

⑤사무소장은 제1항의 규정에 의한 사용승인신청 또는 연장승인신청이 있는 경우에는 다음 각호의 사항을 검토하여 보안상 지장이 없는 범위안에서 사용구간 및 기간을 정하여 이를 승인하여야 한다. 다만, 제1호 내지 제4호의 사항은 제1항 각호의 차량등을 갱내에서 사용하고자 하는 경우에 한한다. <개정 1999.8.23>

1. 제48조의 규정에 의한 갱내공기의 유지상태
2. 제49조의 규정에 의한 유해가스의 조치 여부
3. 제55조제4항의 규정에 의한 갱내 통기량의 적정성
4. 제168조의 규정에 의한 사용갱도의 적정성
5. 제1항 각호의 규정에 의한 차량등에서 발생되는 매연이 25퍼센트이하인지 여부
6. 기타 보안상 필요한 사항

⑥사무소장은 제1항의 규정에 의한 사용승인 또는 연장승인을 하는 경우에는 승인기간을 2년이하로 하여야 한다. <개정 1999.8.23>

⑦사무소장은 제1항 각호의 규정에 의한 내연기관의 사용구간의 갱내공기중 유해가스가 제49조의 규정에 의한 기준치이상으로 검출되는 등 보안상 위해의 우려가 있다고 인정되는 경우에는 사용중지를 명할 수 있다.

⑧광업권자 또는 조광권자는 제1항의 규정에 의하여 사용승인 또는 사용기간연장의 승인을 얻은 차량등의 사용승인서를 당해차량등에 항시 비치하여야 한다. <신설 1999.8.23>

⑨제1항의 규정에 의한 연장승인신청서는 별지 제23호서식, 폐지신고서는 별지 제24호서식에 의하며, 제5항의 규정에 의한 사용승인서 또는 연장승인서는 별지 제25호서식에 의한다.

第152조의2 (광산용차량등의 성능검사) ①제162조의 규정에 의한 차량계광산기계 및 자동차를 사용하는 광업권자 또는 조광권자는 2년마다 영 제34조제2항 및 제47조제2항의 규정에 의하여 대한광업진흥공사가 실시하는 성능검사를 받아야 한다. 다만, 「건설기계관리법」 제13조제1항제2호의 규정에 의한 정기검사를 받은 건설기계에 대하여는 그 유효기간동안 성능검사를 면제할 수 있다. <개정 2007.11.7>

②제1항의 규정에 의한 성능검사의 절차·방법 기타 필요한 사항은 대한광업진흥공사가 지식경제부장관의 승인을 얻어 이를 정한다. <개정 2008.3.3>

[본조신설 1999.8.23]

第153조 (궤조의 규격) 6톤이하의 기관차에는 15킬로그램이상의 궤조를 사용하여야 하며, 10톤이하의 기관차에는 20킬로그램이상의 궤조를 사용하여야 한다.

第154조 (운전의 제한) ①담당보안계원이 배치한 운전원 또는 보수·유지·시험작업을 지시받은 자가 아니면 권양기 또는 기관차를 운전하여서는 아니된다.

②기관차의 운전원이 기관차로부터 떠날 때에는 다른 사람이 운전할 수 없도록 조치하여야 한다.

第155조 (운전원의 준수사항) 기관차의 운전원은 다음 각호의 사항을 준수하여야 한다.

1. 가공선식전기기관차의 포오르를 역으로 하여 운전하지 아니할 것
2. 엔드레스권양기운반을 제외하고는 광차·로프등이 움직이고 있는 동안에 연결·분리를 하지 아니할 것. 다만, 열차의 조작방식상 부득이한 경우로서 보안관리자의 지시에 의할 경우에는 그러하지 아니하다.
3. 차량을 정지시킨 때에는 저절로 굴러내리지 아니하도록 안전조치를 할 것

第156조 (긴 물건의 운반) 궤조·갱목·철판등 긴 물건을 운반할 때에는 기관차와 적재차량사이에 최소한 1량의 차량을 연결하여야 한다.

第157조 (축전차충전실의 관리) 축전차의충전실에서는 다음 각호의 사항을 준수하여야 한다.

1. 지정된 장소외에는 축전지의 충전 또는 변형을 하지 아니할 것
2. 충전실에는 방화용품을 비치할 것
3. 충전실에서 10미터이내의 장소에 전기안전등 또는 휘발유안전등외의 등화를 접근시켜서는 아니되며, 충전실입구에 그 뜻을 게시할 것

第158조 (컨베이어의 관리) 컨베이어로 광석 또는 석탄을 운반할 때에는 다음 각호의 사항을 준수하여야 한다.

1. 누구든지 운전중 컨베이어에 편승하지 아니할 것
2. 경사가 진 컨베이어로 광석 또는 석탄을 운반할 때에는 떨어지지 아니하도록 적절한 시설을 할 것
3. 30미터를 초과하는 컨베이어의 운전갱도에서는 적절한 지점에서 운전원에게 알릴 수 있는 신호장치를 할 것

第159조 (광차의 장비) ①광차는 그 차함보다 강한 범퍼를 사용하여야 하며, 2대의 광차가 연결된 때에는 최소 25센티미터의 간격을 유지하도록 하여야 한다.

②옆으로 넘길 수 있는 광차는 저절로 넘어지는 일이 없도록 안전장치를 하여야 한다.

第160조 (인력운반시의 광차거리) 동일궤도상을 인력으로 운반하는 광차사이의 거리는 10미터이상을 유지하여야 한다.

第161조 (수평갱도의 경사) 수평운반갱도의 경사는 100분의 1이하로 하여야 한다.

제5절 차량계광산기계 및 자동차

제162조 (차량계광산기계 및 자동차의 범위) 제152조제1항제2호의 규정에 의하여 사무소장의 승인을 얻어야 하는 내연기관의 차량계광산기계 및 자동차(이하 "차량계광산기계 및 자동차"라 한다)는 별표 2와 같다.

제163조 (차량계광산기계 및 자동차의 점검) ①차량계광산기계 및 자동차를 관리하는 담당보안계원은 다음 각 호의 사항을 주 1회이상 점검하여 그 결과를 보안일지에 기재하여야 한다.

1. 제동기의 압력 및 작동상태
2. 주유・누유 및 누기상태
3. 브레이크・클러치 기타 안전장치의 이상유무
4. 로프 및 체인의 손상유무
5. 조작장치의 작동상태
6. 기타 보안상 필요한 사항

②차량계광산기계 및 자동차에 이상이 발견된 경우에는 사용을 중지하고 즉시 담당보안계원에게 보고하여 필요한 지시를 받아야 한다.

제164조 (운전원의 준수사항) ①차량계광산기계 및 자동차의 운전원은 다음 각호의 사항을 준수하여야 한다.

1. 작업전 장비의 안전점검을 실시하여 이상이 없음을 확인한 후 조작 및 운전을 할 것
2. 갱내 및 갱외작업장의 분기점과 굴곡지점 및 주요시설물 부근을 운행할 때에는 일단정지 또는 서행할 것
3. 시계가 불량한 구역을 운행하는 경우에는 경적을 울리는 등 적절한 신호를 하여야 하며 서행할 것
4. 시계가 5미터이내로 불량한 경우에는 기계의 조작 및 운전을 하지 아니할 것
5. 차량계광산기계 및 자동차에는 탑승정원과 적재물의 제한중량을 초과하지 아니할 것
6. 담당보안계원으로부터 지시받은 작업외의 작업을 금할 것

②운전원이 운전석을 이석하고자 할 때에는 다음 각호의 사항을 준수하여야 한다.

1. 바켓・디퍼등은 지상에 내릴 것
2. 원동기는 중지시키고 브레이크 장치를 작동시킨 후 저절로 굴러내리지 아니하도록 안전조치를 할 것
3. 다른 사람이 조작 및 운전할 수 없도록 원동기의 시동열쇠는 본인이 휴대하거나 담당보안계원에게 인계할 것
4. 기타 필요한 조치를 취하고 담당보안계원에게 보고한 후 이석할 것

제165조 (광산근로자의 준수사항 <개정 1999.8.23>) 차량계광산기계 및 자동차로 작업하는 장소에서 같이 작업하는 광산근로자는 다음 각호의 사항을 준수하여야 한다. <개정 1999.8.23>

1. 시계가 불량한 작업장에 종사하는 광산근로자는 야광표시를 한 작업복을 착용하는 등 식별이 쉽도록 할 것
2. 기계의 조작 및 자동차가 운행중인 갱내는 보안계원의 승낙을 받지 아니하고 무단으로 통행하지 아니할 것
3. 작업중인 차량계광산기계 및 자동차에 접근을 금할 것
4. 운전원외에는 기계・장비 및 자동차에 편승하지 아니할 것. 다만, 담당보안계원의 승인을 얻어 운전원을 보조하거나 기타 안전점검을 위한 경우에는 그러하지 아니하다.

제166조 (위해의 방지) ①차량계광산기계 및 자동차로 작업하는 장소에는 당해작업과 관련이 없는 광산근로자를 출입시켜서는 아니된다. <개정 1999.8.23>

②노변・경사지 및 주요시설물 부근에서 작업하는 경우에는 별도의 보조원을 배치하여야 한다.

③작업이 종료된 차량계광산기계 및 자동차는 갱외 또는 기타 안전한 장소로 이동하여야 한다.

제167조 (광산도로에서의 준수사항) ①광산도로라 함은 광업권자 또는 조광권자가 직접 개설하거나 사용하는 도로로서 광구내의 국도 및 지방도로부터 채광장까지의 도로를 말한다.

②차량계광산기계 및 자동차를 사용하는 광산도로에서는 다음 각 호의 사항을 준수하여야 한다. <개정 1999.8.23, 2007.11.7>

1. 주행에 필요한 안전한 노면을 유지할 것
2. 도로의 폭은 주행차량 최대폭의 1.2배이상을 유지할 것
3. 도로의 사각지점 또는 교차지점 및 급경사지점등에는 안전표시판을 설치할 것
4. 추락의 위험이 있는 광산도로에는 추락방지시설을 설치할 것
5. 차량이 교행할 수 있도록 폭은 주행차량 최대폭의 2.5배 이상이고 길이는 20미터 이상인 교행지점을 도로 1킬로미터마다 1개소 이상 설치할 것
6. 결빙에 대비하여 모래함등 안전시설을 설치할 것
7. 먼지가 발생하는 도로에는 먼지의 날림방지시설을 설치할 것

제168조 (차량계광산기계 및 자동차를 사용하는 갱도에서의 준수사항) 차량계광산기계 및 자동차를 사용하는 갱도에서는 다음 각 호의 사항을 준수하여야 한다. <개정 2007.11.7>

1. 주행에 필요한 안전한 노면을 유지할 것
2. 갱도측벽·천정 및 장애물과 차량사이는 적당한 안전간격을 유지할 것
3. 갱도의 분기점등 필요한 장소에는 신호기·조명등 보안시설을 설치할 것
4. 갱구에는 차량계광산기계 및 자동차를 사용하는 갱도임을 표시하는 표시판을 설치할 것
5. 갱도에는 차량의 교행지점 및 대피소를 설치할 것

제7장 갱내통로 및 작업장의 환경

제1절 갱내통로

제169조 (연결통로) ①석탄광산에서는 그 심부에 연결되는 2개이상의 통로로 지표에 연결되어야 한다.

②제1항의 통로는 보행하는 데에 불편이 없도록 간격을 유지하여야 한다. 다만, 다음 각 호의 시설이 설치된 경우에는 그러하지 아니하다. <개정 2007.11.7>

1. 권양장치에 의하여 사람을 승강시키는 수직갱도 또는 사갱
2. 사다릿길이 개설되어 있는 수직갱도 또는 경사 40도이상의 사갱

③제1항 및 제2항의 규정은 처음 갱을 사용할 때에 사무소장의 승인을 얻은 경우에는 이를 적용하지 아니한다.

제170조 (갱도) 다음 각호의 1에 해당하는 갱도에서는 그 측면벽 또는 장애물에서 가장 가까운 기관차·광차 또는 컨베이어와 간격의 한쪽을 0.75미터이상으로 하여야 하며 기타의 간격을 0.3미터이상으로 하여야 한다. 다만, 풍문·굴러내림방지시설 등이 설치된 곳 또는 특별한 사유가 있는 경우에 사무소장의 승인을 얻은 곳에 대하여는 그러하지 아니하다.

1. 권양차도 또는 주요 컨베이어가 항상 운행하는 갱도
2. 기관차가 항상 운행하는 궤도가 설치된 갱도
3. 차량이 저절로 굴러내릴 위험이 있는 궤도가 설치된 갱도

제171조 (차도통행의 금지) 제170조 각호의 규정에 의한 갱도는 통행용으로 사용하여서는 아니된다. 다만, 궤도의 한쪽에 보도를 개설하거나 적절한 간격으로 대피소를 설치한 경우에는 그러하지 아니하다.

第172조 (횡단로) 컨베이어의 폭이 넓거나 천정이 낮아 위험성이 있는 장소로서 컨베이어를 횡단하여야 할 곳에는 횡단로를 개설하여야 한다.

第173조 (추락방지) ①수직갱도 또는 경사 40도이상의 사갱에서는 그 갱구 및 다른 갱도와 교차하는 지점에는 표지·울타리 기타 추락을 방지하는 시설을 설치하여야 한다.

②수직갱도 또는 경사 40도이상의 사갱의 내부 또는 수직갱도에서 작업할 때에는 허리에 밧줄을 매는 등 추락방지조치를 하여야 한다.

③불필요한 수직갱도 또는 경사 40도이상의 사갱에는 갱구의 폐쇄 기타 추락을 방지하는 시설을 설치하여야 한다.

④수직갱도 또는 경사 40도이상의 사갱내에서 작업할 때에는 토석등의 낙하·붕락등으로 인한 위험을 방지하는 시설을 설치하여야 한다.

第174조 (사다릿길) 갱내에 경사 40도이상의 사다릿길을 개설할 때에는 다음 각호의 규정에 의한 구조로 하여야 한다. 다만, 특별한 사유가 있는 경우로서 사무소장의 승인을 얻은 때에는 그러하지 아니하다.

1. 사다리는 갱벽과 적절한 간격을 두고 경사는 80도이하로 할 것
2. 길이 15미터이상의 사다릿길에는 10미터마다 중간발판을 마련할 것
3. 사다리는 그 상단을 0.6미터이상 올라가게 만드는 등 적절한 시설을 할 것
4. 사다릿길위에 권양장치를 한 때에는 판자등으로 사이벽을 설치할 것
5. 발판은 동일간격으로 만들 것
6. 사다리의 위치를 안전하게 고정시키는 적절한 조치를 강구할 것

第175조 (통행차단) 사용하지 아니하는 갱도에는 출입을 금지하는 표시를 하여야 하며, 울타리 기타 통행차단 시설을 설치하여야 한다.

第176조 (통행표시) 갱내에서는 통행갱도의 분기점 기타 필요한 곳에 갱도의 명칭을 게시하고 출구의 방향을 표시하여야 한다.

第177조 (위험표시) 통행갱도에서 수리 등으로 인하여 통행하기에 위험한 장소에는 적색전등·경계표시 기타 적절한 방법에 의한 표시를 하여야 한다.

제2절 작업장의 환경

第178조 (작업환경) 광업권자 또는 조광권자는 다음 각호의 작업장에서 먼지의 날림, 소음, 진동, 온도 및 습도를 측정하여야 한다. <개정 1999.8.23>

1. 갱내 굴진·채광작업장 및 운반갱도
2. 갱내사무실·수리실·충전실·양수기실·권양기실 기타 갱내 광산근로자의 주요 작업장소
3. 선광장·선탄장·파쇄장·수리실·사무실등 갱외의 옥내시설

第179조 (먼지의 날림에 대한 조치 <개정 1999.8.23>) ①광업권자 또는 조광권자는 굴진작업·채광작업·운반작업·선광작업·제련작업등을 하는 장소에 대한 먼지의 날림 측정결과 총먼지량이 제50조의 규정에 의한 기준치이상인 경우에는 작업장을 습식화 또는 집진화하거나 살수장치 또는 먼지의 확산방지조치를 하여야 한다. <개정 1999.8.23>

②제1항의 먼지가 많이 발생하는 작업장에서 근무하는 광산근로자는 방진마스크등 보호장구를 착용하여야 한다. <개정 1999.8.23>

第180조 (소음 및 충격소음발생에 대한 조치) ①광업권자 또는 조광권자는 작업장의 소음과 충격소음을 측정한 결과 제51조의 규정에 의한 기준치이상이 되는 경우에는 소음 및 충격소음을 감소시킬 수 있는 조치를 하여야 한다.

②제1항의 소음과 충격소음이 크게 발생되는 작업장에서 작업하는 광산근로자는 소음 및 충격에 노출되는 것을 방지하기 위하여 귀마개등 보호장구를 착용하여야 한다. <개정 1999.8.23>

第181조 (갱내온도의 강하조치등) ①광업권자 또는 조광권자는 광산근로자의 작업장소의 온도가 섭씨 30도이상인 경우에는 에어콘의 설치등 온도를 낮추기 위한 조치를 하여야 한다. <개정 1999.8.23>

②섭씨 30도이상인 작업장소에서 채광·굴진등의 작업을 하는 광산근로자에 대하여는 적당한 휴식을 취하도록 하여야 한다. 다만, 차량계광산기계 및 자동차의 운전·조정작업, 양수작업, 권양기운전작업, 기관차운전작업(축전차를 포함한다), 기계류의 조정 및 수리작업등의 단순한 가벼운 작업에 근무하는 광산근로자에 대하여 계속 작업을 하게 할 수 있다. <개정 1999.8.23>

第182조 (작업환경의 측정) ①광업권자 또는 조광권자는 제178조의 규정에 의한 작업환경을 6월마다 1회이상 측정하여야 한다. <개정 1999.8.23>

②영 제40조의 규정에 의하여 광업권자 또는 조광권자는 제1항의 규정에 의한 측정결과 보안상 위험이 있는 때에는 사무소장에게 보고하여야 한다.

③제2항의 규정에 의한 보고를 받은 사무소장은 작업환경이 기준에 부적합한 광산의 광업권자 또는 조광권자에 대하여는 작업환경을 개선하도록 조치하여야 한다.

④제1항에 따른 작업환경의 측정은 대한광업진흥공사 또는 「산업안전보건법」 제42조제4항에 따른 지정측정기관에 의뢰하여 실시할 수 있다. <신설 1999.8.23, 2007.11.7>

第183조 (갱내의 통신시설) 수직갱도 또는 사갱의 갱구·갱저 또는 주요운반갱의 분기점 및 주요작업구역에는 전화장치를 설치하여야 한다.

第184조 (고기압하의 작업금지) 2기압이상의 고기압하에서는 채굴작업을 하게 하여서는 아니된다. 다만, 특별한 사유가 있는 경우로서 사무소장의 승인을 얻은 때에는 그러하지 아니하다.

第185조 (갱내의 인원파악) 광업권자 또는 조광권자는 갱내에서 작업중인 광산근로자의 인원수·성명 및 작업상황을 갱외사무실에서 파악할 수 있도록 하여야 한다. <개정 1999.8.23>

제8장 화재

제1절 갱내 화재의 방지

第186조 (방화시설등) ①갱내의 권양기실·압축기실·양수실·선풍기실·변전시설의 설치장소와 갱내사무실은 방화구조로 하여야 하며 소화시설을 갖추어야 한다.

②제1항의 규정에 의한 변전시설은 통기가 양호한 곳에 설치하여야 한다.

③갱내의 기름류 저장장소, 주요변전시설의 설치장소, 주요 유입개폐기실, 충전실 및 수리실은 내화구조로 하여야 하며 소화시설을 갖추어야 한다.

④제1항의 규정에 의한 변전시설의 설치장소와 제3항의 규정에 의한 장소에서 가연성기름을 사용하는 전기설비를 사용할 때에는 유출되는 기름을 흡수시키기 위하여 모래를 깔아주는 등 적절한 조치를 하여야 한다.

⑤제3항의 규정에 의한 주요 변전시설의 설치장소에는 독립된 통기시설을 설치하여야 한다. 다만, 특별한 사유가 있는 경우로서 사무소장의 승인을 얻은 때에는 그러하지 아니하다.

⑥제1항 내지 제3항의 규정에 의한 장소외에도 기타 필요한 장소에는 소화시설을 갖추어야 한다.

第187조 (방화구조와 내화구조) ①방화구조는 불연성 재질의 판등으로 덮은 구조로 하여야 한다.

②내화구조는 콘크리트·벽돌등의 불연성물질로 견고하게 축조한 것으로 하여야 한다.

第188条 (소화시설의 설치) ①소화시설을 설치할 때에는 다음 각호의 규정에 의하여야 한다.

1. 소화기, 건조한 모래 또는 돌가루등을 비치할 것
2. 필요한 경우에는 배수관・살수관 또는 압기관으로 물을 뿌릴 수 있도록 할 것
3. 주요전기설비의 부근에는 전기화재용의 소화시설을 설치할 것

②담당보안계원은 제1항의 규정에 의한 소화시설중 갱내에 설치한 소화설비를 매월 1회이상 정기적으로 검사하고, 그 결과를 보안일지에 기록하여야 한다.

第189条 (기름류의 보관등) 갱내에서 기름류는 뚜껑이 붙은 불연성 밀폐용기에 보관 또는 저장하여야 한다.

第190条 (갱구부근의 방화시설) 입기갱구에서 30미터이내에 있는 갱외건물에는 방화시설을 하여야 한다.

第191条 (갱구부근의 방화지대) 산림화재로부터 갱내를 보호하기 위하여 필요한 때에는 주요 입기갱구에서 30미터이내에 있는 수목을 제거하는 등 적절한 방법에 의하여 갱구부근에 방화지대를 설치하여야 한다.

第192条 (불의 사용금지구역 <개정 1999.8.23>) 갑종탄광에서는 갱구주위에 적절한 범위의 불의 사용금지구역을 설정하여야 한다. 다만, 보안관리자가 위험의 염려가 없다고 인정할 때에는 그러하지 아니하다. <개정 1999.8.23>

제2절 갱외에서 불의 취급 <개정 1999.8.23>

第193条 (갱외의 건축물) 갱외의 건축물을 신축 또는 변경할 때에는 다음 각호의 규정에 의하여야 한다.

1. 주요 건축물사이에는 방화 및 피난에 필요한 간격을 둘 것
2. 각층의 바닥의 면적의 합계가 660제곱미터이상 3천300제곱미터미만인 것은 그 외벽을 준내화구조로 하여야 하며, 각층의 바닥의 면적의 합계가 3천300제곱미터이상인 것은 외벽과 지붕을 불연성재료로 시공할 것

第194条 (방화시설) 화로・가열장치・연통 기타 화재가 발생할 위험성이 많은 시설 및 건축물 사이에는 방화상 필요한 간격을 두거나 가열성물질을 차열재료로 방호하여야 한다.

第195条 (안전등실) ①안전등 또는 간이가연성가스검정기를 사용할 때에는 안전등실을 설치하여야 한다.

②제1항의 안전등실은 다음 각호의 규정에 따라 설치하여야 한다. <개정 1999.8.23>

1. 실내에 불의 사용금지구역을 설정할 것
2. 축전지로부터 발생하는 가연성가스가 실내에 정체하지 아니하는 구조로 할 것
3. 휘발유를 주입하는 작업장소는 다른 작업장소와 구별할 것

第196条 (연도와 연통) ①연도 또는 연통을 설치할 때에는 다음 각호의 규정에 의하여야 한다.

1. 청소와 검사를 용이하게 할 수 있는 구조로 할 것
2. 건축물을 관통하는 부분은 열을 차단하는 재료로 설치할 것
3. 연도 또는 연통의 출구는 건축물에서 1미터이상의 거리를 둘 것

②연도 또는 연통은 연료의 종류 및 사용량에 따라 정기적으로 청소하여야 한다.

第197条 (인화성 물질의 저장등) ①갱외의 기름류 기타 인화성물질의 저장소는 다른 건축물 또는 갱구에서 적절한 간격을 두어야 한다.

②제1항의 규정에 의한 기름류 기타 인화성물질은 밀폐용기에 저장하여야 한다.

第198조 (회사장) ①회사장은 다른 건축물에 연소의 위험성이 없는 위치에 불연성의 재료를 사용하여 설치하여야 한다.
②회사장은 이를 알아볼 수 있도록 표시를 하여야 한다.

第199조 (불의 사용장소) 갱외의 흡연장소・난로 기타 불을 사용하는 장소에는 화재방지에 필요한 시설을 설치하여야 한다. <개정 1999.8.23>

第200조 (불씨의 처리) 불을 사용한 광산근로자는 불씨의 처리를 철저히 하여야 한다. <개정 1999.8.23>

제9장 갱외시설과 배수시설등 <개정 1999.8.23>

제1절 갱외작업장 <>

第201조 (설치조건) 티푸라와 선광장은 입기갱구에 근접하여 설치하여서는 아니된다. 다만, 갱내에 먼지가 들어가지 아니하는 시설을 한 경우에는 그러하지 아니하다. <개정 1999.8.23>

第202조 (청소) ①티푸라 부근에 선광장내에 쌓인 먼지는 정기적으로 청소하여야 한다. <개정 1999.8.23>
②티푸라로부터 다량의 먼지가 발생할 때에는 물을 뿌리는 등 적절한 조치를 하여야 한다. <개정 1999.8.23>

제2절 보일러

第203조 (설치장소) 보일러는 전용건물 또는 구분된 장소에 설치하여야 한다. 다만, 이동식보일러의 경우에는 그러하지 아니하다.

第204조 (보일러의 설치) 보일러를 설치할 때에는 다음 각호의 규정에 의하여야 한다.
1. 검사에 필요한 사다릿길 또는 통로를 개설할 것
2. 안전판을 비치할 것
3. 압력계를 비치할 것
4. 2개이상의 유리수면계를 비치할 것
5. 흡출판 또는 흡출콕크를 설치할 것
6. 예비급수장치를 설치할 것

第205조 (보일러의 청소) 보안계원이 보일러의 내부를 청소할 때에는 다음 사항을 지켜야 한다.
1. 환기가 잘 되도록 조치할 것
2. 증기압을 가진 보일러에 연결된 관을 완전히 차단할 것

제3절 압축기

第206조 (압축기의 설치등) ①압축기를 설치할 때에는 다음 각호의 규정에 의하여야 한다.
1. 안전판을 비치할 것
2. 압력계를 비치할 것
3. 레시바는 정기적으로 분출청소를 할 것
4. 실린더・밸브・중간냉각기 및 스톱레시바는 정기적으로 청소할 것
5. 실린더에는 적절한 윤활유를 사용할 것
②압축기에 흡입되는 공기에는 먼지등 이물질이 없도록 하여야 한다. <개정 1999.8.23>

제207조 (검사) 담당보안계원은 압축기의 실린더·온도·안전판의 이상유무에 관한 사항 기타 보안상 필요한 사항을 매주 1회이상 검사하고, 그 결과를 보안일지에 기재하여야 한다.

제4절 아세틸렌용접장치

제208조 (발생기실의 위치) ①아세틸렌발생기(이하 이 절에서 "발생기"라 한다)는 전용의 발생기실내에 설치하여야 한다. 다만, 이동식발생기의 경우에는 그러하지 아니하다.

②제1항의 규정에 의한 발생기실은 불을 사용하는 시설에서 안전에 필요한 거리만큼 떨어진 장소에 설치하여야 한다. <개정 1999.8.23>

제209조 (발생기실의 구조) 발생기실의 구조는 다음 각호의 규정에 의하여야 한다. 다만, 특별한 사유가 있는 경우로서 사무소장의 승인을 얻은 때에는 그 일부에 대하여는 그러하지 아니하다.

1. 벽은 불연성의 재료를 사용하여 다음의 각목의 구조 또는 이와 동등이상의 강도를 가진 구조로 할 것
   가. 두께 40센티미터이상의 철근콘크리트 구조
   나. 두께 1.5밀리미터이상의 철판구조로 된 철골
   다. 금속판 또는 모르타르칠을 한 두께 30밀리미터이상의 목골
2. 지붕 및 천정에는 얇은 철판 또는 가벼운 불연성의 재료를 사용할 것
3. 바닥면적의 16분의 1이상의 단면적을 가진 배기통을 지붕으로 나오게 하여야 하며, 지붕으로 나온 배기구 부분은 창·출입구등에서 1.5미터이상 떨어지도록 할 것
4. 출입구의 문은 1.5밀리미터이상의 철판을 사용하거나 이와 동등이상의 강도를 가진 구조로 할 것
5. 벽과 발생기사이에는 발생기의 조정 또는 카바이트의 수송등의 작업을 방해하지 아니하도록 간격을 유지할 것

제210조 (용접장치의 설치) 아세틸렌용접장치를 설치할 때에는 다음 각호의 규정에 의하여야 한다. <개정 1999.8.23>

1. 발생기실에는 담당보안계원 또는 당해광산근로자외의 출입을 금지하고 표시를 할 것
2. 발생기의 가스배출구에는 안전기를 설치할 것
3. 발생기로부터 5미터이내 또는 안전기실로부터 3미터이내의 장소에서는 흡연, 불의 사용 기타 불꽃을 일으킬 염려가 있는 행위를 금지하고 경계표시를 할 것
4. 가스통에는 산소용과 아세틸렌용의 구별을 명확히 할 것
5. 용접장치의 설치장소 및 사용장소에는 적절한 소화시설을 할 것
6. 용접작업을 위하여 보호안경 및 보호장갑을 비치할 것
7. 발생기·안전기·청정기·도관등에서 아세틸렌이 접촉할 염려가 많은 부분에는 구리를 사용하지 아니할 것

제211조 (지시사항) 기계보안계원은 아세틸렌용접작업 또는 아세틸렌용접장치의 취급에 관하여 당해광산근로자에게 다음 각호의 사항을 지시하여야 한다. <개정 1999.8.23>

1. 용접작업중에는 보호안경 및 보호장갑을 사용할 것
2. 용접장치의 가스의 누출을 검사할 때에는 비눗물을 사용하는 등 안전한 방법에 의할 것
3. 용접장치내에 있는 물의 동결을 방지하기 위하여 보온 또는 가온할 때에는 온수 또는 증기를 사용하는 등 안전한 방법에 의할 것
4. 발생기의 위에 물건을 놓지 아니할 것

제212조 (준수사항) 담당보안계원 또는 해당광산근로자는 아세틸렌용접작업을 하거나 아세틸렌용접장치를 취급할 때에는 다음 각호의 사항을 준수하여야 한다. <개정 1999.8.23>

1. 발생기를 사용중일 때에는 불꽃이 생길 염려가 있는 공구 및 재료를 사용하거나 기타 발생기에 충격을 가하는 행위를 하지 아니할 것
2. 용접작업을 시작하고자 할 경우 용접장치의 각 부분을 검사하여 발생기내에 공기와 아세틸렌과의 혼합가스를 제거할 것
3. 발생기의 사용을 일시 휴지한 경우에 남아 있는 카바이트로 인하여 아세틸렌이 발생할 염려가 있는 때에는 수실의 수위를 적절히 조절할 것
4. 발생기를 수리・운반 또는 보관하거나 사용을 장기간 휴지할 때에는 아세틸렌과 카바이트를 제거하여야 하며, 이동식발생기인 경우에는 발생기를 분리할 것
5. 이동식발생기를 고온인 장소에 방치하지 아니할 것
6. 안전기는 용접작업중 용이하게 수위를 확인할 수 있는 장소에 놓아야 하며, 작업계속중에는 1일1회이상 검사할 것
7. 발생기로부터 5미터이내 또는 발생기실로부터 3미터이내의 장소에서는 흡연, 불의 사용 기타 불꽃을 일으킬 염려가 있는 행위를 하지 아니할 것
8. 카바이트관을 개봉할 때에는 충격 기타 불꽃을 일으킬 염려가 있는 행위를 하지 아니할 것
9. 이동식발생기에 카바이트를 넣을 때에는 안전한 장소에서 행할 것
10. 카바이트의 재는 아세틸렌이 발생하지 아니하게 될 때까지 쇠조리에 넣어 두거나 안전한 장소에서 적절히 처리할 것
11. 폭발성물질・발화성물질・인화성물질등 가연성물질이 있는 부근에서 용접작업을 하지 아니할 것
12. 알콜・휘발유・타르류・기름류・유산등을 넣었던 용기를 용접 또는 절단할 때에는 세척을 한 후에 작업을 할 것

제5절 기중기

제213조 (브레이크) 기중기의 권양장치에는 적절한 브레이크시설을 하여야 한다.

제214조 (기준초과 권양의 방지) 기중기를 안전한 높이이상 권양하는 것을 방지하기 위하여 적절한 안전장치를 설치하여야 한다.

제215조 (로프의 안전율) 기중기의 권양용로프의 안전율은 최대정하중에 대하여 6이상으로 하여야 한다.

제216조 (신호법) 기중기의 운전을 위하여 적절한 신호법을 정하여야 한다.

제217조 (승강 및 통행시설) ①기중기의 운전대 기타 광산근로자가 승강하여야 할 부분에는 안전한 사다리 기타 승강시설을 하여야 한다. <개정 1999.8.23>

②기중기의 청소・주유・검사등을 위하여 통행을 요하는 곳에는 안전한 통행시설을 하여야 한다.

제218조 (기중기의 제한하중 게시) 기중기의 제한하중을 적절한 위치에 게시하여야 한다.

제219조 (준수사항) 기중기운전은 다음 각호의 사항을 준수하여야 한다.

1. 운전전에 필요한 검사를 할 것
2. 담당보안계원의 지시를 받아 시험하중까지 부하시킬 때를 제외하고는 제한하중을 초과하여 부하시키지 아니할 것
3. 하중을 가한 상태에서 운전대를 떠나지 아니할 것

4. 운전중 청소·주유 또는 검사를 하지 아니할 것
5. 기중기를 사용하지 아니할 때에는 굴러내리거나 넘어지지 아니하도록 적절한 조치를 할 것

第6절 가공삭도

第220条 (안전율) 가공삭도의 안전율은 장력과 굽힘응력에 대하여 4이상으로 하여야 한다.

第221条 (경사) 가공삭도의 경사는 크림푸를 사용하는 가공삭도에서는 45도이하로 하여야 한다. 다만, 특별한 사유가 있는 경우로서 사무소장의 승인을 얻은 경우에는 그러하지 아니하다.

第222条 (바켓의 고도) 바켓의 하단은 정류장외의 장소에서는 지표면에서 5미터이상의 높이로 하여야 한다. 다만, 특별한 사유가 있는 경우로서 사무소장의 승인을 얻은 경우에는 그러하지 아니하다.

第223条 (보안장치) 전신선·전화선·전등선·전력선·철도·궤도·도로(통행량이 적은 도로를 제외한다)등의 상공에 가공삭도를 설치할 때에는 바켓의 추락 등 위험을 방지하기 위하여 철선망등 적절한 보안장치를 하여야 한다.

第224条 (신호장치) 가공삭도의 정류장 사이에는 적절한 신호장치를 하여야 한다.

第225条 (설치제한) 가공삭도는 인가·위험물저장소 또는 다수인이 집합하는 장소의 상공을 통과하여서는 아니된다. 다만, 특별한 보안장치를 설치한 경우로서 사무소장의 승인을 얻은 경우에는 그러하지 아니하다.

第226条 (운전속도) ①가공삭도의 운전속도는 매분 150미터이하로 하여야 한다.
②풍속이 매초 20미터이상인 때에는 가공삭도를 운전하여서는 아니된다.

第7절 일반기계장치

第227条 (위험방지시설 및 관리) ①다음 각호의 기계 또는 장치의 위험한 부분에는 울타리·피복 기타 보안시설을 하여야 한다.
1. 기어·마찰전도장치·볼트너트등의 돌출부가 있는 카푸링
2. 바닥에서 높이 2미터이하에 있는 축·돌출한 축단·벨트·체인 및 로프에 의한 전동장치
3. 테리칼기어의 바닥 또는 대면에서 높이 2미터까지의 부분
4. 제1호 내지 제3호외에 동력에 의하여 운전하는 기계

②벨트의 연결점에는 돌출된 금속구를 사용하여서는 아니된다.
③작업 또는 운행을 위하여 수평차축 기타 운전장치를 넘어야 할 곳에는 피복 기타 적절한 장치를 하여야 한다.
④용광로 기타 고열물을 취급하는 곳에서는 폭발 또는 열물질이 넘치는 등의 위험을 방지하기 위하여 특별한 조치를 하여야 한다.

第228条 (기계운전중의 준수사항) ①기계의 운전중에는 보수·청소·조정 또는 주유를 하여서는 아니된다.
②작업에 관계없는 자는 기계실에 출입하여서는 아니된다.
③기계실·전동시설·변압기·축전차충전실·가연성물질저장소등은 청결히 하여야 한다.
④기계실·전동시설·변압기·축전차충전실·가연성물질저장소등에는 2군데이상의 출입구를 두어야 하며 그 출입구에는 장애물을 두어서는 아니된다.
⑤동력에 의하여 운전되는 기계에는 기계마다 유차·클러치·스위치등의 동력차단장치를 설치하여야 한다. 다만, 원동기를 같이 사용하는 기계장치로서 공동의 차단장치를 가진 기계의 경우에는 그러하지 아니하다.

제8절 배수시설등 <개정 1999.8.23>

제229조 (구비사항) 배수시설을 설치할 때에는 다음 각 호를 따라야 한다. <개정 2007.11.7>

1. 최근 5년 이내의 최대 출수량의 1.5배 이상을 배수할 수 있는 능력을 갖출 것
2. 갱내 주요배수용펌프에는 예비용배수펌프를 비치할 것
3. 보안상 필요한 경우에는 갱내 배수용펌프의 배출하는 쪽에 역류방지밸브를 설치할 것
4. 갱내저수지는 정전・고장・돌발적인 출수등에 대비하여 최소한 5시간분의 통상 출수량을 저장할 수 있는 용량의 저수지를 확보할 것
5. 갱내저수지는 2곳이상으로 구분할 것

제230조 (수량조절댐의 설치) 갱내수의 급작스런 출수를 방지하기 위하여 수량조절댐을 설치하는 경우에는 다음 각 호를 따라야 한다. <개정 2007.11.7>

1. 댐의 위치는 암석의 굳기 및 다른 작업장에 미치는 영향등을 고려하여 안전한 장소에 설치할 것
2. 댐은 최대저수량에 대비하여 제곱센티미터당 210킬로그램 이상의 강도를 가진 구조로 설치할 것
3. 댐에 배수구를 설치하고 밸브를 이중으로 설치할 것
4. 수압계를 설치할 것
5. 댐의 물을 배수하기 위하여 강철 또는 염화비닐을 재료로 하는 배수관을 설치하여야 하며 그 배출구는 저수지에 둘 것
6. 안전수압 및 저수량을 게시할 것

제231조 (수량조절댐의 관리) 수량조절댐을 설치한 때에는 다음 각호의 사항을 관리 및 준수하여야 한다.

1. 별도의 담당보안계원을 지정하여 특별관리를 할 것
2. 평상시에는 수량조절댐안에 물을 저장하지 아니할 것
3. 수량조절댐안에 물은 안전정압의 80퍼센트이상을 초과하여 저장하지 아니할 것
4. 관계인외에 출입을 막을 수 있는 조치를 할 것
5. 담당보안계원은 주 1회이상 정밀점검을 실시하여 그 결과를 보안일지에 기록할 것

제231조의2 (갱내에의 물유입의 방지조치) ①광업권자 또는 조광권자는 갱내에의 물유입으로 인한 사고를 예방하기 위하여 다음 각호의 조치를 하여야 한다.

1. 물이 나오는 지역에 대한 출수량등을 표시한 채굴도면의 작성 및 관리
2. 채굴한 작업장 및 채굴이 진행중인 작업장의 배수관리
3. 출수량의 정기적 측정 및 수량변화의 정밀분석검토
4. 다량의 집적수가 발생되는 지역에 대한 배수조치등의 대책강구

②광업권자 또는 조광권자는 채굴작업을 하는 경우에 갱내에의 물유입을 막기 위하여 다음 각호의 조치를 하여야 한다.

1. 지표수의 갱내 유입방지를 위한 조치
2. 채굴을 종료한 때에는 채굴갱도 및 채굴한 자리에서 발생되는 지하수・집적수등이 작업장으로 유입되는 것을 방지하기 위하여 채굴이 종료된 상부갱도를 배수갱도로 유지하는 등의 필요한 조치
3. 우기시 지표수의 유입이 많은 지역에 위치한 광산의 경우에는 지표수의 유입을 방지할 수 있는 조치
4. 채굴작업을 하기 전에 상부 및 주변에 이미 채굴한 자리 또는 구갱도가 있는 경우에는 집적수의 유무를 확인하는 조치

③보안관리자 또는 보안담당책임자는 채굴작업을 함에 있어서 다음 각호의 경우에는 작업을 중지하고 정밀안전진단을 실시한 후 작업을 재개하여야 한다.

1. 작업장 상부의 채굴한 자리 또는 갱도안에 집적수가 있는지의 여부를 확인하기 곤란한 경우

2. 채굴작업중 상부갱도 또는 주변지역의 배수량이 급격하게 감소하거나 멈춘 경우

④보안관리자 또는 보안담당책임자는 제3항의 규정에 의한 정밀안전진단을 실시함에 있어서는 선진천공 기타 안전한 방법으로 이를 하여야 한다.

[본조신설 1999.8.23]

제10장 광해의 방지

제1절 토지의 굴착으로 인한 광해의 방지

제232조 (지반침하의 방지 <개정 2007.11.7>) ①광업권자 또는 조광권자는 토지의 굴착으로 지반침하나 그 밖의 광해가 발생할 염려가 있는 지하에서 광물을 채굴하려는 때에는 광해를 방지하기 위하여 다음 각 호의 어느 하나의 조치를 하여야 한다. <개정 2007.11.7>

1. 사무소장의 지시에 의한 지반침하의 측정
2. 채광의 제한
3. 이미 채굴한 자리를 메움
4. 갱내수의 배수
5. 기타 보안상 필요한 사항

②광업권자 또는 조광권자는 제1항제1호의 규정에 의하여 측정을 한 경우에는 그 결과를 지체없이 사무소장에게 보고하여야 한다.

제233조 (공중이 이용하는 시설물의 주변에서의 채굴금지) 광업권자 또는 조광권자는 도로·철도등 공중이 이용하는 시설물로부터 수평거리 50미터미만의 지역의 지표로부터 지하 150미터이내의 범위안에서는 광물을 채굴하여서는 아니된다.

제234조 (공중이 이용하는 시설물의 주변에서의 채굴제한) ①광업권자 또는 조광권자는 도로·철도 등 공중이 이용하는 시설물로부터 수평거리 50미터 이상부터 100미터 미만까지의 지역의 지표로부터 지하 150미터 이내의 지하 또는 제233조에 따른 채굴금지구역의 밑부분에서 광물을 채굴하려는 때에는 대한광업진흥공사, 「과학기술분야 정부출연연구기관 등의 설립·운영 및 육성에 관한 법률」 제8조에 따라 설립된 한국지질자원연구원 등 전문기관의 지반안전성평가를 거쳐 사무소장의 승인을 얻어야 한다. <개정 1999.8.23, 2007.11.7>

②사무소장은 제1항의 구역안에서 광물채굴을 승인할 때에는 채굴구역·채굴방법·채굴기간·복구계획등 조건을 붙여 승인하여야 한다.

③제1항의 채굴제한구역에서의 광물채굴신청은 별지 제26호서식에 다음 각호의 서류를 첨부하여 사무소장에게 제출하여야 한다.

1. 채광예정구역에 대한 작업설명서 1부
2. 채광예정구역 도면(평면·단면을 말한다) 1부
3. 채광종료후 복구계획서 1부
4. 안전성평가서 1부

제235조 (채굴제한구역의 관리 및 준수사항) ①광업권자 또는 조광권자는 제234조제1항의 채굴제한구역에서 채굴할 때에는 다음 각 호의 사항을 관리 및 준수하여야 한다. <개정 2007.11.7>

1. 채광개시일부터 지반침하의 측정방법·범위 및 시기를 정하여 정기적으로 측정할 것
2. 채광작업 중 지반침하의 징후가 있는 경우에는 즉시 작업을 중지하고 복구대책을 강구할 것
3. 채광이 종료된 채굴구역은 1년 이내에 복구할 것. 다만, 지반침하 등 보안상 우려가 없는 경우에는 사무소장의 승인을 얻어 그 기간을 연장할 수 있다.

4. 지질조사등에 의한 보링공은 시멘트등으로 메울 것

②광업권자 또는 조광권자는 다음 각호의 사항을 실측하여 기재한 특별보안도를 비치하여야 한다.

1. 채굴사항 및 채굴한 자리의 처리상황
2. 지표에서 갱내 중요지점까지의 깊이
3. 보링공의 위치・결과 및 기타 지질조사의 결과
4. 암층별 두께와 성질
5. 단층의 위치・종류・주향・경사 및 낙차
6. 선진보링공의 위치・방향 및 길이
7. 사무소장이 지시한 주요사항

③제2항의 특별보안도는 축척 5천분의 1이상의 지형도상에 작성하여 갱내와 갱외가 대비될 수 있도록 하여야 한다.

④특별보안도는 매년 12월말을 기준으로 작성하여 다음 연도 1월 30일까지 사무소장에게 제출하여야 한다.

第236조 (갱도 폐지시의 조치) 광업권자 또는 조광권자는 갱도를 폐지하는 경우에는 광해 및 위해의 우려가 있는 갱도 및 채광한 자리를 메우는 등의 필요한 조치를 하여야 한다.

第237조 (지반침하의 사고 보고 <개정 2007.11.7>) 광업권자 또는 조광권자는 지반이 침하하거나 침하할 우려가 있을 때에는 지체 없이 사무소장에게 보고하여야 한다. <개정 2007.11.7>

제2절 폐석 및 광업폐기물집적등으로 인한 광해방지

第238조 (폐석・광물찌꺼기의 집적장 등의 관리 및 준수사항 <개정 1999.8.23, 2007.11.7>) ①폐석 및 광물찌거기의 집적장을 설치한 때에는 갱외보안계원 또는 광해보안계원은 다음 각 호의 사항을 준수하여야 한다. <개정 1999.8.23, 2007.11.7>

1. 폐석 및 광물찌꺼기의 집적장을 매분기 1회이상 순시하여 그 결과를 보안일지에 기재할 것. 다만, 1일 50 밀리미터이상의 비가 오는 때에는 1일 1회이상 순시하여야 한다.
2. 폐석 및 광물찌꺼기의 집적장의 표면에 균열・침강 등이 생겨 붕괴・유실 등의 위험성이 있을 때에는 즉시 광산근로자에게 대피를 지시하거나 그 밖의 응급조치를 취한 후 보안관리자에게 보고할 것
3. 광물찌꺼기의 집적장은 우수 및 지하수등 자연수가 직접 유입되지 아니하도록 주변에는 배수로등을 설치하고, 광물찌꺼기를 집적할 때에는 중화제를 혼합하는 등 유해중금속의 유출을 방지할 수 있는 조치를 할 것
4. 광업을 휴지 또는 폐광하는 경우에는 휴지 또는 폐광후의 광해를 방지하기 위하여 옹벽의 설치등으로 폐석의 유실을 방지하고 나무를 심는 등 필요한 조치를 할 것

②비가 많이 오는 때 또는 눈이 녹는 때에는 폐석・광물찌꺼기의 집적장등에 대한 순시회수를 증가하여야 한다. <개정 1999.8.23>

第239조 (폐석 및 광물찌꺼기의 집적장 시설기준 <개정 1999.8.23>) ①폐석 및 광물찌꺼기는 붕괴・유실등으로 인하여 위해 또는 광해가 발생할 염려가 있는 곳에 쌓아두어서는 아니된다. <개정 1999.8.23>

②폐석・광물찌꺼기의 집적장 및 그 주위에는 붕괴・유실등을 방지하기 위하여 필요한 때에는 석축・옹벽・배수구 기타 적절한 시설을 설치하여야 한다. <개정 1999.8.23>

③붕괴・유실등으로 인하여 위해 또는 광해가 발생할 염려가 있는 폐석 및 광물찌꺼기의 집적장은 인가・사무소・학교 기타 사람을 수용하는 건축물 또는 하천・철도・궤도・도로 기타 공공시설에서 30미터이상 떨어져 있어야 한다. <개정 1999.8.23>

第240조 (광업폐기물의 처리기준) 광업폐기물은 다음 각호의 규정에 의하여 처리하여야 한다. <개정 1999.8.23>

1. 광물찌꺼기 및 부유물질(침전지에서 회수한 침전물등)은 별도의 적치장에 적치할 것
2. 제1호의 광업폐기물은 운반시 날림 및 유출을 방지할 것
3. 기름류・축전차축전지등의 유해한 광업폐기물은 지하로 침투하지 아니하도록 보관시설을 사용할 것
4. 유해한 광업폐기물은 갱내에 매립처분하지 아니할 것

第241조 (광업폐기물에 관하여 광산안전규정에 정할 사항 <개정 1999.8.23>) 제28조제18호의 규정에 의하여 광해방지를 위한 폐기물에 관하여 규정할 사항은 다음 각호의 사항을 말한다.

1. 광업폐기물의 보관 및 운반에 관한 사항
2. 광업폐기물의 처리에 관한 사항
3. 광업폐기물에 포함되는 유해물질의 검정에 관한 사항
4. 지하수(수면매립장의 경우에는 그 부근의 수역)의 수질측정에 관한 사항
5. 폐석 및 광업폐기물 매립장의 관리에 관한 사항
6. 광업폐기물의 처리시설의 관리에 관한 사항

第242조 삭제 <1999.8.23>

제3절 먼지의 날림에 의한 광해방지 <개정 1999.8.23>

第243조 (먼지의 날림방지시설의 설치 <개정 1999.8.23>) ①광업권자 또는 조광권자는 먼지의 날림으로 인한 광해를 방지하기 위하여 저탄장 또는 광물찌꺼기의 집적장에는 먼지가 날리지 아니하도록 적절한 방지시설을 하여야 한다. <개정 1999.8.23>

②파쇄기・분쇄기・마광기・밸트콘베이어 등 먼지가 발생하는 기계시설이 설치된 장소에는 다음 각 호의 시설 중 먼지의 날림 방지에 필요한 시설을 설치하여야 한다. <개정 1999.8.23, 2007.11.7>

1. 먼지가 날리지 아니하는 구조물
2. 살수시설
3. 집진시설
4. 방진덮개
5. 기타 이와 동등이상의 효과가 있는 방지시설

第244조 (관리 및 준수사항) 갱외 또는 광해보안계원은 다음 각호의 사항을 관리 및 준수하여야 한다. <개정 1999.8.23>

1. 먼지발생시설 및 먼지의 날림방지시설을 매주 1회이상 순회하여 그 결과를 보안일지에 기재할 것
2. 먼지의 발생이 많을 때에는 즉시 보안관리자・광업권자 또는 조광권자에게 보고할 것

第245조 (먼지의 날림에 관하여 광산안전규정에 정할 사항 <개정 1999.8.23>) 제28조제18호의 규정에 의하여 광해방지를 위한 먼지의 날림에 관하여 규정할 사항은 다음 각호의 사항을 말한다. <개정 1999.8.23>

1. 먼지발생시설 및 먼지의 날림방지시설의 관리에 관한 사항
2. 먼지의 날림방지에 관한 사항
3. 시설의 고장・수리 기타 사고시에 조치하여야 할 사항

제4절 갱수 및 폐수로 인한 광해의 방지

第246조 (갱수 또는 폐수정화시설의 설치) 갱수 또는 폐수에 의한 광해를 방지하기 위하여 다음 각 호의 시설 중 그 광해 방지에 필요한 정화시설을 설치하여야 한다. <개정 2007.11.7>

1. 물리적 처리시설
2. 기계식 및 물리화학적 처리시설
3. 자연정화 처리시설

第247조 (갱수 및 폐수의 배출기준) 갱수 및 폐수의 배출기준에 관하여 수질환경보전법령에서 정하는 기준외의 사항에 대하여는 지식경제부장관이 별도로 정하는 기준이하로 하여야 한다. <개정 1999.8.23, 2008.3.3>

第248조 (갱수·폐수의 관리 및 준수사항) 갱수 및 폐수로 인한 광해를 방지하기 위하여 갱외보안계원 또는 광해보안계원은 다음 각호의 사항을 관리 및 준수하여야 하며, 그 결과를 보안일지에 기재하여야 한다. 다만, 제2호의 규정에 의한 수질측정은 수질환경보전법령에 의한 측정대행자에게 측정을 의뢰할 수 있다.

1. 갱수 및 폐수의 처리시설을 매주 1회이상 순회할 것
2. 방류수질의 수소이온농도(pH)·생물학적산소요구량(BOD)·화학적산소요구량(COD)·부유물질(SS)·크롬 및 수질환경보전법령에서 정하는 특정유해물질중 당해광산에 해당하는 항목은 주 1회이상 측정할 것
3. 갱수 및 폐수의 양에 대하여는 월 1회이상 측정할 것
4. 제2호 및 제3호의 규정에 의한 측정결과, 갱수 및 폐수로 인한 광해가 발생할 우려가 많을 때에는 즉시 보안관리자·광업권자 또는 조광권자에게 보고할 것

第249조 삭제 <1999.8.23>

제5절 소음에 의한 광해방지

第250조 (소음방지시설의 설치) 광업권자 또는 조광권자는 소음에 의한 광해를 방지하기 위하여 소음발생을 저하 또는 방지할 수 있는 시설을 설치하여야 한다.

第251조 (소음방지의 기준) 소음방지의 기준에 관하여 소음·진동규제법령에서 정하는 기준외의 사항에 대하여는 지식경제부장관이 별도로 정하는 기준이하로 하여야 한다. <개정 1999.8.23, 2008.3.3>

第252조 (소음관리 및 준수사항) 갱외 또는 광해보안계원은 다음 각호의 사항을 관리 및 준수하여야 한다. <개정 1999.8.23, 2008.3.3>

1. 소음발생시설과 소음방지시설을 정기적으로 점검하여 그 결과를 보안일지에 기재할 것
2. 지식경제부장관이 별도로 고시하는 방법에 의하여 광산부지경계선에서 소음을 측정하여 그 결과를 보안일지에 기재할 것
3. 소음에 의한 광해가 발생할 우려가 큰 경우에는 보안관리자, 광업권자 또는 조광권자에게 보고할 것

第253조 삭제 <1999.8.23>

第254조 (소음에 관하여 광산안전규정에 정할 사항) 第28조第18호의 규정에 의하여 광해방지를 위한 소음에 관하여 규정할 사항은 다음 각호의 사항을 말한다.

1. 소음발생시설과 방지시설의 관리에 관한 사항
2. 소음측정에 관한 사항
3. 시설의 고장·파손 기타 사고발생시 조치에 관한 사항

제6절 진동에 의한 광해방지

제255조 (진동에 의한 광해방지조치) 광산내에서 화약발파, 광물의 파쇄, 공기압축기의 작동 기타 권양기등 기계・장비의 운전에 의하여 광산부지 경계선밖으로 발생되는 진동으로서 「소음・진동규제법」 상에서 정하는 기준치에 넘는 진동을 막는 조치를 취하여야 한다. <개정 2007.11.7>

제256조 (진동관리 및 준수사항) 갱외 또는 광해보안계원은 다음 각호의 사항을 관리 및 준수하여야 한다.

1. 진동발생시설 및 방지시설은 정기적으로 점검하고, 그 결과를 보안일지에 기재할 것
2. 별도로 고시하는 방법에 따라 광산부지경계선에서 진동레벨을 정기적으로 측정하여 그 결과를 보안일지에 기재할 것
3. 진동으로 인한 광해가 우려될 때에는 즉시 보안관리자・광업권자 또는 조광권자에게 보고할 것

제257조 삭제 <1999.8.23>

제258조 (진동에 관하여 광산안전규정에 정할 사항 <개정 1999.8.23>) 제28조제18호의 규정에 의하여 광해방지를 위하여 규정할 사항중 진동에 관련된 사항은 다음 각호의 사항으로 한다.

1. 진동발생시설 및 방지시설의 관리에 관한 사항
2. 진동의 측정에 관한 사항
3. 시설의 고장・파손 기타 사고시 조치사항

제7절 휴지 또는 폐광시 광해방지

제259조 (광해방지조치) 광업권자 또는 조광권자는 광업을 휴지 또는 폐광하는 경우에는 다음 각호의 조치를 하여야 한다.

1. 훼손된 산림 및 토지의 복구
2. 사용하지 아니하는 광업시설물의 철거
3. 채굴한 자리의 붕괴방지를 위한 조치
4. 오염된 갱내수등의 정화
5. 폐석 또는 광물찌꺼기의 유실방지조치
6. 기타 광해의 방지를 위하여 필요한 조치

[전문개정 1999.8.23]

제260조 (실지조사) 사무소장은 광업권자 또는 조광권자가 광업을 휴지 또는 폐광하는 경우에는 현장을 조사하여 광해방지대책의 시행여부를 확인하고 광해발생의 우려가 있는 경우에는 필요한 조치를 명할 수 있다.
[전문개정 1999.8.23]

제261조 (광산보안도 및 작업도면의 제출) 광업을 휴지 또는 폐광하는 광업권자 또는 조광권자는 가장 최근에 작성한 광산보안도와 채굴한 자리가 모두 포함된 작업실측도를 5천분의 1이상의 지형도상에 평・단면도로 작성하여 작업종료전 30일이내에 사무소장에게 제출하여야 한다.

제262조 삭제 <1999.8.23>

⊞ 부칙 <제31호, 2008.9.30> <u>(광산피해의 방지 및 복구에 관한 법률 시행규칙)</u>

제1조(시행일) 이 규칙은 공포한 날부터 시행한다.

제2조(다른 법령의 개정) ① 광산보안법 시행규칙 일부를 다음과 같이 개정한다.

제47조제3항 중 "광해방지사업단"을 "한국광해관리공단"으로 한다.

② 및 ③ 생략

(별표)

광산보안법 시행규칙

- ⊞ [별표 1] 삭제(99.8.23)
- ⊞ [별표 2] 차량계 광산기계 및 자동차(제162조관련)
- ⊞ [서식 1] 광업대리인선임(변경 또는 소멸)신고서
- ⊞ [서식 2] 삭제(99.8.23)
- ⊞ [서식 3] 삭제(99.8.23)
- ⊞ [서식 4] 삭제(99.8.23)
- ⊞ [서식 4의2] 광산보안교육수첩
- ⊞ [서식 5] [□채광작업재개□채광시설사용재개]승인신청
- ⊞ [서식 6] 광산보안관증
- ⊞ [서식 7] 삭제(99.8.23)
- ⊞ [서식 8] 삭제(99.8.23)
- ⊞ [서식 9] 삭제(99.8.23)
- ⊞ [서식 10] 재해월별보고서
- ⊞ [서식 11] 도급공사실시보고서
- ⊞ [서식 12] 광업시설설치(변경)계획[□승인신청서□신고서]
- ⊞ [서식 13] 광업시설[□설치 □변경]공사완료신고서
- ⊞ [서식 14] 광업시설폐지신고서
- ⊞ [서식 14의2] 안전진단신청서
- ⊞ [서식 15] 광업시설성능[완성]검사신청서
- ⊞ [서식 16] 광업시설[검사증·가검사증]
- ⊞ [서식 17] 삭제(99.8.23)

- ⊞ [서식 18] 삭제(99.8.23)
- ⊞ [서식 19] 삭제(99.8.23)
- ⊞ [서식 20] 보안관리직원[□ 선임 □ 해임]신고서
- ⊞ [서식 21] 보안관리직원대리자선임신고서
- ⊞ [서식 22] 사용승인신청서
- ⊞ [서식 23] 사용기간연장승인신청서
- ⊞ [서식 24] 사용폐지신고서
- ⊞ [서식 25] 사용[연장사용]승인서
- ⊞ [서식 26] 채굴제한구역에서의채굴승인신청서
- ⊞ [서식 27] 삭제(99.8.23)
- ⊞ [서식 28] 삭제(99.8.23)

[별표 2] <개정 2008.3.3>

차량계 광산기계 및 자동차(제162조관련)

구 분	차량계 광산기계 및 자동차
굴착기계	1. 쇼벨(Shovel)류 굴착기계 2. 연속식 굴착기계 3. 1~2에 기재한 기계류에 속하는 것으로서 지식경제부장관이 별도로 정하는 기계
적재기계	1. 트랙터 쇼벨(Tractor Shovel) 2. 연소식 적재기 3. 로우더(Loder) 4. 1~3에 기재한 기계류에 속하는 것으로서 지식경제부장관이 별도로 정하는 기계
운반기계 자 동 차	1. 로우더 홀 덤프(Load-Haul-Dump) 2. 갱내용 마인트룩(Mine Truck) 3. 1~2에 기재한 기계류에 속하는 것으로서 지식경제부장관이 별도로 정하는 기계
지보기계	1. 록크볼터(Rock Bolter) 2. 케이블 볼터(Cable Bolter) 3. 쇼크리트 기계(Shotcrete Machine) 4. 1~3에 기재한 기계류에 속하는 것으로서 지식경제부장관이 별도로 정하는 기계
천공기계	1. 크로러 드릴(Crawler Drill) 2. 점보드릴(Jumbo Drill) 3. 다운스 홀드릴(Down-The-Hole Drill) 4. 장공천공기 5. 1~4에 기재한 기계류에 속하는 것으로서 지식경제부장관이 별도로 정하는 기계
기타기계	1. 안포장전기(An-Fo-Charger) 2. 호크리프트(Fork Lift) 3. 부석제거기(Scaler) 4. 그레이더(Grader) 5. 기중기 6. 기타 지식경제부장관이 별도로 정하는 기계

[별지 제1호서식] <개정 2008.3.3> (앞 쪽)

<table>
<tr><td colspan="5">광업대리인선임(변경 또는 소멸)신고서</td><td>처리기간
15 일</td></tr>
<tr><td rowspan="3">신고인</td><td colspan="2">①상호 또는 명칭</td><td colspan="3"></td></tr>
<tr><td colspan="2">②대 표 자</td><td></td><td>③생 년 월 일</td><td></td></tr>
<tr><td colspan="2">④주 소</td><td colspan="3">(전화 :)</td></tr>
<tr><td rowspan="3">광업권</td><td colspan="2">⑤광 산 명</td><td></td><td>⑥등 록 번 호</td><td></td></tr>
<tr><td colspan="2">⑦소 재 지</td><td colspan="3">(전화 :)</td></tr>
<tr><td colspan="2">⑧광 종 명</td><td colspan="3"></td></tr>
<tr><td colspan="2" rowspan="2">광업대리인</td><td>⑨성 명</td><td></td><td>⑩생 년 월 일</td><td></td></tr>
<tr><td>⑪주 소</td><td colspan="3"></td></tr>
<tr><td colspan="2" rowspan="2">전 광 업
대 리 인</td><td>⑫성 명</td><td></td><td>⑬생 년 월 일</td><td></td></tr>
<tr><td>⑭주 소</td><td colspan="3"></td></tr>
<tr><td colspan="3">선임(변경 또는 소멸)
연 월 일</td><td colspan="3"></td></tr>
<tr><td colspan="3">대리인에대한위임사항</td><td colspan="3"></td></tr>
<tr><td colspan="6">광산보안법시행령 제3조제2항의 규정에 의하여 위와 같이 광업대리인을 선임(변경) 또는 대리권이 소멸하였음을 신고합니다.

년 월 일

신고인(광업권자 또는 조광권자) (서명 또는 인)
광업대리인 (서명 또는 인)
지식경제부( )광산보안사무소장 귀하</td></tr>
<tr><td colspan="5">구비서류 : 없음</td><td>수수료
없 음</td></tr>
</table>

29294-09711민 210mm×297mm

99.7.8 개정승인 (신문용지 54g/㎡(재활용품))

이 신고서는 아래와 같이 처리됩니다. (뒤 쪽)

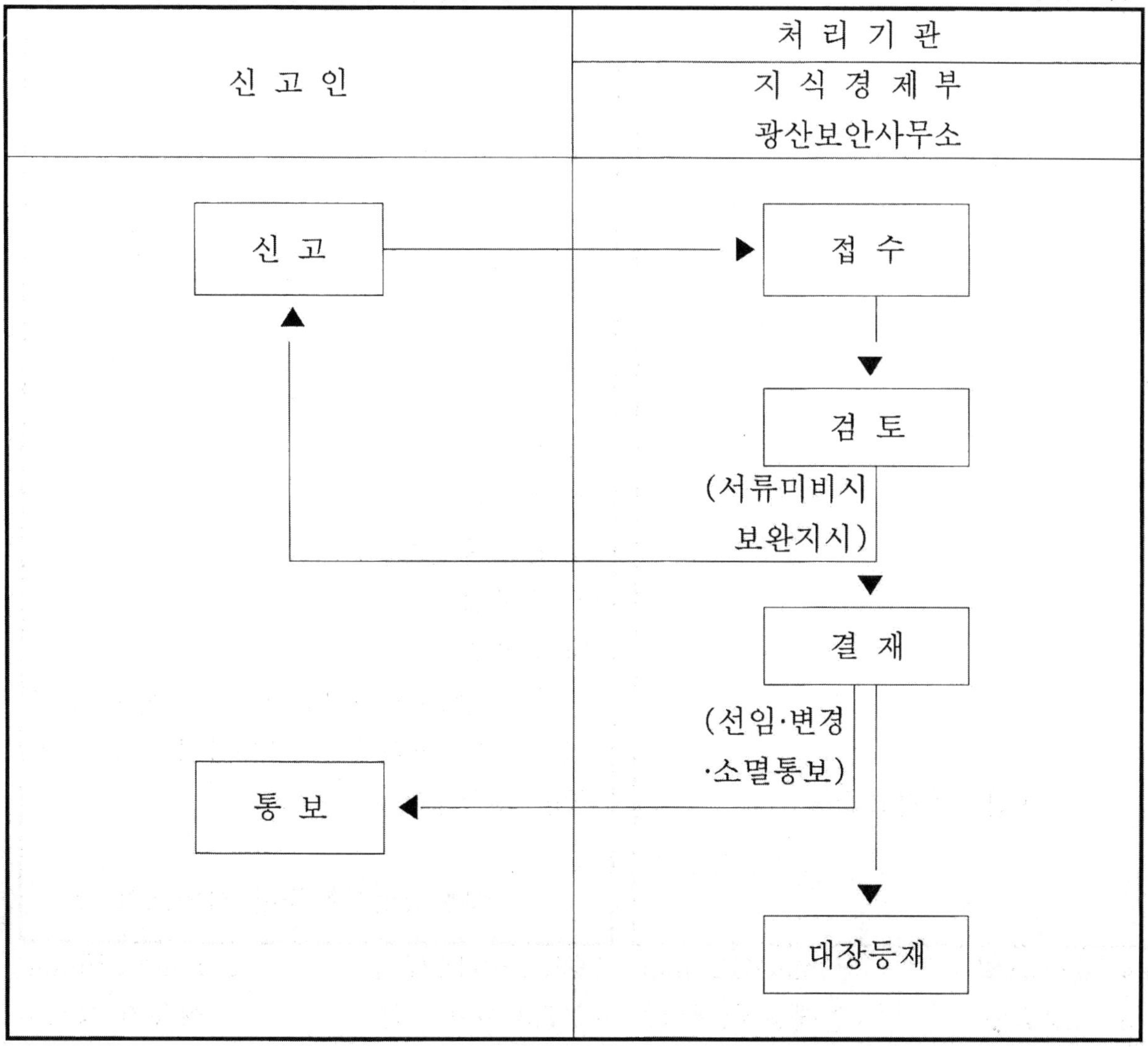

[별지 제4호의2서식] <신설 1999.8.23>

<table>
<tr>
<td>광산보안교육수첩

대한광업진흥공사</td>
<td>제　　호

광산보안교육이수증　　사 진 3cm×4cm

소 속
직 위
성 명
주민등록번호
생년월일
발행연월일
위 사람은 당 사업소에서 실시한 소정의 보안교육과정을 이수하였으므로 이 증을 교부합니다.

대한광업진흥공사 사업소장 ㊞</td>
</tr>
<tr>
<td>29294-04431일　80mm×125mm
99.7.8 개정승인　(인쇄용지(특급) 120g/㎡)</td>
<td>29294-04432일　80mm×125mm
99.7.8 개정승인　(인쇄용지(특급) 70g/㎡)</td>
</tr>
</table>

교 육 사 항					
소속	직책	교육 종류	기간	확 인 란	
				성명	인

29294-04432일 80mm×125mm

99.7.8 개정승인 (인쇄용지(특급) 70g/m²)

[별지 제5호서식] <개정 2008.3.3> (앞 쪽)

<table>
<tr><td colspan="5">□채광작업재개
□채광시설사용재개 승인신청</td><td>처리기간
7 일</td></tr>
<tr><td rowspan="3">신청인</td><td>①상호 또는 명칭</td><td colspan="4"></td></tr>
<tr><td>②대 표 자</td><td></td><td>③생 년 월 일</td><td colspan="2"></td></tr>
<tr><td>④주 소</td><td colspan="4">(전화 :)</td></tr>
<tr><td rowspan="3">사업장</td><td>⑤광 산 명</td><td></td><td>⑥광구등록번호</td><td colspan="2"></td></tr>
<tr><td>⑦광 종 명</td><td colspan="4">(전화 :)</td></tr>
<tr><td>⑧소 재 지</td><td colspan="4"></td></tr>
<tr><td colspan="2">⑨작 업 중 지 구 역
(사용중지시설명)</td><td colspan="4"></td></tr>
<tr><td colspan="2">⑩작 업(시 설 사 용)
중 지 연 월 일</td><td colspan="4"></td></tr>
<tr><td colspan="2">⑪작 업(시 설 사 용)
중 지 연 월 일</td><td colspan="4"></td></tr>
<tr><td colspan="2">⑫시 정 조 치 사 항</td><td colspan="4"></td></tr>
<tr><td colspan="6">광산보안법시행규칙 제9조의 규정에 의하여 위와 같이 작업(시설사용) 재개를 신청합니다.

년 월 일

신청인 (서명 또는 인)
지식경제부( )광산보안사무소장 귀하</td></tr>
<tr><td colspan="5">※ 구비서류
1. 작업설명서 1부
2. 작업도면 1부</td><td>수수료
없 음</td></tr>
</table>

29294-09711민 210mm×297mm

99.7.8 개정승인 (신문용지 54g/㎡(재활용품))

이 신청서는 아래와 같이 처리됩니다. (뒤 쪽)

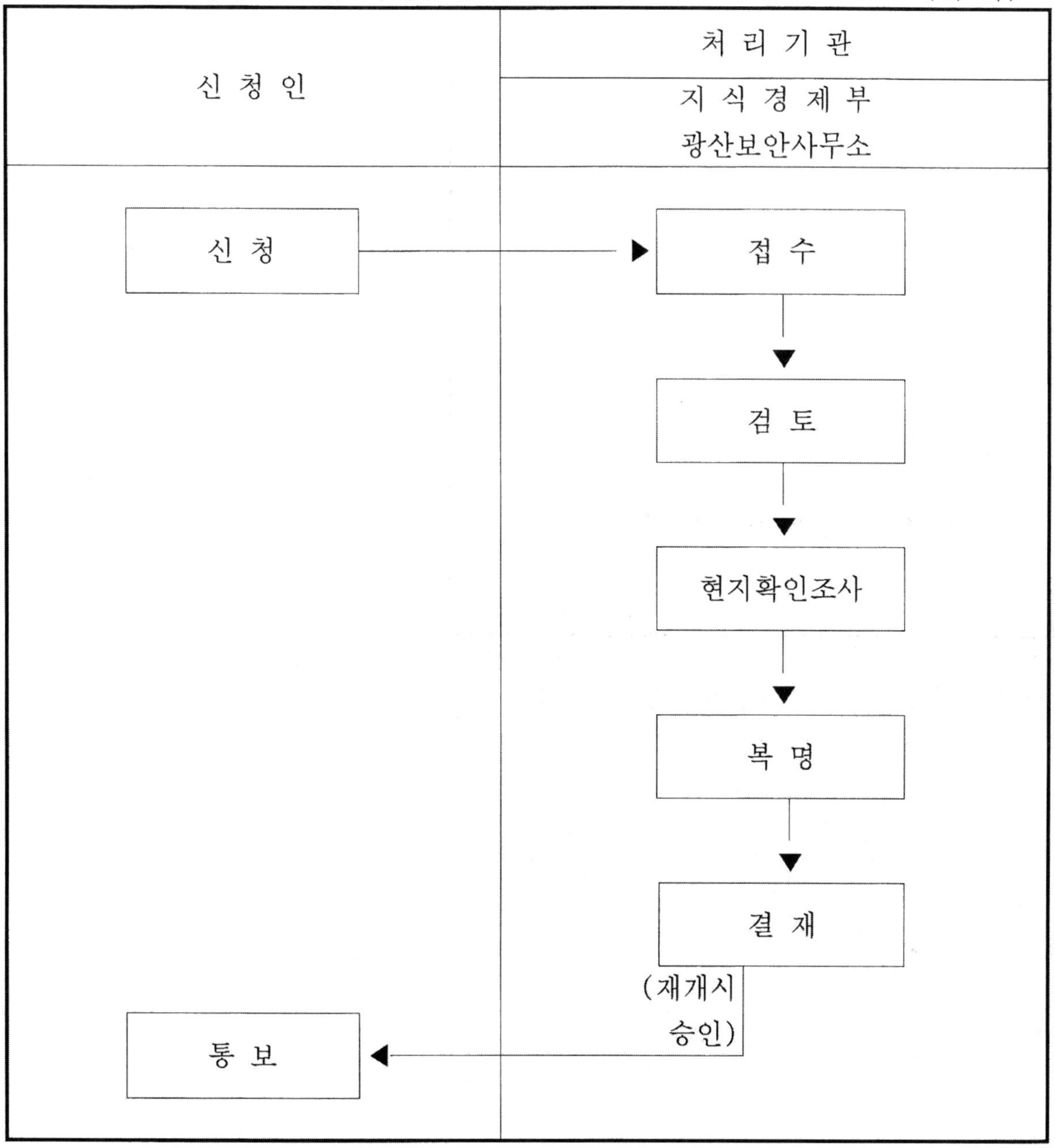

[별표 제6호서식] <개정 2008.3.3>

<table>
<tr><td>광 산 보 안 관 증</td><td>사 진

3cm×4cm</td></tr>
<tr><td colspan="2">소 속
직 위
성 명
주민등록번호

위 사람을 광산보안관에 임명합니다.
년 월 일
지식경제부장관 [인]</td></tr>
</table>

29294-08411일 90mm×60mm

99.7.8 개정승인 (인쇄용지(특급) 2종 120g/㎡)

[별지 제 10호서식] <개정 2008.3.3>

재해월별보고서

년 월분 작성자 : (서명 또는 인)

1. 광산명
2. 경영구분(☑표시) □모광 □조광 (모광명 :)
3. 광 종
4. 광구번호 등 개 광구
5. 광업(조광)권자 (대표자 성명) (대표)
6. 주민등록번호 □□□□□□-□□□□□□□
7. 광산소재지 우편번호 : □□□-□□□ ☎ ( ) -
8. 광업(조광)권자 연락처 우편번호 : □□□-□□□ ☎ ( ) -

9. 종업원수 (명)

갱 내	갱 외	계

10. 가동연인원 (명)

갱 내	갱 외	계

11. 가동연시간

갱 내	갱 외	계

12. 재해발생일시 월 일 시 분
13. 날 씨 (☑표시) ①맑음 ②흐림 ③비 ④눈
14. 재해장소
15. 채광(탄)법
16. 작업명
17. 재해유형
18. 재해원인(1) 재해원인(2) 재해원인(3)
19. 이재자 성명
20. 주민등록번호 □□□□□□-□□□□□□□
21. 학 력
22. 직 종
23. 입사연월일 년 월 일
24. 총광산근무경력 년 개월
25. 재해작업경력 년 개월
26. 위탁교육 과정명(기 간) (년 월 일~년 월 일)
27. 재해정도(☑표시) ①사망 ②중상 ③경상
28. 재해부위
29. 재해종류
30. 손실일수 일
31. 손실비용 ①직접비 천원 ②간접비 천원 ③계 천원
32. 사고요약

광산보안법시행령 제38조제2항의 규정에 의하여 위와 같이 보고합니다.

년 월 일

광업(조광)권자 (서명 또는 인)

지식경제부( )광산보안사무소장 귀하

붙임 : 재해보고서 매. 끝.

29294-12411보 210mm×297mm

99.7.8 개정승인 (신문용지 $54g/m^2$(재활용품))

※ 작성방법

이 보고서는 컴퓨터에 의하여 통계처리되므로 정확하게 작성하여야 합니다. 전산코드일람표에 해당내용이 없거나 구분이 곤란할 때에는 코드란은 비워두고 그 내용만 기재하여야 합니다.

1. 광산명 : 광산명을 기재합니다.
2. 경영구분 : 해당란에 ∨표를 합니다. 조광일 경우 모광명을 기재합니다.
3. 광종 : 광종이 2종 이상일 경우에는 대표광종(주광종)을 앞에 기재합니다.
4. 광구번호 : 광구번호가 2개 이상일 경우에는 대표광구를 앞에 기재하고 그 수를 기재합니다.
5. 광업(조광)권자(대표자의 성명) : 광업권등록원부상의 광업(조광)권자의 성명을 기재 합니다. 광업(조광)권자가 법인인 경우에는 법인명과 ( )안에 대표자의 성명을 기재합니다.
6. 주민등록번호 : 광업(조광)권자 또는 대표자의 주민등록번호를 기재합니다.
7. 광산소재지 : 광산소재지 우편번호·주소 및 전화번호를 기재합니다.
8. 광업(조광)권자의 연락처 : 광업(조광)권자의 우편번호·주소 및 전화번호를 기재합니다.
9. 종업원수(명) : 갱내·외를 구분하여 기재합니다.
10. 가동연인원(명) : 실제 월 가동인원(또는 종업원수(9)에 월 가동일수를 곱한 수)을 기재합니다.
11. 가동연시간 : 실제 월 가동연시간(또는 가동연인원(10)에 일근무시간을 곱한 수)을 기재합니다.
12. 재해발생일시 : 재해발생한 날짜·시간 및 분을 기재합니다.
13. 날씨 : 해당란에 ∨표를 합니다.
14. 재해장소 : 재해장소와 해당전산코드(전산코드일람표 참고)를 기재합니다.
15. 채광(탄)법 : 채광(탄)법과 해당전산코드(전산코드일람표 참고)를 기재합니다.
16. 작업명 : 재해시의 작업명과 해당전산코드(전산토드일람표 참고)를 기재합니다.
17. 재해유형 : 재해유형과 해당전산코드(전산코드일람표 참고)를 기재합니다.
18. 재해원인 : 주요 재해원인을 중요정도의 순서대로 기재합니다.
19. 이재자의 성명 : 이재자의 이름을 기재합니다.
20. 주민등록번호 : 이재자의 주민등록번호를 기재합니다.
21. 학력 : 이재자의 최종학력과 해당전산코드(전산코드일람표 참고)를 기재합니다.
22. 직종 : 이재자의 직종과 해당전산코드(전산코드일람표 참고)를 기재합니다.
23. 입사연월일 : 이재자의 입사연도 및 월일을 기재합니다.
24. 총광산근무경력 : 이재자가 광산에서 근무한 총경력을 기재합니다.
25. 재해작업경력 : 재해발생작업의 작업경력을 기재합니다.
26. 위탁교육과정명 : 이재자가 이수한 최근 위탁교육명과 기간 및 해당전산코드(전산코드일람표 참고)를 기재합니다.
27. 재해정도 : 사망·중상(28일 이상 가료를 요하는 자) 또는 경상(3일 이상 28

일미만의 가료를 요하는 자)으로 구분하여 기재합니다.

28. 재해부위 : 2곳 이상 부상시 가장 부상이 심한 곳을 기재하고 해당전산코드(전산코드일람표 참고)를 기재합니다.
29. 재해종류 : 재해종류와 해당전산코드(전산코드일람표 참고)를 기재합니다.
30. 손실일수 : 이재자의 상해정도에 따라 의사의 진단에 의하여 판정된 신체장애등급에 해당하는 손실일수(사망의 경우 7,500일, 중상은 28일 이상, 경상은 3일 이상 28일 미만)를 기재합니다.
31. 손실비용

①직접비 : 이재자 또는 유족에게 지급된 보상비로써 산업재해보상보험법에 의하여 지급된 법정보상비와 기타 지급(요양, 휴업, 장해, 유족보상비 및 장의비를 포함)된 비용을 기재합니다.

②간접비 : 인건비(이재자의 구호·병문안·재해조사·현장정리 또는 재해대책 등에 소요된 경비), 기자재비(시설물을 포함한 재해시에 사용된 기계·기구 및 용품류의 파손·손실·분실 등으로 인한 손실액), 자원손비(광물자원의 일부의 채굴이 불가능하게 된 것, 광석의 일부가 유실된 것 및 재해로 인하여 생산이 일시 정지되어 생산하지 못한 것에 대한 원가계산상의 손비)등을 합한 금액을 기재합니다.

32. 사고요약 : 사고내역을 기재합니다.

[별지 제11호서식] <개정 2008.3.3>

<table>
<tr><td colspan="5">도급공사실시보고서</td></tr>
<tr><td rowspan="3">도급
공사
자</td><td>①상호 또는 성명</td><td colspan="3"></td></tr>
<tr><td>②대 표 자</td><td></td><td>③생 년 월 일</td><td></td></tr>
<tr><td>④주 소</td><td colspan="3">(전화 :)</td></tr>
<tr><td rowspan="3">광
업
권</td><td>⑤광 산 명</td><td></td><td>⑥등 록 번 호</td><td></td></tr>
<tr><td>⑦소 재 지</td><td colspan="3">(전화 :)</td></tr>
<tr><td>⑧광 종 명</td><td colspan="3"></td></tr>
<tr><td colspan="2">⑨도 급 공 사 내 용</td><td colspan="3"></td></tr>
<tr><td colspan="2">⑩공 사 명</td><td colspan="3"></td></tr>
<tr><td colspan="2">⑪공 사 구 역</td><td colspan="3"></td></tr>
<tr><td colspan="2">⑫공 사 기 간</td><td colspan="3">. . . 부터
(일간)
. . . 까지</td></tr>
<tr><td colspan="2">⑬작 업 예 정 인 원</td><td colspan="3"></td></tr>
<tr><td colspan="2">⑭공 사 책 임 자</td><td></td><td>⑮생 년 월 일</td><td></td></tr>
<tr><td colspan="2">⑯공 사 보 안 책 임 자</td><td></td><td>⑰생 년 월 일</td><td></td></tr>
<tr><td colspan="5">광산보안법시행령 제39조의 규정에 의하여 위와 같이 보고합니다.

년 월 일

광업권자 또는 조광권자 (서명 또는 인)
지식경제부( )광산보안사무소장 귀하</td></tr>
<tr><td colspan="5">구비서류 : 공사계획서 1부</td></tr>
</table>

29294-05411민 210mm×297mm
99.7.8 개정승인 (신문용지 54g/㎡(재활용품))

[별지 제12호서식] <개정 2008.3.3> (앞 쪽)

광업시설설치(변경)계획 □승인신청서 □신고서				처리기간 7 일
신청(고)인	①상호 또는 명칭			
	②대 표 자		③생 년 월 일	
	④주 소	(전화 :)		
광업권	⑤광 산 명		⑥등 록 번 호	
	⑦소 재 지	(전화 :)		
	⑧광 종 명			
⑨시 설 의 종 류				
⑩ □설 치 장 소 □변 경 사 항				

광산보안법 제8조제1항과 동법시행규칙 제18조 및 제19조의 규정에 의하여 위와 같이 승인신청/신 고 합니다.

년 월 일

신청(고)인 (서명 또는 인)

지식경제부( )광산보안사무소장 귀하

※ 구비서류	수수료
1. 계획서 및 계획도 1부 2. 공사설계설명서 1부 3. 새로이 설치되는 갱구의 위치·규격·경사·설치목적 및 갱내운반방법 등에 관한 설명서(지표에 설치되는 갱구의 경우에 한한다) 1부(승인신청의 경우에 한한다)	없 음

29294-08511민 210mm×297mm

99.7.8 개정승인 (신문용지 54g/㎡(재활용품))

이 신청(신고)서는 아래와 같이 처리됩니다. (뒤 쪽)

신 청(신 고) 인	처 리 기 관
	지 식 경 제 부 광산보안사무소

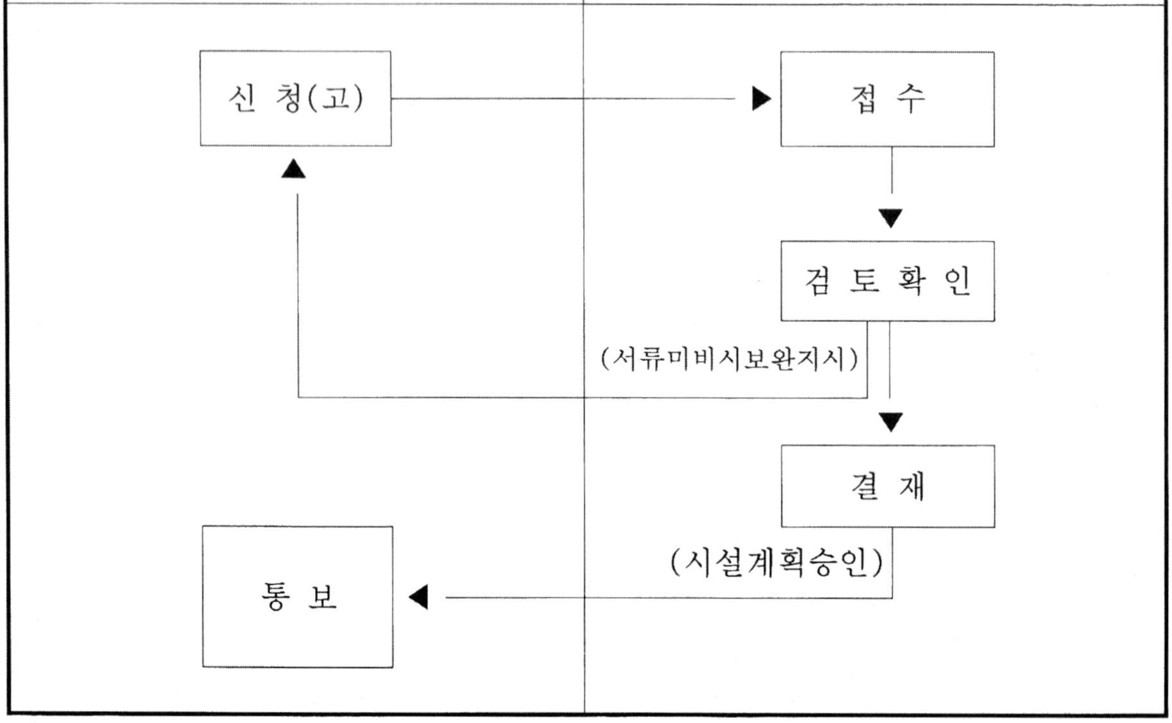

[별지 제13호서식] <개정 2008.3.3> (앞 쪽)

광업시설 □설 치 □변 경 공사완료신고서				처리기간 15 일
신고인	①상호 또는 명칭			
	②대 표 자		③생 년 월 일	
	④주 소	(전화 :)		
광업권	⑤광 산 명		⑥등 록 번 호	
	⑦ 소 재 지	(전화 :)		
	⑧광 종 명			
⑨시 설 의 종 류				
⑩능력·규모·대수				
⑪ □설 치 장 소 □변 경 사 항				
⑫계획승인번호			⑬계획승인일자	
⑭ □설 치 □변 경 완료연월일				

광산보안법 제8조제2항의 규정에 의하여 위와 같이 신고합니다.

년 월 일

신고인 (서명 또는 인)

지식경제부( )광산보안사무소장 귀하

구비서류 : 없 음	수수료 없 음

29294-08611민 210mm×297mm

99.7.8 개정승인 (신문용지 54g/㎡(재활용품))

이 신고서는 아래와 같이 처리됩니다. (뒤 쪽)

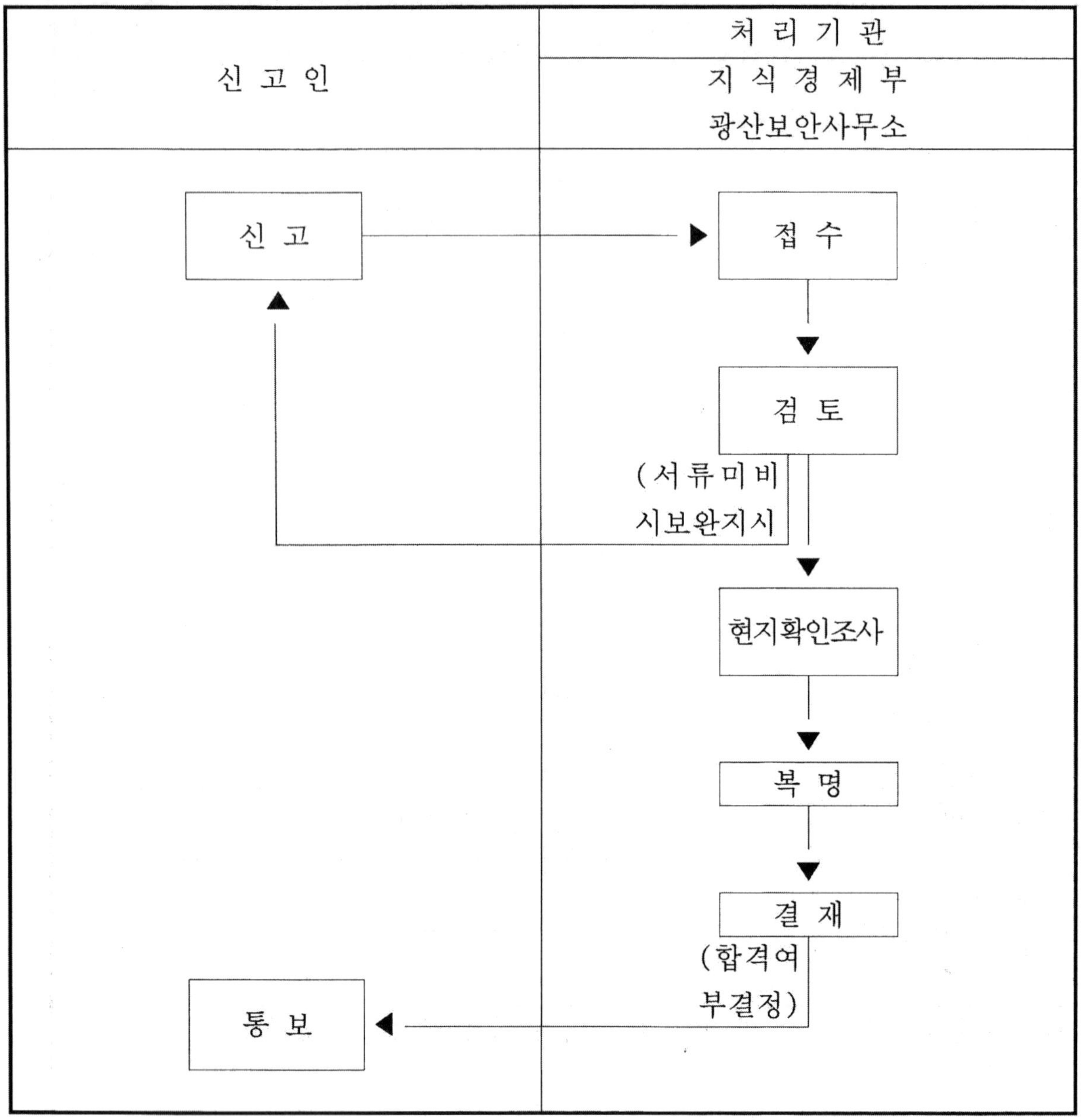

[별지 제14호서식] <개정 2008.3.3> (앞 쪽)

<table>
<tr><td colspan="4" rowspan="2">광업시설폐지신고서</td><td>처리기간</td></tr>
<tr><td>7 일</td></tr>
<tr><td rowspan="3">신고인</td><td>①상호 또는 명칭</td><td colspan="3"></td></tr>
<tr><td>②대 표 자</td><td></td><td>③생 년 월 일</td><td></td></tr>
<tr><td>④주 소</td><td colspan="3">(전화 :)</td></tr>
<tr><td rowspan="3">광업권</td><td>⑤광 산 명</td><td></td><td>⑥등 록 번 호</td><td></td></tr>
<tr><td>⑦소 재 지</td><td colspan="3">(전화 :)</td></tr>
<tr><td>⑧광 종 명</td><td colspan="3"></td></tr>
<tr><td colspan="2">⑨시 설 의 종 류</td><td colspan="3"></td></tr>
<tr><td colspan="2">⑩능 력·규 모·대 수</td><td colspan="3"></td></tr>
<tr><td colspan="2">⑪설 치 장 소</td><td colspan="3"></td></tr>
<tr><td colspan="2">⑫설 치 승 인 번 호</td><td colspan="3"></td></tr>
<tr><td colspan="2">⑬검 사 증 번 호</td><td colspan="3"></td></tr>
<tr><td colspan="2">⑭폐 지 연 월 일</td><td colspan="3"></td></tr>
<tr><td colspan="2">⑮폐 지 이 유</td><td colspan="3"></td></tr>
<tr><td colspan="5">광산보안법 제8조제2항의 규정에 의하여 위와 같이 신고합니다.

년 월 일

신고인 (서명 또는 인)
지식경제부( )광산보안사무소장 귀하</td></tr>
<tr><td colspan="4" rowspan="2">구비서류 : 없 음</td><td>수수료</td></tr>
<tr><td>없 음</td></tr>
</table>

29294-08711민 210mm×297mm
99.7.8 개정승인 (신문용지 54g/㎡(재활용품))

이 신고서는 아래와 같이 처리됩니다. (뒤 쪽)

신 고 인	처 리 기 관 지 식 경 제 부 광산보안사무소

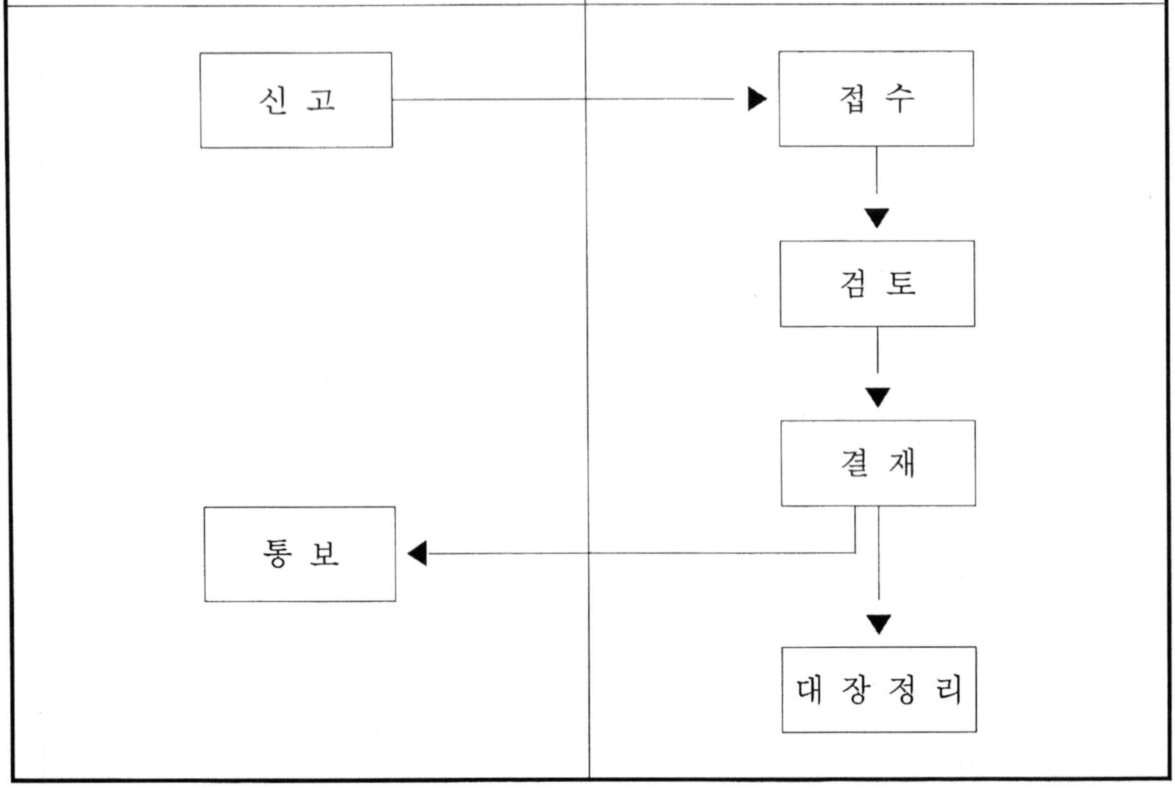

[별지 제14호의2서식] <개정 2008.3.3> (앞 쪽)

<table>
<tr><td colspan="4" rowspan="2">안전진단신청서</td><td>처리기간</td></tr>
<tr><td>15 일</td></tr>
<tr><td rowspan="3">신청인</td><td>①상호 또는 성명</td><td colspan="3"></td></tr>
<tr><td>②대 표 자</td><td></td><td>③생 년 월 일</td><td></td></tr>
<tr><td>④주 소</td><td colspan="3">(전화 :)</td></tr>
<tr><td rowspan="3">광업권</td><td>⑤광 산 명</td><td></td><td>⑥등 록 번 호</td><td></td></tr>
<tr><td>⑦소 재 지</td><td colspan="3">(전화 :)</td></tr>
<tr><td>⑧광 종 명</td><td colspan="3"></td></tr>
<tr><td colspan="2">⑨시 설 의 종 류</td><td colspan="3"></td></tr>
<tr><td colspan="2">⑩능 력·규 모·대 수</td><td colspan="3"></td></tr>
<tr><td colspan="2">⑪설 치 장 소</td><td colspan="3"></td></tr>
<tr><td colspan="2">⑫설 치 승 인
(신고수리)번호</td><td colspan="3"></td></tr>
<tr><td colspan="2">⑬검 사 증 번 호</td><td colspan="3"></td></tr>
<tr><td colspan="2">⑭사 용 중 지 기 간</td><td colspan="3">. . . 부터
. . . 까지 (일간)</td></tr>
<tr><td colspan="2">⑮재 사 용 예 정 일</td><td colspan="3"></td></tr>
<tr><td colspan="2">⑯재 사 용 이 유</td><td colspan="3"></td></tr>
<tr><td colspan="5">광산보안법시행규칙 제21조의2의 규정에 의하여 위와 같이 신청합니다.

년 월 일

신청인 (서명 또는 인)
지식경제부( )광산보안사무소장 귀하</td></tr>
<tr><td colspan="4">※ 구비서류
1. 용도별 사용계획서 1부
2. 계획도(평·단면도) 1부
3. 추가공사의 설계도 및 설명서 1부
4. 안전관리 및 감독계획서 1부
5. 환경오염방지계획서 1부</td><td>수수료
없 음</td></tr>
</table>

29294-09511민 210mm×297mm

99.7.8 개정승인 (신문용지 54g/㎡(재활용품))

이 신청서는 아래와 같이 처리됩니다. (뒤 쪽)

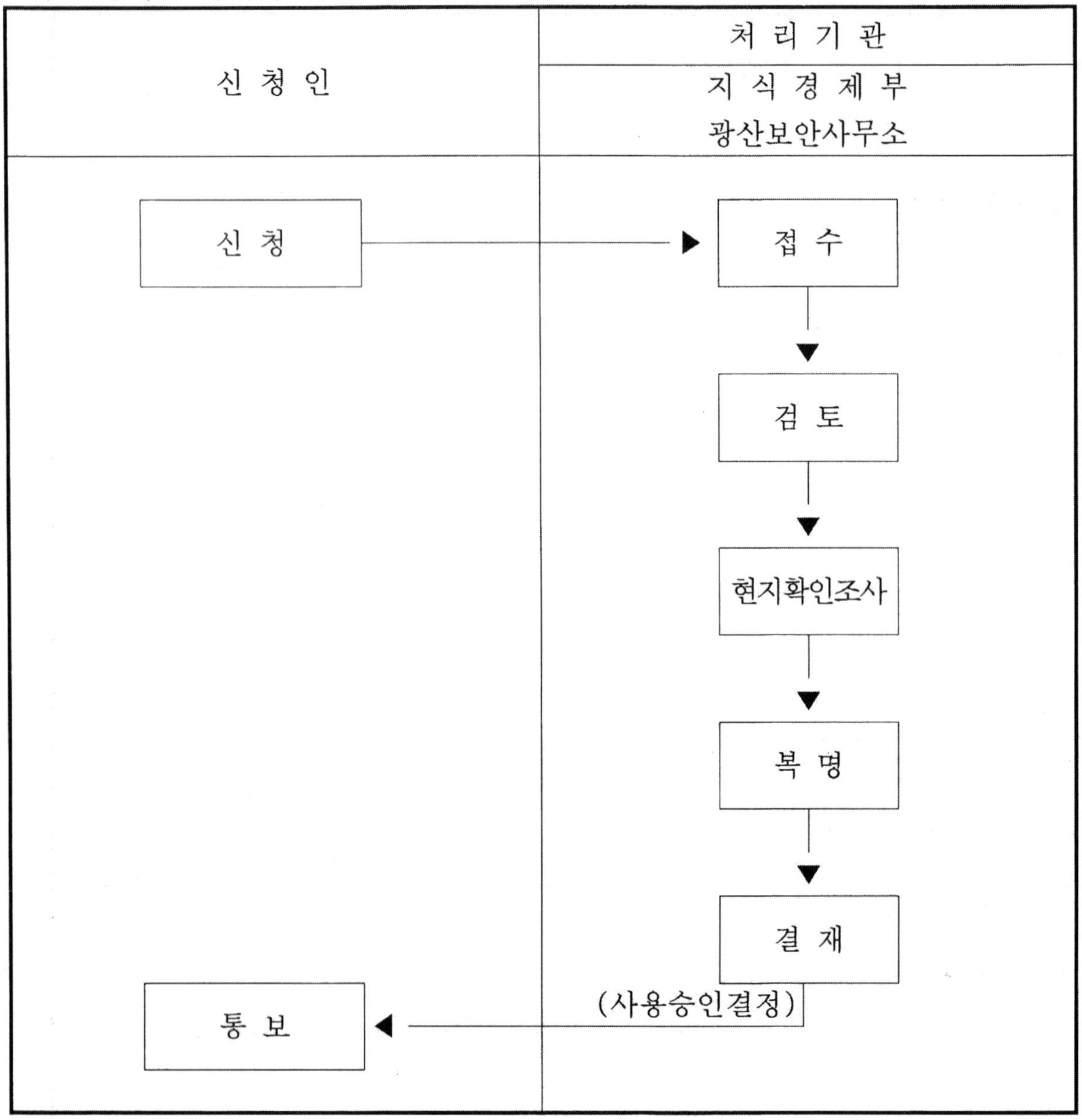

[별지 제15호서식] <개정 2007.11.7> (앞 쪽)

<table>
<tr><td colspan="4" rowspan="2">광업시설성능(완성)검사신청서</td><td>처리기간</td></tr>
<tr><td>15 일</td></tr>
<tr><td rowspan="3">신청인</td><td>①상호 또는 성명</td><td colspan="3"></td></tr>
<tr><td>②대 표 자</td><td></td><td>③생 년 월 일</td><td></td></tr>
<tr><td>④주 소</td><td colspan="3">(전화 :)</td></tr>
<tr><td rowspan="3">광업권</td><td>⑤광 산 명</td><td></td><td>⑥등 록 번 호</td><td></td></tr>
<tr><td>⑦소 재 지</td><td colspan="3">(전화 :)</td></tr>
<tr><td>⑧광 종 명</td><td colspan="3"></td></tr>
<tr><td colspan="2">⑨시 설 의 종 류</td><td colspan="3"></td></tr>
<tr><td colspan="2">⑩능 력·규 모·대 수</td><td colspan="3"></td></tr>
<tr><td colspan="2">⑪설 치 장 소</td><td colspan="3"></td></tr>
<tr><td colspan="2">⑫계 획 승 인 번 호</td><td></td><td>⑬계 획 승 인</td><td>년 월 일</td></tr>
<tr><td colspan="2">⑭설 치 완 료 연 월 일</td><td colspan="3">. . .</td></tr>
<tr><td colspan="2">⑮전 회 검 사 증 번 호</td><td colspan="3"></td></tr>
<tr><td colspan="2">⑯전회검사증유효기간</td><td colspan="3">. . . 부터 . . . 까지</td></tr>
<tr><td colspan="2">⑰수 검 희 망 연 월 일</td><td colspan="3"></td></tr>
<tr><td colspan="5">광산보안법 제9조의 규정에 의하여 위와 같이 광업시설의 성능(완성)검사를 신청합니다.

년 월 일

신청인 (서명 또는 인)
대 한 광 업 진 흥 공 사 사 장 귀하</td></tr>
<tr><td colspan="3" rowspan="2">구비서류 : 없 음</td><td colspan="2">수수료</td></tr>
<tr><td colspan="2">광산보안법시행규칙 제26조의 규정에 의하여 대한광업진흥공사 사장이 정한 수수료</td></tr>
</table>

29294-08921민 210mm×297mm

99.7.8 개정승인 (신문용지 54g/㎡(재활용품))

이 신청서는 아래와 같이 처리됩니다. (뒤 쪽)

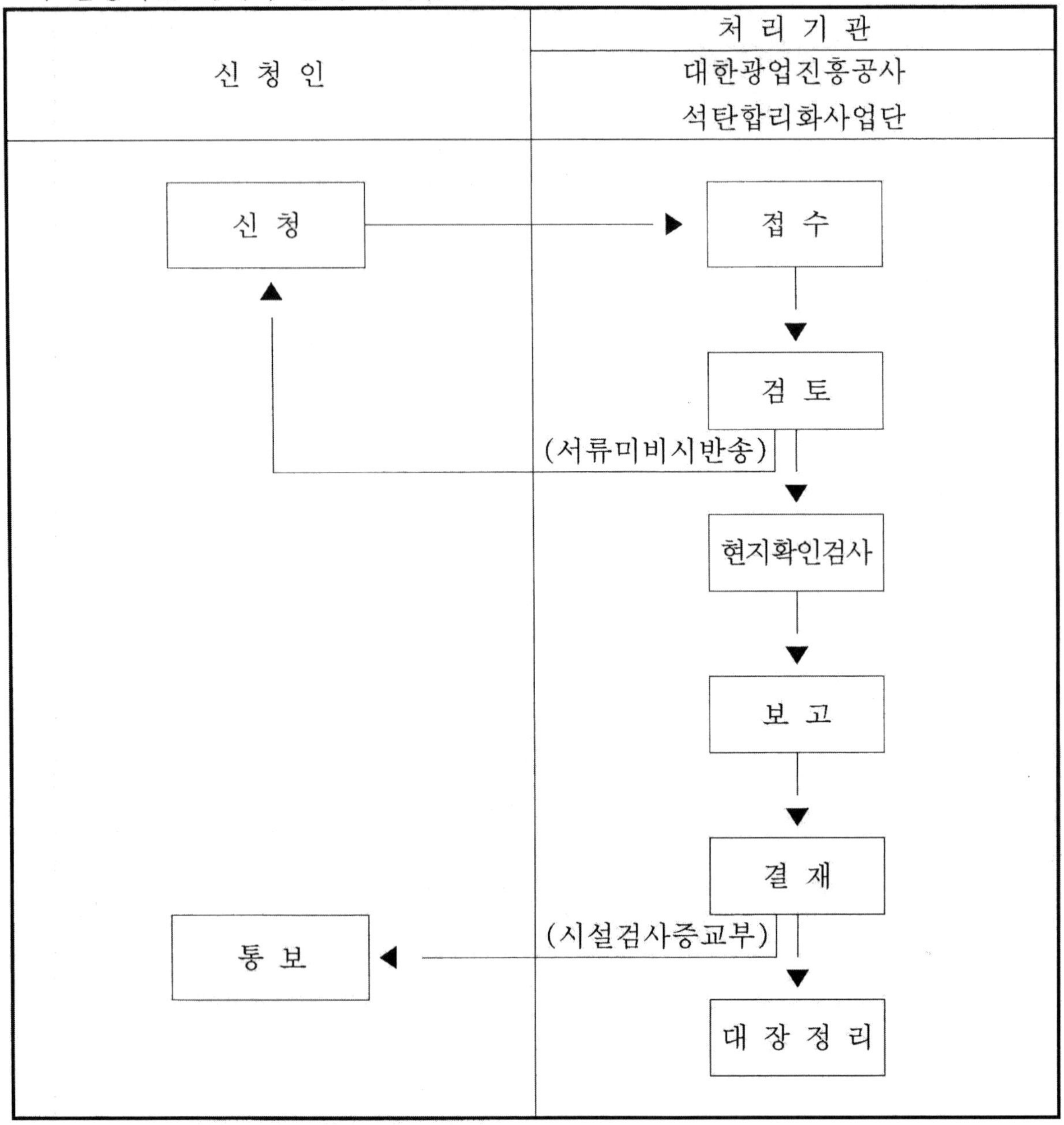

[별지 제16호서식] <개정 2007.11.7>

<table>
<tr><td colspan="6">광 업 시 설 검 사 증
가검사증

제 호</td></tr>
<tr><td>①광 산 명</td><td></td><td>②광 종</td><td></td><td>③광업권자 또는
조광권자</td><td></td></tr>
<tr><td>④시 설 의 종 류</td><td colspan="5"></td></tr>
<tr><td>⑤능력또는규모</td><td colspan="5"></td></tr>
<tr><td>⑥설 치 장 소</td><td colspan="5"></td></tr>
<tr><td>⑦유 효 기 간</td><td colspan="5"></td></tr>
<tr><td>⑧사 용 조 건</td><td colspan="5"></td></tr>
<tr><td colspan="6">광산보안법시행령 제35조 및 동법시행규칙 제23조의 규정에 의하여 광업시설의 검사증(가검사증)을 교부합니다.

년 월 일

대한광업진흥공사 사장 [인]</td></tr>
</table>

29294-09021일 190mm×268mm

99.7.8 개정승인 (인쇄용지(특급) 70g/㎡)

[별지 제20호서식] <개정 2008.3.3> (앞 쪽)

<table>
<tr><td colspan="4">보안관리직원 □ 선임 □ 해임 신고서</td><td>처리기간
1 일</td></tr>
<tr><td rowspan="3">신
고
인</td><td>①상호 또는 명칭</td><td colspan="3"></td></tr>
<tr><td>②대 표 자</td><td></td><td>③생 년 월 일</td><td></td></tr>
<tr><td>④주 소</td><td colspan="3">(전화 :)</td></tr>
<tr><td rowspan="3">사
업
장</td><td>⑤광 산 명</td><td></td><td>⑥광구등록번호</td><td></td></tr>
<tr><td>⑦광 종 명</td><td colspan="3"></td></tr>
<tr><td>⑧소 재 지</td><td colspan="3">(전화 :)</td></tr>
<tr><td colspan="2">⑨보안관리직원구분</td><td colspan="3">□ 보안관리자 □ 보안감독자
□ 보안계원 □ 보안감독계원</td></tr>
<tr><td rowspan="4">선
·
해
임
자</td><td>⑩자격증번호</td><td colspan="3"></td></tr>
<tr><td>⑪성 명</td><td></td><td>⑫생 년 월 일</td><td></td></tr>
<tr><td>⑬주 소</td><td colspan="3"></td></tr>
<tr><td>⑭ □선 임 □해 임 연월일</td><td>년 월 일</td><td>⑮직 위</td><td></td></tr>
<tr><td rowspan="3">직
무
범
위</td><td>⑯직 무 의 종 류</td><td colspan="3"></td></tr>
<tr><td>⑰담 당 구 역</td><td colspan="3"></td></tr>
<tr><td>⑱직접감독자성명</td><td></td><td>⑲직 위</td><td></td></tr>
<tr><td colspan="2">⑳보 안 관 리 직 경 력</td><td colspan="2">년 월 일부터
년 월 일까지</td><td>년 월간</td></tr>
<tr><td colspan="5">광산보안법 제13조제3항의 규정에 의하여 위와 같이 신고합니다.

년 월 일

신고인 (서명 또는 인)
지식경제부( )광산보안사무소장 귀하</td></tr>
<tr><td colspan="4">※ 구비서류
1. 국가기술자격수첩
2. 광업에 관한 실무종사경력증명서 1부(신규선임의 경우에 한합니다.)</td><td>수수료
없 음</td></tr>
</table>

29294-09311민 210mm×297mm

99.7.8 개정승인 (신문용지 54g/㎡(재활용품))

이 신고서는 아래와 같이 처리됩니다. (뒤 쪽)

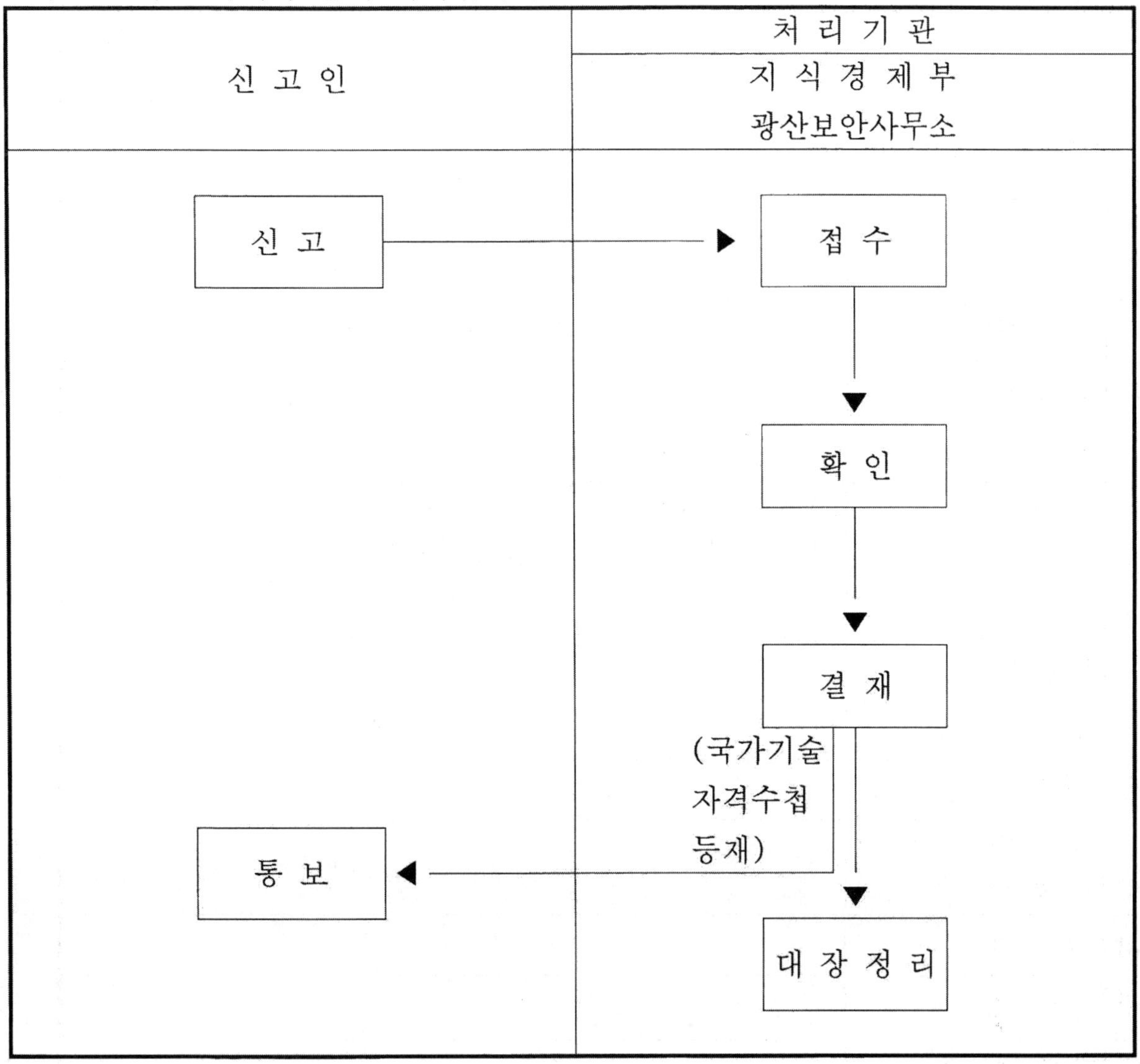

[별지 제21호서식] <개정 2008.3.3> (앞 쪽)

<table>
<tr><td colspan="4">보안관리직원대리자선임신고서</td><td>처리기간
1 일</td></tr>
<tr><td rowspan="3">신고인</td><td>①상호 또는 성명</td><td colspan="3"></td></tr>
<tr><td>②대 표 자</td><td></td><td>③생 년 월 일</td><td></td></tr>
<tr><td>④주 소</td><td colspan="3">(전화 :)</td></tr>
<tr><td rowspan="3">광업권</td><td>⑤광 산 명</td><td></td><td>⑥등 록 번 호</td><td></td></tr>
<tr><td>⑦소 재 지</td><td colspan="3">(전화 :)</td></tr>
<tr><td>⑧광 종 명</td><td colspan="3"></td></tr>
<tr><td colspan="2">⑨보 안 관 리 직 원 의 구 분</td><td colspan="3">□ 보안관리자 □ 보안감독자
□ 보안계원 □ 보안감독계원</td></tr>
<tr><td rowspan="5">대리자</td><td>⑩자 격 증 번 호</td><td colspan="3"></td></tr>
<tr><td>⑪성 명</td><td colspan="3"></td></tr>
<tr><td>⑫주 소</td><td colspan="3">(전화 :)</td></tr>
<tr><td>⑬선 임 연 월 일</td><td colspan="3">. . .</td></tr>
<tr><td>⑭보 안 관 리 직 경 력</td><td colspan="3">. . . 부터 . . . 까지 년 월간</td></tr>
<tr><td rowspan="2">미대리자</td><td>⑮직 위</td><td colspan="3"></td></tr>
<tr><td>⑯성 명</td><td colspan="3"></td></tr>
<tr><td colspan="2">⑰대 리 의 이 유</td><td colspan="3"></td></tr>
<tr><td colspan="5">광산보안법 제13조제5항의 규정에 의하여 위와 같이 신고합니다..

년 월 일

신고인 (서명 또는 인)
지식경제부( )광산보안사무소장 귀하</td></tr>
<tr><td colspan="4">구비서류 : 없 음</td><td>수수료
없 음</td></tr>
</table>

29294-09411민 210mm×297mm

99.7.8 개정승인 (신문용지 54g/㎡(재활용품))

이 신고서는 아래와 같이 처리됩니다. (뒤 쪽)

신 고 인	처 리 기 관
	지 식 경 제 부 광산보안사무소

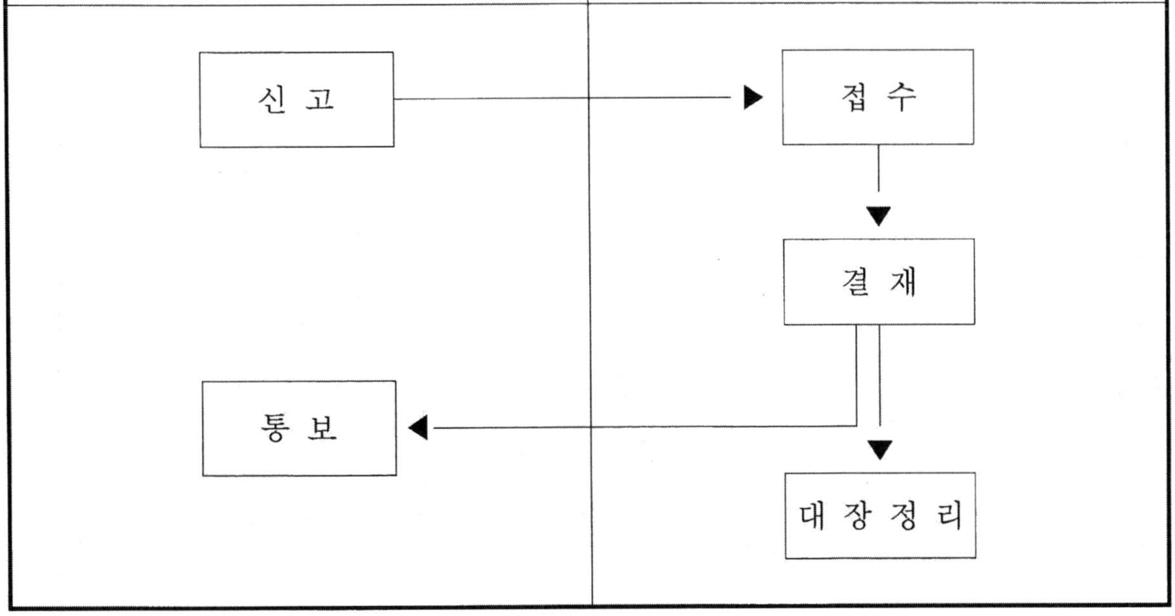

[별지 제22호서식] <개정 2008.3.3> (앞 쪽)

<table>
<tr><td colspan="7" rowspan="2">사용승인신청서</td><td>처리기간</td></tr>
<tr><td>10 일</td></tr>
<tr><td rowspan="3">신청인</td><td>①상호 또는 명칭</td><td colspan="6"></td></tr>
<tr><td>②대 표 자</td><td colspan="2"></td><td>③생 년 월 일</td><td colspan="3"></td></tr>
<tr><td>④주 소</td><td colspan="6">(전화 :)</td></tr>
<tr><td rowspan="3">사업장</td><td>⑤광 산 명</td><td colspan="2"></td><td>⑥광구등록번호</td><td colspan="3"></td></tr>
<tr><td>⑦광 종 명</td><td colspan="6"></td></tr>
<tr><td>⑧소 재 지</td><td colspan="6">(전화 :)</td></tr>
<tr><td colspan="2">⑨사 용 장 소</td><td colspan="2"></td><td>⑩사 용 기 간</td><td colspan="3"></td></tr>
<tr><td colspan="8">⑪내연기관 또는 장비내용</td></tr>
<tr><td colspan="2">기관 또는 장비명</td><td>형식</td><td>규격 또는 용량</td><td>제작회사</td><td>제작번호</td><td colspan="2">제작일자</td></tr>
<tr><td colspan="2"></td><td></td><td></td><td></td><td></td><td colspan="2"></td></tr>
</table>

<table>
<tr><td colspan="9">⑫내연기관 또는 장비의 가스배출 농도(ppm)</td></tr>
<tr><td>기관 또는 장비명</td><td>CO</td><td>CO_2</td><td>SO_2</td><td>NO</td><td>NO_2</td><td>매연(%)</td><td>정화장치부착여부</td></tr>
<tr><td></td><td></td><td></td><td></td><td></td><td></td><td></td><td></td></tr>
<tr><td>⑬사 용 장 소 통 기</td><td>풍속</td><td colspan="3"></td><td>풍량</td><td colspan="2"></td></tr>
</table>

광산보안법시행규칙 제152조제1항의 규정에 의하여 위와 같이 사용승인을 신청합니다.

년 월 일

신청인 (서명 또는 인)

지식경제부( )광산보안사무소장 귀하

※ 구비서류	수수료
	없 음

1. 내연기관 또는 장비제원 1부
2. 배출가스 인정서 1부
3. 정화장치의 인정서 1부(갱내에서 사용하는 경우에 한한다.)
4. 내연기관 및 장비사용계획서(보안관리대책을 포함한다)
5. 내연기관사용장소 작업도면 1부
6. 통기계통도(평·단면) 및 통기시설설치도 1부(갱내에서 사용하는 경우에 한한다)

29294-09511민 210mm×297mm

99.7.8 개정승인 (신문용지 54g/㎡(재활용품))

이 신청서는 아래와 같이 처리됩니다. (뒤 쪽)

신 청 인	처 리 기 관 지 식 경 제 부 광산보안사무소
신 청 →	접 수
	↓
	검 토
	↓
	현지확인조사
	↓
	복 명
	↓
	결 제
통 보 ←	(사용승인결정)

[별지 제23호서식] <개정 2008.3.3> (앞 쪽)

<table>
<tr><td colspan="6">사용기간연장승인신청서(차)</td><td>처리기간
10 일</td></tr>
<tr><td rowspan="3">신청인</td><td>①상호 또는 성명</td><td colspan="5"></td></tr>
<tr><td>②대 표 자</td><td></td><td>③생 년 월 일</td><td colspan="3"></td></tr>
<tr><td>④주 소</td><td colspan="5">(전화 :)</td></tr>
<tr><td rowspan="3">사업장</td><td>⑤광 산 명</td><td></td><td>⑥광구등록번호</td><td colspan="3"></td></tr>
<tr><td>⑦광 종 명</td><td colspan="5">(전화 :)</td></tr>
<tr><td>⑧소 재 지</td><td colspan="5"></td></tr>
<tr><td colspan="2">⑨사 용 장 소</td><td></td><td>⑩사 용 기 간</td><td colspan="3"></td></tr>
</table>

<table>
<tr><td colspan="6">⑪내연기관 또는 장비내용</td></tr>
<tr><td>기관또는장비명</td><td>(승인번호)</td><td>형 식</td><td>규격 또는 용량</td><td>제작회사</td><td>제작번호</td></tr>
<tr><td></td><td></td><td></td><td></td><td></td><td></td></tr>
</table>

<table>
<tr><td colspan="6">⑫내연기관 또는 장비의 가스배출 농도(ppm)</td></tr>
<tr><td>기관또는장비명</td><td>CO</td><td>CO_2</td><td>SO_2</td><td>NO</td><td>NO_2</td></tr>
<tr><td></td><td></td><td></td><td></td><td></td><td></td></tr>
</table>

<table>
<tr><td colspan="8">⑬사용장소 갱내가스 농도(ppm)</td></tr>
<tr><td>측 정 장 소</td><td>O_2</td><td>CO</td><td>CO_2</td><td>SO_2</td><td>NO</td><td>NO_2</td><td>매 연(%)</td></tr>
<tr><td></td><td></td><td></td><td></td><td></td><td></td><td></td><td></td></tr>
</table>

광산보안법시행규칙 제152조제1항의 규정에 의하여 년 월 일 사용승인을 받은 차량등에 대하여 위와 같이 ( )차 사용기간연장승인을 신청합니다.

년 월 일

신청인 (서명 또는 인)

지식경제부( )광산보안사무소장 귀하

구비서류 : 없 음	수수료 없 음

29294-09611민 210mm×297mm
99.7.8 개정승인 (신문용지 54g/㎡(재활용품))

이 신청서는 아래와 같이 처리됩니다. (뒤 쪽)

신 청 인	처 리 기 관 지 식 경 제 부 광산보안사무소
신 청 →	접 수
	↓
	검 토
	↓
	현지확인조사
	↓
	복 명
	↓
	결 재
통 보 ←	(연장승인결정)

이 신고서는 아래와 같이 처리됩니다. (뒤 쪽)

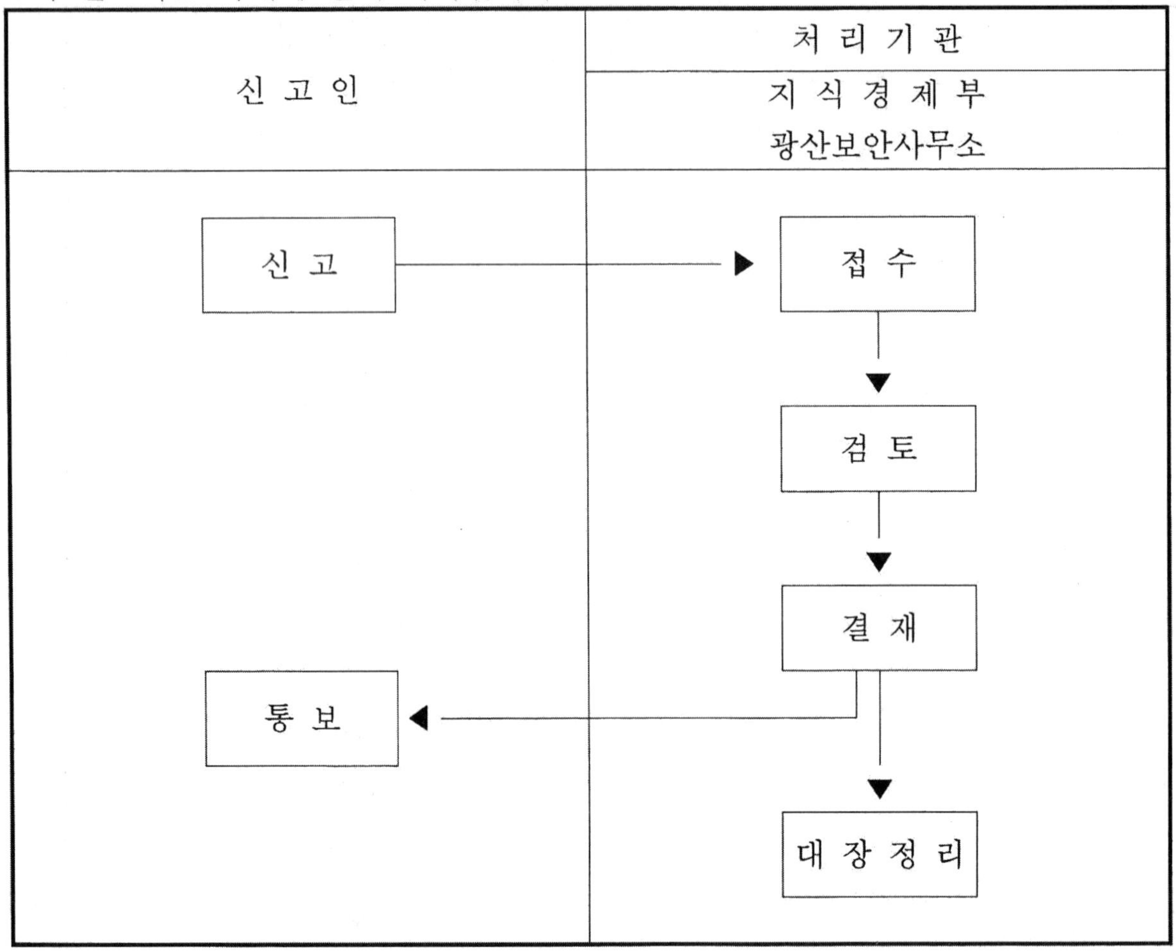

이 신고서는 아래와 같이 처리됩니다. (뒤 쪽)

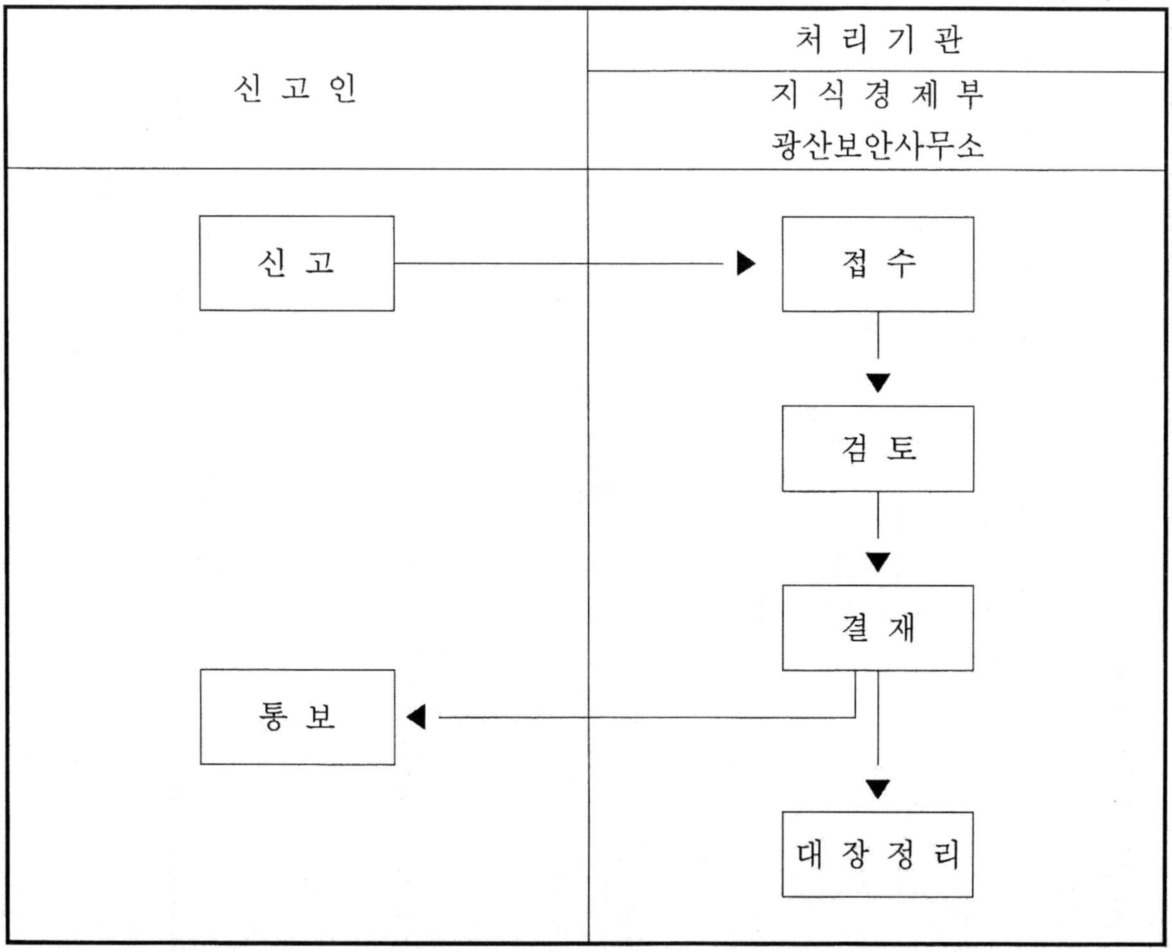

[별지 제25호서식] <개정 2008.3.3>

<table>
<tr><td>승인번호</td><td colspan="5" rowspan="2">사용(연장사용)승인서</td></tr>
<tr><td>제 호</td></tr>
<tr><td>①광산명</td><td colspan="5"></td></tr>
<tr><td rowspan="4">광업권
표 시</td><td>②등록번호</td><td colspan="2"></td><td>③광 종 명</td><td></td></tr>
<tr><td>④광산소재지</td><td colspan="4"></td></tr>
<tr><td>⑤광업권자</td><td colspan="2"></td><td>⑥생년월일</td><td></td></tr>
<tr><td>⑦주 소</td><td colspan="2"></td><td>⑧전 화</td><td></td></tr>
<tr><td colspan="2">⑨사 용 기 간</td><td colspan="4"></td></tr>
<tr><td colspan="2">⑩사 용 장 소 및 구 간</td><td colspan="4"></td></tr>
<tr><td colspan="2">⑪사 용 조 건</td><td colspan="4"></td></tr>
<tr><td colspan="6">⑫내연기관 또는 장비명</td></tr>
<tr><td>관리번호</td><td>기관 또는 장비명</td><td>형식</td><td>규격 및 용량</td><td>제작회사</td><td>제작번호</td></tr>
<tr><td></td><td></td><td></td><td></td><td></td><td></td></tr>
<tr><td colspan="6">광산보안법시행규칙 제152조제5항의 규정에 의하여 위와 같이 승인(연장승인)합니다.

년 월 일

지식경제부(　　)광산보안사무소장 ㊞</td></tr>
</table>

29294-09811민　　　　210mm×297mm

99.7.8 개정승인　　　　(신문용지 54g/㎡(재활용품))

[별지 제26호서식] <개정 2008.3.3> (앞 쪽)

채굴제한구역에서의 채굴승인신청서				처리기간 15 일
신청인	①상호 또는 명칭			
	②대 표 자		③생 년 월 일	
	④주 소	(주소 :)		
사업장	⑤광 산 명		⑥광구등록번호	
	⑦광 종 명	(주소 :)		
	⑧소 재 지			
⑨채 굴 예 정 구 역				
⑩주 요 공 공 시 설 물				
⑪안 전 성 평 가 기 관				
⑫채 굴 의 방 법				
⑬채 굴 기 간				
⑭복 구 방 법				
⑮보 안 관 리 자	⑯직 위		⑰자격구분및번호	
	⑱성 명		⑲생 년 월 일	

광산보안법시행규칙 제234조제1항의 규정에 의하여 위와 같이 채굴승인을 신청합니다.

년 월 일

신청인 (서명 또는 인)

지식경제부( )광산보안사무소장 귀하

※ 구비서류	수수료
1. 채광예정구에 대한 작업설명서 1부 2. 채광예정구역 도면(평면·단면을 말합니다) 1부 3. 채광종료후 복구계획서 1부 4. 안전성평가서 1부	없 음

29294-09911민 210mm×297mm

99.7.8 개정승인 (신문용지 54g/㎡(재활용품))

이 신청서는 아래와 같이 처리됩니다. (뒤 쪽)

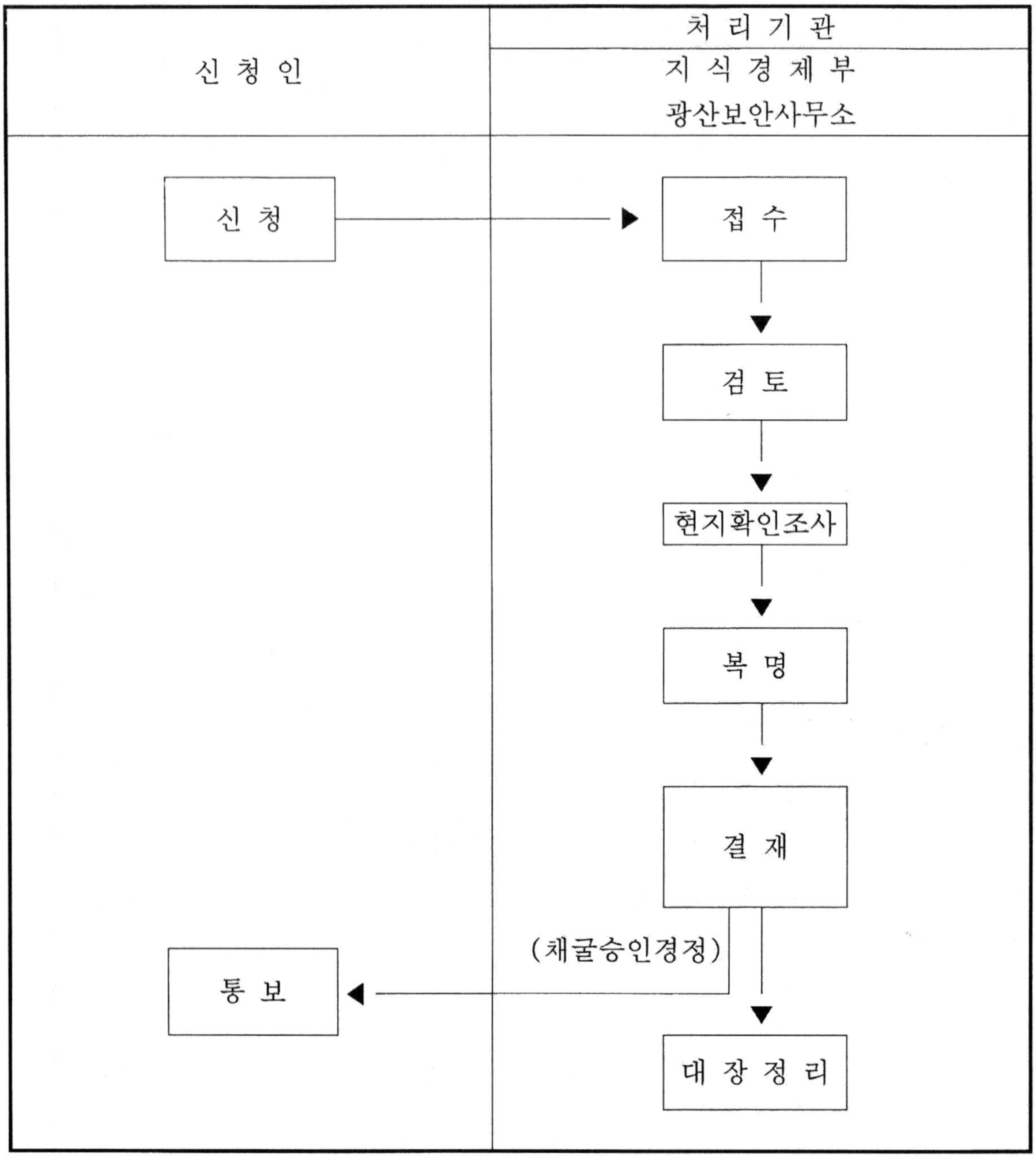

총포·도검·화약류 등 단속법

[시행 2008.12.26] [법률 제9211호, 2008.12.26, 일부개정]

총포·도검·화약류 등 단속법

[시행 2008.12.26] [법률 제9211호, 2008.12.26, 일부개정]

경찰청 (생활질서과), 02-3150-1361

제1장 총칙

제1조 (목적) 이 법은 총포・도검・화약류・분사기・전자충격기・석궁의 제조・거래・소지・사용 그 밖의 취급에 관한 사항을 규제하여 총포・도검・화약류・분사기・전자충격기・석궁으로 인한 위험과 재해를 미리 방지함으로써 공공의 안전을 유지하는데 이바지함을 목적으로 한다. <개정 1989.12.30, 1995.12.6>

제2조 (정의) ①이 법에서 "총포"라 함은 권총・소총・기관총・포・엽총, 금속성 탄알이나 가스등을 쏠 수 있는 장약총포, 공기총(압축가스를 이용하는 것을 포함한다. 이하 같다) 및 총포신・기관부 등 그 부품(이하 "부품"이라 한다)으로서 대통령령이 정하는 것을 말한다. <개정 1995.12.6, 2003.7.29>

②이 법에서 "도검"이라 함은 칼날의 길이가 15센티미터 이상 되는 칼・검・창・치도(치도)・비수등으로서 성질상 흉기로 쓰여지는 것과 칼날의 길이가 15센티미터 미만이라 할지라도 흉기로 사용될 위험성이 뚜렷이 있는 것중에서 대통령령이 정하는 것을 말한다.

③이 법에서 "화약류"라 함은 다음 각호의 화약・폭약 및 화공품(화공품:화약 및 폭약을 써서 만든 공작물을 말한다. 이하 같다)을 말한다. <개정 1989.12.30, 1995.12.6, 1999.3.31>

1. 화약
   가. 흑색화약 또는 질산염을 주성분으로 하는 화약
   나. 무연화약 또는 질산에스테르를 주성분으로 하는 화약
   다. 그 밖에 "가"목 및 "나"목의 화약과 비슷한 추진적 폭발에 사용될 수 있는 것으로서 대통령령이 정하는 것
2. 폭약
   가. 뇌홍・아지화연・로단염류・테트라센등의 기폭제
   나. 초안폭약・염소산칼리폭약・카리트 그 밖의 질산염・염소산염 또는 과염소산염을 주성분으로 하는 폭약
   다. 니트로글리세린・니트로글리콜 그 밖의 폭약으로 사용되는 질산에스테르
   라. 다이나마이트 그 밖의 질산에스테르를 주성분으로 하는 폭약
   마. 폭발에 쓰이는 트리니트로벤젠・트리니트로토루엔・피크린산・트리니트로클로로벤젠・테트릴・트리니트로아니졸・헥사니트로디페닐아민・트리메틸렌트리니트라민・펜트리트 및 니트로기 3 이상이 들어 있는 그 밖의 니트로화합물과 이들을 주성분으로 하는 폭약
   바. 액체산소폭약 그 밖의 액체폭약
   사. 그밖의 "가"목 내지 "바"목의 폭약과 비슷한 파괴적 폭발에 사용될 수 있는 것으로서 대통령령이 정하는 것
3. 화공품
   가. 공업용뇌관・전기뇌관・총용뇌관 및 신호뇌관
   나. 실탄(실탄:산탄을 포함한다. 이하 같다) 및 공포탄(공포탄)
   다. 신관 및 화관
   라. 도폭선・미진동파쇄기・도화선 및 전기도화선
   마. 신호염관・신호화전 및 신호용화공품
   바. 시동약(시동약)
   사. 꽃불 그 밖의 화약이나 폭약을 사용한 화공품

아. 장난감용 꽃불등으로서 행정자치부령이 정하는 것

자. 자동차 긴급신호용 불꽃신호기

차. 자동차에어백용 가스발생기

④이 법에서 "분사기"라 함은 사람의 활동을 일시적으로 곤란하게 하는 최루 또는 질식등의 작용제를 분사할 수 있는 기기로서 대통령령이 정하는 것을 말한다. <신설 1989.12.30>

⑤이 법에서 "전자충격기"라 함은 사람의 활동을 일시적으로 곤란하게 하거나 인명에 위해를 가하는 전류를 방류할 수 있는 기기로서 대통령령이 정하는 것을 말한다. <신설 1989.12.30>

⑥이 법에서 "석궁"이라 함은 활과 총의 원리를 이용하여 화살등의 물체를 발사하여 인명에 위해를 줄 수 있는 것으로서 대통령령이 정하는 것을 말한다. <신설 1995.12.6>

제3조 (적용의 배제) ①제2조제3항제3호 "아"목의 장난감용 꽃불류에 대하여는 제6조 내지 제8조, 제10조, 제12조, 제13조, 제18조 내지 제21조, 제23조, 제32조 및 제35조의 규정을 적용하지 아니한다. 다만, 장난감용 꽃불류에 관하여 제4조·제9조 또는 제25조의 규정에 의한 허가를 받는 사람의 경우에는 제6조 내지 제8조, 제10조, 제12조, 제18조, 제21조 및 제23조의 규정만을 적용하지 아니한다. <개정 2001.1.26>

②제2조제3항제3호 "차"목의 자동차에어백용 가스발생기에 대하여는 제4조 및 제5조의 규정을 제외하고 이 법을 적용하지 아니한다.

③군수용으로 제조·판매·수출·수입 또는 관리되는 총포·도검·화약류·분사기·전자충격기·석궁에 대하여는 이 법을 적용하지 아니한다.

④수출하기 위한 목적으로 제조되는 총포·도검·화약류·분사기·전자충격기 및 석궁에 대하여는 제4조제1항 및 제2항의 해당종류별 제조허가에 관한 구조 및 성능기준을 적용하지 아니한다. <신설 1999.3.31>

[전문개정 1995.12.6]

제2장 총포·도검·화약류·분사기·전자충격기·석궁의 제조·판매등

제4조 (제조업의 허가) ①총포·화약류의 제조업(총포의 개조·수리업과 화약류의 변형·가공업을 포함한다. 이하 같다)을 영위하고자 하는 사람은 제조소마다 행정안전부령이 정하는 바에 의하여 경찰청장의 허가를 받아야 한다. 제조소의 위치·구조·시설 또는 설비를 변경하거나 제조하는 총포·화약류의 종류 또는 제조방법을 변경하고자 하는 때에도 또한 같다. <개정 1989.12.30, 1991.5.31, 1995.12.6, 1999.3.31, 2008.2.29>

②도검·분사기·전자충격기·석궁의 제조업을 영위하고자 하는 사람은 제조소마다 행정안전부령이 정하는 바에 의하여 제조소의 소재지를 관할하는 지방경찰청장의 허가를 받아야 한다. 제조소의 위치·구조·시설 또는 설비를 변경하거나 제조하는 도검·분사기·전자충격기·석궁의 종류 또는 제조방법을 변경하고자 하는 때에도 또한 같다. <신설 1995.12.6, 1999.3.31, 2008.2.29>

③제1항 또는 제2항의 규정에 의하여 총포·도검·화약류·분사기·전자충격기·석궁제조업의 허가를 받은 사람(이하 "제조업자"라 한다)이 아니면 총포·도검·화약류·분사기·전자충격기·석궁을 제조하지 못한다. 다만, 화약류를 물리·화학상의 실험 또는 의료의 목적으로 사용하기 위하여 대통령령이 정하는 종류와 수량이하를 제조하는 경우에는 그러하지 아니하다. <개정 1995.12.6>

④제45조제1항의 규정에 의하여 허가가 취소된 후 6월이 지나지 아니한 경우에 그 영업장소에서 같은 종류의 영업을 하고자 하는 때에는 제1항 또는 제2항의 규정에 의한 허가를 할 수 없다. <신설 2003.7.29>

⑤총포·도검·화약류·분사기·전자충격기·석궁의 제조에 관한 시설 및 기술의 기준은 대통령령으로 정한다. <개정 1989.12.30, 1995.12.6>

제4조의2 (제조업자의 지위승계) ①제조업자가 사망하거나 그 제조업을 양도한 때에는 그 상속인 또는 제조업을 양수한 자는 그 제조업자의 지위를 승계한다.

②민사집행법에 의한 경매, 「채무자 회생 및 파산에 관한 법률」에 의한 환가, 국세징수법·관세법 또는 지방세법에 의한 압류재산의 매각 그 밖에 이에 준하는 절차에 따라 영업시설의 전부를 인수한 자는 그 제조업자의 지위를 승계한다. <개정 2005.3.31>

③제1항 또는 제2항의 규정에 의하여 제조업자의 지위를 승계한 사람은 1월 이내에 행정안전부령이 정하는 바에 따라 경찰청장 또는 지방경찰청장에게 승계사실을 신고하여야 한다. <개정 2008.2.29>
④제5조의 규정은 제1항 또는 제2항의 규정에 의한 제조업자의 지위승계에 관하여 이를 준용한다. 다만, 상속인이 제5조 각호의 1에 해당하는 경우 상속받은 날부터 3월동안은 그러하지 아니하다.
[본조신설 2003.7.29]

제5조 (제조업자의 결격사유) 다음 각호의 1에 해당하는 사람은 총포·도검·화약류·분사기·전자충격기·석궁제조업의 허가를 받을 수 없다. <개정 1989.12.30, 1995.12.6, 2001.1.26, 2005.3.31>

1. 금고 이상의 형의 선고를 받고 그 집행이 끝나거나 집행을 받지 아니하기로 확정된 후 3년이 지나지 아니한 사람
2. 금고 이상의 형의 집행유예선고를 받고 그 집행유예의 기간이 끝난 날로부터 1년이 지나지 아니한 사람
3. 심신상실자, 마약·대마·향정신성의약품 또는 알콜의 중독자 그 밖에 이에 준하는 정신장애인
4. 20세 미만인 사람·금치산자 또는 한정치산자
5. 파산선고를 받은 자로서 복권되지 아니한 사람
6. 제45조제1항의 규정에 의하여 허가취소처분을 받고 3년이 지나지 아니한 사람
7. 임원중에 제1호 내지 제6호의 1에 해당하는 사람이 있는 법인 또는 단체

제6조 (판매업의 허가) ①총포·도검·화약류·분사기·전자충격기·석궁의 판매업을 영위하고자 하는 사람은 판매소마다 행정안전부령이 정하는 바에 의하여 판매소의 소재지를 관할하는 지방경찰청장의 허가를 받아야 한다. 판매소의 위치·구조·시설 또는 설비를 변경하거나 판매하는 총포·도검·화약류·분사기·전자충격기·석궁의 종류를 변경하고자 하는 때에도 또한 같다. <개정 1989.12.30, 1991.5.31, 1995.12.6, 1999.3.31, 2008.2.29>
②제1항의 규정에 의하여 총포·도검·화약류·분사기·전자충격기·석궁판매업의 허가를 받은 사람(이하 "판매업자"라 한다)이 아니면 총포·도검·화약류·분사기·전자충격기·석궁을 판매(분사기 판매의 경우 분사기에 최루 또는 질식등의 작용제를 충전하는 것을 포함한다. 이하 같다)하지 못한다. 다만, 제조업자가 그 제조한 총포·도검·화약류·분사기·전자충격기·석궁을 제조소에서 직접 판매하거나 총포판매업자가 대통령령이 정하는 범위 안에서 판매허가를 받은 총포의 실탄 또는 공포탄을 판매하는 경우에는 그러하지 아니하다. <개정 1989.12.30, 1995.12.6>
③제45조제1항의 규정에 의하여 허가가 취소된 후 6월이 지나지 아니한 경우에 그 영업장소에서 같은 종류의 영업을 하고자 하는 때에는 제1항의 규정에 의한 허가를 할 수 없다. <신설 2003.7.29>
④제1항의 규정에 의한 총포·도검·화약류·분사기·전자충격기·석궁판매업의 시설기준은 대통령령으로 정한다. <개정 1989.12.30, 1995.12.6>

제6조의2 (판매업자의 지위승계) 제4조의2의 규정은 판매업자가 사망하거나 판매업을 양도한 경우에 이를 준용한다. 이 경우 "경찰청장 또는 지방경찰청장"은 "지방경찰청장"으로 본다.
[본조신설 2003.7.29]

제7조 (판매업자의 결격사유) 제5조의 규정은 총포·도검·화약류·분사기·전자충격기·석궁판매업의 허가의 경우에 이를 준용한다. <개정 1989.12.30, 1995.12.6>

제8조 (행상과 옥외판매금지) 총포·도검·화약류·분사기·전자충격기·석궁은 행상으로나 노점 그 밖의 옥외에서 이를 판매하지 못한다. <개정 1989.12.30, 1995.12.6>

제9조 (수출입의 허가등) ①총포·화약류를 수출 또는 수입하고자 하는 사람은 행정안전부령이 정하는 바에 의하여 그때마다 경찰청장의 허가를 받아야 한다. <개정 1989.12.30, 1991.5.31, 1995.12.6, 1999.3.31, 2008.2.29>

②도검・분사기・전자충격기・석궁을 수출 또는 수입하고자 하는 사람은 행정안전부령이 정하는 바에 의하여 그때마다 주된 사업장의 소재지를 관할하는 지방경찰청장의 허가를 받아야 한다. <신설 1995.12.6, 1999.3.31, 2008.2.29>
③제1항 또는 제2항의 규정에 의하여 수출 또는 수입허가를 받을 수 있는 사람은 제조업자 또는 판매업자에 한한다. 다만, 국가기관 또는 지방자치단체에서 사용하고자 하는 것으로서 경찰청장의 승인을 얻은 경우에는 그러하지 아니하다. <신설 1995.12.6, 1996.12.30>
④경찰청장 또는 지방경찰청장은 공공의 안전유지를 위하여 필요하다고 인정되는 때에는 총포・도검・화약류・분사기・전자충격기・석궁의 수출 또는 수입을 제한하거나 허가하지 아니할 수 있다. <개정 1989.12.30, 1991.5.31, 1995.12.6>
⑤화약류를 수입한 사람은 지체없이 행정안전부령이 정하는 바에 의하여 수입지를 관할하는 경찰서장에게 신고하여야 한다. <개정 1999.3.31, 2008.2.29>

제3장 총포・도검・화약류・분사기・전자충격기・석궁의 소지와 사용

제10조 (소지의 금지) 누구든지 다음 각호의 1에 해당하는 경우를 제외하고는 허가없이 총포・도검・화약류・분사기・전자충격기・석궁을 소지하여서는 아니된다. <개정 1989.12.30, 1991.5.31, 1995.12.6>

1. 법령에 의하여 직무상 총포・도검・화약류・분사기・전자충격기・석궁을 소지하는 경우
2. 제4조제1항 또는 제2항의 규정에 의한 제조업자가 그가 제조한 총포・도검・화약류・분사기・전자충격기・석궁을 소지하는 경우
3. 제4조제3항 단서의 규정에 의하여 화약류를 제조한 사람이 그가 제조한 화약류를 소지하는 경우
4. 제6조제1항의 규정에 의한 판매업자가 총포・도검・화약류・분사기・전자충격기・석궁을 소지하는 경우
5. 제6조제1항의 규정에 의한 총포판매업자가 같은조제2항 단서의 규정에 의하여 판매하는 총용실탄 또는 공포탄을 소지하는 경우
6. 제9조제1항 또는 제2항의 규정에 의하여 수출입허가를 받은 사람이 그 총포・도검・화약류・분사기・전자충격기를 소지하는 경우
7. 제18조제1항의 규정에 의한 화약류의 사용허가를 받은 사람(제18조제1항 단서의 규정에 의하여 사용허가를 받지 아니하여도 되는 사람을 포함한다)이 그 화약류를 소지하는 경우
8. 제21조제1항의 규정에 의한 화약류의 양수허가를 받은 사람(제21조제1항 단서의 규정에 의하여 경찰서장의 양수허가를 받지 아니하여도 되는 사람을 포함한다)이 그 화약류를 소지하는 경우
9. 제2호 내지 제8호의 1에 해당하는 사람의 종업원이 그 직무상 총포・도검・화약류・분사기・전자충격기・석궁을 소지하는 경우
10. 대통령령이 정하는 사람이 총포・도검・화약류・분사기・전자충격기・석궁을 소지하는 경우

제11조 (모의총포의 제조・판매・소지의 금지) ①누구든지 총포와 아주 비슷하게 보이는 것으로서 대통령령이 정하는 것(이하 "모의총포"라 한다)을 제조・판매 또는 소지하지 못한다. 다만, 수출하기 위한 목적으로 모의총포를 제조・판매 또는 소지하는 경우에는 그러하지 아니하다. <개정 1989.12.30>
②제1항 단서의 규정에 의하여 수출하기 위한 목적으로 모의총포를 제조하는 경우에는 행정자치부령이 정하는 바에 의하여 제조소의 소재지를 관할하는 경찰서장에게 신고하여야 한다. <개정 1999.3.31>

제12조 (총포・도검・화약류・분사기・전자충격기・석궁의 소지허가) ①제10조 각호의 1에 해당되지 아니하는 사람이 총포・도검・화약류・분사기・전자충격기・석궁을 소지하고자 하는 때에는 행정안전부령이 정하는 바에 의하여 총포의 경우에는 주소지를 관할하는 지방경찰청장의, 도검・화약류・분사기 및 전자충격기・석궁의 경우에는 주소지를 관할하는 경찰서장의 허가를 각각 받아야 한다. 다만, 총포중 엽총・가스발사총・공기총・마취총・도살총・산업용총・구난구명총 또는 그 부품을 소지하고자 하는 때에는 주소지를 관할하는

경찰서장의 허가를 받아야 한다. <개정 1989.12.30, 1991.5.31, 1995.12.6, 1999.3.31, 2001.1.26, 2003.7.29, 2008.2.29>

②건설공사·경비등을 위하여 법인의 대표자 또는 대리인·사용인 기타 종업원이 산업용총·가스발사총·분사기 또는 전자충격기를 소지하고자 하는 때에는 그 법인의 대표자가 허가를 받고자 하는 산업용총·가스발사총·분사기 또는 전자충격기의 수 및 이를 소지할 사람을 특정하여 그 법인의 주된 사업장의 소재지를 관할하는 경찰서장의 허가를 받아야 한다. 이 경우 가스발사총의 소지허가는 이를 소지할 사람이 관계법령에 의하여 무기를 휴대할 수 있는 경우에 한한다. <신설 1995.12.6>

③총포·도검·화약류·분사기·전자충격기·석궁의 소지허가의 범위는 그 종류 및 용도별로 대통령령으로 정한다. <개정 1989.12.30, 1995.12.6>

第13조 (총포·도검·화약류·분사기·전자충격기·석궁소지자의 결격사유등) ①다음 각호의 1에 해당하는 사람은 총포·도검·화약류·분사기·전자충격기·석궁의 소지허가를 받을 수 없다. <개정 1989.12.30, 1995.12.6, 2003.7.29>

1. 20세 미만인 사람. 다만, 대한체육회장이나 특별시·광역시 또는 도의 체육회장이 추천한 선수 또는 후보자가 사격경기용 총을 소지하고자 하는 경우에는 그러하지 아니하다.
2. 심신상실자, 마약·대마·향정신성의약품 또는 알콜의 중독자 그 밖의 이에 준하는 정신장애자
3. 금고 이상의 실형의 선고를 받고 그 집행이 종료(집행이 종료된 것으로 보는 경우를 포함한다)되거나 집행이 면제된 날부터 3년이 지나지 아니한 사람
4. 이 법의 규정을 위반하여 벌금형의 선고를 받고 3년이 지나지 아니한 사람
5. 특정강력범죄의처벌에관한특례법 제2조제1항 각호의 1의 규정에 의한 특정강력범죄를 범하여 징역 이상의 형의 집행유예선고를 받고 그 유예기간이 끝난 날부터 2년이 지나지 아니한 사람
6. 이 법의 규정을 위반하여 금고 이상의 형의 집행유예선고를 받고 그 집행유예의 기간이 끝난 날로부터 1년이 지나지 아니한 사람
7. 第45조 또는 第46조제1항의 규정에 의한 허가취소처분을 받고 1년이 지나지 아니한 사람

②지방경찰청장 또는 경찰서장은 제1항 각호의 1에 해당하지 아니하는 사람에 대하여도 다른 사람의 생명·재산 또는 공공의 안전을 해칠 염려가 있다고 인정되는 경우에는 총포·도검·화약류·분사기·전자충격기·석궁의 소지허가를 하지 아니할 수 있다. <개정 1989.12.30, 1991.5.31, 1995.12.6>

③지방경찰청장 또는 경찰서장은 위장한 총포·도검·화약류·분사기·전자충격기·석궁 또는 그 구조와 기능이 행정안전부령이 정하는 기준에 적합하지 아니한 총포·분사기·전자충격기·석궁에 대하여는 소지허가를 하여서는 아니된다. <개정 1989.12.30, 1991.5.31, 1995.12.6, 1999.3.31, 2008.2.29>

第14조 (국제경기에 참가하는 사람에 대한 허가의 특례) ①국내 또는 국외에서 개최되는 국제사격경기대회·수렵대회 또는 무술대회등에 참가하기 위하여 출국 또는 입국하는 사람은 행정자치부령이 정하는 바에 의하여 그 대회에서 사용할 총포·도검·석궁의 일시 수출입 및 일시 소지에 관하여 출입국항의 소재지를 관할하는 지방경찰청장의 허가(일시 소지허가의 경우는 외국인에 한한다. 이하 같다)를 받아야 한다. <개정 1991.5.31, 1995.12.6, 1999.3.31>

②지방경찰청장은 제1항의 규정에 의한 허가신청을 받은 때에는 기간을 정하여 일시 수출입 및 일시 소지허가를 할 수 있다. <개정 1991.5.31>

第15조 (총포소지허가에 대한 특례) 제12조 또는 제14조의 규정에 의하여 총포의 소지허가를 받은 사람이 그 허가된 용도에 사용하기 위하여 소지하는 실탄·공포탄·총용뇌관·신호용뇌관·신호용염관·신호용화전·신호용화공품 또는 시동약으로서 행정안전부령이 정하는 수량에 대하여는 제10조·제18조·제21조 및 제25조의 규정을 적용하지 아니한다. <개정 1995.12.6, 1999.3.31, 2008.2.29>

第16조 (총포소지허가의 갱신) ①제12조의 규정에 의한 총포의 소지허가를 받은 사람은 허가를 받은 날로부터 5년마다 이를 갱신하여야 한다.

②제1항의 규정에 의한 허가갱신의 절차 그 밖의 필요한 사항은 행정안전부령으로 정한다. <개정 1999.3.31, 2008.2.29>

第17조 (총포 · 도검 · 분사기 · 전자충격기 · 석궁의 휴대 · 운반 · 사용 및 개조등의 제한) ①제12조 또는 제14조의 규정에 의한 총포 · 도검 · 분사기 · 전자충격기 · 석궁의 소지허가를 받은 사람은 허가받은 용도에 사용하기 위한 경우와 그 밖에 정당한 사유가 있는 경우외에는 그 총포 · 도검 · 분사기 · 전자충격기 · 석궁을 지니거나 운반하여서는 아니된다. <개정 1989.12.30, 1995.12.6>

②제1항의 총포 · 도검 · 분사기 · 전자충격기 · 석궁의 소지허가를 받은 사람은 허가받은 용도나 그 밖의 정당한 사유가 있는 경우외에는 그 총포 · 도검 · 분사기 · 전자충격기 · 석궁을 사용하여서는 아니된다. <개정 1989.12.30, 1995.12.6>

③제1항의 총포의 소지허가를 받은 사람이 그 총포를 보관 · 휴대 또는 운반하는 경우에는 실탄이나 공포탄을 장전하여서는 아니되며, 총집에 넣거나 포장하여야 한다. <개정 1995.12.6>

④제1항의 총포의 소지허가를 받은 사람은 그 총포의 성능을 변경하기 위하여 임의로 개조하여서는 아니된다. <신설 1986.12.31>

⑤ 삭제 <2003.7.29>

第18조 (화약류의 사용) ①화약류를 발파 또는 연소시키려는 사람은 행정안전부령이 정하는 바에 의하여 화약류의 사용지를 관할하는 경찰서장의 화약류의 사용허가를 받아야 한다. 다만, 광업법에 의하여 광물의 채굴을 하는 사람과 그 밖의 대통령령으로 정하는 사람은 그러하지 아니하다. <개정 1999.3.31, 2008.2.29>

②제1항의 규정에 의한 화약류의 사용허가를 받은 사람(이하 "화약류사용자"라 한다)이 그 화약류를 허가받은 용도와 다른 용도로 사용하고자 하는 때에는 제1항의 규정에 의한 화약류의 사용허가를 다시 받아야 한다.

③경찰서장은 화약류 사용의 목적 · 장소 · 일시 · 수량 또는 방법이 적당하지 아니하거나 공공의 안전유지에 지장이 있다고 인정되는 때에는 제1항 또는 제2항의 허가를 하여서는 아니된다.

④화약류의 발파와 연소는 대통령령이 정하는 기술상의 기준에 따라야 한다.

⑤제13조제1항 또는 제2항의 규정은 제1항 및 제2항의 허가의 경우에 이를 준용한다. <개정 1995.12.6>

第19조 (취급의 금지) 다음 각호의 1에 해당하는 사람은 총포 · 도검 · 화약류 · 분사기 · 전자충격기 · 석궁을 취급(제조 · 판매 · 수수 · 적재 · 운반 · 저장 · 소지 · 사용 · 폐기등을 말한다. 이하 같다)하여서는 아니되며, 누구든지 그들에게 이를 취급하게 하여서는 아니된다. <개정 1989.12.30, 1995.12.6, 2003.7.29>

1. 18세 미만의 사람. 다만, 대한체육회장이나 특별시 · 광역시 또는 도의 체육회장이 추천한 선수 또는 후보자가 사격경기용총 · 석궁을 소지하는 경우에는 그러하지 아니하다.
2. 제5조 또는 제13조제1항 각호의 1에 해당하는 사람(제5조제4호 및 제13조제1항제1호중 20세 미만인 사람을 제외한다)

第20조 (화약류의 폐기) ①화약류를 폐기하고자 하는 사람은 행정자치부령이 정하는 바에 의하여 그 폐기하고자 하는 곳을 관할하는 경찰서장에게 신고하여야 한다. 다만, 제조업자가 제조과정에서 생긴 화약류를 그 제조소안에서 폐기하는 경우에는 그러하지 아니하다. <개정 1999.3.31>

②경찰서장은 화약류폐기의 장소 · 일시 · 수량 또는 방법등이 적당하지 아니하거나, 공공의 안전유지에 지장이 있다고 인정되는 때에는 그 화약류폐기의 중지를 명할 수 있다.

③화약류의 폐기는 대통령령이 정하는 기술상의 기준에 따라야 한다.

第21조 (양도 · 양수 등의 제한 <개정 2003.7.29>) ①화약류를 양도 또는 양수하고자 하는 사람은 행정안전부령이 정하는 바에 의하여 그 주소지 또는 화약류의 사용지를 관할하는 경찰서장의 허가를 받아야 한다. 다만, 다음 각호의 1에 해당하는 경우에는 그러하지 아니하다. <개정 1995.12.6, 1999.3.31, 2003.7.29, 2008.2.29>

1. 제조업자가 제조할 목적으로 화약류를 양수하거나 제조한 화약류를 양도하는 경우

2. 판매업자가 판매할 목적으로 화약류를 양도・양수하는 경우

3. 화약류의 수출입허가를 받은 사람이 그 수출입과 관련하여 화약류를 양도・양수하는 경우

4. 총포의 소지허가를 받은 사람이 수렵 또는 사격을 하기 위하여 대통령령이 정하는 수량 이하의 화약류를 양수하는 경우

5. 광업법에 의하여 광물의 채굴을 하는 사람이 그 광물의 채굴을 목적으로 대통령령이 정하는 수량 이하의 화약류를 양수하는 경우

6. 화약류의 제조업・판매업 또는 화약류저장소를 양도・양수하는 경우

②경찰서장은 화약류의 양도・양수의 목적이 분명하지 아니하거나 공공의 안전유지에 지장이 있다고 인정되는 때에는 제1항의 허가를 하여서는 아니된다.

③화약류의 제조업자・판매업자 또는 수입허가를 받은 사람은 제1항의 규정에 의하여 양수허가를 받은 사람과 제1항 단서의 규정에 의하여 양수허가를 필요로 하지 아니하는 사람외의 사람에게 화약류를 양도하여서는 아니되며, 누구든지 제조업자・판매업자 또는 수입허가를 받은 사람과 제1항의 규정에 의하여 양도허가를 받은 사람외의 사람으로부터 화약류를 양수하여서는 아니된다.

④총포・도검・분사기・전자충격기・석궁의 제조업자・판매업자 및 수입허가를 받은 사람과 소지허가를 받은 사람은 총포・도검・분사기・전자충격기・석궁의 제조업자・판매업자 및 수출허가를 받은 사람과 소지허가를 받은 사람외의 사람에게 총포・도검・분사기・전자충격기・석궁을 양도하여서는 아니되며, 또한 이들로부터 총포・도검・분사기・전자충격기・석궁을 양수하여서도 아니된다. 다만, 총포・도검・분사기・전자충격기・석궁의 제조업 또는 판매업을 양도・양수하는 경우에는 그러하지 아니하다. <개정 1989.12.30, 1995.12.6, 2003.7.29>

⑤총포・도검・분사기・전자충격기・석궁의 제조업자・판매업자, 수출허가 또는 수입허가를 받은 사람이나 소지허가를 받은 사람은 총포・도검・분사기・전자충격기・석궁을 다른 사람에게 각각 빌려주어서는 아니되며, 또한 다른 사람으로부터 그것을 각각 빌려서도 아니된다. <신설 2003.7.29>

第22조 (교육실시 <개정 2001.1.26>) ①총포(엽총 및 공기총에 한한다)・석궁의 소지허가를 받고자 하는 사람과 제28조의 규정에 의한 화약류제조보안책임자 또는 화약류관리보안책임자의 면허를 받고자 하는 사람은 그 허가 또는 면허를 받기 전에 허가 또는 면허를 하는 지방경찰청장 또는 경찰서장이 실시하는 다음 각호의 사항에 관한 교육을 받아야 한다. 다만, 대통령령이 정하는 사람이 총포・석궁의 소지허가를 받고자 하는 경우에는 교육을 면제하거나 소지허가를 한 후에 교육을 받게 할 수 있다. <개정 1986.12.31, 1989.12.30, 1991.5.31, 1995.12.6, 2001.1.26>

1. 총포・도검・화약류・석궁에 관한 법령

2. 엽총・공기총・석궁의 사용・보관 및 취급에 관한 실기

3. 화약류의 제조 및 취급상의 안전관리에 관한 실기

②허가 또는 면허를 하는 지방경찰청장 또는 경찰서장은 제1항의 규정에 의한 교육과정을 마친 사람에 대하여는 수료증을 교부하여야 한다. <개정 1986.12.31, 1991.5.31>

③허가 또는 면허를 하는 지방경찰청장 또는 경찰서장은 제1항의 교육에 관한 사무의 전부 또는 일부를 제48조의 규정에 의한 총포・화약안전기술협회 그 밖의 행정자치부령이 정하는 자에게 위탁하여 실시할 수 있다. <개정 1986.12.31, 1991.5.31, 1999.3.31>

第23조 (발견・습득의 신고등) 누구든지 유실・매몰 또는 정당하게 관리되고 있지 아니하는 총포・도검・화약류・분사기・전자충격기・석궁이라고 인정되는 물건을 발견하거나 습득한 경우에는 24시간 이내에 가까운 국가경찰관서에 신고하여야 하며, 국가경찰공무원(전투경찰순경을 포함한다. 이하 같다)의 지시없이 이를 만지거나 옮기거나 두들기거나 또는 해체하여서는 아니된다. <개정 1989.12.30, 1995.12.6, 2003.7.29, 2006.2.21>

제4장 총포・도검・화약류・분사기・전자충격기・석궁의 관리

第24條 (화약류의 저장) ①화약류의 저장은 제25조의 규정에 의한 화약류저장소에 하여야 하며, 대통령령이 정하는 저장방법·저장량 그 밖의 재해예방에 필요한 기술상의 기준에 따라야 한다. 다만, 대통령령이 정하는 수량 이하의 화약류에 있어서는 그러하지 아니하다.
②화약류의 제조업자와 판매업자는 자가전용의 화약류저장소를 설치하여야 한다.

第25條 (화약류저장소설치허가) ①화약류저장소를 설치하고자 하는 사람은 대통령령이 정하는 화약류저장소의 종별구분에 따라 그 설치하고자 하는 곳을 관할하는 지방경찰청장 또는 경찰서장의 허가를 받아야 한다. 화약류저장소의 위치·구조·설비를 변경하고자 하는 때에도 또한 같다. <개정 1991.5.31>
②지방경찰청장 또는 경찰서장은 제1항의 규정에 의한 허가신청을 받은 경우에 그 저장소의 구조·위치 및 설비가 대통령령이 정하는 기준에 적합하지 아니하는 때에는 허가하여서는 아니된다. <개정 1991.5.31>
③제5조의 규정은 화약류저장소 설치허가의 경우에 이를 준용한다.
④제45조제2항의 규정에 의하여 화약류저장소의 설치허가가 취소된 후 6월이 지나지 아니한 경우에 그 장소에서 화약류저장소를 설치하고자 하는 때에는 제1항의 규정에 의한 허가를 할 수 없다. <신설 2003.7.29>
⑤화약류저장소의 설치허가를 받은 사람(이하 "화약류저장소설치자"라 한다)은 화약류저장소를 다른 사람에게 관리 위탁하거나 빌려주어서는 아니된다.

第25條의2 (화약류저장소설치자의 지위승계) 제4조의2의 규정은 화약류저장소설치자의 지위승계에 관하여 이를 준용한다. 이 경우 "제조업"은 "화약류저장소"로, "제조업자"는 "화약류저장소설치자"로, "경찰청장 또는 지방경찰청장"은 "지방경찰청장 또는 경찰서장"으로 본다.
[본조신설 2003.7.29]

第26條 (화약류의 운반) ①화약류를 운반하고자 하는 사람은 행정안전부령이 정하는 바에 의하여 발송지를 관할하는 경찰서장에게 신고하여야 한다. 다만, 대통령령이 정하는 수량 이하의 화약류를 운반하는 경우에는 그러하지 아니하다. <개정 1999.3.31, 2008.2.29>
②제1항의 규정에 의한 운반신고를 받은 경찰서장은 행정안전부령이 정하는 바에 의하여 화약류운반신고필증을 교부하여야 한다. <개정 1999.3.31, 2008.2.29>
③화약류를 운반하는 사람은 제2항의 규정에 의하여 교부받은 화약류운반신고필증을 지니고 있어야 한다.
④화약류를 운반하는 때에는 그 적재방법·운반방법·운반경로·운반표지등에 관하여 대통령령이 정하는 기술상의 기준과 제2항의 규정에 의한 화약류운반신고필증에 기재된 지시에 따라야 한다. 다만, 철도·선박·항공기에 의한 운반은 그러하지 아니하다.

第27條 (화약류제조보안책임자 및 화약류관리보안책임자의 선임) ①화약류제조업자는 화약류제조보안책임자와 화약류관리보안책임자를, 화약류판매업자·화약류저장소설치자 및 대통령령이 정하는 수량 이상의 화약류사용자는 화약류관리보안책임자를 제28조의 규정에 의한 면허를 받은 사람중에서 각각 선임하여야 한다.
②제1항의 규정에 의하여 화약류제조보안책임자 또는 화약류관리보안책임자를 선임한 때에는 행정안전부령이 정하는 바에 의하여 허가관청에 신고하여야 한다. 화약류제조보안책임자 또는 화약류관리보안책임자를 해임한 때에도 또한 같다. <개정 1999.3.31, 2008.2.29>
③허가관청은 제1항의 규정에 의한 화약류제조보안책임자 또는 화약류관리보안책임자가 제29조제1항의 규정에 의한 결격사유에 해당하거나 이 법 또는 이 법에 의한 명령을 위반한 때에는 그 해임을 명할 수 있다.
④화약류제조보안책임자와 화약류관리보안책임자의 선임기준 그 밖의 필요한 사항은 대통령령으로 정한다.

第28條 (화약류제조보안책임자 및 화약류관리보안책임자의 면허) ①국가기술자격법에 의한 화약류제조·관리기술계 기술자격취득자와 화약취급기능계 기술자격취득자는 행정안전부령이 정하는 바에 의하여 지방경찰청장의 화약류제조보안책임자면허 또는 화약류관리보안책임자면허를 받을 수 있다. <개정 1989.12.30, 1991.5.31, 1995.12.6, 1999.3.31, 2008.2.29>
②제1항의 규정에 의한 면허를 받지 아니한 사람은 화약류제조보안책임자 또는 화약류관리보안책임자가 될 수 없다.

③화약류제조보안책임자와 화약류관리보안책임자의 면허의 종류 및 면허를 받을 수 있는 자격에 관하여 필요한 사항은 대통령령으로 정한다.

④제1항의 규정에 의한 면허를 받은 사람은 그 면허를 받은 날로부터 5년마다 행정안전부령이 정하는 바에 의하여 이를 갱신하여야 한다. <개정 1999.3.31, 2008.2.29>

第29조 (화약류제조보안책임자 및 화약류관리보안책임자의 결격사유) ①다음 각호의 1에 해당하는 사람은 화약류제조보안책임자 또는 화약류관리보안책임자의 면허를 받을 수 없다. <개정 1995.12.6, 2003.7.29>

1. 20세 미만인 사람
2. 색맹이거나 색약인 사람, 앞을 보지 못하는 사람, 말 못하는 사람, 듣지 못하는 사람, 그 밖의 팔·다리의 활동이 뚜렷이 온전하지 못한 사람
3. 제30조제1항(제2호를 제외한다)의 규정에 의하여 면허가 취소된 날부터 1년이 지나지 아니한 사람(제28조제4항의 규정에 위반하여 면허가 취소된 사람을 제외한다)
4. 제13조제1항제2호 내지 제7호의 1에 해당되는 사람

②제13조제2항의 규정은 화약류제조보안책임자 및 화약류관리보안책임자의 면허에 이를 준용한다.

第30조 (면허의 취소·정지) ①면허관청은 화약류제조보안책임자면허 또는 화약류관리보안책임자면허를 받은 사람이 다음 각호의 1에 해당하는 경우에는 그 면허를 취소하거나 6월의 범위 안에서 일정한 기간을 정하여 면허의 효력을 정지할 수 있다. 다만, 제1호 내지 제4호의 1에 해당하는 경우에는 그 면허를 취소하여야 한다.

1. 속임수를 쓰거나 그 밖의 옳지 못한 방법으로 면허를 받은 사실이 드러난 때
2. 국가기술자격법에 의하여 자격이 취소된 때
3. 제29조제1항의 규정에 의한 결격사유에 해당하게 된 때
4. 면허를 다른 사람에게 빌려준 때
5. 화약류를 취급함에 있어 고의 또는 중대한 과실로 폭발등의 사고를 일으키어 사람을 죽거나 다치게 한 때
6. 공공의 안녕질서를 해칠 염려가 있다고 믿을 만한 상당한 이유가 있는 때
7. 이 법 또는 이 법에 의한 명령에 위반한 때

②면허관청은 화약류제조보안책임자면허 또는 화약류관리보안책임자면허를 받은 사람이 국가기술자격법에 의하여 자격이 정지된 때에는 그 정지기간동안 면허의 효력을 정지하여야 한다. <신설 1995.12.6>

第31조 (화약류제조보안책임자 및 화약류관리보안책임자의 의무등) ①화약류제조보안책임자는 화약류의 제조작업에 관한 사항을, 화약류관리보안책임자는 화약류의 취급(제조를 제외한다) 전반에 관한 사항을 각각 주관하되, 대통령령이 정하는 안전상의 감독업무를 성실히 수행하여야 한다.

②화약류를 취급하는 사람은 화약류제조보안책임자 및 화약류관리보안책임자의 안전상의 지시감독에 따라야 한다.

第32조 (화약류의 안정도시험) ①화약류를 제조하거나 수입한 사람 또는 제조·수입후 대통령령이 정하는 기간이 지난 화약류를 소유하고 있는 사람은 대통령령이 정하는 바에 의하여 그 안정도를 시험하여야 한다.

②제1항의 규정에 의하여 안정도를 시험한 사람은 그 시험결과를 지방경찰청장에게 보고하여야 한다. <개정 1991.5.31>

③경찰청장 또는 지방경찰청장은 재해의 예방상 필요하다고 인정되는 때에는 화약류의 소유자에 대하여 제1항의 규정에 의한 안정도시험을 실시하도록 명할 수 있다. <개정 1991.5.31>

④제1항 및 제3항의 규정에 의한 안정도시험결과 대통령령이 정하는 기술상의 기준에 미달하는 화약류는 폐기하여야 한다.

제33조 (남은 화약류에 대한 조치) 이 법 또는 다른 법의 규정에 의하여 화약류를 소지 또는 사용할 수 있는 사람이 그 허가가 취소되거나 소지 또는 사용할 필요가 없게 된 경우에는 지체없이 그 화약류를 양도하거나 폐기하여야 한다.

제34조 (화약류의 포장등) ①화약류의 포장은 행정안전부령이 정하는 화약류포장기준에 따라야 한다. <개정 1999.3.31, 2008.2.29>

②총포・도검・화약류・분사기・전자충격기・석궁은 이를 위장하거나 다른 물건과 혼합 포장하여 소지・저장・운반하거나 발송하여서는 아니된다. <개정 1989.12.30, 1995.12.6>

제35조 (도난・분실의 신고) 총포・도검・화약류・분사기・전자충격기・석궁을 도난당하거나 잃어버린 때에는 소유자 또는 관리자는 지체없이 국가경찰관서에 신고하여야 한다. <개정 1989.12.30, 1995.12.6, 2006.2.21>

제36조 (응급조치등) 화약류의 안정도에 이상이 있거나 화약류저장소의 인근에서 화재 그 밖의 위험상태가 발생하여 긴급을 요할 때에는 화약류의 소유자・관리자 또는 화약류저장소설치자는 즉시 대통령령이 정하는 바에 의하여 응급조치를 하고 국가경찰관서에 신고하여야 한다. <개정 2006.2.21>

제37조 (화기취급 및 흡연의 금지등) ①누구든지 화약류의 제조소・판매소・저장소 그 밖의 취급소에서는 지정된 장소외에서 불씨를 다루거나 담배를 피워서는 아니된다.

②누구든지 제1항의 화약류의 제조소・판매소・저장소 그 밖의 취급소에 관리자의 승낙없이 불이 일어나기 쉬운 물건을 지니고 들어가서는 아니된다.

제38조 (위해예방규정) ①총포・도검・화약류・분사기・전자충격기・석궁의 제조업자는 행정자치부령이 정하는 기준에 따라 위해예방규정을 정하여 지방경찰청장의 승인을 얻어야 한다. 이를 변경하고자 하는 때에도 또한 같다. <개정 1989.12.30, 1991.5.31, 1995.12.6, 1999.3.31>

②지방경찰청장은 제1항의 규정에 의한 위해예방규정이 제4조제5항의 규정에 의한 총포・도검・화약류・분사기・전자충격기・석궁의 제조에 관한 시설 및 기술의 기준에 적합하지 아니하거나 재해의 예방상 적당하지 아니하다고 인정되는 때에는 승인을 하여서는 아니된다. <개정 1989.12.30, 1991.5.31, 1995.12.6, 2003.7.29>

③지방경찰청장은 재해의 예방 및 공공의 안전유지를 위하여 필요하다고 인정되는 때에는 위해예방규정의 변경을 명할 수 있다. <개정 1991.5.31>

④총포・도검・화약류・분사기・전자충격기・석궁의 제조업자 및 그 종업원은 위해예방규정을 지켜야 한다. <개정 1989.12.30, 1995.12.6>

제39조 (자체안전교육) ①총포・도검・화약류・분사기・전자충격기・석궁제조업자는 행정안전부령이 정하는 기준에 따라 그 종업원에 대한 자체적인 안전교육계획을 세워 지방경찰청장의 승인을 얻어야 한다. 이를 변경하고자 하는 때에도 또한 같다. <개정 1989.12.30, 1991.5.31, 1995.12.6, 1999.3.31, 2008.2.29>

②지방경찰청장은 제1항의 규정에 의한 안전교육계획이 행정안전부령이 정하는 기준에 적합하지 아니하다고 인정되는 때에는 이를 승인하여서는 아니된다. <개정 1991.5.31, 1999.3.31, 2008.2.29>

③총포・도검・화약류・분사기・전자충격기・석궁제조업자는 제1항의 규정에 의하여 승인을 얻은 안전교육계획에 따라 성실하게 안전교육을 실시하여야 한다. <개정 1989.12.30, 1995.12.6>

④지방경찰청장은 재해의 예방을 위하여 특히 필요하다고 인정되는 때에는 다량의 화약류를 사용하거나 상당기간 계속하여 화약류를 사용하는 사람에 대하여도 안전교육계획을 세우도록 명할 수 있다. 이 경우 제1항 내지 제3항의 규정을 준용한다. <개정 1991.5.31>

第40조 (자체안전점검) ①화약류저장소설치자는 행정안전부령이 정하는 기준에 따라 자체적으로 안전점검계획을 세워 그 점검을 실시하되, 허가관청에 그 안전점검계획서를 제출하여야 한다. 이를 변경하고자 하는 때에도 또한 같다. <개정 1999.3.31, 2008.2.29>

②제1항의 규정에 의한 자체안전점검계획서에는 대통령령이 정하는 횟수 이상의 정기점검이 포함되어야 하며, 정기점검을 마친 때에는 지체없이 그 점검결과를 허가관청에 보고하여야 한다.

③지방경찰청장 또는 경찰서장은 필요하다고 인정되는 때에는 관계공무원으로 하여금 제1항의 규정에 의한 자체안전점검에 참여하게 할 수 있다. <개정 1991.5.31>

第41조 (정기안전검사) 총포・도검・화약류・분사기・전자충격기・석궁의 제조업자・판매업자 또는 화약류저장소설치자는 대통령령이 정하는 바에 의하여 허가관청이 매년 정기적으로 실시하는 안전검사를 받아야 한다. <개정 1989.12.30, 1995.12.6>

第42조 (총포・분사기・전자충격기・석궁의 검사) ①제4조의 규정에 의하여 총포・분사기・전자충격기・석궁 제조업의 허가를 받은 사람이 제조한 총포・분사기・전자충격기・석궁 및 제9조의 규정에 의하여 총포・분사기・전자충격기・석궁수입의 허가를 받은 사람이 수입한 총포・분사기・전자충격기・석궁중 대통령령이 정하는 것은 경찰청장의 검사를 받아야 한다. <신설 1986.12.31, 1989.12.30, 1991.5.31, 1995.12.6>

②제1항의 검사의 기준이 될 총포・분사기・전자충격기・석궁의 구조・성능합격표시, 검사수수료 그 밖의 검사에 필요한 사항은 행정안전부령으로 정한다. <신설 1986.12.31, 1989.12.30, 1995.12.6, 1999.3.31, 2008.2.29>

③경찰청장은 필요하다고 인정할 때에는 제1항의 규정에 의한 검사업무를 제48조의 규정에 의한 총포・화약안전기술협회에 위탁할 수 있다. 이 경우, 총포・화약안전기술협회가 갖추어야 할 시설기준과 검사업무를 행할 자의 자격기준등 검사업무의 수행에 관하여 필요한 사항은 행정안전부령으로 정한다. <신설 1986.12.31, 1991.5.31, 1999.3.31, 2008.2.29>

④제3항의 규정에 의하여 총포・분사기・전자충격기・석궁의 검사를 위탁받은 경우에 검사업무를 행하는 총포・화약안전기술협회의 임・직원은 형법 제129조 내지 제132조의 적용에 있어서 이를 공무원으로 본다. <신설 1986.12.31, 1989.12.30, 1995.12.6>

⑤제1항의 규정에 의하여 행한 검사의 합격표시가 없는 총포・분사기・전자충격기・석궁은 이를 판매하거나 판매의 목적으로 진열하여서는 아니된다. <신설 1986.12.31, 1989.12.30, 1995.12.6>

⑥총포・분사기・전자충격기・석궁의 소지허가를 받은 사람의 총포・분사기・전자충격기・석궁소지에 관한 적정여부를 조사하기 위하여 필요하다고 인정되는 때에는 허가관청은 행정안전부령이 정하는 바에 의하여 총포・분사기・전자충격기・석궁에 대한 검사를 실시할 수 있다. <개정 1989.12.30, 1995.12.6, 1999.3.31, 2008.2.29>

⑦총포・분사기・전자충격기・석궁의 소지허가를 받은 사람은 제6항의 규정에 의한 총포의 검사를 받아야 한다. <개정 1986.12.31, 1989.12.30, 1995.12.6>

第5장 감독

第43조 (완성검사) 총포・도검・화약류・분사기・전자충격기・석궁의 제조업자・판매업자 또는 화약류저장소설치자는 그 허가를 받은 날부터 1년 이내에 그 시설 또는 설비에 대하여 허가관청의 검사를 받아야 하며 그 검사에 합격한 후가 아니면 업무를 개시하거나 시설 또는 설비를 사용할 수 없다. 다만, 부득이한 사유가 있는 때에는 그 기간을 연장할 수 있되, 1년을 초과할 수 없다. <개정 1989.12.30, 1995.12.6, 2001.1.26>

第44조 (출입・검사등) ①허가관청은 재해의 예방 또는 공공의 안전유지를 위하여 필요하다고 인정되는 때에는 관계공무원으로 하여금 총포・도검・화약류・분사기・전자충격기・석궁의 제조소・판매소나 화약류저장소 또는 화약류사용장소 그 밖의 필요한 장소를 출입하여 장부・서류 그 밖의 필요한 물건을 검사하게 하거나 관계자에 대하여 질문을 하도록 할 수 있다. <개정 1989.12.30, 1995.12.6>

②제1항의 규정에 의하여 출입·검사에 종사하는 공무원은 그 권한을 표시하는 증표를 지니고 관계자에게 이를 제시하여야 한다.

③허가관청은 재해의 예방이나 공공의 안전유지를 위하여 필요하다고 인정되는 때에는 총포·도검·화약류·분사기·전자충격기·석궁의 제조업자·판매업자 및 수출입의 허가를 받은 사람과 총포·도검·분사기·전자충격기·석궁의 소지허가를 받은 사람, 화약류저장소설치자 또는 화약류사용자등에 대하여 필요한 보고를 하게 할 수 있다. <개정 1989.12.30, 1995.12.6>

제45조 (제조업자등에 대한 행정처분) ①제4조제1항 또는 제2항 및 제6조제1항의 규정에 의한 허가관청은 총포·도검·화약류·분사기·전자충격기·석궁의 제조업자 또는 판매업자가 다음 각호의 1에 해당하는 경우에는 그 허가를 취소하여야 한다. 다만, 제5호 내지 제7호의 1에 해당하는 경우에는 6월의 범위안에서 일정한 기간을 정하여 영업의 정지를 명할 수 있다. <개정 1986.12.31, 1989.12.30, 1995.12.6, 1999.3.31>

1. 속임수를 쓰거나 그 밖의 옳지 못한 방법으로 허가를 받은 때

1의2. 수출하기 위한 목적으로 제3조제4항의 규정에 의하여 구조 및 성능기준을 적용하지 아니하고 제조된 총포·도검·화약류·분사기·전자충격기 또는 석궁을 국내에 판매하거나 유출시킨 때

2. 제4조·제6조의 규정에 의한 제조·판매시설 설비를 갖추지 못한 때 또는 제5조(제7조에 의하여 준용되는 경우를 포함한다)의 규정에 의한 결격사유에 해당하게 된 때

3. 제43조의 규정에 의한 기간내에 완성검사를 받지 못한 때

4. 사업을 개시한 후 정당한 사유없이 1년 이상 휴업한 때

5. 지정된 기한내에 사업을 개시하지 아니한 때

6. 공공의 안녕질서를 해칠 염려가 있다고 믿을만한 상당한 이유가 있을 때

7. 이 법 또는 이 법에 의한 명령에 위반한 때

②제1항의 규정은 제25조의 규정에 의한 화약류저장소설치자에게 이를 준용한다. <개정 1986.12.31>

제45조의2 (행정처분효과의 승계) ①제4조의2 및 제6조의2의 규정에 의한 제조업자·판매업자의 지위승계가 있는 경우 종전의 제조업자·판매업자에 대한 제45조제1항의 위반을 사유로 행한 행정처분의 효과는 그 처분기간이 끝나는 날까지 양수인·상속인에게 승계되며, 행정처분의 절차가 진행중인 때에는 양수인·상속인에 대하여 그 절차를 계속 진행할 수 있다. 다만, 양수인(상속에 의하여 승계를 받은 자를 제외한다)이 그 영업의 승계시에 그 처분 또는 위반사실을 알지 못한 경우에는 그러하지 아니한다.

②제1항의 규정은 제25조의2의 규정에 의한 화약류저장소설치자의 지위승계가 있는 경우 종전의 화약류저장소설치자에 대한 행정처분효과의 승계에 관하여 이를 준용한다.

[본조신설 2003.7.29]

제46조 (총포등의 소지허가를 받은 사람등에 대한 행정처분) ①제12조제1항·제2항·제14조·제18조제1항 및 제2항의 규정에 의한 허가관청은 총포·도검·화약류·분사기·전자충격기·석궁의 소지허가를 받은 사람(제12조제2항의 경우에는 소지할 사람으로 특정된 사람을 말한다) 또는 화약류사용자가 다음 각호의 1에 해당하는 경우에는 그 허가를 취소하여야 한다. 이 경우 제12조제2항의 규정에 의하여 법인의 대표자가 소지허가를 받은 경우에는 대통령령이 정하는 바에 의하여 허가받은 산업용총·가스발사총·분사기 또는 전자충격기의 대수의 일부에 대한 허가를 취소한다. <개정 1986.12.31, 1989.12.30, 1995.12.6, 2003.7.29, 2006.2.21>

1. 제13조제1항의 규정에 의한 결격사유에 해당하게 된 때

2. 제17조제1항·제2항 또는 제4항의 규정을 위반한 때

3. 총포·도검·화약류·분사기·전자충격기·석궁을 도난당하거나 분실하여 국가경찰관서에 신고한 후 30일이 지난 때

4. 이 법 또는 이 법에 의한 명령을 위반한 때

②허가관청이 제1항의 규정에 의하여 허가를 취소한 때에는 법원의 재판 또는 검사의 결정에 따라 총포·도검·화약류·분사기·전자충격기·석궁이 몰수 또는 국고에 귀속된 경우를 제외하고는 그 총포·도검·화약류·분사기·전자충격기·석궁의 제출을 명하여 그 허가관청에 임시 영치하여야 한다. <개정 1989.12.30, 1995.12.6>

③제2항의 규정에 의하여 임시 영치되거나 위법한 소지·사용 그 밖의 사유로 총포·도검·화약류·분사기·전자충격기·석궁을 허가관청에 제출한 사람은 6월 이내에 적법하게 소지·사용할 수 있는 제3자에게 양도·증여하거나 폐기하는 등 그 총포·도검·화약류·분사기·전자충격기·석궁의 소유권 포기를 위한 조치를 하여야 한다. <개정 1989.12.30, 1995.12.6>

④제3항의 규정에 의하여 양수·증여를 받고 그 총포·도검·화약류·분사기·전자충격기·석궁의 소지허가를 받은 사람은 행정안전부령이 정하는 바에 의하여 허가관청에 그 총포·도검·화약류·분사기·전자충격기·석궁의 반환신청을 할 수 있다. <개정 1989.12.30, 1995.12.6, 1999.3.31, 2008.2.29>

⑤제3항의 규정에 의하여 6월 이내에 총포·도검·화약류·분사기·전자충격기·석궁의 소유권 포기를 위한 조치를 할 의무가 있는 사람이 그 의무를 이행하지 아니하거나 그 소재가 명확하지 아니한 경우에는 허가관청은 행정안전부령이 정하는 바에 의하여 일정기간 그 총포·도검·화약류·분사기·전자충격기·석궁의 처리에 대한 최고 또는 공고를 할 수 있다. <개정 1989.12.30, 1995.12.6, 1999.3.31, 2008.2.29>

⑥제5항의 규정에 따라 최고 또는 공고에서 정한 처리기간이 끝난 날로부터 6월이 지나도 그 총포·도검·화약류·분사기·전자충격기·석궁에 대한 반환신청이 없거나 또는 처리기간이 끝난 후 부패·변질될 염려가 있거나 보관에 지나치게 많은 비용이 드는 등 계속적인 보관이 곤란한 경우에는 이를 매각할 수 있다. 다만, 매각할 수 없거나 매수를 원하는 사람이 없는 경우에는 이를 폐기할 수 있다. <개정 1989.12.30, 1995.12.6>

⑦제6항의 규정에 의한 총포·도검·화약류·분사기·전자충격기·석궁의 매각대금은 권리자에게 반환하여야 하며, 처리기간이 끝난 후 6월이 지나도 권리자의 반환청구가 없는 경우에는 대통령령이 정하는 바에 의하여 국고에 귀속한다. 다만, 매각대금을 반환하는 경우에는 매각대금에서 보관 및 매각에 든 비용을 공제한다. <개정 1989.12.30, 1995.12.6>

제46조의2 (청문) 면허관청 또는 허가관청은 다음 각호의 1에 해당하는 처분을 하고자 하는 경우에는 청문을 실시하여야 한다.

1. 제30조제1항의 규정에 의한 화약류제조보안책임자 또는 화약류관리보안책임자의 면허취소
2. 제45조의 규정에 의한 총포·도검·화약류·분사기·전자충격기·석궁의 제조업자 또는 판매업자의 허가취소
3. 제46조제1항의 규정에 의한 총포·도검·화약류·분사기·전자충격기·석궁의 소지허가를 받은 사람 또는 화약류사용자의 허가취소

[전문개정 1997.12.13]

제47조 (공공의 안전을 위한 조치등) ①허가관청은 재해의 예방 또는 공공의 안전유지를 위하여 필요하다고 인정되는 때에는 다음 각호의 명령 또는 조치를 할 수 있다. <개정 1989.12.30, 1995.12.6>

1. 총포·도검·화약류·분사기·전자충격기·석궁의 소지허가 및 화약류의 사용·양도·양수허가의 취소 또는 화약류 운반의 제한
2. 총포·도검·화약류·분사기·전자충격기·석궁의 제조업자·판매업자나 화약류저장소설치자 또는 화약류사용자에 대한 시설의 전부나 일부의 사용금지 또는 시설의 이전·보완 그 밖의 시정조치
3. 총포·도검·화약류·분사기·전자충격기·석궁의 제조업자·판매업자, 수출입허가를 받은 사람, 소지허가를 받은 사람과 화약류저장소설치자 또는 화약류사용자 그 밖의 취급자에 대한 제조·판매·수수·수출입·적재·운반·저장·소지·사용·폐기의 일시금지 또는 제한
4. 화약류의 소유자나 점유자에 대한 화약류보관장소의 변경 또는 폐기의 명령, 화약류를 운반하고자 하는 사람에 대한 그 안전운반을 위한 명령

5. 총포·도검·화약류·분사기·전자충격기·석궁의 제조업자·판매업자·화약류저장소설치자에 대한 그 시설의 안전·방호를 위한 명령

②허가관청은 제1항제1호 내지 제3호의 조치를 하는 경우에 필요하다고 인정되는 때에는 총포·도검·화약류·분사기·전자충격기·석궁을 허가관청이 지정하는 곳에 보관할 것을 명할 수 있다. 이 경우 보관대상, 보관 및 반환절차, 보관기간등에 관하여 필요한 사항은 대통령령으로 정한다. <개정 1989·12·30, 1995·12·6, 1996·12·30>

③이 법에 의하여 총포·도검·화약류·분사기·전자충격기·석궁을 소지하는 사람은 제1항 및 제2항의 규정에 의한 명령 또는 조치외에 공공의 안전유지를 위하여 총포 등의 운반 및 취급 등과 관련하여 행정자치부령이 정하는 사항을 준수하여야 한다. <신설 1995.12.6, 1999.3.31, 2003.7.29>

제6장 총포·화약안전기술협회

제48조 (총포·화약안전기술협회의 설립) ①총포·화약류·분사기·전자충격기·석궁으로 인한 위험과 재해의 예방을 위한 안전기술의 연구·개발과 행정관청이 위탁하는 총포·화약류·분사기·전자충격기·석궁의 안전에 관한 교육 그 밖의 업무를 수행하기 위하여 총포·화약안전기술협회(이하 "협회"라 한다)를 설립한다. <개정 1989.12.30, 1995.12.6>

②협회는 법인으로 한다.

③협회의 설립과 등기에 관하여 필요한 사항은 대통령령으로 정한다.

제49조 (회원) 총포·화약류·분사기·전자충격기·석궁의 제조업자·판매업자, 소지허가를 받은 사람(분사기·전자충격기·석궁소지허가를 받은 사람을 제외한다)과 화약류저장소설치자, 화약류사용자, 화약류제조보안책임자면허 및 화약류관리보안책임자면허를 받은 사람은 이 법에 의하여 허가 또는 면허를 받은 날로부터 협회의 회원이 된다. 다만, 총포의 일시 수출입 또는 일시 소지허가를 받거나 일시적인 화약류사용자로서 협회의 정관으로 정하는 사람은 그러하지 아니하다. <개정 1989.12.30, 1995.12.6>

제50조 (지부의 설치) 협회는 정관이 정하는 바에 의하여 지부 또는 지회를 둘 수 있다.

제51조 (정관) ①협회의 정관에는 다음 각호의 사항을 기재하여야 한다.

1. 목적
2. 명칭
3. 주된 사무소의 소재지
4. 사업에 관한 사항
5. 이사회에 관한 사항
6. 회원과 임원 및 직원에 관한 사항
7. 재정 및 회계에 관한 사항
8. 공고에 관한 사항
9. 정관의 변경에 관한 사항

②제1항의 규정에 의한 정관은 경찰청장의 승인을 얻어야 한다. 정관을 변경하고자 하는 때에도 또한 같다. <개정 1991.5.31>

제52조 (사업) 협회는 다음 각호의 사업을 한다. <개정 1989.12.30, 1991.5.31, 1995.12.6>

1. 총포·화약류·분사기·전자충격기·석궁의 안전에 관한 기술지원 및 조사·연구
2. 총포·분사기·전자충격기·석궁안전검사 및 화약류 안정도 시험
3. 총포·화약류·분사기·전자충격기·석궁의 제조·운반·사용·저장등의 기술 및 시설에 관한 연구·개발·보급

4. 총포・화약류・분사기・전자충격기・석궁 안전사상의 계몽 및 홍보

5. 총포・화약류・분사기・전자충격기・석궁의 안전 및 기술 교육

6. 총포・화약류・분사기・전자충격기・석궁 안전에 관한 자료 수집과 기술서적등의 간행 및 반포

7. 총포・화약류・분사기・전자충격기・석궁 안전에 관한 기술도입 및 국제협력

8. 총포・화약류・분사기・전자충격기・석궁 안전을 위한 행정업무에 관한 기술자문

9. 경찰청장이 위탁하는 총포・화약류・분사기・전자충격기・석궁 안전에 관한 업무

10. 그 밖의 협회의 목적 달성에 필요한 사업

第53조 (임원) ①협회에 이사장 1인을 포함한 5인 이내의 이사와 감사 1인을 둔다.

②이사장 및 감사의 임명과 해임은 경찰청장이 하고, 이사는 이사장이 경찰청장의 승인을 얻어 임명 또는 해임한다. <개정 1991.5.31>

③이사장・이사 및 감사의 임기는 2년으로 한다. <개정 1996.12.30>

第54조 (임원의 임무) ①이사장은 협회를 대표하고 협회의 사무를 통할한다.

②감사는 협회의 회계 및 업무를 감사한다.

第55조 (임원의 결격사유) 다음 각호의 1에 해당하는 사람은 협회의 임원이 될 수 없다.

1. 금치산자・한정치산자 또는 파산선고를 받은 사람으로서 복권되지 아니한 사람

2. 금고 이상의 형의 선고를 받고 그 집행이 끝났거나 집행을 받지 아니하기로 확정된 후 3년이 지나지 아니한 사람

3. 금고 이상의 형의 집행유예선고를 받고 그 집행유예기간이 끝난 날로부터 1년이 지나지 아니한 사람

4. 금고 이상의 형의 선고유예기간중에 있는 사람

5. 법률 또는 판결에 의하여 자격이 상실 또는 정지된 사람

第56조 (이사회) ①협회의 중요사항을 결정하기 위하여 협회에 이사회를 둔다.

②이사회는 이사장을 포함한 이사로 구성한다.

③이사장은 이사회를 소집하며, 그 의장이 된다.

④이사회는 재적이사 과반수의 출석과 출석이사 과반수의 찬성으로 의결한다.

⑤감사는 이사회에 출석하여 의견을 진술할 수 있다.

第57조 (직원) 협회의 직원은 정관이 정하는 바에 의하여 이사장이 임명 또는 해임한다.

第58조 (재정) ①협회의 운영 및 사업에 드는 경비는 다음 각호의 재원으로 충당한다. <개정 1999.3.31, 2008.2.29>

1. 정부 및 지방자치단체의 보조금

2. 행정안전부령이 정하는 총포의 안전검사, 화약류의 안정도시험 및 교육등의 수수료

3. 회원 중 대통령령이 정하는 사람의 회비

②제1항제3호의 규정에 의한 회비의 부담방법・부담비율 그 밖의 회비에 관하여 필요한 사항은 대통령령으로 정한다.

第59조 (사업계획의 승인등) ①협회의 사업연도는 정부의 회계연도에 따른다.

②협회는 사업연도마다 미리 사업계획서를 작성하여 경찰청장의 승인을 얻어야 한다. 이를 변경하고자 하는 때에도 또한 같다. <개정 1991.5.31>

第60조 (결산서의 제출) 협회는 사업연도마다 세입세출결산서를 작성하여 경찰청장이 지정하는 공인회계사의 회계감사를 받아 다음 연도 2월말까지 경찰청장에게 제출하여야 한다. <개정 1991.5.31>

第61조 (감독) 경찰청장은 협회를 감독하여 협회 설립목적의 달성에 필요한 명령을 할 수 있다. <개정 1991.5.31>

第62조 (민법의 준용) 협회에 관하여 이 법에 규정된 것을 제외하고는 민법중 재단법인에 관한 규정을 준용한다.

第7장 보칙

第63조 (장부비치와 기장) 총포·도검·화약류·분사기·전자충격기·석궁의 제조업자·판매업자, 화약류저장소설치자 또는 화약류사용자는 대통령령이 정하는 바에 의하여 장부를 비치하고 필요한 사항을 기재하여야 한다. <개정 1989.12.30, 1995.12.6>

第64조 (간판 그 밖의 표지) 총포·도검·화약류·분사기·전자충격기·석궁의 제조업자·판매업자 및 화약류저장소설치자는 그 제조소·판매소 또는 저장소마다 이를 나타내는 간판 그 밖의 표지를 하여야 한다. <개정 1989.12.30, 1995.12.6>

第65조 (허가증등) ①이 법의 규정에 의하여 허가관청 또는 면허관청이 허가 또는 면허를 하는 경우에는 행정안전부령이 정하는 바에 의하여 허가증이나 면허증을 교부하여야 한다. <개정 1999.3.31, 2008.2.29>

②제1항의 규정에 의하여 허가증이나 면허증을 교부받은 사람은 그 허가 또는 면허가 취소된 때 또는 영업정지, 사용정지, 면허의 효력정지처분을 받은 때에는 행정안전부령이 정하는 바에 의하여 허가증이나 면허증을 그 허가관청 또는 면허관청에 지체없이 반납하여야 한다. <개정 1999.3.31, 2008.2.29>

③제1항의 규정에 의하여 허가증이나 면허증을 교부받은 사람은 그 허가증 또는 면허증의 기재사항에 관하여 변경이 있는 때에는 행정안전부령이 정하는 바에 의하여 그 허가관청 또는 면허관청에 신고하여야 한다. <개정 1999.3.31, 2008.2.29>

④허가증 또는 면허증을 잃어버렸거나 그 허가증 또는 면허증이 헐어 못쓰게 된 때에는 행정안전부령이 정하는 바에 의하여 그 허가관청 또는 면허관청에 신고하여 다시 교부받을 수 있다. <개정 1999.3.31, 2008.2.29>

第66조 (폐업 및 휴업신고등) 총포·도검·화약류·분사기·전자충격기·석궁의 제조업자 또는 판매업자가 그 영업의 전부 또는 일부를 폐지하거나 화약류저장소설치자가 그 저장소의 용도를 폐지하는 경우와 총포·도검·화약류·분사기·전자충격기·석궁의 제조업 또는 판매업을 1년 이내 기간동안 휴업하고자 하는 경우에는 행정안전부령이 정하는 바에 의하여 허가관청에 신고하여야 한다. <개정 1989.12.30, 1995.12.6, 1999.3.31, 2008.2.29>

第67조 (수수료) ①이 법에 의한 허가 또는 면허를 받거나 허가증 또는 면허증을 재교부받고자 하는 사람은 행정안전부령이 정하는 바에 의하여 수수료를 납부하여야 한다. <개정 1999.3.31, 2008.2.29>

②제1항의 수수료중 지방경찰청장 또는 경찰서장이 허가 또는 면허를 하거나 허가증 또는 면허증을 재교부하는 경우의 수수료는 그 특별시·광역시 또는 도의 수입으로 한다. <개정 1991.5.31, 1995.12.6>

第68조 (권한의 위임) 경찰청장 또는 지방경찰청장은 이 법에 의한 권한의 일부를 대통령령이 정하는 바에 의하여 지방경찰청장 또는 경찰서장에게 위임할 수 있다. <개정 1991.5.31>

第69조 삭제 <2001.1.26>

第8장 벌칙

第70条 (벌칙) ①다음 각호의 1에 해당하는 사람은 10년 이하의 징역 또는 2천만원 이하의 벌금에 처한다. <개정 1999.3.31>

1. 수출하기 위한 목적으로 제3조제4항의 규정에 의하여 구조 및 성능기준을 적용하지 아니하고 제조된 총포・도검・화약류・분사기・전자충격기 또는 석궁을 국내에 판매하거나 유출시킨 사람
2. 제4조제1항・제3항(총포・화약류에 한한다), 제6조제1항(총포・화약류에 한한다)・제2항(총포・화약류에 한한다), 제9조제1항 또는 제12조제1항(총포・화약류에 한한다)・제2항(산업용총・가스발사총에 한한다)의 규정에 위반한 사람

②제1항의 미수범은 처벌한다.

第71条 (벌칙) 다음 각호의 1에 해당하는 사람은 5년 이하의 징역 또는 1천만원 이하의 벌금의 형으로 벌한다. <개정 1995.12.6, 1996.12.30, 2003.7.29>

1. 제4조제2항・제3항(도검・분사기・전자충격기・석궁에 한한다), 제6조제1항(도검・분사기・전자충격기・석궁에 한한다)・제2항(도검・분사기・전자충격기・석궁에 한한다), 제9조제2항 또는 제12조제1항(도검・분사기・전자충격기・석궁에 한한다)・제2항(분사기・전자충격기에 한한다)의 규정을 위반한 사람
2. 제18조제1항 또는 제2항의 규정을 위반한 사람
3. 제21조제1항・제3항・제4항 또는 제5항의 규정을 위반한 사람
4. 제31조제1항의 규정을 위반하여 안전상의 감독업무를 게을리 한 사람
5. 제45조제1항 또는 제2항의 규정에 의한 영업정지명령 또는 사용정지명령을 위반한 사람
6. 제47조제1항의 규정에 의한 명령 또는 조치를 위반하거나 같은조제2항의 규정에 의한 보관명령에 위반한 사람

第72条 (벌칙) 다음 각호의 1에 해당하는 사람은 3년 이하의 징역 또는 700만원 이하의 벌금의 형으로 벌한다. <개정 1986.12.31, 1989.12.30, 1995.12.6, 2003.7.29>

1. 제8조, 제19조, 제24조제1항・제2항, 제25조제1항・제5항, 제27조제1항, 제32조제1항, 제34조제1항・제2항, 제36조, 제38조제1항・제4항, 제40조제1항 또는 제43조의 규정을 위반한 사람
2. 제27조제3항 또는 제32조제3항의 규정에 의한 명령을 위반한 사람
3. 제41조 또는 제42조제7항의 규정을 위반한 사람
4. 제42조제1항 또는 제5항의 규정을 위반한 총포・분사기・전자충격기・석궁의 제조업자・수입자 또는 판매업자
5. 제44조제1항의 규정에 의한 출입 또는 검사를 거부・기피 또는 방해하거나 거짓진술을 한 사람
6. 제18조제4항 또는 제26조제4항의 규정에 의한 기술상의 기준이나 지시에 따르지 아니한 사람
7. 거짓이나 그 밖의 옳지 못한 방법으로 이 법의 규정에 의한 허가 또는 면허를 받은 사람

第73条 (벌칙) 다음 각호의 1에 해당하는 사람은 2년 이하의 징역 또는 500만원 이하의 벌금의 형으로 벌한다. <개정 1986.12.31, 1989.12.30, 1995.12.6, 2003.7.29>

1. 제4조의2제3항(제6조의2 및 제25조의2의 규정에 의하여 준용되는 경우를 포함한다), 제11조제1항, 제17조제2항・제4항, 제31조제2항 또는 제37조제1항・제2항의 규정을 위반한 사람
2. 제20조제3항의 규정에 의한 기술상의 기준을 위반하여 화약류를 폐기한 사람
3. 제23조의 규정에 위반한 사람
4. 제26조제1항의 규정에 의한 신고를 하지 아니하거나 거짓으로 신고를 한 사람

第74条 (과태료) ①다음 각호의 1에 해당하는 자는 300만원 이하의 과태료를 과한다. <개정 1995.12.6, 2003.7.29>

1. 제9조제5항, 제11조제2항, 제20조제1항, 제27조제2항, 제35조 또는 제66조의 규정에 따른 신고를 하지 아니하거나 거짓으로 신고를 한 사람
2. 제17조제1항・제3항, 제32조제4항, 제33조, 제39조제1항・제3항, 제63조, 제64조, 제65조제2항 또는 제3항의 규정을 위반한 사람
3. 제26조제3항의 규정을 위반하여 화약류운반신고필증을 지니지 아니한 자
4. 제32조제2항, 제40조제2항 또는 제44조제3항의 규정에 의한 보고를 하지 아니하거나, 거짓으로 보고를 한 자
5. 제20조제2항 또는 제39조제4항의 규정에 의한 명령을 위반한 자
6. 제47조제3항의 규정에 의한 준수사항을 위반한 사람

②제1항의 규정에 의한 과태료는 대통령령이 정하는 바에 의하여 소관에 따라 경찰청장, 지방경찰청장 또는 경찰서장(이하 이 조에서 "관할관청"이라 한다)이 부과・징수한다. <개정 1991.5.31>

③제2항의 규정에 의한 과태료처분에 불복이 있는 자는 그 처분이 있음을 안 날부터 30일 이내에 관할관청에 이의를 제기할 수 있다. <개정 1989.12.30>

④제2항의 규정에 의하여 관할관청의 과태료처분을 받은 자가 제3항의 규정에 의하여 이의를 제기한 때에는 관할관청은 지체없이 관할법원에 그 사실을 통보하여야 하며, 그 통보를 받은 관할법원은 비송사건절차법에 의한 과태료 재판을 한다.

⑤제3항의 규정에 의한 기간내에 이의를 제기하지 아니하거나 과태료를 납부하지 아니한 때에는 국세체납처분의 예에 의하여 이를 징수한다. <개정 1995.12.6>

제75조 (형의 병과) 제70조 내지 제73조의 규정에 의하여 벌함에 있어서는 징역과 벌금형을 함께 과할 수 있다.

제76조 (양벌규정) 법인의 대표자나 법인 또는 개인의 대리인, 사용인, 그 밖의 종업원이 그 법인 또는 개인의 업무에 관하여 제70조부터 제73조까지의 어느 하나에 해당하는 위반행위를 하면 그 행위자를 벌하는 외에 그 법인 또는 개인에게도 해당 조문의 벌금형을 과(과)한다. 다만, 법인 또는 개인이 그 위반행위를 방지하기 위하여 해당 업무에 관하여 상당한 주의와 감독을 게을리하지 아니한 경우에는 그러하지 아니하다.
[전문개정 2008.12.26]

부칙 <제9211호,2008.12.26>

이 법은 공포한 날부터 시행한다.

총포·도검·화약류등단속법 시행령

[시행 2008.12.31] [대통령령 제21214호, 2008.12.31, 타법개정]

┌ 제33조 지하 1급저장소의 위치 · 구조 및 설비

┌ 제34조 2급저장소의 위치 · 구조 및 설비

┌ 제35조 3급저장소의 위치 · 구조 및 설비

┌ 제36조 수중저장소의 위치 · 구조 및 설비

┌ 제37조 실탄저장소의 위치 · 구조 및 설비

┌ 제38조 꽃불류저장소의 위치 · 구조 및 설비

┌ 제39조 장난감용 꽃불류저장소와 도화선저장소의 위치 · 구조 및 설비

┌ 제40조 간이저장소의 위치 · 구조 및 설비

┌ 제41조 피뢰장치

┌ 제42조 흙둑

┌ 제43조 간이흙둑

┌ 제44조 방폭벽

┌ 제45조 저장량

┌ 제46조 화약류저장소에서의 저장방법 및 취급방법

┌ 제47조 화약류저장소외의 장소에서의 저장방법 및 취급방법

┌ 제48조 운반신고를 하지 아니하고 운반할 수 있는 수량

┌ 제49조 적재방법

┌ 제50조 운반방법

┌ 제51조 운반표지

┌ 제52조 운반책임자의 유의사항

┌ 제53조 화약류관리보안책임자를 선임하여야 할 화약류 사용자

┌ 제54조 화약류제조보안책임자의 선임기준

┌ 제55조 화약류관리보안책임자의 선임기준

┌ 제56조 화약류제조 · 관리보안책임자면허의 종류와 자격

총포·도검·화약류등단속법 시행령

[시행 2008.12.31] [대통령령 제21214호, 2008.12.31, 타법개정]

경찰청 (생활질서과), 02-3150-1361

제1장 총칙

제1조 (목적) 이 영은 총포・도검・화약류등단속법(이하 "법"이라 한다)에서 위임된 사항과 그 시행에 관하여 필요한 사항을 규정함을 목적으로 한다. <개정 1990.3.31>

제2조 (정의) 이 영에서 사용하는 용어의 정의는 다음 각호와 같다. <개정 1987.11.10, 1991.7.30, 1993.3.6, 1996.6.20, 1999.6.30, 2008.2.29>

1. "공실"이라 함은 화약류의 제조작업을 하기 위하여 제조소안에 설치된 건축물을 말한다.
2. "위험공실"이라 함은 발화 또는 폭발할 위험이 있는 공실을 말한다.
3. "화약류 일시저치장"이라 함은 화약류의 제조과정에서 화약류를 일시적으로 저장하는 장소를 말한다.
4. "정체량"이라 함은 동일공실에 저장할 수 있는 화약류의 최대수량을 말한다.
5. "보안물건"이라 함은 화약류의 취급상의 위해로부터 보호가 요구되는 장비・시설등을 말하며, 제1종 보안물건, 제2종 보안물건, 제3종 보안물건 및 제4종 보안물건으로 구분한다.
6. "제1종 보안물건"이라 함은 국보로 지정된 건조물, 시가지의 주택, 학교, 보육기관, 병원, 사찰, 교회 및 경기장을 말한다.
7. "제2종 보안물건"이라 함은 촌락의 주택 및 공원을 말한다.
8. "제3종 보안물건"이라 함은 제1종 보안물건 및 제2종 보안물건에 속하지 아니하는 주택, 철도, 궤도, 선박의 항로 또는 계류소, 석유저장시설, 고압가스제조・저장시설(충전소를 포함한다), 발전소, 변전소 및 공장을 말한다.
9. "제4종 보안물건"이라 함은 국도・지방도・고압전선・화약류취급소 및 화기취급소를 말한다.
10. "정원"이라 함은 동시에 동일장소에서 작업할 수 있는 종업원의 최대인원수를 말한다.
11. "초유폭약"이라 함은 질산암모늄을 주성분으로 하여 연료유를 혼합한 일종의 초안폭약으로 경찰청장과 지식경제부장관의 공동 고시로 정하는 원료・규격 및 혼합비율과 기폭감도시험에 의하여 제조된 폭약을 말한다.
12. "함수폭약"이라 함은 산화제(질산암모늄 및 질산모노네틸아민등의 질산염을 말한다)・물・예감제 및 발열제등을 주성분으로 하고, 죽상태(스러리) 또는 맑은 묵상태(엠엘존)로서 물에서 그 성질이 변화되지 아니하는 강한 폭약을 말한다.

제3조 (총포) ①법 제2조제1항의 규정에 의한 총포는 다음 각호의 총과 포 및 총포의 부품을 말한다. <개정 1987.11.10, 1990.3.31, 1996.6.20, 1999.6.30, 2004.1.20>

1. 총
   가. 권총(기관권총을 포함한다. 이하 같다)
   나. 소총
   다. 기관총(구경 20밀리미터 미만의 것에 한하며, 기관권총을 제외한다)
   라. 엽총
      (1) 산탄총(번경 4번 내지 32번 및 구경 0.41인치의 것에 한한다)
      (2) 강선총(구경 0.22인치 내지 0.38인치의 것에 한한다)
      (3) 공기총(구경 4.5밀리미터 내지 5.5밀리미터의 것에 한한다. 다만, 산탄총인 공기총의 경우에는 5.5밀리미터 내지 6.4밀리미터의 것에 한한다)

(4) 가스총(공기총의 경우와 같다)

마. 사격총

(1) 산탄총(번경 12번 내지 20번의 것에 한한다)

(2) 강선총(구경 0.22인치 내지 0.38인치의 것에 한한다)

(3) 공기총(구경 4.5밀리미터 내지 5.5밀리미터의 것에 한한다)

(4) 가스총(공기총의 경우와 같다)

바. 어획총

(1) 어획소총(구경 0.22인치 내지 0.38인치의 것에 한한다)

(2) 섬총

사. 마취총

아. 도살총

자. 산업용총

(1) 타정총

(2) 청소총

(3) 광쇄총

(4) 쇠줄 발사총

차. 구난 구명총

(1) 구명줄 발사총

(2) 구명신호총

카. 가스발사총

타. 기타 뇌관의 원리를 이용한 장약총

2. 포

가. 소구경포(구경 20밀리미터 내지 40밀리미터의 것에 한한다)

나. 중구경포(구경 40밀리미터초과 90밀리미터미만의 것에 한하며, 박격포를 제외한다)

다. 대구경포(구경 90밀리미터이상의 것에 한하며, 박격포를 제외한다)

라. 박격포

마. 포경포(소구경포에 한한다)

3. 총포의 부품

가. 총포신 및 기관부(총포외의 다른 용도에는 사용할 수 없는 부품에 한한다)와 포가

나. 산탄탄알 및 연지탄

다. 소음기 및 조준경

②제1항에서 "공기총"이라 함은 사람·가축 또는 조류등을 살상할 수 있는 성능을 갖춘 것을 말한다.

제4조 (도검) ①법 제2조제2항의 규정에 의한 도검의 종류는 다음 각호와 같다.

1. 월도
2. 장도
3. 단도
4. 검
5. 창
6. 치도
7. 비수
8. 재크나이프(칼날의 길이가 6센티미터이상의 것에 한한다)
9. 비출나이프(칼날의 길이가 5.5센티미터이상이고, 45도이상 자동으로 펴지는 장치가 있는 것에 한한다)

10. 그밖의 6센티미터이상의 칼날이 있는 것으로서 흉기로 사용될 위험성이 뚜렷이 있는 도검
②도검의 규격 및 형태는 별표 1과 같다.
③칼끝이 둥글고 날이 서있지 아니하여 흉기로 사용될 위험성이 없는 도검은 제1항의 규정에 의한 도검으로 보지 아니한다.

제5조 (화약류) ①법 제2조제3항제1호 다목에서 "화약과 비슷한 추진적 폭발에 사용될 수 있는 것으로서 대통령령이 정하는 것"이라 함은 다음 각호의 것을 말한다. <개정 1999.6.30>
1. 과염소산염을 주로 한 화약
2. 산화납 또는 과산화바륨을 주로 한 화약
3. 브로모산염을 주로 한 화약
4. 크롬산납을 주로 한 화약
5. 황산알루미늄을 주로 한 화약

②법 제2조제3항제2호 사목에서 "폭약과 비슷한 파괴적 폭발에 사용될 수 있는 것으로서 대통령령이 정하는 것"이라 함은 다음 각호의 것을 말한다. <개정 1997.4.12>
1. 폭발의 용도에 사용되는 질산요소 또는 이를 주성분으로 한 폭약
2. 디아조디니트로페놀 또는 무수규산 75퍼센트이상을 함유한 폭약
3. 초유폭약
4. 함수폭약
5. 면약(질소함량이 12.2퍼센트이상의 것에 한한다)

제6조 (화약류의 환산기준) ①화약류의 정체 및 저장에 있어서 폭약 1톤에 해당하는 화약 또는 화공품의 수량은 별표 2와 같다.
②제1항의 규정은 제7조제1호·별표 4·별표 5·별표 8(3급저장소의 경우를 제외한다) 내지 별표 11 및 별표 16의 규정에 의한 폭약에 관하여 이를 준용한다. 다만, 신호염관·신호화전·꽃불류·도화선 및 전기도화선의 경우에는 그러하지 아니하다.
③제1항의 규정은 제7조제1호 내지 제3호·별표 5·별표 8(3급저장소의 경우를 제외한다) 내지 별표 11 및 별표 16에서 규정하는 신호염관·신호화전·꽃불류·도화선 및 전기도화선의 원료로 사용된 폭약에 관하여 이를 준용한다.

제6조의2 (분사기) 법 제2조제4항의 규정에 의한 분사기는 사람의 활동을 일시적으로 곤란하게 하는 최루 또는 질식등의 작용제를 내장된 압축가스의 힘으로 분사하는 기기로서 다음 각호의 1에 해당하는 것으로 한다. 다만, 살균·살충용 및 산업용 분사기를 제외한다.
1. 총포형 분사기
2. 막대형 분사기
3. 만년필형 분사기
4. 기타 휴대형 분사기

[본조신설 1990.3.31]

제6조의3 (전자충격기) 법 제2조제5항의 규정에 의한 전자충격기는 순간적인 고압전류를 방류할 수 있는 기기로서 다음 각호의 1에 해당하는 것으로 한다. 다만, 산업용 및 의료용 전자충격기를 제외한다.
1. 총포형 전자충격기
2. 막대형 전자충격기
3. 기타 휴대형 전자충격기

[본조신설 1990.3.31]

제6조의4 (석궁) 법 제2조제6항의 규정에 의한 석궁은 추진력은 활의 원리를, 조준 및 발사장치는 총의 원리를 이용하여 만든 기기(국궁 또는 양궁에 속하는 것을 제외한다)로서 다음 각호의 1에 해당하는 것으로 한다. <개정 1997.4.12>

1. 일반형 석궁
2. 도르래형 석궁(지렛대의 원리를 이용한 것을 말한다. 이하 같다)
3. 권총형 석궁

[본조신설 1996.6.20]

제2장 총포·도검·화약류·분사기·전자충격기·석궁의 제조·판매등 <개정 1990.3.31, 1996.6.20>

제7조 (화약류를 허가없이 제조할 수 있는 종류 및 수량) 법 제4조제3항 단서의 규정에 의하여 허가를 받지 아니하고 제조할 수 있는 화약류의 종류 및 수량은 다음 각호와 같다. <개정 1996.6.20>

1. 학교·연구소·병원 그밖에 공인된 기관에서 물리·화학상의 실험 또는 의료의 목적으로 사용하기 위하여 신호염관·신호화전 또는 꽃불류의 원료용 화약 및 폭약을 제조하는 경우에는 1회에 400그램이하, 그밖의 폭약은 1회에 200그램이하
2. 삭제 <1996.6.20>
3. 삭제 <1996.6.20>
4. 장난감용 꽃불류 제조업자의 하도급에 의하여 장난감용 꽃불류를 제조하는 경우에는 1일 1킬로그램이하의 질산염을 주로 한 화약(염소산염 또는 적린이 함유되지 아니한 것에 한한다), 1일 2킬로그램이하의 그밖의 화약 또는 1일 1킬로그램이하의 폭약을 원료로 하여 제조하는 꽃불류의 수량

제8조 (제조시설의 기준) 법 제4조제5항의 규정에 의한 총포·도검·화약류·분사기·전자충격기·석궁 제조시설의 기준은 다음 각호와 같다. <개정 1987.11.10, 1990.3.31, 1996.6.20, 1999.6.30, 2001.3.31, 2004.1.20, 2006.3.10, 2008.2.29>

1. 제조소는 위험구역과 비위험구역으로 구분하되, 위험구역의 주위에는 경계울타리를 설치하고 보기쉬운 곳에 경계판을 설치할 것
2. 총포·도검·분사기·전자충격기·석궁을 제조하기 위한 작업장은 별표 3의 기준에 의한 시설설비를 갖추되, 작업장의 면적은 총포 및 분사기의 경우에는 전용면적 200제곱미터이상, 도검·전자충격기·석궁의 경우에는 전용면적 100제곱미터이상이어야 한다. 다만, 산탄탄알 및 연지탄만을 제조하기 위한 작업장의 면적은 전용면적 100제곱미터이상으로 할 수 있다.

2의2. 총포를 수리하기 위한 작업장은 전용면적 23.1제곱미터이상이어야 한다. 총포판매업소에서 수리업을 겸업하는 경우에도 또한 같다.

3. 제1호의 경계울타리가 산림안에 설치된 경우에는 그 경계울타리를 따라 폭 2미터이상의 빈터를 두어 화재시에 연소를 방지할 수 있도록 할 것
4. 위험구역안에는 작업상 없어서는 아니될 시설만을 설치할 것
5. 위험공실·화약류 일시저치장·일광건조장·폭발시험장·연소시험장·발사시험장 또는 폐약소각장(이하 "위험공실등"이라 한다)은 보안물건과의 사이에 별표 4에 의한 보안거리(꽃불류·신호염관·신호화전 또는 이들의 원료용 화약이나 폭약을 취급하는 위험공실등에 있어서는 별표 5에 의한 보안거리)를 둘 것. 다만, 보안물건이 그 제조소의 시설의 일부인 경우에는 행정안전부령이 정하는 거리를 둔다.
6. 별표 4 및 별표 5에 규정한 보안거리에 대응하는 정체량을 초과하여 저장하고자 하는 경우에는 다음 산식에 의하여 계산한 보안거리를 둘 것. 다만, 니트로기 3이상을 함유하는 니트로화합물 또는 펜타에리스릿트, 테트라나이트렛트의 초화공실에 있어서는 정체량에 관계없이 제1종 및 제2종 보안물건에 대하여는

100미터, 제3종 및 제4종 보안물건에 대하여는 50미터, 도화선 및 전기도화선의 일시저치장은 저치하는 수량에 관계없이 10미터의 거리를 둔다.

{분모의 정체량에 대한 보안거리}×{저장하고자 하는 수량의 세제곱근}

보안거리 = ---

별표 4 또는 별표 5에 의한 정체량의 세제곱근

7. 위험공실등은 제조소 경계울타리안의 다른 시설에 대하여 행정안전부령이 정하는 보안거리를 둘 것
8. 기관실 및 연통(고체연료를 사용하지 아니하는 기관의 기관실 및 연통을 제외한다)은 위험구역밖에 설치할 것
9. 위험공실 및 화약류 일시저치장에는 제41조의 규정에 의한 피뢰장치를 할 것
10. 위험공실은 내화성 건물로 하여 별채로 하고, 폭발할 위험이 있는 공실은 폭발할 때에 가볍게 날리어 흩어질 수 있는 건축자재를 사용할 것. 다만, 행정안전부령이 정하는 방폭식구조 또는 준방폭식구조로 하는 때에는 그러하지 아니하다.
11. 폭발할 위험이 있는 공실 및 화약류 일시저치장에는 제42조의 규정에 의한 흙둑을 설치할 것. 다만, 방폭식구조 또는 준방폭식구조로 된 공실에 있어서는 방폭면이 아닌 방향에는 흙둑을 설치하지 아니할 수 있으며, 화약 또는 폭약을 원료로 하여 꽃불류·신호염관 및 신호화전만을 제조하는 제조소(이하 "꽃불류등의 제조소"라 한다)에 있어서는 피뢰장치를 하지 아니하고 제43조의 규정에 의한 간이흙둑 또는 행정안전부령이 정하는 방폭벽으로 흙둑에 갈음할 수 있다.
12. 불이 날 위험이 있는 공실은 다른 공실과의 사이에 방화벽 그밖의 연소를 방지할 수 있는 시설을 할 것
13. 불이 날 위험이 있는 공실안의 불이 날 위험이 있는 시설에는 자동식 또는 물통반전식등의 소화설비를 할 것
14. 위험공실의 부근에는 저수지·저수조·비상전등등 불을 끄는데 필요한 설비를 갖출 것
15. 위험공실에는 비상시의 피난에 이용하도록 창과 출입구를 만들고 문을 밖으로 여는 식으로 하며, 금속류가 서로 마찰되는 부분에는 구리 또는 놋쇠를 사용하고 직사광선을 받는 부분의 유리는 불투명한 것을 사용할 것
16. 위험공실의 내부에는 흙이나 모래가 떨어지거나 날리어 흩어지는 것을 방지할 수 있는 구조로 하고 마루에는 철물류가 나타나지 아니하도록 할 것
17. 위험공실의 마루에는 납판·고무판등의 부드러운 재료로 밀착시켜 화약류의 가루가 침투되지 아니하도록 할 것. 다만, 전기뇌관 제조소와 꽃불류등의 제조소의 마루는 판자로 할 수 있다.
18. 위험공실안에는 원동기와 온도 및 습도의 조정장치를 설치하지 아니할 것. 다만, 폭발 또는 불이 날 염려가 없는 경우에는 그러하지 아니하다.
19. 위험공실안에 설치 또는 비치하는 기계 및 용기는 작업상 부득이한 부분외에는 철물류가 서로 마찰되지 아니하도록 하고, 마찰되는 부분에는 충분히 윤활제를 발라 동요·탈락·부식등을 방지하도록 하며, 화약류의 가루가 달라 붙거나 스며들지 아니하도록 할 것
20. 위험공실안의 난방장치는 증기·열기 또는 온수로 하되, 불에 타기 쉬운 물건과 사이를 띄우고 그 뜨거운 면에 화약류의 가루·먼지등이 달라 붙는 것을 방지하도록 할 것
21. 위험공실안의 파라핀조·유황통등에 전열기 그밖의 높은 열원을 사용하는 경우에는 그 통밖에 섭씨 110도(유황통에 있어서는 섭씨 150도)를 넘지 아니하도록 안전장치를 할 것
22. 위험공실 또는 화약류 일시저치장의 조명설비는 공실안과 완전히 떨어지게 설계된 전등으로 하고, 그 공실 또는 화약류 일시저치장안에는 전기줄이 나타나지 아니하도록 할 것
23. 위험공실안에 설비된 기계 또는 건조장치의 금속부분은 땅바닥에 닿게 할 것

24. 위험공실등에는 내부 또는 외부의 보기 쉬운 곳에 현재 저치된 화약류 및 화약원료의 종류·정체량, 동일장소에 저치할 수 있는 화약류의 종류, 최대수량, 정원 및 취급상의 주의 그밖의 필요한 사항을 게시할 것

25. 화약류가 날리어 흩어질 염려가 있는 공실의 천정 및 안쪽벽은 간격이 없도록 하고, 물로 닦을 수 있도록 표면을 미끄럽게 할 것

26. 불이 붙기 쉬운 가스 또는 독기가 있는 가스가 발산할 염려가 있는 공실에는 가스의 배기장치를 할 것

27. 화약류의 건조작업을 하는 제조소에 있어서는 건조하는 공실을 둘 것. 다만, 도화선의 제조소 또는 꽃불류등의 제조소에 있어서는 일광건조장으로 이에 갈음할 수 있다.

28. 화약류를 건조하는 공실안의 가온장치는 건조중에 있는 화약류와 거리를 띄워서 설치할 것. 다만, 온수가온장치로서 그 온도가 건조온도와 비슷할 때에는 그러하지 아니하다.

29. 일광건조장의 건조대는 60센티미터이상의 높이로 할 것

30. 불이 날 위험이 있는 일광건조장과 다른 시설간의 거리가 20미터미만인 때에는 그 시설과의 사이에 제43조의 규정에 의한 간이흙둑 또는 행정안전부령이 정하는 방폭벽을 설치하고, 불이 날 위험이 있는 일광건조장과 다른 시설과의 거리가 20미터이상인 때에는 그 시설간의 사이에 방화벽을 설치하거나 상록활엽수를 빽빽하게 심을 것

31. 폭발시험장·연소시험장·발사시험장 및 폐약소각장은 위험구역안에 설치하고, 흙둑방폭벽 또는 방화벽으로 구획하여 그 주위의 수목, 잡초등을 항상 벌채할 것

32. 화약류 및 그 원료를 운반하는 용기는 그 안에 넣는 물건과 화학작용을 일으키지 아니하는 부드러운 재료를 사용하고 확실하게 뚜껑을 덮을 수 있는 구조로 할 것

33. 위험구역안에서 화약류를 운반하는 운반용차는 손수레·축전지차 또는 디젤차로 하되, 손수레는 운반하는 화약류에 마찰 및 충격을 일으키지 아니하는 구조로 하고, 축전지차 및 디젤차는 행정안전부령이 정하는 구조로 할 것

34. 초유폭약 또는 함수폭약등 수분 또는 유분을 함유하는 화약류의 제조소에 있어서는 자동식 제조시설을 갖출 것

35. 초유폭약 또는 함수폭약 등 수분 또는 유분을 함유하는 화약류를 사용장소에서 제조하는 경우에는 자동혼화탱크로리차에 의하여야 하며, 제조한 후에는 그 차량을 제조소 안에 보관시킬 것

제9조 (제조기술의 기준) ①법 제4조제5항의 규정에 의한 총포제조기술의 기준은 다음 각호와 같다. <신설 1990.3.31, 1996.6.20, 1999.6.30, 2004.1.20, 2008.2.29>

1. 연속자동격발식이 아닐 것. 다만, 기관총의 경우에는 그러하지 아니하다.
2. 탄창은 6개이하의 실탄 또는 금속성탄알을 장전할 수 있는 것일 것. 다만, 기관총 및 건설용 타정총의 경우에는 그러하지 아니하다.
3. 기타 행정안전부령이 정하는 구조와 성능에 적합할 것

②법 제4조제5항의 규정에 의한 화약류 제조기술의 기준은 다음 각호와 같다. 다만, 도화선 또는 전기도화선의 제조에 있어서는 제23호, 꽃불류등의 제조에 있어서는 제27호의 기준에 의하지 아니할 수 있다. <개정 1996.6.20, 1999.6.30, 2004.1.20, 2008.2.29>

1. 화약 또는 폭약은 미리 그 성분의 배합비율을, 화공품은 그 구조 및 조성과 1일에 제조하는 최대수량을 각각 정하고, 그 성분의 배합비율 또는 그 구조 및 조성에 따라 각각 그 최대량이하를 제조할 것
2. 위험구역안에는 작업에 필요한 종업원과 특히 필요하다고 인정되는 사람외에는 출입을 금지할 것
3. 위험공실과 화약류 일시저치장의 정원은 행정안전부령이 정하는 정원의 범위안에서 정하고, 그 정원내의 종업원과 특히 필요하다고 인정되는 사람외에는 출입을 금지할 것
4. 위험구역안에서는 술을 마시고 작업을 하지 아니할 것
5. 위험구역안에서는 특히 신중을 기하여야 하며 혼잡한 작업을 하지 아니하도록 할 것

6. 공실 또는 화약류 일시저치장은 항상 깨끗이 하여 철물 또는 흙이나 모래가 화약류에 섞여 들어가지 아니하도록 하고, 공실의 부근에는 바람에 먼지나 모래등이 날리지 아니하도록 물을 뿌리거나 그밖의 적절한 조치를 할 것
7. 위험공실에는 휴대용 전등외의 등불을 휴대하지 아니할 것
8. 위험공실등 또는 그 부근에는 폭발 또는 불이 나거나 불에 타기 쉬운 물건을 쌓아 두지 아니하도록 할 것
9. 위험공실등에는 행정안전부령이 정하는 수량의 범위안에서 정체량 또는 동시에 동일장소에 저치할 수 있는 화약류의 원료의 최대량을 정하고, 이를 초과하여 화약류 또는 그 원료를 저치하지 아니하도록 할 것
10. 화약류를 제조할 때에 온도와 밀접한 관계가 있는 작업을 함에 있어서는 그 온도의 범위를 정하고 그 범위안에서 작업을 할 것
11. 위험공실안에서 사용되는 기계・기구 및 용기는 항상 점검하고 손질할 것
12. 위험공실에서 사용되는 기계・기구 및 용기를 수리하는 경우에는 그 공실밖에서 화약류제조보안책임자의 지시에 따라 그 기계・기구 및 용기에 묻거나 또는 스며들어간 화약류를 털어낸 후가 아니면 수리에 착수하지 아니하도록 할 것. 다만, 부득이한 경우에는 위험공실안의 위험물을 안전한 장소에 옮기는 등 필요한 조치를 하고 위험공실안에서 수리할 수 있다.
13. 위험공실 또는 화약류 일시저치장의 개축・수리등의 공사를 하고자 하는 때에는 미리 위해예방조치를 할 것
14. 위험공실은 그 공실에서 하게 되어 있는 본래의 작업외의 다른 용도에 사용하지 아니하도록 할 것
15. 폐기하고자 하는 화약류 또는 불량화약류는 일정한 폐기용기에 넣어 매일 일정한 장소에서 폐기하는 등 확실한 위해예방조치를 할 것
16. 화약류 및 그 원료와 반제품을 운반하는 때에는 충격을 받거나 부딪치거나 탈락되지 아니하도록 신중을 기할 것
17. 디젤차는 화약류의 가루가 날릴 염려가 있는 장소에 들어가지 아니하도록 할 것
18. 화약류나 유류등이 묻어 있을 염려가 있는 헝겊 그밖의 쓰레기는 일정한 용기에 넣고, 매일 작업이 끝난 후 공실밖으로 운반하여 일정한 장소에서 위해예방조치를 할 것
19. 화약류의 폭발시험・연소시험・발사시험 및 소각등은 각각 지정된 장소에서 할 것
20. 화약류의 제조시험은 그 시험을 실시하기 위하여 특별히 시설된 위험공실에서 하거나 평상시의 작업을 중지하고 제조시험의 목적으로 바꾸어 쓸 수 있는 위험공실에서 할 것
21. 화약류는 그 화약류와 화학작용을 일으키지 아니하는 속포장(다시 포장하는 경우를 포함한다. 이하 같다)에 넣은 다음 행정안전부령이 정하는 겉포장에 넣을 것. 다만, 속포장을 할 필요가 없는 초유폭약 또는 함수폭약이나 겉포장을 하기가 극히 곤란한 화공품은 속포장 또는 겉포장을 하지 아니할 수 있다.
22. 제21호에 의한 속포장 및 겉포장과 쏘아 올리는 꽃불류의 겉봉에는 그 화약류 또는 꽃불류의 종류・수량・성능・제조소명・제조연월일・유효기간 및 사용방법(유효기간 및 사용방법은 장난감용 꽃불류에 한한다)을 기재할 것. 다만, 이를 기재할 수 없는 속포장에 있어서는 그러하지 아니하다.
23. 신호염관・신호화전 및 꽃불류외의 화약류를 넣는 겉포장인 나무상자의 뚜껑은 놋쇠나사못 또는 나무나사못등으로 천천히 돌려 박되, 철제망치를 사용하지 아니하도록 할 것. 다만, 부득이한 경우로서 철제의 띠로 죄어 맬 때에는 나무상자에 나무손잡이를 사용하여 운반중에 그 철제띠가 다른 철물에 접촉하지 아니하도록 하여야 한다.
24. 겉포장에는 취급상의 필요한 주의사항을 명확하게 기재할 것
25. 겉포장에는 손잡이를 하여 운반에 편리하도록 하고, 안전한 조치를 할 것
26. 속포장과 겉포장 사이에는 틈이 없도록 하여 내용물이 흔들리지 아니하도록 할 것
27. 매일 제조작업이 끝난 후에는 공실안에 화약류를 남겨두지 아니할 것. 다만, 화약류를 남겨 두어야 할 경우에는 감시원을 배치하여야 한다.

③법 제4조제5항의 규정에 의한 분사기 제조기술의 기준은 다음 각호와 같다. <신설 1990.3.31, 1991.7.30, 1996.6.20, 1999.6.30, 2004.1.20, 2006.3.10, 2008.2.29>

1. 「유해화학물질 관리법」 등 다른 법령의 규정에 의하여 제조·사용이 제한되는 유해화학물질과 최루가스를 분사기에 사용하지 아니하도록 할 것. 다만, 치안목적용등으로 경찰청장이 관계중앙행정기관의 장과의 협의를 거쳐 승인한 때에는 그러하지 아니하다.
2. 분말분사기의 발사장치는 지레목식방아쇠장치로, 액체분사기의 발사장치는 누르는 방식으로 할 것
3. 기타 행정안전부령이 정하는 구조와 성능에 적합할 것

④법 제4조제5항의 규정에 의한 전자충격기 제조기술의 기준은 다음 각호와 같다. <신설 1990.3.31, 1996.6.20, 1999.6.30, 2004.1.20, 2008.2.29>

1. 전자충격기에 사람을 상해 또는 사망에 이르게 할 수 있는 정도의 전류 및 전압을 사용하지 아니하도록 할 것
2. 피충격물체에 접촉하여 사용할 수 있는 것으로 할 것
3. 기타 행정안전부령이 정하는 구조와 성능에 적합할 것

⑤법 제4조제5항의 규정에 의한 석궁제조기술의 기준은 다음 각호와 같다. <신설 1996.6.20, 1997.4.12, 1999.6.30, 2004.1.20, 2008.2.29>

1. 도르래형 또는 권총형 석궁이 아닐 것
2. 현의 당김압력이 68킬로그램이내일 것
3. 활촉은 둥근 모양으로서 칼날형이 아니어야 하며, 화살대와 분리되지 아니하는 고정식일 것
4. 조준경부착장치가 없을 것
5. 기타 행정안전부령이 정하는 구조와 성능에 적합할 것

제9조의2 (총포판매업자가 허가없이 판매할 수 있는 실탄·공포탄의 수량) ①총포판매업자는 판매허가를 받은 총포의 실탄 또는 공포탄을 총포소지허가를 받은 사람에게 1일 1인당 400개(건설용 타정총용 공포탄의 경우에는 5,000개)이하의 범위안에서 법 제6조제2항 단서의 규정에 의하여 허가를 받지 아니하고 판매할 수 있다.

②총포판매업자가 제1항의 규정에 의하여 판매하기 위하여 보관하는 실탄·공포탄의 수량은 실탄 1만개, 공포탄 2만개(건설용 타정총용 공포탄의 경우에는 10만개)를 초과하여서는 아니된다.
[본조신설 1996.6.20]

제10조 (판매업의 시설기준) ①법 제6조제4항의 규정에 의한 총포·도검·분사기·전자충격기·석궁 판매업의 시설기준은 다음 각호와 같다. <개정 1987.11.10, 1990.3.31, 1996.6.20, 2004.1.20>

1. 총포·도검·분사기·전자충격기·석궁의 판매를 위한 전용면적 16.5제곱미터이상의 판매장을 갖출 것. 이 경우 총포·도검·분사기·전자충격기·석궁과 관련없는 물건을 진열하거나 보관할 수 없다.
2. 다음 각목의 1에 해당하는 보관장치를 갖출 것
   가. 철근콘크리트 격납고
   나. 콘크리트로 벽등 건축물의 일부에 고착시킨 격납고
   다. 철제 이중내화성금고(철판두께 1.6밀리미터이상, 무게 450킬로그램이상)
3. 누구나 쉽게 꺼내거나 손대지 못하도록 견고한 진열장을 1대이상 비치할 것
4. 실탄 저장소를 설치하거나 철제 실탄 격납고를 1대이상 비치할 것
5. 공기총 또는 가스총에 고압공기 또는 가스를 충전하기 위한 기구를 1대이상 비치할 것
6. 출입구의 문·창 및 진열장의 유리는 강화유리로 하고 진열장 유리에는 철망장치를 하되, 총의 경우에는 쇠사슬로 방아쇠뭉치를 연결할 것
7. 출입구에는 철판제 바깥문을 설치하고 견고한 2중자물쇠 장치를 할 것
8. 관할 지·파출소와의 경보장치를 설치할 것

②법 제6조제4항의 규정에 의한 화약류 판매업의 시설기준은 다음 각호와 같다. <개정 1996.6.20, 2004.1.20>

1. 자가전용의 화약류 저장소를 설치할 것
2. 화약류 저장소 입구에 경비초소를 설치할 것
3. 화약류 저장소에는 차량에 의한 안전운반이 가능하도록 저장소 입구까지 진입로를 개설할 것
4. 판매업소 및 화약류 저장소의 위치는 유통과정에 있어서 위험성이 없는 곳일 것

第11조 (화약류의 일시보관) 수출입을 위한 화약류를 보관할 의무가 있는 사람(보세구역 설영인 및 화물관리인을 포함한다)은 보관중인 화약류의 화재 · 탈취 · 도난의 방지등 재해예방을 위한 안전 · 방호조치를 하여야 한다.

제3장 총포 · 도검 · 화약류 · 분사기 · 전자충격기 · 석궁의 소지와 사용 <개정 1990.3.31, 1996.6.20>

第12조 (허가없이 총포등을 소지할 수 있는 사람) ①법 제10조제10호의 규정에 의하여 허가없이 총포 · 도검 · 화약류 · 분사기 · 전자충격기 · 석궁을 소지할 수 있는 사람은 다음 각호와 같다. <개정 1990.3.31, 1991.7.30, 1996.6.20, 1999.6.30, 2004.1.20, 2006.3.10>

1. 문화재로서의 가치가 있는 총포 · 도검 · 화약류를 문화재보호관리기관이 발행한 증표를 가지고 소지하는 사람
2. 「초 · 중등교육법」 및 「고등교육법」에 의한 각급 학교 또는 공공기관에서 교재용 또는 연구용 총포 · 도검 · 화약류 · 분사기 · 전자충격기 · 석궁의 사용자로 지정된 사람. 이 경우 총포는 공기총에 한한다.
3. 사격장 · 사설수렵장 또는 검술도장등에서 총포 · 도검 · 석궁을 일시 대여받아 같은 장소안에서 사격 · 수렵 또는 검도수련을 하는 사람
4. 군 · 학교 또는 공공기관에서 지휘 또는 예식에 사용하기 위하여 지휘도 또는 예식도를 소지하거나 현역의 군 · 경 지휘관으로서 지휘용으로 소지하는 사람. 이 경우 그 도검은 날을 세우지 아니한 것에 한한다.
5. 「민방위기본법」 · 「소방법」 · 「선박안전법」에 의하여 인명구조를 위한 구명줄발사총을 그 업무와 관련하여 그 소속기관의 장의 명에 따라 소지하는 사람
6. 총포 · 도검 · 화약류 · 분사기 · 전자충격기 · 석궁의 제조업자가 연구 · 개발용으로 제조소안에서 사용하기 위하여 지방경찰청장의 승인을 얻어 총포 · 도검 · 화약류 · 분사기 · 전자충격기 · 석궁원부를 비치 · 관리하는 제조업자
7. 소지허가를 받은 총포(공기총에 한한다)에 사용하기 위하여 그 부품에 해당하는 산탄탄알 · 연지탄 및 조준경을 소지하는 사람

②제1항제2호에 해당하는 사람은 행정안전부령이 정하는 공기총관리수칙을 성실히 지켜야 한다. <개정 1999.6.30, 2008.2.29>

第13조 (모의총포의 기준) 법 제11조의 규정에 의한 모의총포는 별표 5의2에 해당하는 것으로 한다.
[전문개정 1990.3.31]

第14조 (총포 · 도검 · 분사기 · 전자충격기 · 석궁의 종류 및 용도별 소지허가의 범위) ①법 제12조제3항의 규정에 의한 총포 · 도검 · 분사기 · 전자충격기 · 석궁의 종류 및 용도별 소지허가의 범위는 다음 각호와 같다. <개정 1990.3.31, 1996.6.20, 1999.6.30, 2004.1.20, 2008.2.29>

1. 사격경기 · 운동 또는 호신을 목적으로 권총을 소지하는 경우
2. 수렵 · 유해조수구제 또는 사격경기를 목적으로 산탄총 · 단탄총 · 공기총 또는 석궁을 소지하는 경우

3. 인명구조・도살・마취・어획・건축 그밖의 산업의 용도에 사용하는 구명줄발사총・구명용신호총・도살총・마취총・포경총・포・섬총・포경용표지총・건설용타정총 및 쇠줄발사총・청소용 그밖의 산업용에 필요한 총포로서 행정안전부령이 정하는 것을 소지하는 경우
4. 국가기관 또는 공공기관에서 시험・연구를 위하여 총포・도검・분사기・전자충격기・석궁을 소지하는 경우
5. 체육대회 또는 국제규모의 사격경기에 참가하는 선수나 후보자로서 행정안전부령이 정하는 기관의 장에 의하여 적격하다는 추천을 받은 사람이 그 체육대회 또는 사격경기에 사용하기 위하여 권총을 소지하는 경우
6. 도검술경기・수련・도살・농어업・장식 또는 가보용으로 쓰거나 보관하기 위하여 도검을 소지하는 경우
7. 축제・예식등 행사용의 총포・도검과 가보・장식용의 도검 그밖의 도검으로서 일반풍속 또는 관습상 필요하다고 인정되는 것을 소지하는 경우
8. 경비・호신 또는 동물몰이의 목적으로 분사기・전자충격기를 소지하는 경우
9. 법령상 무기를 휴대할 수 있는 사람이 호신용 또는 범인검거용으로 가스발사총을 소지하는 경우
10. 법인이 종업원등에게 다음 각목의 용도구분에 따라 산업용총・가스발사총・분사기・전자충격기를 소지하게 하는 경우
 가. 토목・건축 기타 산업용 : 산업용총
 나. 경비용 : 가스발사총(소지하는 사람이 법령상 무기를 휴대할 수 있는 경우에 한한다)・분사기・전자충격기
11. 총포(화약 산탄총에 한한다)의 소지허가를 받은 사람이 허가받은 그 총포에 교체하여 사용하기 위하여 총신을 소지하는 경우

②제1항제1호의 규정에 의한 권총의 소지허가의 범위 및 소지하는 권총의 관리에 관한 사항은 행정안전부령으로 정한다. <개정 1999.6.30, 2008.2.29>

제15조 (사용허가를 받지 아니하고 화약류를 사용할 수 있는 사람) 법 제18조제1항 단서의 규정에 의하여 사용허가를 받지 아니하고 화약류를 사용할 수 있는 사람은 다음 각호와 같다. <개정 1987.11.10, 1996.6.20, 1997.4.12, 2004.1.20, 2006.3.10>

1. 「광업법」에 의하여 탐광계획신고를 하였거나 채광계획인가를 받은 사람 또는 「해저광물자원 개발법」에 의하여 해저광업권 또는 해저조광권의 설정허가를 받아 등록한 사람으로서 광물채취를 위하여 화약류를 사용하고자 하는 사람
2. 법 제12조의 규정에 의하여 총포소지허가를 받은 사람으로서 그 소지목적을 위하여 실탄 또는 공포탄을 사용하고자 하는 사람
3. 학교・연구소・병원 그밖에 공인된 기관으로서 물리・화학상의 실험 또는 의료용으로 1회에 5킬로그램이하의 화약, 2.5킬로그램이하의 폭약, 100개이하의 공업용뇌관・전기뇌관・총용뇌관・신호뇌관・실탄・공포탄・신관 또는 화관이나 200미터이하의 도폭선을 사용하고자 하는 기관
4. 법령에 의하여 직무상 화약류를 소지할 수 있는 사람
5. 사격연습을 위하여 400개이하의 실탄 또는 공포탄을 사용하고자 하는 사람
6. 신호 또는 관상용으로 1일 동일한 장소에서 다음 각목의 수량에 해당하는 꽃불류를 사용하고자 하는 사람
 가. 직경 6센티미터미만의 둥근모양의 쏘아 올리는 꽃불류 50개이하
 나. 직경 6센티미터이상 10센티미터미만의 둥근모양의 쏘아 올리는 꽃불류 15개이하
 다. 직경 10센티미터이상 20센티미터미만의 둥근모양의 쏘아 올리는 꽃불류 10개이하
 라. 200개이하의 염관을 사용한 쏘아 올리는 꽃불류 1개

마. 화이아크랙카 그밖의 불을 붙여서 폭발음을 내는 통에 든 것(연막크랙카를 제외한다)으로서 화약 1그램이하, 폭약(폭발음을 내는 것에 한한다) 0.1그램 이하의 꽃불류(성냥의 측약 또는 두약의 마찰에 의하여 발화되는 것을 제외한다) 300개 이하

바. 폭죽(점화에 의하여 폭발음을 내는 통에 든 것을 연결한 것으로서 그 수량이 30개이하의 것에 한한다)으로서 그 1개가 화약 1그램이하, 폭약(폭발음을 내는 것에 한한다) 0.1그램이하의 꽃불류 300개이하

사. 경기용 종이뇌관은 무제한

7. 영화 또는 연극의 효과를 위하여 1일 동일한 장소에서 다음 각목의 수량에 해당하는 꽃불류(쏘아 올리는 꽃불류를 제외한다)를 사용하고자 하는 사람

가. 원료화약 또는 폭약 15그램미만의 꽃불류 50개이하

나. 원료화약 또는 폭약 15그램이상 30그램미만의 꽃불류 30개이하

다. 원료화약 또는 폭약 30그램이상 50그램이하의 꽃불류 5개이하

라. 발연통·촬영조명통 또는 폭약(폭발음을 내는 것에 한한다) 0.1그램이하의 꽃불류

8. 소화 또는 소화훈련, 기상관측, 기밀검사용으로 발연통을 사용하고자 하는 사람

9. 조수류 구제를 위하여 1일 100개이하의 실탄 또는 10그램이하의 꽃불류 200개이하를 사용하고자 하는 사람

10. 조수류 구제를 위하여 약액주입용약포를 사용하고자 하는 사람

11. 건축·토목공사 또는 산업용으로 1일 동일한 장소에서 다음 각목의 수량에 해당하는 화약류를 사용하고자 하는 사람

가. 건설용 타정총용 공포탄 5,000개이하

나. 미진동 파쇄기 150개이하

다. 산업용 실탄 100개이하

라. 폭발병 500개이하

마. 폭발천공기 50개이하

바. 광쇄기 20개이하

사. 삭제 <1987.11.10>

12. 선박용 시동약을 사용하는 사람

13. 민방위훈련용으로 1일 동일한 장소에서 연막통 300개이하를 사용하고자 하는 사람

14. 자동차사고·고장등의 표시에 사용하는 자동차 긴급신호용 불꽃신호기를 판매목적으로 300개이하를 진열하고자 하는 자동차판매업소·부품업소·정비업소 등의 사업자 및 원래의 목적으로 사용하기 위하여 3개이하를 소지하고자 하는 사람

15. 선박·항공기등에 비치되어 있는 신호용조명탄을 원래의 목적으로 사용하고자 하는 사람

16. 선박 또는 항공기에서 사용하는 신호용조명탄을 200개의 범위안에서 판매목적으로 소지하는 선박 또는 항공기 정비업소의 사업자

第16條 (화약류의 취급) ①법 제18조의 규정에 의하여 화약류를 사용하고자 하는 사람이 그 화약류를 사용하는 장소에서 화약류(초유폭약을 제외한다)를 취급하는 때에는 다음 각호에 의하여야 한다.

1. 화약류를 취급하는 용기는 목재 그밖의 전기가 통하지 아니하는 것으로 하고 견고한 구조로 할 것
2. 화약·폭약과 화공품은 각각 다른 용기에 넣어 취급할 것
3. 화약류를 사용하기전에 굳어지거나 습기에 찬 여부 그밖의 이상유무를 검사할 것
4. 얼어서 굳어진 다이나마이트는 섭씨 50도이하의 온탕을 바깥통으로 사용한 융해기 또는 섭씨 30도이하의 온도를 유지하는 실내에서 누그러뜨려야 하며 직접 난로·증기관 그밖의 높은 열원에 접근시키지 아니하도록 할 것
5. 굳어진 다이나마이트는 손으로 주물러서 부드럽게 할 것

6. 사용하다가 남은 화약류 또는 사용에 적합하지 아니한 화약류는 화약류 저장소에 반납할 것
7. 도화선을 자르고자 하는 때에는 소정의 기구를 사용하여 안전상 충분한 길이로 자르고, 공업용 뇌관에 도화선을 끼울 때에는 뇌관집게를 사용할 것
8. 전기뇌관에 대하여는 도통시험 또는 저항시험을 하되, 미리 시험전류를 측정하여 0.01암페어를 초과하지 아니하는 것을 사용하는 등 충분한 위해예방조치를 할 것
9. 낙뢰의 위험이 있는 때에는 전기뇌관 및 전기도화선에 관계되는 작업을 하지 아니할 것
10. 화약류를 사용하는 작업을 끝낸 때에는 부득이한 경우를 제외하고는 사용장소에 화약류를 남겨두지 아니하도록 할 것
11. 화약류를 취급함에 있어서 항상 도난방지에 유의할 것
②초유폭약을 취급하는 때에는 다음 각호에 의하여야 한다.
1. 용기에 갈아 담을 때에는 폴리에틸렌·비닐등 초유폭약이 분해가 되지 아니하고, 연료유가 새어나오거나 습기에 차거나 또는 불순물이 섞이는 것을 방지할 수 있는 용기에 넣을 것
2. 화약류를 사용하는 장소에 화약류를 남겨두는 때에는 다른 폭약에 접촉되지 아니하도록 할 것
3. 화약류를 사용하는 장소의 부근에는 부식성의 산, 알칼리류, 가연성의 기름종이 같은 것 그밖에 이와 비슷한 물질을 두지 아니할 것
4. 반납된 초유폭약은 다른 초유폭약과 구분하여 두고 다음에 사용할 때에는 이상유무를 검사한 후 우선하여 이를 사용할 것

第17조 (화약류 취급소) ①법 제18조의 규정에 의하여 화약류의 사용허가를 받은 사람과 제15조제1호에 해당하는 사람으로서 화약류를 사용하는 사람은 사용장소 부근에 화약류의 관리 및 발파의 준비(약포에 공업용뇌관 또는 전기뇌관을 끼우거나 끼워진 약포를 취급하는 작업을 제외한다)에 전용되는 건물(이하 "화약류 취급소"라 한다)을 설치하여야 한다. 다만, 1일 사용량으로 화약 또는 폭약 25킬로그램이하, 공업용뇌관 또는 전기뇌관 50개이하, 도폭선 250미터이하를 3일이내에 사용하는 장소로서 경찰서장이 화약류취급소의 설치가 필요하지 아니하다고 인정하는 경우에는 그러하지 아니하다. <개정 1987.11.10>
②제1항의 화약류 취급소는 화약류 사용장소마다 설치하되, 그 설치기준은 다음 각호와 같다.
1. 통로, 통로로 이용되고 있는 갱도, 동력선, 다른 화약류 취급소, 화약류 저장소, 화기취급장소 및 사람이 출입하는 건축물등에 대하여 안전하고 습기가 적은 장소에 설치할 것
2. 단층 건물로서 철근 콘크리트조, 콘크리트블럭조 또는 이와 동등이상의 견고한 재료를 사용하여 도난이나 화재를 방지할 수 있는 구조로 설치할 것
3. 지붕은 스레트·기와 그밖의 불에 타지 아니하는 재료를 사용할 것
4. 건물 내면은 방습·방수제인 페인트나 나무판자로 하고, 철물류가 건물내부 표면에 나타나지 아니하도록 할 것
5. 문짝 외면에 두께 2밀리미터이상의 철판을 씌우고, 2중 자물쇠 장치를 할 것
6. 난방장치를 하는 때에는 온수·증기 또는 열기를 이용하는 것만을 사용할 것
③화약류 취급소의 정체량은 1일 사용예정량이하로 하되, 화약 또는 폭약(초유폭약을 제외한다)에 있어서는 300킬로그램, 공업용뇌관 또는 전기뇌관은 3,000개, 도폭선은 6킬로미터를 초과하여서는 아니된다. <개정 1996.6.20>
④화약류 취급소에는 장부를 비치하고, 화약류의 수불 및 그 사용하고 남은 양을 명확히 기록하여야 한다.
⑤제8조제1호 및 제19호, 제9조제2항제3호 및 제6호의 규정은 제1항의 화약류 취급소에 관하여 이를 준용한다. <개정 1996.6.20>

第18조 (화약류 발파의 기술상의 기준) ①법 제18조제4항의 규정에 의한 화약류(초유폭약을 제외한다)의 발파 또는 연소의 기술상의 기준은 다음 각호와 같다.

1. 화약류를 갱내 또는 발파장소에 운반하고자 하는 때에는 배낭 그 밖의 이와 비슷한 운반용기를 사용하되, 화약 또는 폭약과 공업용 뇌관 및 전기뇌관은 동일인이 동시에 운반하지 아니하도록 할 것. 다만, 각각 다른 용기에 넣어 운반하는 경우에는 그러하지 아니하다.
2. 발파장소에서 휴대할 수 있는 화약류의 수량은 그 발파에 사용하고자 하는 예정량을 초과하지 아니하도록 할 것
3. 화약류관리보안책임자는 발파현장의 작업보조자를 정하고, 화약류의 수불량 및 그 사용하고 남은 양, 천공의 방법 또는 약실에 대한 화약류의 장전 방법등의 작업지시를 할 것
4. 장전전에 천공된 구멍 또는 약실의 위치 및 암반등의 상황을 검사하고 적절한 안전장전 방법에 의하여 장전할 것
5. 발파로 인하여 날리어 흩어지는 물건 때문에 사람·가축 또는 건물의 손상이 염려되는 경우에는 이를 방지할 수 있는 조치를 할 것
6. 한번 발파한 천공된 구멍에 다시 장전하지 아니할 것
7. 화약 또는 폭약을 장전하는 때에는 그 부근에서 담배를 피우거나 화기를 사용하지 아니할 것
8. 발파준비작업이 끝난 후 화약류가 남는 때에는 지체없이 화약류저장소에 반납할 것
9. 물속의 천공된 구멍에서 발파를 하고자 하는 때에는 사용하는 화약류에 방수조치를 할 것
10. 온천공 그 밖의 섭씨 100도이상의 고온공 발파를 하고자 하는 때에는 화약류의 이상 분해를 방지하기 위한 조치를 할 것
11. 발파하고자 하는 장소에 누전이 되어 있는 때에는 전기발파를 하지 아니할 것
12. 천공된 구멍에는 모래·진흙 그 밖의 발화성 또는 인화성이 없는 메지를 사용하고, 장전구로서는 마찰·충격·정전기 등에 대하여 안전한 장구인 다짐대 등을 사용하며, 공기장전기는 반드시 땅에 닿게 할 것
13. 발파를 하고자 하는 때에는 미리 정한 위험구역안에 감시원을 배치하여 그 구역안에 관계인 외의 출입을 금지시키고 발파의 경고를 하는 등 위험이 없음을 확인한 후에 점화할 것
14. 동일인의 연속점화수는 도화선 1개의 길이가 1.5미터이상인 때에는 10발이하, 1.5미터미만인 때에는 5발이하로 하고, 0.5미터미만인 때에는 연속점화를 하지 아니할 것
15. 점화한 후에는 그 점화한 발파공수와 폭음수의 일치 여부를 확인할 것
16. 발파는 화약류 관리보안책임자의 책임하에 할 것. 이 경우 법 제27조제1항의 규정에 의하여 화약류관리보안책임자의 선임을 요하지 아니하는 화약류 사용자가 발파하는 때에도 또한 같다.

②초유폭약에 의한 발파의 기술상의 기준은 다음 각호와 같다.

1. 초유폭약의 취급이나 장전작업중에는 습기가 차거나 불순물이 섞여 들어가지 아니하도록 할 것
2. 기폭량에 적합한 전폭약을 같이 사용할 것
3. 금이 가고 틈이 벌어지거나 공동이 있는 천공된 구멍에는 지나치게 장약을 하는 일이 없도록 할 것
4. 장전기는 사용전후에 반드시 점검하고 청소를 할 것
5. 장전기는 장전작업중에 발생하는 정전기가 소산할 수 있도록 땅에 닿게 할 것
6. 철관류·궤도 또는 상설의 전기접지계통은 접지용으로 사용하지 아니할 것
7. 뇌관류는 장전기에 의한 장전작업중에는 정전기의 영향을 받지 아니하는 장소에 둘 것
8. 전기뇌관류를 취급하거나 전기회로의 연결작업을 하는 사람은 미리 몸에서 정전기를 일으키는 물건을 제거할 것
9. 이상건조시등 정전기가 발생하기 쉬운 조건하에서 장전기를 사용하는 때에는 뇌관이 달린 폭약을 천공된 구멍의 입구에 장전할 것
10. 뇌관이 달린 폭약은 장전용호오스로 장전하지 아니할 것
11. 도화선발파를 하는 때에는 연료유가 스며들지 아니하도록 비닐도화선을 사용할 것
12. 장전작업이 끝난 후 남은 초유폭약은 지체없이 화약류 저장소에 반납할 것
13. 초유폭약은 가연성가스가 0.5퍼센트이상이 되는 장소에서는 발파하지 아니할 것

14. 장전후에는 가급적 신속히 점화할 것
15. 발파장소에서는 발파가 끝난 후 발생하는 가스에 주의할 것
16. 불발된 천공된 구멍으로부터 초유폭약 또는 메지등을 제거하는 때에는 압축공기를 사용하지 아니할 것

第19조 (전기발파의 기술상의 기준) 전기발파를 하는 때에는 제18조의 기준에 의하는 외에 다음 각호의 기준에 의한다.

1. 전기뇌관을 운반하는 때에는 각선이 노출되지 아니하는 용기에 넣어야 하며, 건전지 그밖의 전선이 노출된 전기기구를 지니거나 전등선·동력선 그밖의 누전될 염려가 있는 물건에 접근하지 아니할 것
2. 전기발파기 및 건전지는 습기가 없는 장소에 놓고 사용전에 전력을 일으킬 수 있는지를 확인할 것
3. 발파모선은 고무등으로 절연된 전선 30미터이상의 것을 사용하되, 사용전에 그 선이 끊어졌는지의 여부를 검사할 것
4. 발파모선의 한쪽 끝은 점화할 때까지 점화기에서 떼어 놓고, 전기뇌관의 각선에 연결하고자 하는 다른 끝의 심선은 서로 사이가 떨어져 합선되지 아니하도록 할 것
5. 발파모선을 부설하는 때에는 전선·충전부 그 밖의 정전기를 일으킬 염려가 많은 것으로부터 거리를 띄워서 부설할 것
6. 공기장전기를 사용하여 화약 또는 폭약을 장전하는 때에는 전기뇌관을 반드시 천공된 구멍 입구에 두도록 할 것
7. 다수의 전기뇌관을 일제히 발파하는 때에는 전압·전원·발파모선·전기도화선 및 전기뇌관 등의 모든 저항을 고려한 후 전기뇌관에 필요한 전류를 흐르게 할 것
8. 동력선 또는 전등선을 전원으로 하는 때에는 작업자외에는 취급하지 못하게 하고, 전선에는 1암페어이상의 적당한 전류가 흐르도록 할 것
9. 전기발파기의 손잡이는 점화하는 때를 제외하고는 고정식은 자물쇠로 잠그고, 이탈식은 그 손잡이를 작업자가 직접 지닐 것
10. 전선은 점화하기 전에 화약류를 장전한 장소로부터 30미터이상 떨어진 안전한 장소에서 도통시험 및 저항시험을 할 것

第20조 (대발파의 기술상의 기준) 300킬로그램이상의 폭약을 사용하여 발파하는 경우(각 약실의 폭약량의 합계가 300킬로그램이상으로서 동시 또는 단계적으로 발파하는 경우를 포함한다)에는 제18조 및 제19조의 기준에 의하는 외에 다음 각호의 기준에 의한다. <개정 1987.11.10>

1. 위해 예방에 필요한 주의사항을 보기 쉬운 곳에 게시하여 작업자가 이에 따라 작업하도록 할 것
2. 발파의 계획과 작업은 1급화약류관리보안책임자로 하여금 직접하게 할 것
3. 발파를 하는 장소 및 그 부근의 지형·암층·암질, 사용하고자 하는 폭약의 종류 등을 검토하여 약실의 위치, 폭약의 양, 갱도의 폐쇄, 대피장소 그 밖의 필요한 사항을 미리 정하여 실시할 것
4. 갱도의 굴진작업을 하는 때에는 그 작업에 필요한 최소량의 화약류만 가지고 들어갈 것
5. 갱안에서 화약류를 운반 또는 장전하거나 갱도의 폐쇄작업을 하는 때에는 화기를 사용하지 아니할 것
6. 갱안에서 폭약을 운반하는 때에는 포장지가 파손되어 폭약이 흐트러지는 일이 없도록 할 것
7. 약포는 약실에 밀접하게 장전하고 습기가 차지 아니하도록 할 것
8. 갱안의 도폭선과 전선은 간단하게 배선하여 갱도폐쇄작업을 하는 때에 그 선의 절단 그 밖의 장애를 일으키지 아니하도록 할 것
9. 갱도를 폐쇄하는 때에는 발파시에 돌덩어리등이 갱밖으로 튀어나오지 못하도록 갱구까지 견고하게 폐쇄할 것
10. 점화전에 암반등을 세밀히 조사하여 붕괴예정선 그 밖에 적당한 장소에 표지를 하고, 점화후에는 장전한 폭약이 완전히 발파되었는지의 여부를 확인하고 발파붕괴상황을 관측할 것

제21조 (불발된 장약에 대한 조치) ①장전된 화약류를 점화하여도 그 화약류가 폭발되지 아니하거나 폭발여부의 확인이 곤란한 때에는 점화후 15분이상(전기발파에 있어서는 발파모선을 점화기로부터 떼어서 다시 점화가 되지 아니하도록 한 후 5분이상)을 경과한 후가 아니면 화약류를 장전한 곳에 사람의 출입이나 접근을 금지하여야 한다.

②불발된 장약은 다음 각호의 방법에 의하여 처리하여야 한다.

1. 불발된 천공된 구멍으로부터 60센티미터이상(손으로 뚫은 구멍인 경우에는 30센티미터이상)의 간격을 두고 평행으로 천공하여 다시 발파하고 불발한 화약류를 회수할 것
2. 불발된 천공된 구멍에 고무호오스로 물을 주입하고 그 물의 힘으로 메지와 화약류를 흘러나오게 하여 불발된 화약류를 회수할 것
3. 불발된 발파공에 압축공기를 넣어 메지를 뽑아내거나 뇌관에 영향을 미치지 아니하게 하면서 조금씩 장전하고 다시 점화할 것
4. 제1호 내지 제3호의 방법에 의하여 불발된 화약류를 회수할 수 없는 때에는 그 장소에 적당한 표시를 한 후 화약류관리보안책임자의 지시를 받을 것

제22조 (발파후의 조치) 발파를 끝낸 때에는 그 작업자는 발파에 의한 유해가스로 인한 위험성이 완전히 제거된 다음 천반, 옆의 벽 그 밖의 암반에 대하여 위험의 유무를 검사・확인한 후(대발파에 있어서는 발파후 30분이상을 경과하여 안전하다고 확인된 후)가 아니면 발파장소 및 그 부근에 사람의 출입이나 접근을 금하여야 한다.

제23조 (꽃불류 사용의 기술상의 기준) ①꽃불류의 사용기준은 다음 각호와 같다. <개정 2008.1.22>

1. 꽃불류를 사용하고자 하는 장소는 꽃불류의 종류 및 중량에 따라서 도로・건물・사람이나 가축등에 위해가 없도록 이들과 안전한 거리를 둘 것
2. 풍속이 초당 10미터 이상 일때에는 꽃불류의 사용을 중지할 것
3. 꽃불류를 사용하고자 하는 장소의 부근에는 소화작업에 필요한 장비를 갖출 것
4. 술을 마신 사람은 꽃불류를 사용하는 작업에 종사하지 못하도록 할 것
5. 꽃불류(꽃불류의 발사용 화약을 포함한다)는 용기에 넣어 뚜껑을 덮고, 그 용기에는 불기를 접근시키지 아니할 것
6. 삭제 <2008.1.22>
7. 쏘아 올리는데 쓰이는 발사통은 바람이 부는 방향을 고려하여 윗방향으로 단단하게 고정시키고 사용중에는 자주 청소를 할 것
8. 사용준비가 끝난 쏘아 올리는 꽃불류로부터 20미터이내의 장소에서는 다른 쏘아 올리는 꽃불류를 사용하지 아니할 것
9. 쏘아 올리는 꽃불류는 20미터이상의 높이에서 퍼지도록 할 것
10. 굳어지거나 습기가 차거나 그 밖의 이상유무를 미리 검사하고 이상이 있다고 인정되는 꽃불류는 이를 사용하지 아니할 것
11. 꽃불류를 발사통안에 넣는 때에는 끈등을 사용하여 서서히 넣을 것
12. 미리 정한 위험지역안에 관계인외의 출입을 금지하는 등 위해발생의 염려가 없음을 확인하고 점화할 것
13. 꽃불류를 쏘아 올리거나 폭발 또는 연소시키고 있는 때에는 그 장소의 부근에서는 꽃불류의 발사용 화약의 계량을 하지 아니할 것
14. 꽃불류의 발사용 화약에 점화하여도 그 화약이 폭발 또는 연소되지 아니하는 때에는 그 발사통에 많은 양의 물을 넣고 10분이상 경과한 후에 서서히 발사통을 눕히어 꽃불류를 꺼낼 것
15. 불발된 꽃불류가 있는 때에는 지체없이 이를 회수하여 물에 넣는 등 적절한 안전조치를 할 것

②쏘아 올리는 꽃불류의 사용은 화약류관리보안책임자의 책임하에 하여야 한다.

第24조 (화약류 폐기의 기술상의 기준) ①법 제20조제3항의 규정에 의한 화약류의 폐기의 기술상의 기준은 다음 각호와 같다. <개정 2004.1.20>

1. 삭제 <2004.1.20>
2. 다음 각목의 구분에 의한 방법으로 처리할 것
   가. 화약 또는 폭약은 조금씩 폭발 또는 연소시킬 것. 다만, 질산염·과염소산염등의 수용성분을 주로 하는 화약 또는 폭약(질산에스텔 또는 니트로기 3이상이 함유된 니트로화합물을 함유하는 것을 제외한다)은 안전한 수용액으로 하여 강물 등에 흘려버릴 수 있다.
   나. 얼어 굳어진 다이나마이트는 완전히 녹여서 연소처리하거나 500그램이하의 적은 양으로 나누어 순차로 폭발처리할 것
   다. 화공품(도화선 및 도폭선을 제외한다)은 적은 양으로 포장하여 땅속에 묻고 공업용 뇌관 또는 전기뇌관으로 폭발처리할 것
   라. 도화선은 연소처리하거나 물에 적셔서 분해처리할 것
   마. 도폭선은 공업용뇌관 또는 전기뇌관으로 폭발처리할 것

②제1항제2호의 규정에 의하여 폭발 또는 연소처리를 하는 때에는 다음 각호의 기준에 의한다.

1. 그 화약류의 전량이 동시에 폭발하여도 위해가 생기지 아니하도록 폐기장소 주위에 높이 2미터이상의 흙둑을 설치할 것
2. 폐기장소 주위의 적당한 곳에 붉은색 기를 달고, 감시원을 배치하여 작업에 필요한 사람외의 통행을 금지할 것
3. 폭발 또는 연소시키고자 하는 화약류는 남은 양을 안전한 장소에 두고 폐기를 시작하되, 앞의 처리가 끝나기 전에는 다음 처리에 착수하지 아니할 것
4. 연소시키고자 하는 때에는 바람이 적은 날을 택하여 바람이 불어오는 쪽을 향하여 점화하고, 누구든지 연소중인 화학류에 접근하지 아니하도록 할 것
5. 전기뇌관을 사용하여 폭발시키고자 하는 때에는 폭발장소로부터 따로 떨어진 곳에서 미리 도통시험을 할 것
6. 제16조제1항제1호 내지 제5호·제7호 및 제8호, 제18조제1항제11호, 제19조제1호 내지 제9호의 규정은 제1호 내지 제5호의 폭발 또는 연소처리에 관하여 이를 준용한다.

第25조 (허가를 받지 아니하고 양수할 수 있는 화학류의 수량) ①법 제21조제1항제4호의 규정에 의하여 허가없이 양수할 수 있는 화약류의 수량은 다음 각호와 같다. <개정 1996.6.20>

1. 삭제 <2001.3.31>
2. 수렵용 실탄 또는 공포탄은 1일 100개이하, 사격용 실탄은 1일 200개이하
3. 삭제 <2001.3.31>

②법 제21조제1항제5호의 규정에 의하여 광물의 채굴을 하는 사람이 허가없이 양수할 수 있는 화약류의 수량은 화약 및 폭약 각 1,125그램이하로 한다.

第26조 (교육실시) ①법 제22조제1항 단서에 따라 교육을 면제하거나 허가를 받은 후에 교육을 받을 수 있는 사람은 다음 각 호와 같다. <개정 1990.3.31, 1996.6.20, 2001.3.31, 2006.6.29, 2008.1.22, 2008.2.29>

1. 교육면제대상자
   가. 총포·석궁의 제조 또는 판매업허가를 받은 사람
   나. 총포·석궁 또는 화약류의 취급업소에서 6월이상 총포·석궁 또는 화약류 취급업무에 종사한 경험이 있는 사람
   다. 대한체육회에 가맹된 사격경기단체에 선수로 등록된 사람
   라. 국가경찰의 교육기관·총기전담 취급부서, 군의 병기학교, 군사격지도대, 대한체육회 또는 대한체육회산하 경기단체에서 6월이상 총기취급에 종사한 경험이 있는 사람

마. 사격총의 소지허가를 받은 사람
바. 행정안전부령으로 정하는 교육면제 평가시험에 합격한 사람
2. 사후 교육대상자
가. 총포・석궁 소지허가신청후 사격 및 수렵대회요원으로 참가하게 된 사람
나. 총포・석궁 소지허가신청후 질병 그 밖의 부득이한 사유가 발생한 사람

②제1항제2호의 규정에 의하여 사후교육을 받을 사람은 특별한 사정이 없는 한 제2호의 사유가 소멸된 날로부터 7일이내에 교육을 받아야 한다.

③지방경찰청장은 다음 각호의 1에 해당하는 사람에 대하여 재해의 예방 또는 공공의 안전을 위하여 행정안전부령이 정하는 바에 따라 총포・화약류・분사기・전자충격기・석궁에 관한 안전교육을 실시할 수 있다. 다만, 제2호중 공기총・석궁 사격장 설치자 및 공기총・분사기・전자충격기・석궁 소지허가를 받은 사람과 제4호중 3급저장소 및 간이저장소 설치자에 대하여는 경찰서장이 총포・화약류・분사기・전자충격기・석궁에 관한 안전교육을 실시할 수 있다. <개정 1987.11.10, 1990.3.31, 1991.7.30, 1996.6.20, 1999.6.30, 2006.3.10, 2008.2.29>

1. 총포・화약류・분사기・전자충격기・석궁의 제조업자 및 판매업자
2. 「사격 및 사격장단속법」에 의한 사격장 설치자 및 총포(엽총 및 공기총에 한한다)・분사기・전자충격기・석궁 소지허가를 받은 사람
3. 화약류제조보안책임자 및 화약류관리보안책임자
4. 화약류저장소 설치자

④ 삭제 <2008.1.22>

제4장 총포・도검・화약류・분사기・전자충격기・석궁의 관리 <개정 1990.3.31, 1996.6.20>

제27조 (화약류저장소 외의 장소에 저장할 수 있는 화약류의 수량) 법 제24조제1항 단서의 규정에 의하여 화약류저장소 외의 장소에 저장할 수 있는 화약류의 수량은 별표 6과 같다. 다만, 수출입을 위하여 일시 보관하는 경우로서 관할 경찰서장의 승인을 얻은 때에는 별표 6을 적용하지 아니한다.

제28조 (화약류저장소의 종류) ①법 제25조제1항의 규정에 의한 화약류저장소의 종별 구분은 다음과 같이 하되, 제1호・제2호・제4호 내지 제8호의 저장소는 지방경찰청장의 허가를, 제3호 및 제9호의 저장소는 경찰서장의 허가를 받아 설치한다. <개정 1991.7.30, 1996.6.20>

1. 1급저장소
2. 2급저장소
3. 3급저장소
4. 수중저장소
5. 실탄저장소
6. 꽃불류저장소
7. 장난감용 꽃불류저장소
8. 도화선저장소
9. 간이저장소

②2급저장소는 일시적인 토목공사를 하거나 그 밖의 일정한 기간의 공사를 하는 사람이 그 공사에 사용하기 위하여 화약류를 저장하고자 하는 때에 한하여 이를 설치할 수 있다.

③화약류저장소에 저장할 수 있는 화약류는 제1항의 종별 구분에 따라 별표 7에 의한다.

제29조 (화약류저장소의 위치・구조 및 설비) 법 제25조제2항의 규정에 의한 화약류저장소의 위치・구조 및 설비는 제30조 내지 제44조의 규정에 의한다.

제30조 (화약류저장소와 보안물건간의 보안거리) ①화약류저장소는 화약류의 저장량에 따라 그 저장소의 외벽으로부터 보안물건에 이르기까지의 사이에 별표 8에 의한 거리를 두어야 한다.

②제45조제1항 단서의 규정에 의하여 별표 12에 의한 저장량을 초과하여 저장하는 경우의 보안거리는 그 보안물건에 대하여 화약류의 종류에 따라 다음 산식에 의하여 계산한 보안거리를 두어야 한다.

{분모의 저장량에 대응한 보안거리}×{저장하고자 하는 수량의 세제곱근}

보안거리 = ---

별표12에 의한 저장량의 세제곱근

③1급저장소・2급저장소 및 꽃불류저장소에 있어서 저장소와 제2종 보안물건, 제3종 보안물건 또는 제4종 보안물건 사이에 제42조의 규정에 의한 흙둑을 저장소 지붕 높이의 4분의 5이상의 높이로 쌓은 때에는 제1항의 규정에 불구하고 그 보안거리를 별표 9에 의한 거리로 할 수 있다.

④장난감용 꽃불류저장소에 있어서 저장소와 보안물건 사이에 방화벽을 설치한 때에는 제1항의 규정에 불구하고 그 보안거리를 5미터이상으로 할 수 있다.

⑤보안물건이 화약류저장소의 설치 허가를 받은 사람의 사업을 위한 부속시설인 경우에는 그 보안물건에 대한 보안거리는 제1항의 규정에 불구하고 행정안전부령으로 따로 정할 수 있다. <개정 1999.6.30, 2008.2.29>

제31조 (지상 1급저장소의 위치・구조 및 설비) 지상에 설치하는 1급저장소의 위치・구조 및 설비의 기준은 다음 각호와 같다. <개정 1987.11.10>

1. 저장소는 건조한 지대에 설치하고, 기초는 견고히 하되, 지면보다 높게 하여 배수가 잘 되도록 할 것
2. 건물은 단층의 철근콘크리트조나 벽돌콘크리트블록 또는 석조로 할 것
3. 저장소의 벽은 철근콘크리트블록 또는 석조로 한 부분에 있어서는 두께 15센티미터이상, 벽돌콘크리트블록 또는 석조로 한 부분에 있어서는 두께 20센티미터이상으로 할 것
4. 출입문은 2중문으로 하고 덧문에는 두께 3밀리미터이상의 철판으로 보강하되 2개이상의 자물쇠장치를 할 것
5. 창은 저장소의 규모에 따라 햇빛이 잘 들도록 저장소의 기초로부터 1.7미터이상의 높이로 하고 직경 1센티미터이상의 철봉을 10센티미터이하의 간격으로 설치하되, 안쪽에는 불투명한 유리를 사용한 미닫이식으로 하고, 바깥쪽에는 밖에서 쉽게 열지 못하게 덧문을 설치할 것
6. 마루는 기초에서 30센티미터이상의 높이로 하고, 마루대신에 바닥을 콘크리트로 하는 경우에는 그 위에 마찰로 인한 충격을 방지할 수 있는 완충재를 깔아야 하며, 마루밑 또는 콘크리트 바닥옆에는 저장소 크기에 따라 철망을 친 3개이상의 환기통(폭 20센티미터이상인 때에는 약 5센티미터의 간격으로 직경 1센티미터이상의 철봉을 끼운 것)을 설치할 것
7. 저장소의 내부는 판자로 하고, 마루표면 또는 콘크리트 바닥에는 철물류가 나타나지 아니하도록 할 것
8. 저장소의 천정위에는 외부의 공기가 잘 통할 수 있도록 적당한 곳에 환기통을 1개이상 설치할 것
9. 저장소에 난방시설을 하는 경우에는 온수 또는 열기의 것을 사용할 것
10. 저장소 안에는 조명장치를 하지 아니할 것
11. 지붕은 금속・스레트 또는 기와등 불에 타지 아니하는 재료로 하되, 도난 및 화재를 방지할 수 있는 구조로 할 것
12. 저장소에는 피뢰장치를 할 것
13. 저장소의 주위에는 흙둑을 쌓을 것
14. 저장소의 흙둑 바깥면으로부터 2미터이상의 빈터를 두어 화재시에 연소를 방지할 수 있도록 하고 경계울타리를 설치할 것
15. 경계울타리안에는 저수통과 경계판을 갖출 것

16. 저장소의 바깥에는 특별한 사정이 없는 한 야간에 전등을 켜고 도난방지를 위한 비상벨 등의 장치를 할 것

第32조 (지상 복토식 1급저장소의 위치ㆍ구조 및 설비) 흙둑을 쌓지 아니하고 저장소의 바깥에 흙을 씌우는 방법(이하 "복토식"이라 한다)으로 지상에 설치하는 1급 저장소의 위치ㆍ구조 및 설비의 기준은 다음 각호와 같다. <개정 1987.11.10, 2008.1.22>

1. 저장소의 벽은 2중으로 하고, 바깥쪽 벽은 두께 20센티미터이상의 철근콘크리트로 하되, 안쪽 벽과 바깥쪽 벽과의 간격은 20센티미터이상으로 하며, 습기를 방지할 수 있도록 할 것
2. 저장소의 안쪽 벽과 바깥쪽 벽과의 공간에 습기가 차지 아니하도록 배수설비를 할 것
3. 마루는 기초에서 30센티미터이상의 높이로 하고, 마루 대신에 바닥을 콘크리트로 하는 경우에는 그 위에 마찰로 인한 충격을 방지할 수 있는 완충재를 깔아야 하며, 마루밑 또는 콘크리트 바닥옆과 천정에는 각각 1개 이상의 환기통(폭이 20센티미터 이상인 때에는 약 5센티미터 간격으로 직경 1센티미터 이상의 철봉을 끼워넣어야 한다)을 설치할 것
4. 저장소의 복토(출입구쪽의 부분을 제외한다)는 45도이하의 경사로 하고, 복토의 두께는 3미터이상으로 할 것
5. 저장소의 복토는 돌이 섞이지 아니한 흙으로 하고 필요한 때에는 잔디를 입힐 것
6. 제31조제4호ㆍ제7호ㆍ제9호ㆍ제12호ㆍ제14호 및 제16호, 제33조제6호 및 제7호의 규정은 지상복토식 1급저장소에 관하여 이를 준용한다.

第33조 (지하 1급저장소의 위치ㆍ구조 및 설비) 지하에 설치하는 1급저장소의 위치ㆍ구조 및 설비의 기준은 다음 각호와 같다.

1. 저장소는 지반이 견고하고 폭발하여도 부근의 갱내시설 및 종업원등에 위해가 미치지 아니하는 장소에 설치할 것
2. 저장소는 철근콘크리트등의 견고하고 습기를 방지할 수 있는 구조로 할 것. 다만, 암질에 따라 안전하다고 인정되는 때에는 시멘트모르타르를 사용하고 판자로 된 2중벽의 구조로 할 수 있다.
3. 제2호 단서의 규정에 의하여 판자로 된 2중벽을 설치하는 때에는 바깥쪽 벽과 안쪽 벽과의 사이에 습기가 차지 아니하도록 배수 설비를 할 것
4. 출입문은 2중문으로 하고 덧문은 철문으로 하되 2개이상의 자물쇠장치를 할 것
5. 저장소의 지반의 두께는 별표 10의 기준에 의할 것
6. 저장소의 입구 또는 저장소로 통하는 터널의 입구앞 5미터이내에는 흙둑을 쌓는 등 폭발하여도 직접적인 충동파의 영향을 받을 염려가 없도록 할 것
7. 저장소 내부를 조명하는 설비를 하는 때에는 방폭식의 전등으로 하고, 배선은 금속관 기타의 케이블시공 등으로 전선이 나타나지 아니하도록 하며, 자동차단기 또는 개폐기는 저장소의 바깥에 설치할 것
8. 제31조제7호 및 제16호의 규정은 지하에 설치하는 1급저장소에 관하여 이를 준용한다.

第34조 (2급저장소의 위치ㆍ구조 및 설비) ①지상에 설치하는 2급저장소의 위치ㆍ구조 및 설비의 기준은 다음 각호와 같다. <개정 1996.6.20, 2008.1.22>

1. 저장소는 건조한 지대에 설치하고 배수가 잘 되도록 할 것
2. 건물은 벽돌조이상의 견고한 단층건물로 할 것
3. 출입문은 2중문으로 하고 덧문에는 두께 2밀리미터이상의 철판으로 보강하고 2개이상의 자물쇠장치를 할 것
4. 햇빛이 잘 들도록 2개 이상의 창을 설치하되, 저장소의 기초로부터 1.7미터이상의 높이에 두고 직경 1센티미터이상의 철봉을 10센티미터 간격으로 설치하며 바깥쪽에서 쉽게 열지 못하게 덧문을 설치할 것

5. 저장소의 내부는 판자등 정전기 및 충격을 방지할 수 있는 재료로 하고 마루표면 또는 콘크리트 바닥에는 철물류가 나타나지 아니하도록 할 것

6. 저장소에 난방시설을 하는 경우에는 온수를 사용하여 난방하도록 할 것

7. 저장소 내부에 조명설비를 하는 경우에는 방폭식의 전등으로 하고 배선은 금속관 기타의 케이블시공등으로 전선이 나타나지 아니하도록 하며 자동차단기 또는 개폐기는 저장소의 바깥에 설치할 것

8. 저장소 지붕의 내부는 폭발시 가볍게 날려 흩어질 수 있는 목재 등의 경량재를, 외부는 금속·스레트·기와등의 불연재를 사용하고, 천정속에 철망을 칠 것

9. 저장소에는 피뢰장치를 할 것

10. 저장소 주위에는 흙둑을 쌓을 것

11. 저장소의 흙둑 바깥면으로부터 2미터이상의 빈터를 두어 화재시에 연소를 방지할 수 있도록 할 것

12. 빈터 외부에 경계울타리를 두고 그 안에 저수통과 경계판을 갖출 것

13. 저장소의 바깥에는 특별한 사정이 없는 한 야간에 전등을 켤 수 있도록 하고 도난방지를 위한 비상벨등의 장치를 할 것

②지하에 설치하는 2급저장소의 위치·구조 및 설비의 기준은 다음 각호와 같다.

1. 도난을 방지할 수 있는 구조로 할 것

2. 안쪽 벽은 철근콘크리트로 할 것. 다만, 암질에 따라 안전하다고 인정되는 때에는 시멘트모르타르로 하거나 판자로 할 수 있다

3. 언덕의 경사면 또는 터널 안쪽 벽에 홈을 파고 저장소를 설치할 때에는 그 저장소의 안쪽 벽을 콘크리트 또는 나무의 이중판자로 할 것

4. 제31조제7호 및 제16호, 제33조제7호 및 별표 8의 규정은 지하에 설치하는 2급저장소에 관하여 이를 준용한다.

第35조 (3급저장소의 위치·구조 및 설비) ①지상에 설치하는 3급저장소의 위치·구조 및 설비의 기준은 다음 각호와 같다. <개정 1987.11.10>

1. 저장소의 벽(앞면의 벽을 제외한다)은 두께 20센티미터이상의 철근콘크리트 또는 두께 30센티미터이상의 보강시멘트블록으로 하고, 앞면의 벽은 두께 10센티미터 이상의 콘크리트로 할 것

2. 지붕은 철망골 시멘트모르타르로 하는 등 폭발한 때에 가볍게 날리어 흩어질 수 있는 건축자재로 할 것

3. 화약 또는 폭약과 화공품을 동시에 저장하기 위한 격벽의 기초는 저장소의 기초에 두께 10센티미터이상의 콘크리트로 하고, 격벽은 두께 30센티미터이상의 철근콘크리트 또는 두께 40센티미터이상의 보강콘크리트블록으로 할 것

4. 출입구는 부근의 보안물건을 고려하여 위험의 염려가 없는 쪽에 설치하고, 저장소의 바깥에는 포말소화기등의 소화시설을 갖출 것

5. 저장소의 주위에는 흙둑 또는 간이흙둑을 설치할 것

6. 제31조제4호 내지 제10호의 규정은 지상에 설치하는 3급저장소에 관하여 이를 준용한다.

②지하에 설치하는 3급저장소의 위치·구조 및 설비의 기준은 다음 각호와 같다.

1. 지하저장소의 윗 지반의 두께가 60센티미터이상인 곳에 설치할 것

2. 주택 그 밖의 건축물의 지하에는 설치하지 아니할 것

3. 제31조제7호 및 제16호, 제33조제1호 내지 제4호·제6호 및 제1항제3호의 규정은 지하에 설치하는 3급저장소에 관하여 이를 준용한다.

第36조 (수중저장소의 위치·구조 및 설비) 수중저장소의 위치·구조 및 설비의 기준은 다음 각호와 같다.

1. 저장소의 기초 또는 벽은 두께 15센티미터이상의 철근콘크리트조로 하고, 물이 스며들지 아니하도록 방수처리를 할 것

2. 지붕은 철망골 시멘트모르타르로 하는 등 내화성이 있는 재료로 하며, 도난을 방지할 수 있는 구조로 할 것
3. 수위계와 자동흡수장치를 설치할 것
4. 물이 넘어서 흘러 빠질 수 있는 배수구를 설치하고, 배수구에는 침전통을 설치하는 등 화학류가 흘러내리지 아니하도록 할 것

第37조 (실탄저장소의 위치·구조 및 설비) 실탄저장소의 위치·구조 및 설비의 기준은 다음 각호와 같다. <개정 1996.6.20>
1. 저장소의 벽은 철근콘크리트로 하는 때에는 두께 20센티미터이상, 벽돌·콘크리트블록 또는 석조로 하는 때에는 30센티미터이상으로 할 것
2. 지붕은 두께 20센티미터이상의 철근콘크리트로 할 것
3. 제31조제1호·제2호·제4호 내지 제10호·제12호·제14호 및 제16호의 규정은 실탄저장소에 관하여 이를 준용한다.

第38조 (꽃불류저장소의 위치·구조 및 설비) 꽃불류저장소의 위치·구조 및 설비의 기준은 다음 각호와 같다.
1. 단층 콘크리트블록조로 하고, 기초는 지면보다 높게 하되, 견고하고 배수가 잘 되도록 할 것
2. 저장소 벽의 두께는 콘크리트조인 때에는 10센티미터이상, 보강콘크리트블록인 때에는 20센티미터이상으로 할 것
3. 저장소의 마루밑에는 지상1급저장소에 준하는 환기통을 저장소의 크기에 따라 2개이상 설치할 것
4. 저장소 주위에는 흙둑·간이흙둑 또는 방폭벽을 설치할 것
5. 제31조제1호·제4호·제7호·제8호·제11호 및 제12호의 규정은 꽃불류저장소에 관하여 이를 준용한다.

第39조 (장난감용 꽃불류저장소와 도화선저장소의 위치·구조 및 설비) 장난감용 꽃불류저장소와 도화선저장소의 위치·구조 및 설비의 기준은 다음 각호와 같다.
1. 저장소는 건조한 지대에 설치할 것
2. 구조는 특별한 사정이 없는 한 단층으로 하고, 지붕과 벽은 철망골 시멘트모르타르로 하거나 진회 또는 내화성 도료를 바를 것
3. 출입문은 2중의 자물쇠장치를 하는 등 도난을 방지할 수 있는 설비를 할 것

第40조 (간이저장소의 위치·구조 및 설비) 간이저장소의 위치·구조 및 설비의 기준은 다음 각호와 같다.
1. 벽과 천정(2층이상의 건물인 경우에는 그 층의 바닥을 포함한다)의 두께는 10센티미터이상의 철근콘크리트 또는 20센티미터이상의 보강콘크리트블록조로 할 것
2. 지붕은 10센티미터이상의 철근콘크리트로 할 것
3. 출입문은 두께 1밀리미터이상의 철판을 사용한 철제로 할 것
4. 자동소화설비를 갖출 것

第41조 (피뢰장치) 화약류저장소에 설치하는 피뢰장치의 위치·형식·구조 및 재료등에 관하여 필요한 사항은 행정안전부령으로 정한다. <개정 1999.6.30, 2008.2.29>

第42조 (흙둑) 화약류저장소에 흙둑을 쌓는 경우에는 다음 각호의 기준에 의하여야 한다. <개정 1996.6.20>
1. 흙둑은 저장소의 바깥쪽 벽으로부터 흙둑의 안쪽 벽 밑까지 1미터이상 2미터이내의 거리를 두고 쌓을 것. 다만, 저장소 출입구쪽의 흙둑은 화약운반용 지게차등이 출입할 수 있도록 2미터이상의 거리를 둘 수 있다.

2. 흙둑을 헐어서 출입구를 설치하는 때에는 평면도에 있어서 저장소 본 건물에서 바깥쪽으로 뻗치는 모든 직선이 반드시 흙둑의 정상의 선과 교차할 수 있는 구조로 할 것
3. 흙둑의 경사는 45도이하로 하고, 높이는 저장소의 지붕의 높이(지붕의 높이가 1.5미터미만인 때에는 1.5미터)이상으로 하고, 정상의 폭이 1미터이상으로 할 것
4. 흙둑을 부득이 흙담으로 하는 경우에는 흙둑의 높이의 3분의 1이하로 하되, 안쪽 면의 흙담은 폭발할 때에 가볍게 날리어 흩어지기 쉬운 것으로 할 것. 다만, 꽃불류저장소에 흙둑을 쌓는 때에는 그러하지 아니하다.
5. 2개이상의 저장소가 인접하여 중간의 흙둑을 같이 사용하는 때에는 그 흙둑에 통로를 설치하지 아니할 것
6. 흙둑의 표면에는 가능한 한 잔디를 입힐 것

第43조 (간이흙둑) ①화약류저장소 주위에 간이흙둑을 설치하는 경우에는 다음 각호의 기준에 의하여야 한다.

1. 간이흙둑의 경사는 75도이하로 하고, 높이는 3급저장소에 있어서는 지붕의 높이(지붕의 높이가 1.5미터미만인 때에는 1.5미터)이상, 꽃불류저장소에 있어서는 처마의 높이(처마의 높이가 1.5미터미만인 때에는 1.5미터)이상으로 하고, 정상의 폭은 60센티미터이상으로 할 것
2. 정상은 빗물이 스며들지 아니하도록 판자등으로 씌우거나 잔디를 입힐 것

②제42조(제3호를 제외한다)의 규정은 간이흙둑에 관하여 이를 준용한다.

第44조 (방폭벽) 꽃불류저장소 주위에 설치하는 방폭벽의 위치・구조 및 자재등에 관하여 필요한 사항은 행정안전부령으로 정한다. <개정 1999.6.30, 2008.2.29>

第45조 (저장량) ①법 제24조제1항의 규정에 의하여 저장소에 저장할 수 있는 화약류의 저장량은 별표 12와 같다. 다만, 부득이한 사유가 있는 때에는 허가관청의 허가를 받아 그 저장량을 초과하여 저장할 수 있다.
②1급저장소・2급저장소・3급저장소 및 간이저장소에 있어서 2종이상의 화약류를 동일한 장소에 저장하는 경우의 저장량은 각각 그 화약류의 수량을 별표 12에 의한 당해화약류의 최대저장량으로 나눈 수의 합계가 1을 초과하지 아니하는 수량으로 한다.

第46조 (화약류저장소에서의 저장방법 및 취급방법) ①법 제24조제1항의 규정에 의하여 화약류저장소에 화약류(도화선 및 전기도화선을 제외한다)를 저장(수중저장소에서의 저장을 제외한다)하는 경우의 저장방법 및 취급방법은 다음 각호와 같다. 다만, 신호염관・신호화전 또는 꽃불류의 경우에는 제8호 및 제11호 내지 제13호의 규정을 적용하지 아니한다. <개정 1987.11.10>

1. 저장소의 경계울타리안에는 필요없는 사람의 출입을 금지할 것
2. 저장소의 경계울타리안에는 폭발・발화 또는 연소하기 쉬운 물건을 두지 아니할 것
3. 저장소안에는 저장하는 화약류외의 물건을 넣어 두지 아니할 것
4. 저장소안에서는 그 저장소안에서만 사용하는 실내화등 안전성있는 신을 신도록 할 것
5. 저장소안에 들어갈 때에는 철물류 또는 철물류로 만들어진 기구와 휴대용 건전지나 전등외의 등불을 가지고 들어가지 아니할 것
6. 저장소안에서는 물건을 포장하거나 상자의 뚜껑을 여는 등의 작업을 하지 아니할 것
7. 저장소의 내부는 환기에 유의하고 여름과 겨울철의 계절적 영향과 온도의 변화를 최소한도로 하게 하며, 무연화약 또는 다이나마이트를 저장하는 경우에는 온도계를 장치할 것
8. 화약류를 넣은 상자는 화약류 저장소 안쪽 바닥에 높이 9센티미터이상의 각재로 된 침목 또는 내정전성 플라스틱 받침대를 깔고 평행하게 쌓아 올리되, 저장소 안쪽 벽으로부터 30센티미터를 띄우고 높이는 1.8미터이하로 할 것. 다만, 3급저장소에 있어서는 그러하지 아니하다.
9. 저장소에서 화약류를 출고하고자 하는 때에는 저장기간이 오래된 것부터 먼저 출고할 것
10. 저장소에 제조일로부터 1년이상 경과한 화약류가 남아있는 경우에는 그 이상유무에 특히 유의할 것

11. 저장중인 다이나마이트등의 약포에서 니트로글리세린이 스며나와 상자의 표면 또는 마루바닥이 오염된 때에는 물 150밀리리터에 가성소다 100그램을 녹이고 알콜 1리터를 혼합한 액체로 니트로글리세린을 분해시키고, 마른 걸레로 닦아낼 것

12. 상자표면에 니트로글리세린이 스며나오거나 흡습액이 흘러나올 경우에는 그 화약류를 검사하여 지체없이 사용하거나 폐기하는 등의 안전조치를 할 것

13. 아지화연을 주로하는 기폭약을 사용한 공업용뇌관 또는 전기뇌관과 관체에 구리를 사용한 공업용뇌관 또는 전기뇌관을 같이 쌓아두지 아니할 것

②수중저장소에 화약류를 저장하는 경우의 저장방법 및 취급방법은 다음 각호와 같다.

1. 가루로 된 화약류는 15퍼센트정도의 물기를 머금게 한 후 물이 스며들 수 없게 포장을 하여 나무상자등에 넣고, 덩어리화약류는 물에 항상 잠긴 상태로 저장할 것
2. 화약류는 수면으로부터 수심 50센티미터이상의 물속에 저장할 것
3. 물이 줄어들지 아니하도록 할 것

③제1항제1호 내지 제3호・제5호・제6호・제9호 및 제10호의 규정은 수중저장소에 관하여 이를 준용한다.

제47조 (화약류저장소외의 장소에서의 저장방법 및 취급방법) ①법 제24조제1항 단서의 규정에 의하여 화약류를 화약류저장소외의 장소에 저장하는 경우에는 화약류를 용기에 넣어 자물쇠로 잠그고, 감시원을 두는 등 화재 및 도난을 방지할 수 있는 방법을 강구하여야 한다.

②제46조제1항제1호・제2호・제5호・제6호 및 제10호 내지 제13호의 규정은 제1항의 경우에 이를 준용한다.

제48조 (운반신고를 하지 아니하고 운반할 수 있는 수량) 법 제26조제1항 단서의 규정에 의하여 운반신고를 하지 아니하고 운반할 수 있는 화약류의 종류 및 수량은 별표 13과 같다.

제49조 (적재방법) ①법 제26조제4항의 규정에 의한 화약류의 적재방법의 기술상의 기준은 다음 각호와 같다. <개정 1996.6.20>

1. 운반중에 마찰 또는 동요되거나 굴러떨어지지 아니하도록 할 것
2. 화약류는 방수 및 내화성이 있는 덮개로 덮을 것
3. 화약류(초유폭약・실탄・공포탄 및 포탄을 제외한다)는 싣고자 하는 차량의 적재정량의 80퍼센트에 상당하는 중량(외장의 중량을 포함한다)을 초과하여 싣지 아니할 것
4. 화약류는 다음의 물건과 동일한 차량에 함께 싣지 아니할 것
   가. 발화성 또는 인화성 물질
   나. 외장이 불완전하여 화약류에 마찰 또는 충격을 줄 염려가 있는 물건
   다. 철강재・기계류・광석류・그 밖의 이에 준하는 물건
   라. 독물・극물・방사성물질 그밖의 유해성 물질

②제1항제3호의 규정은 동항제4호의 규정에 의한 물건외의 물건과 화약류를 함께 싣게되는 경우의 차량의 적재량에 이를 준용한다. 다만, 별표 13에 의한 수량 또는 차량적재량의 10퍼센트에 미달하는 수량의 화약류와 제1항제4호의 규정에 의한 물건외의 물건을 함께 싣는 경우에는 그러하지 아니하다.

③종류가 다른 화약류는 동일한 차량에 함께 실어서는 아니된다. 다만, 별표 14에 의한 화약류는 그러하지 아니하다.

제50조 (운반방법) ①법 제26조제4항의 규정에 의한 화약류의 운반방법의 기술상의 기준은 다음 각호와 같다. 다만, 제1호・제2호・제4호 및 제5호는 별표 13에 의한 화약류를 운반하는 경우에는 이를 적용하지 아니한다. <개정 1996.6.20, 2001.3.31, 2004.1.20>

1. 화약류의 운반은 자동차(2륜자동차 및 택시를 제외한다. 이하 같다)에 의하여야 하며, 200킬로미터이상의 거리를 운반하는 때에는 운송인은 도중에 운전자를 교체할 수 있도록 예비운전자 1명 이상을 태울 것

2. 운반자동차에 경계요원을 태울 것. 다만, 제조업자·판매업자 또는 화약류사용자가 차량 1대로 1개 장소에 일일운반하는 경우에는 운반책임자로 하여금 경계요원을 겸하게 할 수 있다.

3. 주차는 위험하지 아니한 장소를 선정하여 할 것

4. 야간이나 앞을 분간하기 힘든 경우에 주차하고자 하는 때에는 차량의 전방과 후방 15미터 지점에 적색등불을 달 것

5. 화약류를 실은 차량이 서로 진행하는 때(앞지르는 경우를 제외한다)에는 100미터이상, 주차하는 때에는 50미터이상의 거리를 둘 것

6. 화약류의 부근에서는 담배를 피우거나 화기를 취급하지 아니할 것

7. 화약류를 다룰 때에는 갈고리등을 사용하지 아니할 것

8. 화약류를 차량에 싣거나 내릴 때에는 원동기의 발동을 정지시키는 등 제동장치를 완전하게 할 것

9. 화약류를 싣는 때에는 실은 전후에 그 장소를 깨끗하게 청소할 것

10. 화약류를 다룰 때에는 철물류로 된 신을 신지 아니할 것

11. 화약류는 특별한 사정이 없는 한 야간에 싣지 아니할 것

12. 뇌홍 및 뇌홍을 주로 하는 기폭약은 수분 또는 알코올분이 25퍼센트 정도를 머금은 상태로 운반할 것

13. 트리니트로레졸신납·테트라센·디아조디니트로페놀 및 이들을 주로하는 기폭약은 수분 또는 알코올분이 20퍼센트정도 머금은 상태로 운반할 것

14. 니트로셀룰로오스는 수분 또는 알코올분이 23퍼센트 정도 머금은 상태로 운반할 것

15. 펜타에리스릿트 및 테트라나이트렛트는 수분 또는 알코올분이 15퍼센트 정도 머금은 상태로 운반할 것

16. 그밖에 운반상의 위험을 방지하기 위하여 습기가 질척질척한 상태로 하여야 할 필요가 있다고 인정되는 화약은 그 화약의 성질에 따라 안전성을 확보할 수 있는 수분이 머금은 상태로 운반할 것

②화약류를 운반하는 통로는 다음 각호의 기준에 의하여야 한다. 다만, 이 기준에 맞는 통로로 운반하는 경우에 멀리 돌아가게 되거나 그 밖에 이 기준에 맞는 통로에 의할 수 없는 부득이한 사정이 있는 경우에는 그러하지 아니하다.

1. 차량으로 운반하는 때에는 그 차량의 폭에 3.5미터를 더한 너비이하의 도로를 통행하지 아니할 것

2. 화기를 취급하는 장소 또는 발화성이나 인화성이 있는 물질을 쌓아둔 장소에 가까이 가지 아니할 것

3. 번화가 그밖에 사람의 왕래가 빈번하거나 사람이 많이 모인 곳을 지나가지 아니할 것

4. 삭제 <2004.1.20>

제51조 (운반표지) ①화약류를 운반하는 차량은 화약류의 운반중임을 나타내기 위하여 다음의 표지를 하여야 한다. <개정 1996.6.20>

1. 주간에는 가로·세로 각 35센티미터이상의 붉은색 바탕에 "화"라고 희게 쓴 표지를 차량의 앞뒤와 양옆의 보기쉬운 곳에 붙일 것. 다만, 부득이한 경우에는 허가관청의 승인을 얻어 위장표지를 할 수 있다.

2. 야간에는 제1호의 규정에 의한 표지를 붙이되 그 표지를 반사체로 하고, 150미터이상의 거리에서 명확히 확인할 수 있는 광도의 붉은 색등을 차량의 앞뒤의 보기쉬운 곳에 달 것

②별표 13에 해당하는 화약류를 운반하는 때에는 붉은 색 등만을 차량의 앞뒤에 달 수 있다. <개정 1996.6.20>

③다음 각호의 1에 해당하는 수량의 화약류를 운반하는 때에는 제1항 또는 제2항의 규정에 의한 표지를 하지 아니할 수 있다. <개정 1996.6.20>

1. 10킬로그램이하의 화약

2. 5킬로그램이하의 폭약

3. 100개이하의 공업용뇌관 또는 전기뇌관

4. 1만개이하의 총용뇌관

5. 1천개이하의 실탄·공포탄 또는 미진동파쇄기

6. 100미터이하의 도폭선

第52条 (운반책임자의 유의사항) ①운송인은 화약류를 운반함에 있어서는 법 제28조제1항의 규정에 의한 화약류제조보안책임자면허 또는 화약류관리보안책임자면허를 받은 사람으로 운반책임자를 정하고, 화약류의 종류에 따라 적재·운반 그밖의 취급에 있어서 특히 유의하여야 할 사항을 운반책임자에게 미리 알려주어야 한다. <개정 2004.1.20>

②운반책임자는 출발하기 전에 차량 및 적재상황을 점검·확인하여야 한다.

③운반책임자는 운전기술이 능숙한 사람으로 하여금 화약류를 운반하는 차량을 운전하게 하여야 한다.

第53条 (화약류관리보안책임자를 선임하여야 할 화약류 사용자) 법 제27조제1항의 규정에 의하여 화약류 관리보안책임자를 선임하여야 할 화약류사용자는 화약 또는 폭약을 1월에 50킬로그램이상 사용하거나 6월이상 계속 사용하는 사람으로 한다. <개정 1996.6.20>

第54条 (화약류제조보안책임자의 선임기준) ①법 제27조제4항의 규정에 의한 화약류제조보안책임자의 선임기준은 별표 15와 같다.

②화약류제조보안책임자는 제조업소마다 1인(화약·폭약·기폭약·화공품 및 꽃불류중 2종이상을 제조하는 화약류제조업소에 있어서는 그 화약류의 종류별로 각 1인)으로 하되, 종업원이 50인을 초과하는 경우에는 그 초과하는 50인마다 1인을 추가하여 선임하여야 한다. 이 경우 추가하여 선임되는 화약류제조보안책임자의 자격은 별표 15의 기준에 의하여 선임되는 사람의 차하급 면허취득자로 할 수 있다.

第55条 (화약류관리보안책임자의 선임기준) ①법 제27조제4항의 규정에 의한 화약류관리보안책임자의 선임기준은 별표 16과 같다.

②화약류관리보안책임자는 화약류저장소 4동까지 1인으로 하되, 4동을 초과하는 경우에는 그 초과하는 4동마다 1인을 추가하여 선임하여야 한다. 이 경우 추가하여 선임되는 화약류관리보안책임자의 자격은 별표 16의 기준에 의하여 선임되는 사람의 차하급 면허취득자로 할 수 있다.

第56条 (화약류제조·관리보안책임자면허의 종류와 자격) ①법 제28조제3항의 규정에 의한 화약류제조보안책임자 면허의 종류는 1급·2급 및 3급으로 구분하고, 그 면허를 받을 수 있는 자격은 다음 각호와 같다. <개정 1999.6.30, 2006.3.10>

1. 1급화약류제조보안책임자 면허는 「국가기술자격법」에 의한 화약류제조기사 자격취득자
2. 2급화약류제조보안책임자 면허는 「국가기술자격법」에 의한 화약류제조산업기사 자격취득자
3. 3급화약류제조보안책임자 면허는 「국가기술자격법」에 의한 화약류제조기능사 자격취득자

②화약류관리보안책임자 면허의 종류는 1급·2급 및 3급으로 구분하되, 그 면허를 받을 수 있는 자격은 다음 각호와 같다. <개정 1996.6.20, 1999.6.30, 2006.3.10>

1. 1급화약류관리보안책임자 면허는 「국가기술자격법」에 의한 화약류관리기술사·화약류관리기사 자격취득자
2. 2급화약류관리보안책임자 면허는 「국가기술자격법」에 의한 화약류관리산업기사 자격취득자
3. 3급화약류관리보안책임자 면허는 「국가기술자격법」에 의한 화약취급기능사 자격취급자

第57条 (화약류제조보안책임자의 감독업무) 화약류제조보안책임자는 법 제31조제1항의 규정에 의하여 화약류의 제조에 관한 다음 각호의 감독업무를 수행하여야 한다.

1. 제조시설의 위치·구조·설비 또는 제조하는 화약류의 종류·제조방법등이 법 제4조제1항의 규정에 의한 허가를 받지 아니하고 변경되는 일이 없도록 할 것
2. 제조시설 및 제조방법이 제8조 및 제9조의 기준에 적합하고 또한 적합하게 유지되도록 할 것
3. 법 제38조의 규정에 의한 위해예방규정의 작성과 그 준수상황을 지도·감독할 것
4. 법 제39조의 규정에 의한 안전교육의 계획과 그 실시상황을 지도·감독할 것
5. 법 제40조의 규정에 의한 정기안전점검의 계획과 그 실시상황을 지도·감독할 것
6. 장부의 기재 및 보고내용을 확인·감독할 것

7. 법 제24조 · 법 제33조 · 법 제36조 및 법 제37조의 규정이 준수될 수 있도록 지도 · 감독할 것

第58조 (화약류관리보안책임자의 감독업무) ①화약류관리보안책임자는 법 제31조제1항의 규정에 의하여 화약류관리에 관한 다음 각호의 감독업무를 수행하여야 한다. <개정 1996.6.20>

1. 저장소의 위치 · 구조 및 설비가 법 제25조제1항의 규정에 의한 허가를 받지 아니하고 변경되는 일이 없도록 할 것
2. 화약류 저장상의 취급 또는 저장소의 위치 · 구조 및 설비가 제29조 내지 제44조의 기준에 적합하고 또한 적합하게 유지되도록 할 것
3. 저장소가 인근의 화재 그밖의 사정으로 위험상태에 있거나, 화약류의 안전도에 이상이 있는 때에는 응급조치를 지휘할 것
4. 화약류취급 및 저장량등에 관한 제16조 내지 제24조 및 제45조의 규정이 적합하게 지켜질 수 있도록 지도 · 감독할 것
5. 제57조제3호 내지 제7호의 규정은 화약류의 관리에 관한 감독업무에 관하여 이를 준용한다.

② 삭제 <2008.1.22>

③누구든지 제57조 및 제1항의 규정에 의한 화약류제조보안책임자 및 화약류관리보안책임자의 감독업무의 수행을 방해하여서는 아니된다.

第59조 (안정도시험) ①법 제32조제1항의 규정에 의하여 화약류의 제조자 또는 소유자가 안정도를 시험하여야 하는 화약류는 다음 각호와 같다. <개정 2004.1.20>

1. 질산에스텔 및 그 성분이 들어있는 화약 또는 폭약으로서 제조일로부터 1년이 지난 것과 제조일이 분명하지 아니한 것
2. 질산에스텔의 성분이 들어 있지 아니한 폭약으로서 제조일로부터 3년이 된 것과 제조일이 분명하지 아니한 것
3. 화공품으로서 제조일부터 3년이 지난 것과 제조일이 분명하지 아니한 것

②제1항의 화약류에 대한 안정도시험의 방법은 다음 각호와 같다. <개정 2004.1.20, 2008.2.29>

1. 제1항제1호의 화약 및 폭약에 있어서 제조일로부터 1년이 지난 것은 유리산시험 또는 내열시험
2. 제1항제1호의 화약 및 폭약에 있어서 제조일로부터 2년이 된 것과 제조일이 분명하지 아니한 것을 소지하게 된 때에는 그때와 그때로부터 3월마다 내열시험
3. 제1항제2호의 폭약에 있어서 제조일로부터 3년이 된 것과 제조일이 분명하지 아니한 것을 소지하게 된 때에는 그때와 그때로부터 매년 유리산시험. 이 경우 4시간이내에 청색리트머스시험지가 전면 적색으로 변하는 것은 가열시험을 한다.
4. 제1항제3호의 화공품은 뇌관, 실탄 · 공포탄, 신호용화공품, 꽃불류, 장난감용 꽃불류 등 그 종류별로 행정안전부령이 정하는 시험기준 · 방법에 의한 납판시험 · 점화전류시험 · 내수시험 · 마찰시험 · 내정전기시험, 장착 · 발사시험, 점화장치작동시험 · 연소시험, 점화연소시험 · 사용시험 등의 시험

③화약류를 수입한 자는 지체없이 다음의 구분에 의하여 그 화약류에 대하여 안정도시험을 하여야 한다. <개정 2004.1.20>

1. 질산에스텔 및 그 성분이 들어 있는 화약 또는 폭약은 유리산시험 또는 내열시험
2. 질산에스텔의 성분이 들어 있지 아니한 폭약은 유리산시험 또는 가열시험
3. 화공품은 제2항제4호의 규정에 의한 시험

④제2항 및 제3항의 규정에 의한 안정도시험은 다음 각호의 방법에 의하여 추출한 표본의 화약류에 대하여 이를 실시하여야 한다. <개정 2004.1.20, 2006.3.10>

1. 제조소 · 제조일 및 종류가 동일한 화약 또는 폭약으로서 제조일로부터 2년이 지나지 아니한 것은 25상자마다 1상자이상의 상자에서 뽑아낼 것

2. 제조소·제조일 및 종류가 동일한 화약 또는 폭약으로서 제조일로부터 2년이 지난 것은 10상자마다 1상자이상의 상자에서 뽑아낼 것

3. 제1호 및 제2호에 규정한 것 외의 화약 및 폭약은 상자마다 뽑아낼 것

4. 화공품은 「산업표준화법」에 의한 한국산업규격 KS A ISO 2859-1의 부표 1의 특별검사수준 S-2(공업용뇌관 또는 전기뇌관의 경우에는 S-3)에 따라 뽑아낼 것

⑤질산에스텔의 성분이 들어있는 화약 또는 폭약(질산암모늄의 성분이 들어 있는 것을 제외한다)중 제조시에 유리산시험용 청색리트머스시험지를 약알 또는 약포와 함께 용기에 넣고 3월마다 그 청색리트머스시험지를 교환하는 경우에 그 시험지가 전면 적색으로 변화한 때에는 내열시험을 한다.

제60조 (유리산시험) ①제59조의 규정에 의한 유리산시험은 다음 각호의 방법에 의한다.

1. 시험하고자 하는 화약류의 포장지를 제거하고 유리산시험기에 그 용적의 5분의 3이 되도록 시료를 넣은 후 청색리트머스시험지를 시료위에 매달고 마개를 봉할 것

2. 시료를 밀봉한 후 청색리트머스시험지가 전면 적색으로 변하는 시간을 유리산시험기간으로 하여 이를 측정할 것

②제1항제2호의 규정에 의한 측정결과 다음 각호에 해당하는 화약류는 이를 안정성이 있는 것으로 한다.

1. 질산에스텔 및 그 성분이 들어있는 화약에 있어서는 유리산시험시간이 6시간이상인 것

2. 폭약에 있어서는 유리산시험시간이 4시간이상인 것

제61조 (내열시험) ①제59조의 규정에 의한 내열시험은 다음 각호의 방법에 의한다.

1. 시험관에 넣는 시료는 다음의 것으로 할 것

가. 규조토질 다이나마이트에 있어서는 니트로글리세린 또는 니트로글리콜 3그램 내지 3.5그램

나. 아교질 다이나마이트에 있어서는 3.5그램(유리판위에서 쌀알정도의 크기로 세분하여 막자사발에 넣고 정제활석분 7그램을 가하여 나무로 된 막자공이로 서서히 가볍게 혼합할 것)

다. 가목 및 나목외의 다이나마이트에 있어서는 건조한 것은 그 상태로 3.5그램, 습기가 흡수되어 있는 것은 섭씨 45도로 약 5시간 건조한 것

라. 질산에스텔의 성분이 들어있는 화약으로서 쌀알정도의 크기로 되어 있는 것은 그 상태로 시험관 높이의 3분의 1에 해당하는 양

마. 만약 그 밖의 폭약에 있어서는 건조한 것은 그 상태로, 습기가 흡수되어 있는 것은 평상온도에서 진공건조기에 의하여 충분히 건조하여 시험관 높이의 3분의 1에 해당하는 양

2. 시험관에 시료를 넣고 증류수와 그리세린의 등분혼합액을 유리봉으로 옥도가리전분지의 윗부분에 적신 후 그 젖은 부분을 유리봉에 달린 고리에 매달아 옥도가리전분지의 아래끝이 시료의 약간 위에 닿도록 시험관에 넣고 나무 또는 고무등의 마개로 시험관의 입구를 봉할 것

3. 탕전기의 온도를 섭씨 65도로 유지하고, 시험관을 온도계와 동일한 깊이로 꽂아넣은 후 옥도가리전분지의 건습 경계부가 표준색지와 같은 농도의 색으로 변할 때까지의 시간을 내열시험시간으로 하여 이를 측정할 것

②제1항제3호의 규정에 의한 측정결과 내열시험시간이 8분이상인 것은 이를 안정성이 있는 것으로 한다.

제62조 (가열시험) ①제59조의 규정에 의한 가열시험은 다음 각호의 방법에 의한다.

1. 습기가 흡수되어 있는 시료는 평상온도에서 진공건조기등에 의하여 건조할 것

2. 청량병에 건조한 시료 약 10그램을 넣고 이를 섭씨 75도의 시험기안에 48시간 넣어두고 줄어드는 양을 측정할 것

②제1항제2호의 규정에 의한 측정결과 줄어드는 양이 100분의 1이하인 것은 이를 안정성이 있는 것으로 한다.

第63조 (시험기등) 법 제32조의 규정에 의한 안정도시험에 사용하는 다음 각호의 시험기등은 행정안전부령이 정하는 것을 사용하여야 한다. <개정 1999.6.30, 2008.2.29>

1. 유리산시험기
2. 내열시험기
3. 가열시험기
4. 청색리트머스시험지
5. 옥도가리전분지
6. 정제활석분
7. 표준색지

第64조 (안정도시험의 보고) 법 제32조제2항의 규정에 의한 안정도시험의 결과보고에는 다음 각호의 사항을 포함하여야 한다.

1. 시험을 실시한 화약류의 종류·수량 및 제조일
2. 시험실시연월일
3. 시험방법 및 시험성적

第65조 (응급조치) 법 제36조의 규정에 의한 응급조치는 화약류저장소에 있어서는 제1호 내지 제3호에 의하고, 화약류에 있어서는 제4호에 의한다.

1. 저장된 화약류를 안전한 지역에 이전할 수 있는 여유가 있는 경우에는 이를 이전하고, 감시원을 배치할 것
2. 통로가 위험하거나 이전할 수 있는 여유가 없는 경우에는 화약류를 물속에 침전시키는 등 안전한 조치를 할 것
3. 제1호 및 제2호에 의하지 아니하는 경우에는 화약류저장소의 입구·창등을 흙포대등으로 완전하게 밀폐하고, 나무로 된 부분에는 방화조치를 하며, 필요한 때에는 부근의 주민에게 대피하도록 경고할 것
4. 습기가 흡수되거나 변질·불발·반폭등으로 인하여 본래의 성능 또는 원형을 상실한 화약류 또는 현저하게 안정도에 이상이 있다고 인정되는 화약류는 폐기할 것

第66조 (정기자체안전점검) 법 제40조제2항의 규정에 의한 정기점검은 연 2회이상으로 한다.

第67조 (정기안전검사 대상시설) 법 제41조의 규정에 의하여 총포·도검·화약류·분사기·전자충격기·석궁의 제조업자·판매업자 또는 화약류저장소설치자가 정기안전검사를 받아야 할 시설은 다음 각호와 같다. <개정 1990.3.31, 1996.6.20>

1. 꽃불류제조소외의 총포·도검·화약류·분사기·전자충격기·석궁 제조소의 제조시설중 위험공실에 부속된 동력실 및 준비실, 니트로셀룰로우스의 초화실 및 정제실, 폐산처치장
2. 꽃불류제조소의 제조시설중 위험공실 및 원료화약품저치소·폐약처리장
3. 화약류저장소중 1급 및 2급이상의 저장소

第68조 (정기안전검사기준) 법 제41조의 규정에 의한 정기안전검사기준은 다음 각호와 같다.

1. 성수기가 있는 총포·화약류의 제조시설 또는 저장소에 대하여는 성수기 직전에 실시할 것
2. 제조시설 또는 저장시설의 위치·구조 및 설비가 제8조 및 제29조 내지 제44조의 기술상의 기준에 적합한지의 여부를 검사할 것
3. 피뢰장치·비상벨장치·소화설비등이 원활하게 작동되는지의 여부를 검사할 것

第68조의2 (검사대상 총포·분사기·전자충격기·석궁) 법 제42조제1항의 규정에 의하여 경찰청장의 검사를 받아야 할 총포·분사기·전자충격기·석궁은 제3조제1항제1호 가목의 권총, 동호 나목의 소총, 동호 라목

의 엽총, 동호 마목의 사격총, 동호 사목의 마취총, 동호 카목의 가스발사총, 제6조의2의 규정에 의한 분사기, 제6조의3의 규정에 의한 전자충격기 및 제6조의4의 규정에 의한 석궁으로 한다.
[전문개정 1996.6.20]

제5장 감독

제69조 (총포·도검·화약류·분사기·전자충격기·석궁의 매각등) ①법 제46조제6항의 규정에 의한 총포·도검·화약류·분사기·전자충격기·석궁의 매각은 경쟁입찰에 의하여야 한다. 다만, 경쟁입찰에 소요되는 경비가 입찰가격을 초과하거나 그밖에 경쟁입찰이 적합하지 아니하다고 인정되는 때에는 수의계약에 의할 수 있다. <개정 1990.3.31, 1996.6.20>
②법 제46조제7항의 규정에 의하여 총포·도검·화약류·분사기·전자충격기·석궁의 매각대금을 권리자에게 반환하는 때에는 총포·도검·화약류·분사기·전자충격기·석궁의 임시영치서 및 대금영수증을 받고 대금명세서를 교부하여야 한다. <개정 1990.3.31, 1996.6.20>
③제2항의 경우 총포·도검·화약류·분사기·전자충격기·석궁의 매각대금은 법 제46조제6항의 규정에 의한 처리기간이 끝난 후 6월이 지나도 권리자의 반환청구가 없는 때에는 「예산회계법」의 규정에 의하여 이를 세입징수관에게 납부하여야 한다. <개정 1990.3.31, 1996.6.20, 2006.3.10>

제70조 삭제 <1997.12.31>

제70조의2 (보관대상 총포등) ①법 제47조제2항의 규정에 의하여 허가 관청이 보관하도록 할 수 있는 총포등(이하 "총포등"이라 한다)은 다음 각호의 1과 같다.
1. 제3조의 규정에 의한 총포 및 총포의 부품
2. 제4조의 규정에 의한 도검
3. 법 제2조제3항의 규정에 의한 화약류
4. 제6조의2의 규정에 의한 분사기
5. 제6조의3의 규정에 의한 전자충격기
6. 제6조의4의 규정에 의한 석궁

②법 제47조제2항의 규정에 의하여 보관명령을 받은 총포등의 소지자는 지정된 일시까지 지정된 곳에 이를 보관하여야 하며, 허가관청은 그 보관의 사실을 증명하는 서면을 작성하여 교부하여야 한다.
③제2항의 규정에 의하여 보관중인 총포등을 반환받고자 하는 사람은 반환받고자 하는 이유 및 이를 증명하는 서류와 총포등의 보관사실을 증명하는 서면을 허가관청에 제출하여야 한다.
④제2항의 규정에 의한 총포등의 보관기간은 수렵등 법령에 의하여 총포등의 사용이 허용되는 기간을 제외한 기간으로 한다.
[본조신설 1997.4.12]

제71조 (제조·판매·사용보고) 총포·도검·화약류·분사기·전자충격기·석궁의 제조업자 및 판매업자와 화약류사용자는 매월의 제조·판매 또는 사용상황을 다음달 7일까지 관할경찰서장을 거쳐 허가관청에 보고하여야 한다. <개정 1990.3.31, 1996.6.20>

제6장 총포·화약안전기술협회

제72조 (설립등기사항) 법 제48조제3항의 규정에 의한 총포·화약안전기술협회(이하 "협회"라 한다)의 설립등기사항은 다음 각호와 같다.
1. 목적
2. 명칭

3. 주된 사무소의 소재지
4. 임원의 성명 · 주소
5. 자산에 관한 사항
6. 공고에 관한 사항

第73조 (지부설치의 등기) ①협회가 지부 또는 지회(이하 "지부"라 한다)를 설치한 때에는 다음 각호에 의하여 등기하여야 한다.
1. 협회의 소재지에 있어서는 14일이내에 새로 설치된 지부의 명칭과 소재지를 등기한다. 다만, 협회의 설립과 동시에 지부를 설치한 경우에는 협회의 설립등기와 함께 하여야 한다.
2. 새로 설치된 지부의 소재지에 있어서는 21일이내에 제72조 각호의 사항을 등기한다.
3. 이미 설치된 지부의 소재지에 있어서는 21일이내에 새로 설치된 지부의 명칭과 소재지를 등기한다.

②협회 또는 지부의 소재지를 관할하는 등기소의 관할구역안에 새로이 지부를 설치한 때에는 제1항 각호의 기간내에 그 지부의 명칭과 소재지만을 등기한다.

第74조 (이전등기) ①협회 또는 지부가 그 사무소를 이전한 때에는 구주소지에 있어서는 14일이내에 그 이전의 뜻을 등기하고, 신소재지에 있어서는 21일이내에 제72조 각호의 사항을 등기하여야 한다.
②동일한 등기소의 관할구역안에서 사무소를 이전한 때에는 14일이내에 그 이전의 뜻만을 등기한다.

第75조 (변경등기) 제72조 각호의 사항에 변경이 있는 때에는 협회의 소재지에 있어서는 14일이내에, 지부의 소재지에 있어서는 21일이내에 각각 변경등기를 하여야 한다.

第76조 (등기신청서의 첨부서류) 제72조 내지 제75조의 규정에 의하여 등기를 신청하는 때에는 등기신청서에 다음 각호의 구분에 따른 서류를 첨부하여야 한다.
1. 제72조의 규정에 의한 설립등기에 있어서는 정관, 자산에 관한 사항 및 임원의 자격을 증명하는 서류
2. 제73조의 규정에 의한 지부설치의 등기에 있어서는 지부의 설치를 증명하는 서류
3. 제74조의 규정에 의한 이전등기에 있어서는 사무소의 이전을 증명하는 서류
4. 제75조의 규정에 의한 변경등기에 있어서는 그 변경사항을 증명하는 서류

第77조 (등기기간의 기산) 이 장의 규정에 의한 등기사항으로서 경찰청장의 인가 또는 승인을 얻어야 할 사항이 있는 때에는 그 인가서 또는 승인서가 도달한 날로부터 등기의 기간을 기산한다. <개정 1991.7.30>

第78조 (회비) ①협회는 법 제58조제2항의 규정에 의하여 다음 각호의 규정에 의한 금액의 범위안에서 정관이 정하는 바에 따라 회비를 징수한다. <개정 1987.11.10, 1990.3.31, 1996.6.20>
1. 총포 · 분사기 · 전자충격기 · 석궁의 제조업자는 매년 20만원, 특별시 · 광역시(광역시의 군지역을 제외한다)에 소재하는 판매업자는 매년 10만원, 도청소재지 판매업자는 매년 7만원, 시 · 군내의 판매업자는 매년 5만원
2. 총포소지허가를 받은 사람은 장약총포의 경우에는 연 7,500원, 공기총의 경우에는 연 3,000원
3. 총포 · 화약류 · 분사기 · 전자충격기 · 석궁의 수입허가를 받은 사람은 수입원가의 100분의 1에 해당하는 금액
4. 화약류 제조업자 · 판매업자는 매년 전년도 매출액의 1,000분의 0.75에 해당하는 금액
5. 화약류 사용자는 사용량 1킬로그램당 5원에 해당하는 금액
6. 화약류제조 · 관리보안책임자 1급면허를 소지한 사람은 연 10,000원, 2급 및 3급면허를 소지한 사람은 연 5,000원

②화약류 사용자로서 정부의 보조를 필요로 하는 사람에 대하여는 이사회의 의결을 거쳐 회비의 전부 또는 일부를 면제할 수 있다.

제79조 (회비의 징수) ①회비는 연 1회 징수한다. 다만, 총포소지허가를 받은 사람에 대하여는 법 제12조 또는 법 제16조의 규정에 의한 허가 또는 그 갱신시에, 화약류제조보안책임자의 면허를 받은 사람에 대하여는 법 제28조의 규정에 의한 면허 또는 그 갱신시에 각각 다음 갱신일까지의 기간에 해당하는 회비를 징수한다. <개정 1987.11.10>

②협회가 회비를 징수하고자 하는 때에는 회비의 금액·납부기간 및 납부장소를 기재한 납부통지서를 납부의무자에게 발부하여야 한다.

③회비의 납부의무자가 제2항의 규정에 의한 납부기간내에 납부하지 아니한 때에는 20일이내의 기간을 정하여 독촉장을 발부하여야 한다.

제80조 (회비의 위탁징수) ①협회는 운영상 부득이한 경우에는 경찰청장의 승인을 얻어 정관이 정하는 바에 따라 회비의 징수를 위탁할 수 있다. <개정 1991.7.30>

②협회는 제1항의 규정에 의하여 회비의 징수를 위탁한 때에는 정관이 정하는 바에 따라 그 징수금액의 100분의 5의 범위안에서 수수료를 지급하여야 한다.

제7장 보칙

제81조 (장부의 비치등) ①법 제63조의 규정에 의하여 총포·도검·화약류·분사기·전자충격기·석궁의 제조업자·판매업자, 화약류저장소설치자 또는 화약류사용자가 비치하여야 할 장부는 다음 각호와 같다. <개정 1990.3.31, 1996.6.20, 1999.6.30>

1. 제조업자는 총포·도검·화약류·분사기·전자충격기·석궁 제조 명세부 및 원료화약류 수지명세부
2. 판매업자는 총포·도검·화약류·분사기·전자충격기·석궁의 양도·양수명세부
3. 화약류 저장소설치자 및 화약류사용자는 화약류 출납부
4. 총포개조·수리업자는 총포개조·수리명세부

②제1항의 장부는 그 기입을 완료한 날로부터 2년간 각각 이를 보존하여야 한다. <개정 1987.11.10, 1999.6.30>

제82조 (경유) 법 또는 이 영의 규정에 의하여 경찰청장 또는 지방경찰청장에게 제출하는 신고서 및 신청서류는 관할 경찰서장을 거쳐야 한다. 다만, 총포·도검·화약류·분사기·전자충격기·석궁의 제조·판매업자가 총포·도검·화약류·분사기·전자충격기·석궁을 수출 또는 수입하고자 하는 경우에는 직접 허가관청에 제출할 수 있다. <개정 1990.3.31, 1991.7.30, 1996.6.20>

제83조 (권한의 위임) ①법 제68조의 규정에 의하여 경찰청장의 다음 각호의 권한은 이를 지방경찰청장에게 위임한다. <개정 1990.3.31, 1991.7.30, 1996.6.20, 2001.3.31>

1. 법 제4조제1항의 규정에 의한 엽총·사격총·어획총·마취총·도살총·산업용총·구난구명총·가스발사총 및 그 부품의 제조업(개조·수리업을 포함한다)과 화공품의 제조업(변형·가공업을 포함한다)의 허가에 관한 권한
2. 법 제9조제1항의 규정에 의한 총(권총·소총 및 기관총을 제외한다) 및 그 부품과 화공품의 수출입허가에 관한 권한
3. 법 제27조제2항의 규정에 의한 화약류제조보안책임자 또는 화약류관리보안책임자의 선임 및 해임신고의 수리에 관한 권한
4. 법 제42조제1항의 규정에 의한 총(권총 및 소총을 제외한다)·분사기·전자충격기 및 석궁의 검사에 관한 권한

②법 제68조의 규정에 의하여 법 제65조의 규정에 의한 허가증등의 기재사항중 주소변경의 신고수리에 관한 지방경찰청장의 권한은 이를 경찰서장에게 위임한다. 이 경우 경찰서장은 주소변경의 신고를 받은 때에는 이를 지방경찰청장에게 보고하여야 한다. <신설 1990.3.31, 1991.7.30>

③법 제68조의 규정에 의하여 법 제74조의 규정에 의한 경찰청장의 과태료 부과·징수권한을 지방경찰청장에게 위임한다. 이 경우 지방경찰청장은 부과·징수처리상황을 경찰청장에게 보고하여야 한다. <신설 1996.6.20>

제84조 (과태료의 부과기준 등) ① 법 제74조제1항에 따른 과태료의 부과기준은 별표 17과 같다.

② 경찰청장, 지방경찰청장 또는 경찰서장은 「질서위반행위규제법」 제14조 각 호의 사항을 고려하여 별표 17에 따른 금액의 100분의 50의 범위에서 경감하거나 가중할 수 있다. 다만, 가중하는 때에는 법 제74조제1항에 따른 과태료 금액의 상한을 초과할 수 없다.

③ 과태료를 부과받은 자는 과태료 부과 고지서를 받은 날부터 60일 이내에 납부하여야 한다. 다만, 천재지변이나 그 밖의 부득이한 사유로 과태료를 납부할 수 없는 때에는 그 사유가 없어진 날부터 5일 이내에 납부하여야 한다.

④ 제1항부터 제3항까지에서 규정한 사항 외에 과태료의 부과·징수절차에 관하여 필요한 사항은 행정안전부령으로 정한다.

[전문개정 2008.11.26]

⊞ 부칙 <제21214호, 2008.12.31> (행정안전부와 그 소속기관 직제)

제1조(시행일) 이 영은 공포한 날부터 시행한다. <단서 생략>

제2조부터 제4조까지 생략

제5조(다른 법령의 개정) ① 부터 <86> 까지 생략

<87> 총포·도검·화약류등단속법 시행령 일부를 다음과 같이 개정한다.

별표 14 비고란의 ③ 중 "행정자치부령"을 "행정안전부령"으로 한다.

<88> 부터 <175> 까지 생략

(별표)

총포·도검·화약류등단속법 시행령

- ⊞ [별표 1] 도검의 규격 및 형태[제4조제2항관련]
- ⊞ [별표 2] 화약류의 환산기준[제6조관련]
- ⊞ [별표 3] 총포·도검·분사기·전자충격기제조시설설비기준[제8조제2호관련]
- ⊞ [별표 4] 위험공실등과 보안물건간의 보안거리[제8조제5호관련]
- ⊞ [별표 5] 꽃불류등의 위험공실과 보안물건간의 보안거리[제8조제5호관련]
- ⊞ [별표 5의2] 모의총포의 기준[제13조 관련]
- ⊞ [별표 6] 화약류저장소외의 장소에 저장할 수 있는 화약류의 수량[제27조관련]
- ⊞ [별표 7] 화약류저장소별로 저장할 수 있는 화약류[제28조제3항관련]
- ⊞ [별표 8] 화약류저장소와 보안물건간의 보안거리[제30조제1항관련]
- ⊞ [별표 9] 저장소와 보안물건 사이에 흙둑을 쌓은 경우의 보안거리[제30조제3항관련]
- ⊞ [별표 10] 저장소의 지반의 두께기준[제33조제5호관련]
- ⊞ [별표 11] 2급저장소의 상호간의 거리기준[제34조제4호관련]
- ⊞ [별표 12] 화약류저장소 및 화약류저장량[제45조제1항관련]
- ⊞ [별표 13] 운반신고를 하지 아니하고 운반할 수 있는 화약류의

종류 및 수량[제48조관련]

- [별표 14] 동일차량에 함께 실을 수 있는 화약류(제49조제3항관련)
- [별표 15] 화약류제조보안책임자의 선임기준[제54조제1항관련]
- [별표 16] 화약류관리보안책임자의 선임기준[제55조관련]
- [별표 17] 과태료의 부과기준(제84조제1항 관련)

[별표 1]

도검의 규격 및 형태(제4조제2항관련)

1. 칼날의 길이 15㎝ 이상의 도검류

(월도)

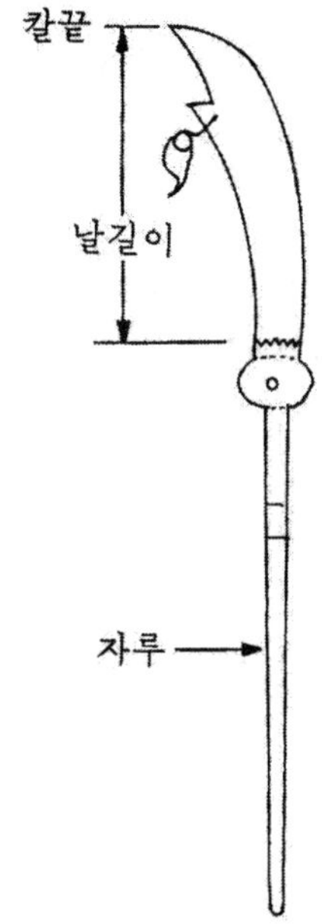

(장도)

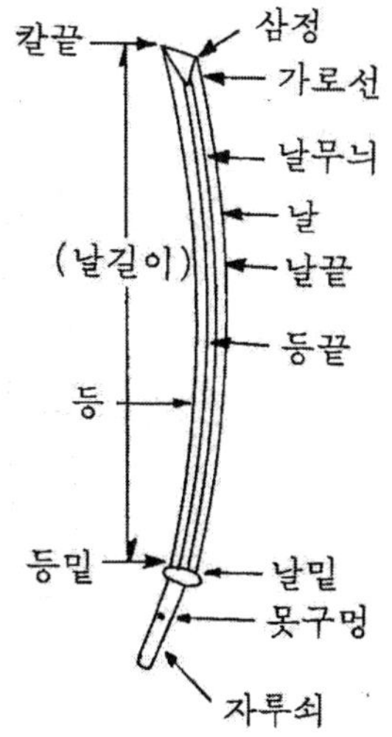

(단도)

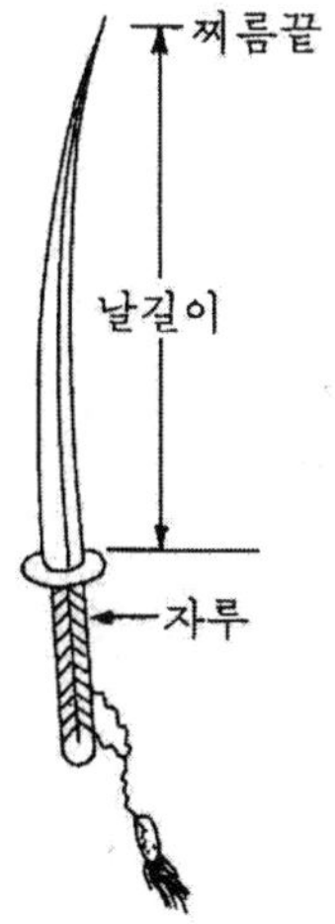

(검)

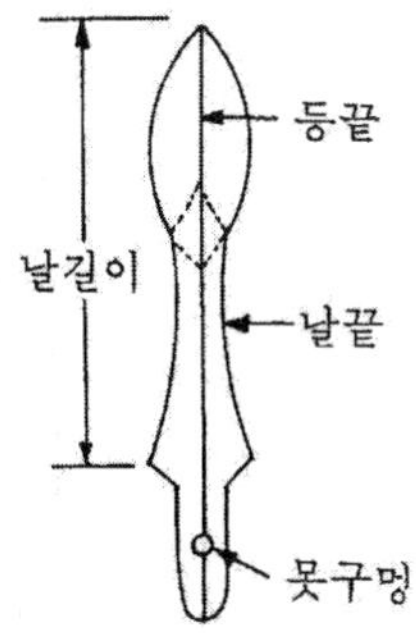

(창)

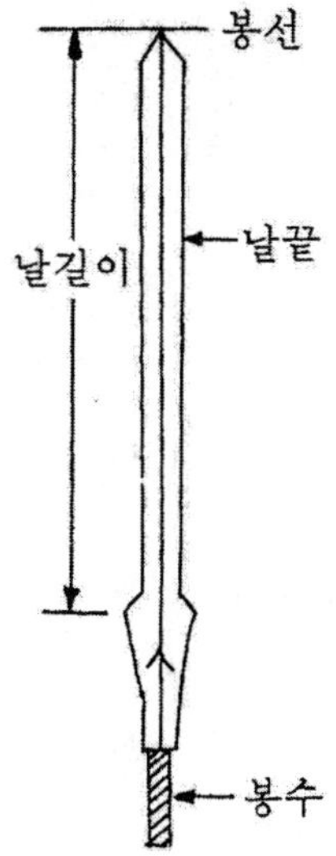

(치도)

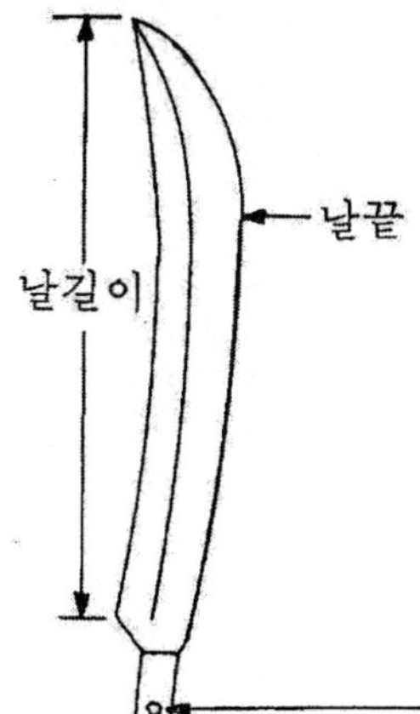

(비수)

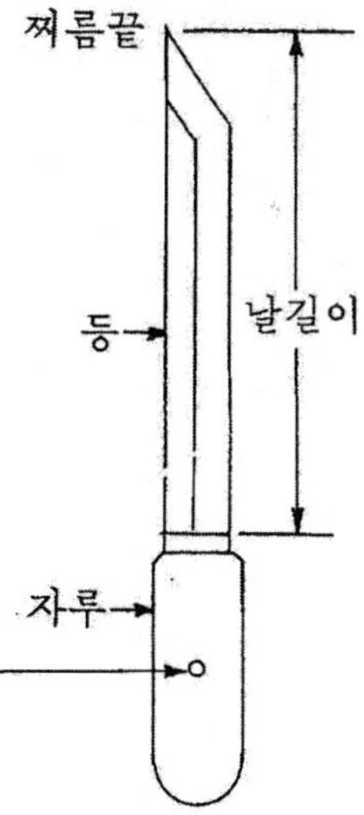

2.칼날의 길이 15㎝ 이하의 도검류

(재크나이프)

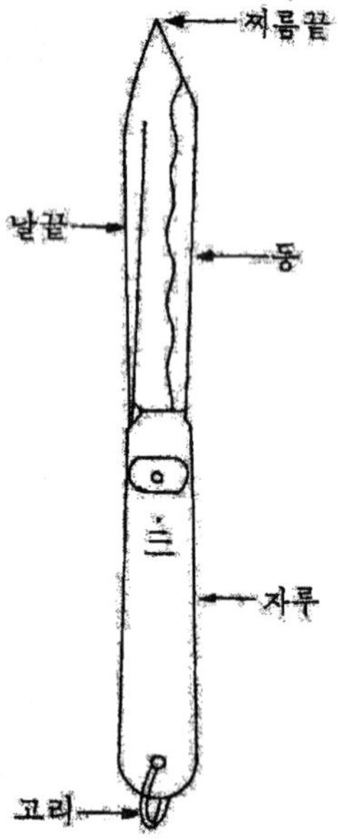

(비출나이프)

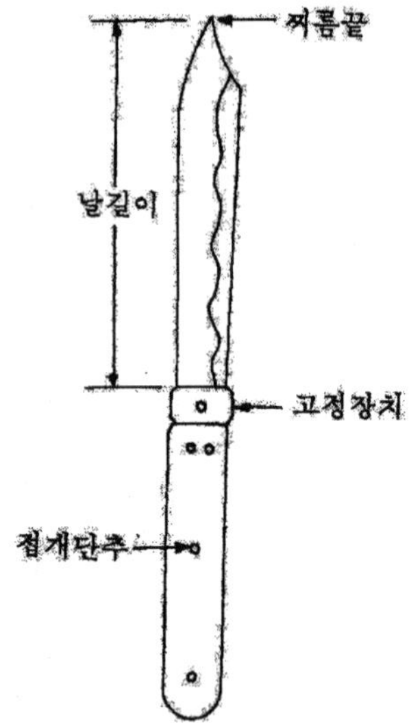

[별표 2] <개정 1996.6.20>

화약류의 환산기준(제6조관련)

화약 및 화공품의 종류	폭약 1톤으로 환산하는 수량
화 약	2톤
실탄 또는 공포탄	200만개
신관 또는 화관	5만개
총용뇌관	250만개
공업용뇌관 또는 전기뇌관	100만개
신호뇌관	25만개
도폭선	50킬로미터
미진동파쇄기	5만개
그 밖의 화공품	당해 화공품의 원료가 되는 화약 2톤 또는 폭약 1톤

[별표 3] <개정 1996.6.20, 2006.3.10>

총포·도검·분사기·전자충격기제조시설설비기준(제8조제2호관련)

1. 총포·도검·분사기·전자충격기제조시설설비

종별	공작설비		검사설비	보관설비
	특정설비	일반설비		
권총	심공드릴머시인 총신리마반 총신라이플반 약실선반	선 반 드릴머시인 후라이스반 연마반 형삭반	경도시험기 충격치시험기 인장강도측정기 부록게이지 정밀비교측정기 투영기 용수철시험기	철제금고 또는 철제캐비닛, 총기격납고
소총	심공드릴머시인 총신리마반 총신라이플반 총신랍프반 약실선반 총신선반	선 반 드릴머시인 후라이스반 연마반 형삭반 입삭반 중고반	경도시험기 충격치시험기 인장강도측정기 부록게이지 정밀비교측정기 투영기 용수철시험기	철제금고 또는 철제캐비닛, 총기격납고
기관총	심공드릴머시인 총신리마반 총신라이플반 총신랍프반 약실선반 후라이스반 전기용접장치	선 반 드릴머시인 후라이스반 연마반 형삭반	경도시험기 충격치시험기 인장강도측정기 부록게이지 정밀비교측정기 투영기	철제금고 또는 철제캐비닛, 총기격납고
소구경포	총신중고반 심공드릴머시인 총신리마반 포신라이플반 중고반 후라이스반	선 반 드릴머시인 연마반 입삭반 형삭반 평삭반 전기용접장치	금속현미경 경도시험기 충격치시험기 인장강도측정기 부록게이지 정밀비교측정기 투영기	포격납고
중구경및대구	포신중고반 포신라이프반 포신선반	선 반 드릴머시인 후라이스반	용수철시험기 포공측정기 초공검사기	포격납고

경포		연마반 입삭반 형삭반 평삭반		
엽총·산업용총	심공드릴링머신 총신리마반 총신선반 총신연마반 약실선반	선 반 드릴링머신 입삭반 밀링머신 형삭반 용접장치	경도시험기 정밀비교측정기 확대경 장력측정기 일반검사공구	총기격납고
공 기 총	총신라이플반	선 반 드릴링머신 입삭반 밀링머신 용접장치	정밀비교 측정기 장력측정기 고압공기충전기 탄속시험기(시사대) 일반검사공구	총기격납고
도검	단조설비 (대장간) 열처리 설비 (화독·물통)	드릴머시인 후라이스반 구라인다 바이즈 도금설비 용접설비	경도시험기 충격치시험기 인장강도측정기	도검격납고
탄 알 및 산 탄(납알)	제련로 낙하탑 (장구탄의 경우 제외)	납제형기 납신안정기 연마기 납알선별기 광택기 열처리장치	경도시험기 중량시험기 탄알치수검사기	철제캐비넷, 실포저장고
분 사 기	금형 및 부품제작 절삭가공기	선반 밀링머신 드릴링머신용접기 건조기(분말분사기의 경우에 한한다) 분말약제가공설비(분말분사기	내압시험기 약제분석기 전자저울 일반검사공구	철제금고 또는 철제캐비넛, 분사기 격납고

		의 경우에 한 한다) 내압충전기(액체분사기의 경우에 한한다) 후드 각인 장치		
전 자 충 격 기	초음파용착기 및 콤프레서 진공함침기	직류전류전압 시험기 오실로스코프 디핑기 엘·씨·알메타 피스톤브리지 권선기 건조기	절연시험기 고압측정봉 다기능시험기	철제금고 또는 철제캐비닛 전자충격기격납고
조준경	렌즈연마기 코팅기 조정기 질소가스주입기 금형 및 부품제작 절삭가공기	선 반 밀링머신 드릴링머신 콤프레서 및 스프레이건건조기	방수시험기 습기시험기 충격시험기 십자선검사기 초점조정현미경	철제금고 또는 철제캐비닛, 조준경격납고
석궁	고주파접착기 또는 열건조기	선 반 그라인더 벤치레스 써빙기 소형밀링머신	한계점 시험기 압력게이지 정밀비교측정기	철제금고 또는 철제캐비닛 (석궁 격 납고)

2. 총포의 개조 · 수리시설

종별	공 작 설 비 일 반 설 비(이상)	검 사 설 비	보관설비
총포	드릴머시인(공기총·산업총의 경우 제외) 구라인다 전기드릴 바이스	압력측정기 부룩게이지 (공기총·산업총의 경우 제외)	철제금고 또는 캐비닛, 총기격납고

[별표 4]

위험공실등과 보안물건간의 보안거리(제8조제5호관련)

구 분 / 보안물건의 종류 / 단위 / 정체량(폭약) 단위는 킬로그램	1 니트로글리세린·니트로글리콜 또는 그 혼합물의 위험공실				2 폭약·탄약의 위험공실 또는 화약류 일시저치장(다른 란에 기재한 위험공실 및 화약류 일시저치장을 제외한다)			
	제1종 보안물건	제2종 보안물건	제3종 보안물건	제4종 보안물건	제1종 보안물건	제2종 보안물건	제3종 보안물건	제4종 보안물건
	미터 이상	미터 이상	미터 이상	미터 이상	미터 이상	미터 이상	미터 이상	미터 이상
4,000	550	380	250	130	380	290	190	95
3,500	490	360	240	120	360	270	180	90
3,000	460	350	230	120	350	260	170	85
2,500	430	330	220	110	330	240	160	80
2,000	400	300	200	100	300	230	150	75
1,500	370	270	180	90	270	210	140	70
1,000	320	240	160	80	240	180	120	60
900	310	230	150	75	230	170	120	55
800	300	220	150	75	220	170	110	55
700	280	210	140	70	210	160	110	55
600	270	200	130	65	200	150	100	50
550	260	200	130	65	200	150	100	50
500	250	190	130	65	190	140	95	45
450	250	180	120	60	180	140	90	45
400	240	180	120	60	180	130	90	45
350	230	170	110	55	170	130	85	40
300	210	160	110	55	160	120	80	40
250	200	150	100	50	150	110	75	35
200	190	140	95	45	140	110	70	35
150	170	130	85	40	130	95	65	30
100	150	110	75	35	110	85	55	25
80	140	100	70	35	100	75	50	25
60	130	95	60	30	95	70	45	25
40	110	80	55	25	80	60	40	20
30	100	75	50	25	75	55	35	20

구 분	3				4			
보안물건의 종류	화약·탄약의 약통, 약포 또는 특수탄의 위험공실 또는 화약류 일시저치장				니트로글리세린·니트로글리콜 및 과염소산염을 함유하지 아니하거나 니트로화합물이 10퍼센트 이하인 초안폭약의 위험공실 또는 화약류 일시저치장			
단위	제1종 보안물건	제2종 보안물건	제3종 보안물건	제4종 보안물건	제1종 보안물건	제2종 보안물건	제3종 보안물건	제4종 보안물건
정체량(폭약) 단위는 킬로그램	미터 이상	미터 이상	미터 이상	미터 이상	미터 이상	미터 이상	미터 이상	미터 이상
4,000	290	210	140	70	250	190	130	65
3,500	270	200	140	70	240	180	120	60
3,000	260	190	130	65	230	170	120	55
2,500	240	180	120	60	220	160	110	55
2,000	230	170	110	55	200	150	100	50
1,500	210	150	100	50	180	140	90	45
1,000	180	140	90	45	160	120	80	40
900	170	130	85	45	150	120	75	40
800	170	130	85	40	150	110	75	35
700	160	120	80	40	140	110	70	35
600	150	110	75	35	130	100	65	35
550	150	110	75	35	130	100	65	30
500	140	110	70	35	125	95	65	30
450	140	100	70	35	120	90	60	30
400	130	100	65	35	120	90	60	30
350	130	95	65	30	110	85	55	30
300	120	90	60	30	110	85	55	25
250	110	85	55	30	100	75	50	25
200	110	80	50	25	95	70	45	25
150	95	70	45	25	85	65	40	20
100	85	60	40	20	75	55	35	20
80	75	60	40	20	70	50	35	20
60	70	50	35	20	70	50	35	20
40	70	50	35	20	70	50	35	20
30	70	50	35	20	70	50	35	20

구 분 보안물건의 종류 단위 정체량(폭약) 단위는 킬로그램	5				6			
	니트로기 3 이상을 함유한 니트로화합물 또는 펜타에리스릿트테트라나이트렛트의 초화공실				수분 또는 알콜분이 10퍼센트를 넘는 기폭약의 위험공실 등 또는 화약류 일시저치장			
	제1종 보안물건	제2종 보안물건	제3종 보안물건	제4종 보안물건	제1종 보안물건	제2종 보안물건	제3종 보안물건	제4종 보안물건
	미터 이상	미터 이상	미터 이상	미터 이상	미터 이상	미터 이상	미터 이상	미터 이상
4,000	100	100	50	50				
3,500	100	100	50	50				
3,000	100	100	50	50				
2,500	100	100	50	50				
2,000	100	100	50	50				
1,500	100	100	50	50				
1,000	100	100	50	50				
900	50	50	25	25				
800	50	50	25	25				
700	50	50	25	25				
600	50	50	25	25				
550	50	50	25	25				
500	50	50	25	25				
450	50	50	25	25	180	140	90	45
400	50	50	25	25	180	130	90	45
350	50	50	25	25	170	130	85	40
300	50	50	25	25	160	120	80	40
250	50	50	25	25	150	110	75	35
200	50	50	25	25	140	110	70	35
150	50	50	25	25	130	95	65	30
100	50	50	25	25	110	85	55	25
80	50	50	25	25	100	75	50	25
60	50	50	25	25	95	70	45	25
40	50	50	25	25	80	60	40	20
30	50	50	25	25	75	55	35	20

구 분	7				8			
보안물건의 종류	수분 또는 알콜분이 10퍼센트 이하의 기폭약 또는 화관신관·공업뇌관·전기뇌관·도폭선·폭발천공기 그밖의 화공품(다른 란에 기재된 화공품을 제외한다)의 위험공실 또는 화약류의 일시저치장				실포·공포·총용뇌관·신호뇌관·도화선 또는 전기도화선의 위험공실 또는 화약류 일시저치장(도화선 또는 전기도화선만의 화약류 일시저치장을 제외한다)			
단위	제1종 보안물건	제2종 보안물건	제3종 보안물건	제4종 보안물건	제1종 보안물건	제2종 보안물건	제3종 보안물건	제4종 보안물건
정체량(폭약) 단위는 킬로그램	미터 이상	미터 이상	미터 이상	미터 이상	미터 이상	미터 이상	미터 이상	미터 이상
4,000								
3,500								
3,000								
2,500								
2,000								
1,500								
1,000					180	140	90	45
900					170	130	85	45
800					170	130	85	40
700					160	120	80	40
600					150	110	75	35
550					150	110	75	35
500					140	110	70	35
450					140	100	70	35
400					130	100	65	35
350					130	95	65	30
300	160	120	80	40	120	90	60	30
250	150	110	75	35	110	85	55	30
200	140	110	70	35	110	80	50	25
150	130	95	65	30	95	70	45	25
100	110	85	55	25	85	60	40	20
80	110	75	50	25	75	60	40	20
60	95	70	45	25	70	50	35	20
40	80	60	40	20	70	50	35	20
30	75	55	35	20	70	50	35	20

구 분 / 보안물건의 종류 / 단위 / 정체량(폭약) 단위는 킬로그램	9	10			
보안물건의 종류	도화선 또는 전기도화선만의 화약류 일시저치장 또는 일광건조장	폭발시험장 또는 폐약 소각장			
단위	보 안 물 건	제1종 보 안 물 건	제2종 보 안 물 건	제3종 보 안 물 건	제4종 보 안 물 건
정체량(폭약) 단위는 킬로그램	미 터 이 상	미 터 이 상	미 터 이 상	미 터 이 상	미 터 이 상
4,000	10				
3,500	10				
3,000	10				
2,500	10				
2,000	10				
1,500	10				
1,000	10				
900	10				
800	10				
700	10				
600	10				
550	10				
500	10				
450	10				
400	10				
350	10				
300	10				
250	10				
200	10				
150	10				
100	10				
80	10				
60	10	120	90	60	30
40	10	100	75	50	25
30	10	80	60	40	20

구분 / 보안물건의 종류 / 단위 / 정체량(폭약) 단위는 킬로그램	11 연소시험장				12 발사시험장			
	제1종 보안물건	제2종 보안물건	제3종 보안물건	제4종 보안물건	제1종 보안물건	제2종 보안물건	제3종 보안물건	제4종 보안물건
	미터 이상	미터 이상	미터 이상	미터 이상	미터 이상	미터 이상	미터 이상	미터 이상
4,000								
3,500								
3,000								
2,500								
2,000								
1,500								
1,000								
900								
800								
700								
600								
550								
500								
450								
400								
350								
300								
250	120	90	60	30				
200	120	90	60	30				
150	120	90	60	30				
100	120	90	60	30				
80	120	90	60	30				
60	120	90	60	30				
40	120	90	60	30	120	90	60	30
30	120	90	60	30	120	90	60	30

[별표 5]

꽃불류등의 위험공실과 보안물건간의 보안거리(제8조제5호관련)

구 분 / 보안물건의 종류 / 단위 / 정체량(폭약) 단위는 킬로그램	1 폭발의 위험있는 공실(장난감용 꽃불류의 폭발의 위험있는 공실을 제외한다)·일광건조장 또는 폐약소각장				2 장난감용 꽃불류의 폭발의 위험이 있는 공실 등			
	제1종 보안물건	제2종 보안물건	제3종 보안물건	제4종 보안물건	제1종 보안물건	제2종 보안물건	제3종 보안물건	제4종 보안물건
	미터 이상	미터 이상	미터 이상	미터 이상	미터 이상	미터 이상	미터 이상	미터 이상
1,000								
900								
800								
700								
600								
500								
400								
300	130	100	65	35				
250	130	95	60	30				
200	120	85	60	30				
180	110	85	55	30				
160	110	80	55	25				
140	100	75	50	25				
120	100	75	50	25				
100	90	70	45	25				
90	90	65	45	20				
80	85	65	45	20				
70	80	60	40	20				
60	80	60	40	20				
55	75	55	40	20				
50	75	55	35	20				
45	70	55	35	15				
40	70	55	35	15				
35	65	50	30	15				
30	60	50	30	15	60	45	30	15
25	60	45	30	15	60	45	30	15
15	60	45	30	15	55	40	25	15
15	60	45	30	15	48	36	24	12

구 분	3				4			
보안물건의 종류	발화의 위험이 있는 공실등(장난감용 꽃불류의 발화의 위험있는 공실을 제외한다) 또는 일광건조장				장난감용 꽃불류의 발화의 위험이 있는 공실(조립포장·수함·도약·압출 또는 질산염을 주로하는 화약의 배합공실을 제외한다)			
단위	제1종 보안물건	제2종 보안물건	제3종 보안물건	제4종 보안물건	제1종 보안물건	제2종 보안물건	제3종 보안물건	제4종 보안물건
정체량(폭약) 단위는 킬로그램	미터 이상	미터 이상	미터 이상	미터 이상	미터 이상	미터 이상	미터 이상	미터 이상
1,000								
900								
800								
700								
600								
500	130	95	65	30				
400	120	90	60	30				
300	110	80	55	25				
250	100	75	50	25				
200	95	70	45	20				
180	90	65	45	20				
160	85	65	45	20				
140	85	60	40	20				
120	80	60	40	20				
100	75	55	35	15				
90	70	55	35	15				
80	70	50	35	15				
70	65	50	30	15				
60	60	45	30	15				
55	60	45	30	15				
50	60	45	30	15	60	45	30	15
45	60	45	30	15	55	40	30	15
40	60	45	30	15	55	40	25	15
35	60	45	30	15	50	40	25	15
30	60	45	30	15	50	36	25	15
25	60	45	30	15	48	36	24	12
15	60	45	30	15	48	36	24	12
15	60	45	30	15	48	36	24	12

구 분 / 보안물건의 종류 / 단위 / 정체량(폭약) 단위는 킬로그램	5				6			
	장난감용 꽃불류의 포장조립·수함·도약·압출하는 공실 또는 질산염을 주로하는 화약의 배합공실				장난감용 꽃불류의 원료 화약류 일시저치장			
	제1종 보안물건	제2종 보안물건	제3종 보안물건	제4종 보안물건	제1종 보안물건	제2종 보안물건	제3종 보안물건	제4종 보안물건
	미터 이상	미터 이상	미터 이상	미터 이상	미터 이상	미터 이상	미터 이상	미터 이상
1,000					120	90	60	30
900					120	85	55	30
800					110	85	55	25
700					110	80	55	25
600					100	75	50	25
500					95	70	45	25
400					90	65	45	20
300					80	60	40	20
250					80	60	40	20
200					80	60	40	20
180					80	60	40	20
160					80	60	40	20
140					80	60	40	20
120					80	60	40	20
100	55	40	25	15	80	60	40	20
90	55	40	25	15	80	60	40	20
80	50	40	25	10	80	60	40	20
70	50	35	25	10	80	60	40	20
60	45	35	25	10	80	60	40	20
55	45	35	20	10	80	60	40	20
50	45	35	20	10	80	60	40	20
45	40	30	20	10	80	60	40	20
40	40	30	20	10	80	60	40	20
35	40	30	20	10	80	60	40	20
30	40	30	20	10	80	60	40	20
25	40	30	20	10	80	60	40	20
15	40	30	20	10	80	60	40	20
15	40	30	20	10	80	60	40	20

구 분 / 보안물건의 종류 / 단위 / 정체량(폭약) 단위는 킬로그램	5				6			
	장난감용 꽂불류의 포장조립·수함·도약·압출하는 공실 또는 질산염을 주로하는 화약의 배합공실				장난감용 꽂불류의 원료 화약류 일시저치장			
	제1종 보안물건	제2종 보안물건	제3종 보안물건	제4종 보안물건	제1종 보안물건	제2종 보안물건	제3종 보안물건	제4종 보안물건
	미터 이상	미터 이상	미터 이상	미터 이상	미터 이상	미터 이상	미터 이상	미터 이상
1,000					120	90	60	30
900					120	85	55	30
800					110	85	55	25
700					110	80	55	25
600					100	75	50	25
500					95	70	45	25
400					90	65	45	20
300					80	60	40	20
250					80	60	40	20
200					80	60	40	20
180					80	60	40	20
160					80	60	40	20
140					80	60	40	20
120					80	60	40	20
100	55	40	25	15	80	60	40	20
90	55	40	25	15	80	60	40	20
80	50	40	25	10	80	60	40	20
70	50	35	25	10	80	60	40	20
60	45	35	25	10	80	60	40	20
55	45	35	20	10	80	60	40	20
50	45	35	20	10	80	60	40	20
45	40	30	20	10	80	60	40	20
40	40	30	20	10	80	60	40	20
35	40	30	20	10	80	60	40	20
30	40	30	20	10	80	60	40	20
25	40	30	20	10	80	60	40	20
15	40	30	20	10	80	60	40	20
15	40	30	20	10	80	60	40	20

[별표 5의2] <개정 1997.4.12>

모의총포의 기준(제13조관련)

다음 각호의 1에 해당하는 것을 모의총포로 한다.

1. 금속 또는 금속 외의 소재로 만들어진 것으로서 모양이 총포와 아주 비슷하여 범죄에 악용될 소지가 현저한 것
2. 금속 또는 금속 외의 소재로 만들어진 것으로서 금속 또는 금속 외의 물체를 발사하거나 소리·불꽃을 내는 것중 다음의 1에 해당하여 인명·신체상 위해를 가할 우려가 있는 것
   가. 발사되는 물체(이하 "탄환"이라 한다)의 크기가 직경 5.7밀리미터 미만인 것
   나. 탄환의 무게가 0.2그램을 초과하는 것
   다. 발사된 탄환의 운동에너지(파괴력)가 0.02kgm를 초과하는 것
   라. 탄환의 앞부분이 둥글게 처리되지 아니하여 예리한 것
   마. 순간 폭발음이 90데시벨을 초과하거나 가연성의 불꽃을 내는 것

[별표 6] <개정 2004.1.20>

화약류저장소외의 장소에 저장할 수 있는 화약류의 수량(제27조관련)

저장 또는 사용 자 등의 구분 / 화약류의 종 류	1	2		3		4	5
	판매업자가 판매를 위하여 저장하는 경우	토목 그 밖의 사업자가 사업을 위하여 저장하는 경우(화약류저장소가 있는 자에 한함)		장난감용 꽃불류를 판매하기 위하여 저장하는 경우		법령에 의하여 사무 또는 사업을 위하여 화약류를 사용하는 자가 저장하는 경우	총포소지자가 수렵 또는 사격을 위하여 저장하는 경우
		6월 이내에 종료하는 사업의 경우	그 밖의 사업인 경우	불꽃을 내는 것	폭발음을 내는 것		
화 약 (kg)	10	5	2			2	0.2
폭 약 (kg)	5	3	1			1	
공업용뇌관 및 전기뇌관 (개)	500	100	50				
도폭선(m)	300	100	50				
도화선(m)	1,000	1,000	100				
전기도화선 (m)	2,000	2,000	100				
총용뇌관(개)	3,000						200
실 탄 (개)	10,000					20,000	500
공포탄(타정총용 공포탄을 제외한다) (개)	20,000					20,000	500
약액주입용 약포(개)	200						
타정총용 공포탄(개)	100,000	80,000	50,000				
미진동파쇄기 (개)	40	40	3				
출발사용 로케트(개)	50	50	25				

광쇄기폭발 천공기(개)			50				
폭발정(개)			1,000				
유정용화공품 (개)	1,000		100				
신호뇌관(개)	100						
철도차량용·선박용·항공기용 화공품 (개)	1,000						
신호염관·신호화전(개)	10						
꽃불류(장난감용 꽃불류제외) (kg)	25		25				
장난감용 꽃불류 (kg)				500	250		
화약을 장전하지 아니한 총용뇌관이 달린 약협(개)	10,000						800
그 밖의 화공약품(kg)	50	50	25				

[별표 7] <개정 1996.6.20>

화약류저장소별로 저장할 수 있는 화약류(제28조제3항관련)

저장소의 종 별	저장할 수 있는 화약류	동일 저장소 내의 저장금지화약류
1급 저장소	1. 화약(신호염관·신호화전 및 꽃불류의 원료용 화약을 제외한다) 2. 폭약(신호염관·신호화전 및 꽃불류의 원료용 폭약을 제외한다) 3. 화공품(신호염관·신호화전 및 꽃불류를 제외한다) 4. 신호염관·신호화전 및 꽃불류와 이의 원료용 화약 및 폭약	1. 화약 또는 폭약과 화공품(공포탄·미진동파쇄기·도폭선·전기도화선 및 도화선과 포장된 실탄 제외)을 동일한 저장소에 저장하여서는 아니된다. 2. 신호염관·신호화전 및 꽃불류와 이의 원료용 화약 및 폭약은 동일한 저장소 내에 다른 화약류와 함께 저장할 수 없다.
2급 저장소	1. 화약(신호염관·신호화전 및 꽃불류의 원료용 화약을 제외한다) 2. 폭약(신호염관·신호화전 및 꽃불류의 원료용 폭약을 제외한다) 3. 도폭선·전기도화선·도화선 및 미진동파쇄기 4. 공업뇌관·전기뇌관 및 타정총용공포탄	화약 또는 폭약과 공업뇌관·전기뇌관·타정총용공포탄 및 미진동파쇄기를 동일한 저장소에 저장하여서는 아니된다.
3급 저장소	1. 화약(신호염관·신호화전 및 꽃불류의 원료용 화약을 제외한다) 2. 폭약(신호염관·신호화전 및 꽃불류의 원료용 폭약을 제외한다) 3. 화공품(신호염관·신호화전 및 꽃불류를 제외한다) 4. 신호염관·신호화전 및 꽃불류와 이의 원료용 화약 및 폭약	1. 화약 또는 폭약과 화공품을 동일한 저장소에 저장하여서는 아니된다. 다만, 저장소 내에 격벽을 설치하여 이를 저장할 수 있다. 2. 신호염관·신호화전 및 꽃불류와 이의 원료용 화약 및 폭약은 동일한 저장소 내에 다른 화약류와 함께 저장할 수 없다

수중저장소	1. 무연화약 2. 트리니트로트투엔, 트리메치렌, 트리니트로아민 및 이들의 혼합물과 이들을 주로 하는 폭약	무연화약과 제2호의 화약류를 동일한 저장소 내에 저장하여서는 아니된다.
실탄저장소	실탄 및 공포탄	
꽃 불 류 저 장 소	1. 신호염관·신호화전·꽃불류·전기도화선 및 시동약 2. 신호염관·신호화전·꽃불류의 원료용 화약 및 폭약·미진동파쇄기	
장난감용꽃불류저장소	장난감용꽃불류	
도 화 선 저 장 소	도화선 및 전기도화선	
간이저장소	1. 타정총용공포탄 2. 화약·폭약·도화선·공업뇌관 및 전기뇌관 3. 신호염관·신호화전 및 꽃불류와 이의 원료용 화약 및 폭약	3급저장소에 준한다.

[별표 8] <개정 1996.6.20>

화약류저장소와 보안물건간의 보안거리(제30조제1항관련)

구분	보안물건의 종류 및 보안거리				저장화약류의 수량	
	제 1 종 보안물건	제 2 종 보안물건	제 3 종 보안물건	제 4 종 보안물건		
	미터 이상	미터 이상	미터 이상	미터 이상		
1급저장소 · 2급저장소 또는 실탄저장소	550	480	270	170	폭약 40톤 (이하)	도화선 및 전기도화선 무제한
	520	460	260	160	35	
	500	440	250	160	30	
	470	410	230	150	25	
	440	380	220	140	20	
	430	370	210	130	19	
	420	370	210	130	18	
	420	360	210	130	17	
	410	350	200	130	16	
	400	350	200	120	15	
	390	340	190	120	14	
	380	330	190	120	13	
	370	320	180	110	12	
	360	310	180	110	11	
	340	300	170	110	10	
	330	290	170	100	9	
	320	280	160	100	8	
	310	270	150	95	7	
	290	250	150	90	6	
	280	240	140	85	5	
	260	220	130	80	4	
	230	200	120	70	3	
	200	180	100	60	2	
실탄저장소	160	140	80	50	1	
	140	120	70	45	0.7	
	130	110	65	40	0.5	
	110	95	55	35	0.3	
수중저장소	200	200	100	100	200	
	100	100	50	50	50	

3급저장소	10	10	10	10	폭약 25kg 이하, 화약 50kg 이하, 공업용뇌관·전기뇌관 및 신호뇌관 10만개 이하, 총용뇌관 10만개 이하, 실탄 및 공포탄 6만개 이하, 도폭선 1,500미터 이하, 신관·화관 3만개 이하	도화선 및 전기도화선 무제한
꽃불류저장소	150	110	75	35	화약 또는 폭약 2,000kg 이하	도화선 및 전기도화선 무제한
	140	100	70	35	1,700	
	130	100	65	35	1,400	
	120	90	60	30	1,100	
	110	85	55	30	800	
	100	80	50	25	700	
	90	70	45	20	500	
	80	60	40	20	300	
장난감용꽃불류저장소	7	7	7	7	2,000	
도화선저장소	5	5	5	5		도화선및전기도화선무제한

[별표 9] <개정 1996.6.20>

저장소와 보안물건 사이에 흙둑을 쌓은 경우의 보안거리(제30조제3항관련)

구 분	보안물건의 종류 및 보안거리			저장화약류의 수량	
	제 2 종 보안물건	제 3 종 보안물건	제 4 종 보안물건		
	미터 이상	미터 이상	미터 이상		
1급저장소 · 2급저장소 및 실탄저장소	340	170	140	폭약 40톤(이하)	도화선 및 전기도화선 무제한
	330	160	130	35	
	310	160	130	30	
	290	150	120	25	
	270	140	100	20	
	270	130	100	19	
	260	130	95	18	
	260	130	95	17	
	250	130	95	16	
	250	120	90	15	
	240	120	90	14	
	240	120	85	13	
	230	110	85	12	
	220	110	80	11	
	220	110	80	10	
	210	100	75	9	
	200	100	75	8	
	190	85	70	7	
	180	90	65	6	
	170	85	65	5	
	160	80	60	4	
	140	70	50	3	
	130	60	45	2	
	100	50	40	1	
	90	45	35	0.7	
	80	40	30	0.5	
	65	35	25	0.3	

꽃불류저장소	75	35	30	화약 또는 폭약 2,000kg(이하)	
	70	35	30	1,700	
	65	35	25	1,400	
	60	30	25	1,100	
	55	30	25	900	
	50	25	20	700	
	45	20	20	500	
	40	20	20	300	

[별표 10]

저장소의 지반의 두께기준(제33조제5호관련)

저장하는 폭 약 톤(이하)	지 반 의 두 께 미터(이상)	저장하는 폭 약 톤(이하)	지 반 의 두 께 미터(이상)
40	29.0	12	17.0
35	28.0	11	16.5
30	26.0	10	15.5
25	24.0	9	15.0
20	21.5	8	14.0
19	21.0	7	13.0
18	20.5	6	12.0
17	20.0	5	11.0
16	19.5	4	9.5
15	19.0	3	8.0
14	18.0	2	6.0
13	17.5	1	3.5

[별표 11]

2급저장소의 상호간의 거리기준(제34조제4호관련)

저장하고자 하는 폭약	저장소상호간의 거리	비 고
톤(이하)	미터(이상)	저장하는 폭약의 양은 저장소의 저장량 중 가장 많은 양을 저장한 저장소의 저장량을 기준으로 한다.
10	33	
9	32	
8	30	
7	29	
6	28	
5	26	
4	24	
3	22	
2	19	
1	15	

[별표 12] <개정 1996.6.20>

화약류저장소 및 화약류저장량(제45조제1항관련)

저장소의 종류 / 화약류의종류	1급 저장소	2급 저장소	3급 저장소	수중 저장소	실탄 저장소	꽃불류 저장소	장난감용꽃불류저장소	도화선 저장소	간이 저장소
화약	80톤	20톤	50kg	400톤					30kg
폭약	40톤	10톤	25kg	200톤					15kg
공업뇌관및 전기뇌관	4,000만개	1,000만개	1만개						5,000개
신호뇌관	1,000만개		1만개						5,000개
도폭선	2,000㎞	500㎞	1,500m						1,000m
총용뇌관	5,000만개		10만개						30,000개
실탄및공포탄	8,000만개	2,000만개	6만개		8,000만개				30,000개
신관및화관	200만개		3만개						10,000개
미진동 파쇄기	400만개	100만개	1만개			25만개			300개
신호염관·신호화전 및 꽃불류와 이의 원료용화약 및 폭약	80톤		100kg			5톤			50kg
장난감용 꽃불류							10톤		
도화선 및 전기도화선	무제한	무제한	무제한			무제한		무제한	10,000m
타정총용 공포탄	8,000만개	2,000만개	30,000개		8,000만개				30,000개

(주) 위의 저장량은 최대저장량을 뜻한다.

[별표 13] <개정 1996.6.20>

운반신고를 하지 아니하고 운반할 수 있는 화약류의 종류 및 수량

(제48조관련)

<table>
<tr><th colspan="3">화 약 류 구 분</th><th>수 량</th></tr>
<tr><td rowspan="10">화
공
품</td><td colspan="2">총 용 뇌 관</td><td>10만개</td></tr>
<tr><td colspan="2">포경용뇌관·포경용화관</td><td>3만개</td></tr>
<tr><td>실 탄</td><td>1개당 장약량 0.5그램이하</td><td>10만개</td></tr>
<tr><td>공포탄</td><td>1개당 장약량 0.5그램이하</td><td>5만개</td></tr>
<tr><td colspan="2">도 폭 선</td><td>1,500미터</td></tr>
<tr><td colspan="2">폭 발 천 공 기</td><td>600개</td></tr>
<tr><td colspan="2">미 진 동 파 쇄 기</td><td>5,000개</td></tr>
<tr><td rowspan="2">꽃불류</td><td>장 난 감 용 꽃 불 류</td><td>500kg</td></tr>
<tr><td>기 타 의 꽃 불 류</td><td>150kg</td></tr>
<tr><td colspan="2">상 기 이 외 의 화 공 품</td><td>25kg</td></tr>
<tr><td>비
고</td><td colspan="3">이 표에서 정한 다른 종류의 화약류를 동시에 운반할 경우의 수량은 각 구분마다 화약류의 운반하려는 수량을 각각 당해 구분에 정한 수량으로 나눈 수를 합한 수가 1이 되는 수량으로 한다.</td></tr>
</table>

[별표 14] <개정 2008.12.31>

동일차량에 함께 실을 수 있는 화약류(제49조제3항관련)

나 \ 가		화약	폭약	화공품										
				공업용뇌관·전기뇌관		신관		실탄·공포탄	도폭선	폭탄·어뢰·로켓트탄·포탄 등으로 작약이 장전된 것(소이제를 사용한 것 제외)	꽃불류		그 밖의 화공품(소이제를 사용한 것 제외)
				특별용기에 들어있는것	그밖의것	신관(포경용을 제외)	포경용신관				크래커블인옥	그밖의꽃불류	
화약			○	○			○	○	○	○		○	○
폭약		○		○				○	○	○			○
화공품 공업용뇌관·전기뇌관	특별용기에 들어있는것	○	○		○	○	○	○	○				○
	그 밖의 것			○		○	○	○	○				○
화공품 신관	신관(포경용을제외)			○	○		○	○	○	○			○
	포경용신관	○		○	○	○		○	○	○			○
화공품	실탄·공포탄	○	○	○	○	○	○		○	○			○
화공품	도폭선	○	○	○	○	○	○	○		○			○
화공품	폭탄,어뢰,로켓트탄,포탄등으로 작약을 장전하여 있는것(소이제를 사용한 것 제외)	○	○			○	○	○	○				○
화공품 꽃불류	크래커블·인옥											○	
	그 밖의 꽃불류	○									○		
화공품	그밖의 화공품(소이제를 사용한 것 제외)	○	○	○	○	○	○	○	○	○			

비고

①○표는 "가"란에 기재하는 당해 구분의 화약류와 "나"란에 기재하는 당해 구분의 화약류와를 적재할 수 있는 것을 표시한다.

②3종류 이상의 화약류를 함께 실을 경우에는 그 화약류가 이 표에 의하여 함께 실을 수 있는 것이어야 한다.

③특별한 용기라 함은 행정안전부령으로 정하는 용기를 말한다.

④특별한 용기에 수납한 공업뇌관 또는 전기뇌관과 함께 실을 수 있는 화약 또는 폭약의 중량은 화약 4.5톤 이하 또는 폭약 2.25톤 이하로 한다(화약과 폭약을 함께 싣는 경우에는 화약 2톤을 폭약 1톤으로 환산하여 혼재하는 양을 폭약 2.25톤 이하로 한다).

[별표15]

화약류제조보안책임자의 선임기준(제54조제1항관련)

<table>
<tr><th colspan="2">구 분</th><th>제조수량</th><th>제조보안책임자의 자격</th></tr>
<tr><td rowspan="9">제조(변형 및 가공제외)</td><td rowspan="2">화약 및 폭약(초유폭약 및 기폭약 제외)</td><td>1일
1톤 이상</td><td>1급화약류제조보안책임자면허취득자</td></tr>
<tr><td>1일
1톤 미만</td><td>2급화약류제조보안책임자면허취득자</td></tr>
<tr><td rowspan="2">초 유 폭 약</td><td>1일
7톤 이상</td><td>1급화약류제조보안책임자면허취득자</td></tr>
<tr><td>1일
7톤 미만</td><td>2급화약류제조보안책임자면허취득자</td></tr>
<tr><td rowspan="2">기 폭 약</td><td>1일
50kg 이상</td><td>1급화약류제조보안책임자면허취득자</td></tr>
<tr><td>1일
50kg 미만</td><td>2급화약류제조보안책임자면허취득자</td></tr>
<tr><td>화공품(신호염관·신호화전 및 꽃불류를 제외</td><td></td><td>2급 또는 1급화약류제조보안책임자 면허취득자</td></tr>
<tr><td rowspan="2">신호염관·신호화전 및 꽃불류</td><td>1일
300kg 이상</td><td>2급 또는 1급화약류제조보안책임자 면허취득자</td></tr>
<tr><td>1일
300kg 미만</td><td>3급·2급 또는 1급화약류제조보안책임자면허취득자</td></tr>
<tr><td rowspan="3">변형 및 가공</td><td rowspan="2">화약·폭약 및 화공품(신호염관·신호화전 및 꽃불류 제외)</td><td>1일
1톤 이상</td><td>1급화약류제조보안책임자면허취득자</td></tr>
<tr><td>1일
1톤 미만</td><td>2급 또는 1급화약류제조보안책임자면허취득자</td></tr>
<tr><td>신호염관·신호화전 및 꽃불류</td><td></td><td>3급·2급 또는 1급화약류제조보안책임자면허취득자</td></tr>
<tr><td>비고</td><td colspan="3">①신호염관·신호화전 또는 꽃불류만을 제조하기 위하여 그 원료를 1일 50kg에 미달하는 화약 또는 폭약(기폭약을 제외한다)을 제조할 경우에는 신호염관·신호화전 또는 꽃불류만을 제조하는 것으로 본다.
②1일 50kg을 초과하여 화약 또는 폭약(기폭약을 제외한다)을 제조하는 제조소에서 이를 원료로 하여 신호염관·신호화전 또는 꽃불류만을 제조할 경우에는 3급화약류제조보안책임자 면허취득자를 선임할 수 있다.
③변형 및 가공란중 신호염관·신호화전 및 꽃불류를 제외한 화공품은 그 원료가 되는 화약 또는 폭약의 수량을 기준으로 한다.</td></tr>
</table>

[별표 16] <개정 1996.6.20>

<u>화약류관리보안책임자의 선임기준</u>(제55조관련)

<table>
<tr><th>구 분</th><th>저 장 또는 사용합계량</th><th>관리보안책임자의자격</th></tr>
<tr><td rowspan="2">화약류저장소(꽃불류저장소·장난감용 꽃불류저장소 및 도화선저장소를 제외)의 설치자</td><td>연중 40톤 이상의 폭약</td><td>1급화약류제조보안책임자 면허취득자</td></tr>
<tr><td>연중 40톤 미만의 폭약</td><td>2급 또는 1급화약류관리보안책임자 면허취득자</td></tr>
<tr><td>꽃불류저장소·장난감용 꽃불류저장소 및 도화선저장소의 설치자</td><td></td><td>2급 또는 1급화약류관리보안책임자 면허취득자</td></tr>
<tr><td rowspan="3">사 용 자</td><td>월중 2톤 이상의 화약 또는 폭약</td><td>1급화약류관리보안책임자 면허취득자</td></tr>
<tr><td>월중 50킬로그램 이상 2톤 미만의 화약 또는 폭약</td><td>2급 또는 1급화약류관리보안책임자 면허취득자</td></tr>
<tr><td>월중 50킬로그램 미만이나 6월 이상 장기 사용시</td><td>3급·2급 또는 1급화약류관리보안책임자 면허취득자</td></tr>
<tr><td colspan="3">비고 : 사용자는 화약류사용장소마다 관리보안책임자를 선임하여야 한다. 다만, 화약류사용장소가 2개소 이상인 경우에 있어 그 화약류사용장소의 상호간의 거리 및 화약류의 사용량으로 보아 1인으로 가능하거나 그 화약류사용장소의 수보다 적은 수의 관리책임자로서 관리할 수 있을 경우에는 예외로 하되, 밤낮을 계속하여 작업하는 사용장소에는 2인 이상의 관리보안책임자를 선임하여야 한다.</td></tr>
</table>

[별표 17] <신설 2008.11.26>

과태료의 부과기준(제84조제1항 관련)

(단위: 만원)

연번	위반행위	관련조항	총포		도검	화약류	분사기	전자충격기	석궁	비고
			권총 소총	엽총 공기총 기타총						
1	화약류 수입신고의무 위반	법 제9조제5항				150				
2	모의총포 제조신고의무 위반	법 제11조제2항	150	150						
3	정당한 사유 없이 총포 등의 휴대·운반	법 제17조제1항	30	20	10		10	10	10	
4	총포의 보관·휴대·운반 시 준수사항 위반	법 제17조제3항	20	10						
5	화약류 폐기신고의무 위반	법 제20조제1항				100				
6	화약류 폐기 중지명령 위반	법 제20조제2항				100				
7	화약류운반신고필증 휴대의무 위반	법 제26조제3항				30				
8	화약류제조·관리보안책임자 선·해임신고의무 위반	법 제27조제2항				100				
9	화약류 안정도시험 결과보고의무 위반	법 제32조제2항				100				
10	기준 미달 화약류 폐기의무 위반	법 제32조제4항				150				
11	남은 화약류의 양도·폐기의무 위반	법 제33조				100				
12	도난·분실신고의무 위반	법 제35조	100	50	20	50	20	20	20	
13	자체 안전교육계획 미승인	법 제39조제1항	100	100	50	100	50	50	50	
14	자체 안전교육 미실시	법 제39조제3항	100	100	50	100	50	50	50	
15	화약류 사용자의 안전교육계획 수	법 제39조제4항				100				

	립명령 위반									
16	정기점검결과 보고의무 위반	법 제40조제2항				50				
17	재해예방 등을 위한 보고명령 위반	법 제44조제3항	30	20	15	30	15	15	15	소지 외의 허가를 받은 자
			15	10	10	15	10	10	10	소지허가를 받은 자
18	소지자의 준수사항 위반	법 제47조제3항	50	20	10	30	10	10	10	
19	장부 비치 및 기재 의무 위반	법 제63조	70	50	50	70	50	50	50	
20	간판, 표지 설치의무 위반	법 제64조	50	25	25	50	25	25	25	
21	허가증 등의 반납 의무 위반	법 제65조제2항	50	30	20	50	20	20	20	소지 외의 허가·면허를 받은 자
			20	15	10	20	10	10	10	소지허가를 받은 자
22	허가증 등의 기재사항 변경신고의무 위반	법 제65조제3항	30	30	20	30	20	20	20	소지 외의 허가·면허를 받은 자
			10							소지허가를 받은 자(법인)
			20	10	10	10	10	10	10	소지허가를 받은 자(개인)
23	폐업·휴업 등 신고 의무 위반	법 제66조	50	30	30	50	30	30	30	

총포·도검·화약류 등 단속법 시행규칙

[시행 2010. 9.10] [행정안전부령 제161호, 2010. 9.10, 타법개정]

총포·도검·화약류 등 단속법 시행규칙

[시행 2009.9.30] [행정안전부령 제108호, 2009.9.30, 일부개정]

경찰청 (생활질서과), 02-3150-1361

제1조 (목적) 이 규칙은 「총포ㆍ도검ㆍ화약류 등 단속법」 및 같은 법 시행령에서 위임된 사항과 그 시행에 관하여 필요한 사항을 규정함을 목적으로 한다. <개정 1990.4.2, 2006.2.22, 2009.9.30>

제2조 (총포의 구조 및 성능) ①「총포ㆍ도검ㆍ화약류 등 단속법 시행령」(이하 "영"이라 한다) 제3조제1항에 따른 총포는 다음의 구조를 갖춘 것이어야 한다. <개정 1989.3.14, 1990.4.2, 1996.7.29, 1999.7.15, 2001.4.12, 2004.2.2, 2006.2.22, 2009.9.30>

1. 총은 총열ㆍ기관부ㆍ노리쇠뭉치ㆍ방아틀뭉치 및 개머리로 구성될 것
2. 탄알의 장전방법은 삽탄식ㆍ탄창식 또는 회전식일 것
3. 구경 또는 번경은 영 제3조의 규정에 의한 규격에 적합할 것(산탄인 공기총은 구경 5.5밀리미터 내지 6.4밀리미터의 것에 한한다)
4. 공기총(공기 또는 가스압축식ㆍ용수철식ㆍ가스용수철식을 포함한다. 이하같다)의 구조 및 형식은 다음과 같다.
   가. 공기총의 총신과 압축실 시린다는 이은 자리가 없고 1제곱센티미터당 180킬로그램이상의 압력에 견딜 수 있는 재질로 할 것
   나. 삭제 <1996.7.29>
   다. 공기총의 압축실 시린다 전체의 체적은 500세제곱센티미터를 초과하지 아니할 것
   라. 공기총의 전체 길이는 80센티미터 내지 120센티미터로 할 것
   마. 제작하는 총마다 기관부의 왼쪽에는 제조회사와 총의 종류 및 구경을, 오른쪽에는 제조회사별 영문약어 2자와 제조연도 2자 및 제조순번에 따른 일련번호를 여섯자리의 숫자로 새겨 표시하고, 방아틀뭉치에는 제조회사 영문약어 2자와 제조연도 2자 및 제조순번에 따른 일련번호를 여섯자리의 숫자로 새겨서 표시할 것
   바. 공기총의 구조는 겸용할 수 없는 단일형식의 구조로 할 것
   사. 방아쇠를 당길 수 있는 힘이 1킬로그램이상으로 하고, 안전장치를 할 수 있는 구조로 제작할 것
   아. 노리쇠ㆍ공이치기ㆍ방아쇠ㆍ단발자ㆍ안전장치의 재료는 한국산업규격(KS)D3752의 SM45C 이상의 재질을 사용할 것
   자. 삭제 <2004.2.2>

②총은 별표 1의 기준에 의한 성능에 적합한 것이어야 한다.

③영 제3조제1항제3호 나목의 규정에 의한 산탄탄알 및 연지탄의 명칭 및 규격은 별표 2와 같다. <개정 2004.2.2>

제2조의2 (분사기의 구조 및 성능) ①영 제6조의2의 규정에 의한 분사기는 다음의 구조를 갖춘 것이어야 한다. 다만, 영 제9조제3항제1호 단서의 규정에 의하여 치안목적용등으로 경찰청장의 승인을 얻은 것은 그러하지 아니하다. <개정 1991.9.19, 1997.4.16, 1999.7.15, 2004.11.1, 2008.3.6>

1. 분말분사기의 구조
   가. 발사장치는 탄창장전식이 아니며 화약을 사용하지 말 것
   나. 가스용기에 내장된 압축가스의 힘으로 분말약제통에서 분사구를 통하여 분말이 분사되는 형식일 것
   다. 재질은 금속 또는 강화플라스틱으로 하되, 사용되는 가스용기의 압력에 견딜 수 있는 것일 것
   라. 발사안전장치를 부착하여 안전사고를 방지할 수 있을 것
   마. 분말약제통은 연속 5회이상 사용하여도 팽창ㆍ균열되는 등의 결함이 없을 것

바. 가스용기는 행정안전부장관이 지정하는 기관의 형식승인을 얻은 제품일 것

사. 가스용기에 넣는 가스는 압축탄산가스 17그램이하일 것

아. 발사되는 내용물은 120그램이하의 불연성 분말이어야 하며, 금속 또는 플라스틱등이 함유된 약제등이 아닐 것

자. 제작하는 분사기마다 손잡이 부분에 제조회사・제품명칭(영문약자 2자) 및 두자리의 제조연도와 제조순번에 따라 일련번호로 여섯자리의 제조번호를 새겨서 표시할 것

2. 액체분사기의 구조

가. 발사장치는 탄창장전식이 아니며 화약을 사용하지 말 것

나. 분사기에 내장된 가스압력에 의하여 액체약제통에서 분사구를 통하여 액체가 분사되는 형식으로서 그 가스압력은 1제곱센티미터당 8킬로그램이하일 것. 다만, 가스용기를 사용하는 경우에는 제1호 나목・다목・바목 및 사목의 규정에 준한다.

다. 재질은 금속 또는 강화플라스틱으로 할 것

라. 액체약제통은 1제곱센티미터당 15킬로그램(가스용기를 사용하는 경우에는 1제곱센티미터당 20킬로그램)의 압력에 의하여 균열 또는 파열되는 등의 결함이 없을 것

마. 발사되는 내용물은 불연성 액체일 것

바. 제작하는 분사기마다 몸통 부분에 제조회사・제품명칭(영문약자 2자) 및 두자리의 제조연도와 제조순번에 따라 일련번호로 여섯자리의 제조번호를 새겨서 표시할 것

②분사기의 약제는 인체에 무해한 분말 또는 천연액체로 하고 약제통에 화약을 사용해서는 아니되며, 최대분사거리는 7미터 이내이어야 한다. 다만, 막대형분사기의 최대분사거리는 10미터 이내이어야 한다. <개정 2004.11.1>

[본조신설 1990.4.2]

제2조의3 (전자충격기의 구조 및 성능) ①영 제6조의3의 규정에 의한 전자충격기는 다음의 구조를 갖춘 것이어야 한다. <개정 1997.4.16>

1. 전자충격기는 전원스윗치・단속기・변압기 및 방전장치로 구성될 것
2. 제작하는 전자충격기마다 몸통부분에 제조회사・제품명칭(영문약자 2자) 및 두자리의 제조연도와 제조순번에 따라 일련번호로 여섯자리의 제조번호를 새겨서 표시할 것

②전자충격기는 별표 2의3의 기준에 의한 성능에 적합한 것이어야 한다.

[본조신설 1990.4.2]

제2조의4 (석궁의 구조 및 성능) ①영 제6조의4의 규정에 의한 석궁은 다음의 구조를 갖춘 것이어야 한다.

1. 림・현・방아틀뭉치・개머리로 구성될 것
2. 제작하는 석궁 및 화살마다 몸통에 제작회사・제품명칭 및 두자리의 제조연도와 제조순번에 따라 일련번호로 다섯자리의 제조번호를 새겨서 표시할 것

②석궁은 별표 2의4의 기준에 의한 성능에 적합한 것이어야 한다.

[본조신설 1996.7.29]

제3조 삭제 <2004.2.2>

제4조 (장난감용 꽃불류 <개정 2004.2.2>) ①「총포・도검・화약류 등 단속법」(이하 "법"이라 한다) 제2조제3항제3호아목에 따른 장난감용 꽃불류는 다음 각호와 같다. <개정 2004.2.2, 2009.9.30>

1. 불꽃・불티 또는 꽃불을 주로 내는 것

가. 불어내기꽃불・구슬타기꽃불・불꽃불기꽃불・분수꽃불 그밖의 원통 또는 구슬 모양의 꽃불류로서 화약 15그램이하인 것

나. 나팔꽃불 그밖의 불꽃을 내며, 손잡이가 달린 꽃불류로서 화약 10그램이하인 것

다. 은파꽃불 그밖의 줄이 달린 꽃불류로서 화약 10그램이하인 것

라. 번쩍이꽃불 그밖의 번쩍이는 불티를 내며, 손잡이가 달리고 화약이 노출된 꽃불류로서 화약 10그램(철분이 30퍼센트이상 함유된 꽃불류로서 화약 15그램)이하인 것

마. 탐조꽃불 그밖의 손잡이가 달리고 종이로 싼 꽃불류로서 화약 10그램이하인 것

바. 선향꽃불 그밖의 불꽃을 내며 손잡이가 달리고 화약이 노출된 꽃불류로서 화약 0.5그램이하인 것

2. 회전을 주로 하는 것

가. 불바퀴꽃불 그밖의 원반둘레에 화약을 싼 종이통을 붙인 꽃불류로서 화약 4그램(폭발음을 내는 것은 화약 3.9그램, 폭약 0.1그램)이하인 것

나. 꽃차꽃불 그밖의 종이통을 붙인 꽃불류로서 화약 4그램(폭발음을 내는 것은 화약 3.9그램, 폭약 0.1그램)이하인 것

다. 무늬꽃불 그밖의 원반 또는 널판에 바퀴모양의 꽃불을 붙인 꽃불류로서 화약 1그램(폭발음을 내는 것은 화약 0.9그램, 폭약 0.1그램)이하인 것

3. 달리기를 주로 하는 것

가. 금붕어꽃불 그밖의 물위를 달리는 꽃불류로서 화약 2그램이하인 것

나. 피리꽃불 그밖의 피리소리를 내는 통꽃불류로서 화약 0.5그램이하, 폭약 1.5그램이하인 것

다. 케이블카꽃불 그밖의 줄에 종이통등이 달린 꽃불류로서 화약 1.5그램이하인 것

라. 꽃차꽃불 그밖의 바퀴모양의 꽃불류로서 화약 1그램(폭발음을 내는 것은 화약 0.9그램, 폭약 0.1그램)이하인 것

마. 폭룡꽃불 그밖의 화약을 종이로 싸아 접은 꽃불류로서 화약 1그램이하인 것

4. 날기를 주로 하는 것

가. 피리로켓트꽃불 그밖의 피리소리를 내며 꼬리가 달린 통꽃불류로서 화약 0.5그램이하, 폭약 2그램이하인 것

나. 유성꽃불 그밖의 꼬리가 달린 통꽃불류로서 화약 2그램(폭발음을 내는 것은 화약 1.9그램, 폭약 0.1그램)이하인 것

다. 위성꽃불 그밖의 널판에 통이 달리고 회전 또는 상승을 하는 꽃불류로서 화약 1.5그램이하인 것

5. 위로 쏘아올리는 것을 주로 하는 것

가. 난옥꽃불 그밖의 위로 쏘아올리는 둥근통꽃불류로서 단발식이고 화약 10그램이하인 것 또는 연발식이고 둥근통의 안지름이 1센티미터이하이며, 화약 15그램이하인 것

나. 우산꽃불 그밖의 둥근통에 넣은 방출물을 쏘아올리는 둥근통 꽃불류로서 화약 10그램이하인 것

6. 폭발음을 주로 내는 것

가. 연기폭음꽃불로서 화약 1그램이하, 폭약 0.12그램이하인 것(성냥의 측약 또는 두약과의 마찰에 의하여 불이나는 것을 제외한다)

나. 폭음꽃불 그밖의 점화에 의하여 폭발음을 내는 둥근통폭음꽃불(연기폭음꽃불을 제외한다)로서 그 둥근통의 바깥지름이 4밀리미터이하이고 화약 1그램이하, 폭약 0.05그램이하인 것(성냥의 측약 또는 두약과의 마찰에 의하여 불이 나는 것을 제외한다)

다. 구슬폭음꽃불로서 지름이 1센티미터이하 무게 1그램이하이고 폭약 0.08그램이하인 것

라. 크리스마스폭음꽃불 그밖의 소형의 통안에서 마찰에 의하여 폭발음을 내며 테이프등을 방출시키는 것으로서 폭약 0.05그램이하인 것

마. 딱총화약으로서 화약 한알이 지름 4.5밀리미터이하, 높이 1밀리미터이하이고 폭약 0.01그램이하인 평옥 및 화약 한알이 지름 3.5밀리미터이하, 높이 0.7밀리미터이하이고 폭약 0.04그램이하인 권옥

바. 폭죽(점화에 의하여 폭발음을 내는 것으로서 바깥지름 4밀리미터이하인 둥근통 20개이하를 연결한 것에 한한다)으로서 둥근통 1개가 화약 1그램이하, 폭약 0.05그램이하인 것

7. 연기를 주로 내는 것

가. 연막꽃불 그밖의 통꽃불류로서 화약 15그램이하인 것

나. 뱀구슬꽃불로서 화약 5그램이하인 것

8. 모형비행기용 또는 모형로켓트용의 추진기로서 화약 5그램이하인 것

9. 시동약으로서 화약 15그램이하인 것

10. 화재경보용 또는 도난방지용으로 사용되는 꽃불류로서 폭약(폭발음을 내는 것에 한한다) 0.18그램이하인 것

11. 기밀시험용으로 사용되는 발연화공품으로서 화약 15그램이하인 것

②제1항의 규정에 의한 장난감용 꽃불류의 성능은 다음 각호의 기준에 의하여야 한다. <개정 1999.7.15, 2004.2.2>

1. 불꽃·불티 또는 꽃불을 주로 내는 것은 불꽃길이가 180센티미터이하인 것

2. 날기를 주로하는 것은 지상으로부터 날으는 높이가 5미터 이상인 것

3. 회전을 주로 하는 것은 지속 연소시간이 10초이하인 것

4. 위로 쏘아올리는 것을 주로 하는 것은 지상으로부터 쏘아올리는 높이가 5미터 이상인 것

5. 연소시 발생하는 소리가 10미터 떨어진 거리에서 85데시벨 이하인 것

6. 딱총화약(안전화약)은 불연제로 표면을 입힐 것

제5조 (총포·도검·화약류·분사기·전자충격기·석궁의 제조허가신청 <개정 1990.4.2, 1996.7.29>) ①법 제4조제1항 전단 또는 제2항 전단의 규정에 의하여 총포·도검·화약류·분사기·전자충격기·석궁의 제조업(이하 "제조업"이라 한다) 또는 화약류의 변형·가공업의 허가를 받고자 하는 사람은 별지 제1호서식에 의한 제조업허가신청서를 허가관청인 경찰청장 또는 제조소의 소재지를 관할하는 지방경찰청장에게 제출하여야 한다. <개정 1990.4.2, 1991.9.19, 1996.7.29, 2004.2.2>

②제1항의 허가신청서에는 다음 각호의 서류를 첨부하여야 한다. 다만, 제6호의 서류는 허가관청의 요구가 있는 경우에 한하여 이를 첨부한다. <개정 1989.3.14, 1990.4.2, 1996.7.29, 2004.2.2, 2006.9.7>

1. 신체검사서(종합병원 또는 병원에서 발행한 것에 한한다)

2. 사업계획서

3. 위해예방계획서

4. 총포·도검·분사기·전자충격기·석궁의 경우 설계도면, 화약류·분사기의 경우 성분 및 구조설명서

5. 총포·도검·분사기·전자충격기·석궁의 경우 안전교육계획서, 화약류의 경우 안전교육 및 점검계획서

6. 총포·화약안전기술협회(이하 "협회"라 한다)의 기술검토의견서

7. 정관 및 대표자와 임원의 명단(법인인 경우에 한한다)

③제2항에 따른 신청서를 제출받은 담당 공무원은 「전자정부법」 제21조제1항에 따라 행정정보의 공동이용을 통하여 법인등기부 등본(법인인 경우에 한한다)을 확인하여야 한다. <개정 2006.9.7, 2008.12.5, 2009.9.30>

제5조의2 (영업자의 지위승계신고) 법 제4조의2제3항(법 제6조의2 및 법 제25조의2에 따라 준용되는 경우를 포함한다)에 따른 영업자의 지위승계신고를 하려는 사람은 별지 제1호의2서식의 영업자지위승계신고서에 다음 각 호의 서류를 첨부하여 각 영업의 허가관청에 제출하여야 한다.

1. 신체검사서

2. 허가증 원본

3. 다음 각 목의 구분에 따라 지위승계를 증명할 수 있는 서류

가. 영업양도의 경우: 양도·양수를 증명할 수 있는 서류의 사본

나. 상속의 경우: 가족관계등록부 및 상속인임을 증명하는 서류

다. 가목 및 나목 외의 경우: 해당 사유별로 영업자의 지위를 승계하였음을 증명할 수 있는 서류

[전문개정 2009.9.30]

제6조 (총포의 개조·수리업의 허가신청) ①법 제4조제1항 전단의 규정에 의하여 총포의 개조·수리업의 허가를 받고자 하는 사람은 별지 제2호서식의 총포개조·수리업허가신청서에 다음 각호의 서류를 첨부하여 허가관청인 경찰청장 또는 주된 사업장의 소재지를 관할하는 지방경찰청장에게 제출하여야 한다. <개정 1989.3.14, 1990.4.2, 1991.9.19, 1996.7.29, 2004.2.2, 2004.12.10, 2006.2.22, 2006.9.7>

1. 신체검사서(종합병원 또는 병원에서 발행한 것에 한한다)
2. 사업계획서
3. 위해예방계획서
4. 안전교육계획서
5. 정관 및 대표자와 임원의 명단(법인의 경우에 한한다)

②제1항에 따른 신청서를 제출받은 담당 공무원은 「전자정부법」 제21조제1항에 따라 행정정보의 공동이용을 통하여 법인등기부 등본(법인인 경우에 한한다)을 확인하여야 한다. <신설 2006.9.7, 2008.12.5, 2009.9.30>

제7조 (제조시설등의 변경허가신청) ①법 제4조제1항 후단 또는 제2항 후단의 규정에 의한 제조소의 위치·구조·시설 또는 설비의 변경허가나 제조하는 총포·도검·화약류·분사기·전자충격기·석궁의 종류 또는 제조방법의 변경허가를 받고자 하는 사람은 별지 제3호서식에 의한 제조시설등의 변경허가신청서를 허가관청인 경찰청장 또는 제조소의 소재지를 관할하는 지방경찰청장에게 제출하여야 한다. <개정 1990.4.2, 1991.9.19, 1996.7.29>

②제1항의 허가신청서에는 다음 각호의 서류를 첨부하여야 한다. 다만, 제3호의 서류는 허가관청의 요구가 있는 경우에 한하여 이를 첨부한다. <개정 1989.3.14, 1999.7.15, 2004.2.2>

1. 허가증
2. 제조시설등의 변경에 따른 사업계획서 및 위해예방계획서
3. 협회의 기술검토의견서
4. 설계도면

제8조 (제조시설의 보안거리) 영 제8조제5호 단서의 규정에 의한 "행정안전부령이 정하는 거리"는 영 별표 4중 1. 니트로글리세린·니트로글리콜 또는 그 혼합물의 위험공실란의 제3종 보안물건에 해당하는 거리의 2분의 1로 한다. 다만, 경비실의 경우에는 4분의 1로 한다. <개정 1999.7.15, 2008.3.6>

제9조 (위험공실등과 경계울타리안의 다른 시설과의 보안거리) ①영 제8조제7호의 규정에 의한 "행정안전부령이 정하는 보안거리"는 영 별표 4중 2. 폭약·탄약의 위험공실 또는 화약류일시저치장란의 제3종 보안물건에 해당하는 거리의 4분의 1로 한다. <개정 1999.7.15, 2008.3.6>

②다음 각호의 1에 해당하는 위험공실은 제1항의 규정에 불구하고 서로 연접하여 설치할 수 있다. <개정 1996.7.29>

1. 양쪽의 위험공실이 방폭식구조인 경우
2. 양쪽의 위험공실이 준방폭식구조인 경우
3. 양쪽이 다음 각목의 위험공실인 경우
   가. 카리트 그 밖의 과염소산염을 주로 한 폭약의 위험공실(혼화공정의 작업을 하는 위험공실은 정체량 300킬로그램이하의 것에 한한다)
   나. 니트로글리세린·니트로글리콜 및 과염소산염을 함유하지 아니하고, 니트로화합물이 10퍼센트이하인 초안폭약 그 밖의 질산염을 주로 한 폭약의 위험공실
   다. 기폭약의 위험공실
   라. 정체량 300킬로그램이하의 다이나마이트 그 밖의 질산에스텔을 주성분으로 한 폭약의 위험공실
   마. 니트로기 3이상을 함유한 니트로화합물 및 이를 주성분으로 한 폭약의 위험공실(용융공정·혼화공정 또는 건조공정의 작업을 하는 위험공실을 제외한다)

바. 정체량 600킬로그램이하의 펜타에리스릿트 · 테트라나이트렛트의 위험공실

사. 정체량 600킬로그램이하의 흑색화약의 위험공실(압마공정의 작업을 하는 위험공실을 제외한다)

아. 화약(흑색화약을 제외한다)의 위험공실(무연화약 그 밖의 질산에스텔을 주성분으로 한 화약의 건조공정 또는 정치공정의 작업을 하는 위험공실은 정체량 6톤이하, 그 밖의 위험공실은 정체량 2톤이하의 것에 한한다)

자. 로켓트의 추진용으로 쓰이는 무연화약, 질산에스텔을 주성분으로 하는 화약 또는 과염소산염을 주성분으로 하는 화약의 마무리공정의 작업을 하는 위험공실(정체량 10톤이하의 것에 한한다)

차. 공업용뇌관 · 전기뇌관 또는 전기도화선의 위험공실(첨장약제조공정의 작업을 하는 위험공실 및 정체량 3만개이상의 포장수함공정의 작업을 하는 위험공실을 제외한다)

카. 총용뇌관의 위험공실

타. 신호용뇌관의 위험공실

파. 실탄 또는 공포탄의 위험공실

하. 화관 또는 신관의 위험공실

거. 도폭선의 위험공실

너. 도화선의 위험공실

더. 탄약 또는 특수탄의 위험공실(마무리 공정의 작업을 하는 위험공실은 정체량 600킬로그램이하, 그 밖의 위험공실은 정체량 300킬로그램이하의 것에 한한다)

러. 정체량 300킬로그램이하의 미진동파쇄기 또는 이에 사용되는 원료용화약의 위험공실

머. 꽃불류 · 신호염관 및 신호화전과 이들의 원료용화약 및 폭약(이하 "꽃불류등"이라 한다)의 위험공실(건조공정의 작업을 하는 위험공실을 제외한다)

버. 꽃불류등의 일광건조장 또는 건조공정의 작업을 하는 위험공실

第10条 (위험공실의 연접기준) ①제9조제2항의 규정에 의하여 위험공실을 연접하여 설치하는 경우에는 다음 각호의 기준에 적합하여야 한다.

1. 각 위험공실의 좁은 면이 연접되도록 할 것
2. 연접되는 각 위험공실을 방폭식구조로 하는 경우에는 3동이상 연접하지 아니할 것. 다만, 연접하는 모든 위험공실에서의 화약류의 제조가 전적으로 기계에 의하여 이루어져 그 기계의 작동중에 위험공실에 작업자가 들어가지 아니하도록 된 경우에는 그러하지 아니하다.

②위험공실의 연접면에는 다음 각호의 기준에 의한 격벽을 설치하여야 한다. 다만, 위험공실이 같은 방폭식 또는 준방폭식 구조인 경우에는 그 연접된 벽을 격벽으로 볼 수 있다.

1. 제9조제2항제1호의 규정에 의한 경우에 있어서는 방폭방향의 격벽은 위험공실의 벽보다 1미터이상 길게 하고 격벽의 상단은 지붕처마로부터 50센티미터이상 높게 할 것. 다만, 연접되는 양쪽의 위험공실이 기폭약의 위험공실인 경우에는 그러하지 아니하다.
2. 제9조제2항제2호의 규정에 의한 경우로서 도화선의 위험공실 및 꽃불류등의 위험공실에 있어서는 방폭방향의 격벽은 위험공실의 벽보다 50센티미터이상 길게 하고, 격벽의 상단은 지붕처마로부터 50센티미터이상 높게 하며, 양쪽의 위험공실(L자형의 준방폭식 구조의 위험공실을 제외한다)의 출입구가 격벽의 가까운 쪽에 있는 경우에는 출입구가 있는 쪽의 격벽과 앞면의 벽이 맞닿도록 하고, 열리는 문이 서로 마주보지 아니하도록 할 것
3. 제9조제2항제3호의 위험공실에 있어서는 별표 3의 기준에 적합하게 할 것

第11条 (위험공실의 방폭식 구조) ①영 제8조제10호 단서의 규정에 의하여 방폭식구조로 할 수 있는 위험공실은 다음 각호와 같다. <개정 1996.7.29>

1. 공업용뇌관의 위험공실
2. 전기뇌관의 위험공실

3. 전기도화선의 위험공실
4. 총용뇌관의 위험공실
5. 신호용뇌관의 위험공실
6. 도화선의 위험공실
7. 도폭선의 위험공실
8. 실탄 또는 공포탄의 위험공실
9. 화관의 위험공실
10. 신관의 위험공실
11. 정체량 100킬로그램이하의 폭약(기폭약을 제외한다)의 위험공실
12. 정체량 15킬로그램(수분이 15퍼센트정도 함유된 경우에는 30킬로그램)이하의 기폭약(아지화연을 제외한다)의 위험공실
13. 정체량 5킬로그램이하의 아지화연의 위험공실
14. 정체량 600킬로그램이하의 화약(흑색화약을 제외한다)의 위험공실
15. 정체량 500킬로그램이하의 흑색화약의 위험공실
16. 정체량 600킬로그램이하의 로켓트의 위험공실
17. 정체량 300킬로그램이하의 미진동파쇄기의 위험공실
18. 정체량 60킬로그램이하의 꽃불류등의 위험공실
19. 정체량 20킬로그램이하의 화약 또는 폭약을 사용하는 화공품의 위험공실(제1호 내지 제10호 · 제16호 내지 제18호의 위험공실을 제외한다)

②제1항의 규정에 의한 위험공실의 방폭식구조의 기준은 다음 각호와 같다.

1. 방폭면에는 되도록 큰 출입구 및 창을 설치하여 폭발 또는 불이날 때 저항을 적게 하고 불이 붙기 쉬운 부분에는 방염도료를 칠하는 등 화염에 대한 저항성이 있는 구조로 할 것
2. 방폭면외의 3면의 벽은 제1항제11호의 위험공실(정체량 10킬로그램이하의 폭약의 위험공실을 제외한다)에 있어서는 두께 50센티미터이상의 철근콘크리트조의 구조로 하고, 그 밖의 위험공실에 있어서는 별표 4의 기준에 의한 구조로 할 것
3. 지붕은 제1항제11호의 위험공실(정체량 10킬로그램이하의 폭약의 위험공실을 제외한다)에 있어서는 방폭방향에 대하여 상향으로 경사지게 하고, 그 기점부분은 두께 50센티미터이상, 그 끝부분은 두께 30센티미터이상의 철근콘크리트조의 구조로 하며, 그 밖의 위험공실에 있어서는 방폭방향에 대하여 하향으로 경사지게 하고 폭발 또는 불이 날 때 저항을 적게 하며, 불이 붙기 쉬운 부분에는 방염도료를 칠하는 등 화염에 대한 저항성이 있는 구조로 할 것

제12조 (위험공실의 준방폭식 구조) ①영 제8조제10호의 규정에 의하여 준방폭식구조로 할 수 있는 위험공실은 다음 각호와 같다.

1. 제11조제1항제1호 내지 제10호 · 제12호 · 제13호 · 제17호 내지 제19호의 위험공실
2. 정체량 10킬로그램이하의 폭약(기폭약을 제외한다)의 위험공실

②제1항의 규정에 의한 위험공실의 준방폭식구조의 기준은 다음 각호와 같다.

1. 방폭면에는 되도록 큰 창을 설치하여 폭발 또는 불이 날 때 저항을 적게 하고 불이 붙기 쉬운 부분에는 방염도료를 칠하는 등 화염에 대한 저항성이 있는 구조로 할 것
2. 방폭면외의 3면의 벽은 별표 5의 기준에 의한 구조로 할 것
3. 지붕은 방폭방향에 대하여 하향으로 경사지게 하고, 폭발 또는 불이 날 때 저항을 적게 하며, 불이 붙기 쉬운 부분에는 방염도료를 칠하는 등 화염에 대한 저항성이 있는 구조로 할 것
4. 출입구는 방폭면외의 벽에 설치하고 그 폭은 1.5미터이하로 할 것

③꽃불류등의 위험공실에 있어서는 제1항의 규정에 불구하고 L형의 준방폭식구조로 할 수 있다. 이 경우에는 다음 각호의 구조로 하여야 한다.

1. 방폭면에는 되도록 큰 출입구 및 창을 설치하여 폭발할 때 저항이 적게하고 불이 붙기 쉬운 부분에는 방염도료를 칠하는 등 화염에 대한 저항성이 있는 구조로 할 것
2. 방폭면외의 2면의 벽은 다음의 구조로 할 것
   가. 정체량 30킬로그램을 초과하는 경우에는 두께 15센티미터이상의 철근콘크리트 또는 20센티미터이상의 보강콘크리트블록조
   나. 정체량 30킬로그램이하의 경우에는 두께 10센티미터이상의 철근콘크리트조 또는 15센티미터이상의 보강콘크리트블록조
3. 지붕은 적어도 1면의 방폭방향에 대하여 하향으로 경사지게 하고, 폭발할 때 저항이 적게 하며, 불이 붙기 쉬운 부분에는 방염도료를 칠하는 등 화염에 대한 저항성이 있는 구조로 할 것

제13조 (불이 날 위험이 있는 일광건조장의 방폭벽 및 방화벽) ①영 제8조제11호의 규정에 의한 방폭벽은 제37조의 규정에 의한 방폭벽의 구조에 준한다. <개정 1989.3.14>

②영 제8조제30호의 규정에 의한 방폭벽은 다음 각호의 구조에 의한다.

1. 기초는 시멘트콘크리트조로 견고하게 할 것
2. 벽은 철근콘크리트조ㆍ보강콘크리트블록조 또는 0.35밀리미터이상의 철판이나 내화성의 판을 철골로 보강한 구조로 할 것
3. 벽의 높이는 위험공실에 있어서는 천정의 높이로부터 50센티미터이상, 장난감용 꽃불류저장소의 경우에는 지붕높이이상으로 할 것

제14조 (화약류운반용 축전지차 및 디젤차의 구조) ①영 제8조제33호의 규정에 의한 축전지차의 구조의 기준은 다음 각호와 같다. <개정 2008.3.17>

1. 차바퀴에는 고무타이어를 사용할 것
2. 적재함 또는 짐받이 아래면과 차축과의 사이에는 적당한 완충장치를 할 것
3. 축전지는 진동에 의한 영향을 받지 아니하는 것으로 하고, 단단한 나무상자 또는 이와 동등이상의 강도 및 절연성이 있는 상자에 넣어야 하며, 사용전압은 50볼트이하로 할 것
4. 전동기정류자ㆍ제어기ㆍ전기개폐기ㆍ전기단자 그 밖의 불꽃이 생길 염려가 있는 전기장치에는 화재나 폭발의 발생을 방지할 수 있는 차폐장치를 할 것
5. 전기배선은 캡타이어케이블을 사용하여 배선사이 및 배선과 차체사이에 절연이 유지되도록 고정시키고, 접속부분은 진동에 의한 영향을 받지 아니하도록 할 것

②영 제8조제33호의 규정에 의한 디젤차의 구조의 기준은 다음 각호와 같다.

1. 배기관과 소음기의 이은자리에서 배기가스가 새지 아니하도록 하고, 적재함 또는 짐받이 아래면의 간격이 200밀리미터미만인 부분에는 적당한 방열장치를 할 것
2. 배기관에는 배기가스의 온도를 섭씨 80도이하로 유지할 수 있는 배기가스냉각장치 및 소염장치를 하고 배기관의 열리는 어귀는 적재장치의 뒤끝(견인자동차에 있어서는 앞ㆍ뒤차량의 중간)에 있게 할 것

③제1항제1호ㆍ제4호 및 제5호의 규정은 디젤차의 경우에 이를 준용한다.

제15조 (위험공실등의 정원ㆍ정체량ㆍ최대저치량ㆍ보안간격등의 기준) ①영 제9조제2항제1호의 규정에 의한 화공품의 1일 제조최대수량은 별표 6과 같다. <개정 1996.7.29>

②영 제9조제2항제3호의 규정에 의한 위험공실 및 화약류일시저치장의 정원과 동항제9호의 규정에 의한 위험공실등의 정체량ㆍ최대저치량ㆍ보안간격등의 기준은 별표 7과 같다. <개정 1996.7.29>

第16条 (판매업의 허가신청) ①법 제6조제1항의 규정에 의하여 총포·도검·화약류·분사기·전자충격기·석궁의 판매업의 허가를 받고자 하는 사람은 별지 제4호서식에 의한 판매업허가신청서를 지방경찰청장에게 제출하여야 한다. <개정 1990.4.2, 1991.9.19, 1996.7.29>

②제1항의 허가신청서에는 다음 각호의 서류를 첨부하여야 한다. 다만, 제3호의 서류는 허가관청의 요구가 있는 경우에 한하여 이를 첨부한다. <개정 1989.3.14, 2004.2.2, 2006.9.7>

1. 신체검사서(종합병원 또는 병원에서 발행한 것에 한한다)
2. 사업계획서
3. 협회의 기술검토의견서(화학류판매업의 경우를 제외한다)
4. 정관 및 대표자와 임원의 명단(법인의 경우에 한한다)

③제2항에 따른 신청서를 제출받은 담당 공무원은 「전자정부법」 제21조제1항에 따라 행정정보의 공동이용을 통하여 법인등기부 등본(법인인 경우에 한한다)을 확인하여야 한다. <개정 2006.9.7, 2005.12.5, 2009.9.30>

第16조의2 (판매시설등의 변경허가신청) ①법 제6조제1항 후단의 규정에 의한 판매소의 위치·구조·시설 또는 설비의 변경허가나 판매하는 총포·도검·화약류·분사기·전자충격기·석궁의 종류 변경허가를 받고자 하는 사람은 별지 제4호의2서식의 판매시설등의 변경허가신청서를 지방경찰청장에게 제출하여야 한다. <개정 1991.9.19, 1996.7.29>

②제1항의 규정에 의한 신청서에는 다음의 서류를 첨부하여야 한다. 다만, 제3호의 서류는 허가관청의 요구가 있는 경우에 한하여 이를 첨부한다. <개정 2004.2.2>

1. 허가증
2. 판매시설등의 변경에 따른 사업계획서
3. 협회의 기술검토의견서

[본조신설 1990.4.2]

第17조 (수출입의 허가신청등) ①법 제9조제1항 또는 제2항의 규정에 의하여 총포·도검·화약류·분사기·전자충격기·석궁의 수입 또는 수출의 허가를 받고자 하는 사람은 별지 제5호서식에 의한 수출입허가 신청서를 허가관청인 경찰청장 또는 주된 사업장의 소재지를 관할하는 지방경찰청장에게 제출하여야 한다. <개정 1990.4.2, 1991.9.19, 1996.7.29>

②제1항의 허가신청서에는 다음 각호의 서류를 첨부하여야 한다. <개정 1990.4.2, 1996.7.29>

1. 총포·도검·분사기·전자충격기·석궁의 경우
   총포·도검·분사기·전자충격기·석궁의 종류·성능 및 용도와 사용방법에 관한 설명서
2. 화약·폭약 및 분사기의 경우
   화약·폭약 및 분사기의 성분 및 배합비율에 관한 설명서
3. 화공품의 경우
   화공품의 구조 및 조성에 관한 설명서

③법 제9조제5항의 규정에 의한 화약류의 수입신고는 별지 제6호서식의 화약류수입신고서에 의한다. <개정 1996.7.29>

④법 제9조제5항의 규정에 의한 화약류의 수입신고는 화약류를 적재한 선박 또는 항공기가 대한민국의 항구내에 입항하거나 공항내에 도착한 때로부터 24시간이내에 하여야 한다. <개정 1989.3.14, 1996.7.29>

⑤ 삭제 <2001.4.12>

第18조 (일시 입국하는 사람에 대한 특례) ①총포·도검·화약류·분사기·전자충격기·석궁을 소지하고 대한민국영토내에 일시 입국하는 사람은 그 출입국항을 관할하는 경찰서장에게 총포·도검·화약류·분사기·전자충격기·석궁의 소지를 신고하여야 한다. <개정 1990.4.2, 1996.7.29>

②제1항의 규정에 의한 신고를 받은 경찰서장은 그 총포·도검·화약류·분사기·전자충격기·석궁을 임시영치하여야 한다. <개정 1990.4.2, 1996.7.29>

③일시 입국한 사람이 출국하는 때에는 임시 영치된 총포・도검・화약류・분사기・전자충격기・석궁의 반환을 신청하여야 하며, 이를 접수한 경찰서장은 출국항을 관할하는 세관화물로 탁송하고 그 총포・도검・화약류・분사기・전자충격기・석궁의 소유자로부터 임시 영치물의 인계인수서를 교환하여야 한다. <개정 1990.4.2, 1996.7.29>
④제2항의 규정에 의하여 임시 영치한 총포・도검・화약류・분사기・전자충격기・석궁에 대하여 임시 영치한 날로부터 6월안에 반환신청이 없는 때에는 그 총포・도검・화약류・분사기・전자충격기・석궁을 법 제46조제6항의 규정에 준하여 처리한다. <개정 1990.4.2, 1996.7.29>

제19조 (공기총의 사용자지정신청) ①영 제12조제1항제2호의 규정에 의하여 공기총 사용자로 지정을 받고자 하는 사람은 별지 제7호서식의 공기총사용자지정신청서에 다음 각호의 서류를 첨부하여 관할 경찰서장에게 제출하여야 한다.

1. 총기격납고설계도(간이격납고는 그 사진)
2. 취급책임자의 선임승낙서

②경찰서장은 제1항의 규정에 의하여 공기총사용자를 지정한 때에는 별지 제8호서식의 공기총사용자지정서를 교부하여야 한다.

제20조 (공기총사용자의 공기총관리수칙) 영 제12조제2항의 규정에 의한 공기총 관리수칙은 별표 8과 같다.

제20조의2 (모의총포의 제조신고등) ①법 제11조제2항의 규정에 의하여 모의총포의 제조신고를 하고자 하는 사람은 별지 제8호의2 서식의 모의총포 제조신고서에 다음 각호의 서류를 첨부하여 관할 경찰서장에게 제출하여야 한다. <개정 2004.12.10, 2006.2.22, 2006.9.7>

1. 사업계획서
2. 제조하고자 하는 모의총포의 설계도면
3. 위해예방계획서
4. 정관 및 대표자와 임원의 명단(법인의 경우에 한한다)

②제1항에 따른 신고서를 제출받은 담당 공무원은 「전자정부법」 제21조제1항에 따라 행정정보의 공동이용을 통하여 법인등기부 등본(법인인 경우에 한한다)을 확인하여야 한다. <신설 2006.9.7, 2008.12.5, 2009.9.30>
③경찰서장은 제1항의 규정에 의하여 모의총포제조신고서를 접수한 때에는 별지 제8호의3서식의 모의총포제조신고필증을 신고인에게 교부하여야 한다. <개정 2006.9.7>
④제2항의 규정에 의하여 모의총포제조신고필증을 교부받은 사람이 모의총포제조업을 폐지한 때에는 그 신고필증을 지체없이 반납하여야 한다. <개정 2006.9.7>
⑤경찰서장은 매월 모의총포의 제조・반출실적을 확인하여 이를 기록・보존하여야 한다. <개정 2006.9.7>
[본조신설 1989.3.14]

제21조 (총포・도검・화약류・분사기・전자충격기・석궁의 소지허가신청 <개정 1989.3.14, 1990.4.2, 1996.7.29>) ①법 제12조제1항의 규정에 의하여 총포의 소지허가를 받고자 하는 사람은 별지 제9호서식의 총포소지허가신청서를 허가관청인 지방경찰청장 또는 경찰서장에게 제출하여야 한다. <개정 1991.9.19, 1996.7.29>
②법 제12조제1항의 규정에 의하여 도검 또는 화약류의 소지허가를 받고자 하는 사람은 별지 제10호서식의 도검소지허가신청서 또는 별지 제14호서식의 화약류사용(소지)허가신청서를 관할 경찰서장에게 제출하여야 한다.
③법 제12조제1항의 규정에 의하여 분사기・전자충격기・석궁의 소지허가를 받고자 하는 사람은 별지 제10호의2서식의 분사기・전자충격기・석궁 소지허가신청서를 관할경찰서장에게 제출하여야 한다. <개정 1990.4.2, 2004.2.2>
④제1항 내지 제3항의 규정에 의한 각 허가신청서에는 다음의 서류를 첨부하여야 한다. <신설 1990.4.2, 1996.7.29, 1999.7.15, 2004.11.1, 2006.2.22, 2006.5.30>

1. 신체검사서(공기총 · 가스발사총 · 마취총 · 산업용총 · 구명줄발사총 · 도검 · 분사기 · 전자충격기 및 석궁의 경우외에는 종합병원 또는 병원에서 발행한 것에 한한다. 다만, 가스발사총 · 도검 · 분사기 및 전자충격기의 경우 「도로교통법」 제80조의 규정에 의한 운전면허가 있는 사람은 신체검사서를 첨부하지 아니한다)

2. 총포 · 도검 · 화약류 · 분사기 · 전자충격기 · 석궁의 출처를 증명할 수 있는 서류

3. 제24조 각호의 1에 해당하는 자가 발급한 사격선수확인증(사격경기용 총포를 소지하는 경우에 한한다)

⑤법 제12조제2항의 규정에 의하여 법인의 대표자 · 대리인 · 사용인 기타 종업원이 산업용총 · 가스발사총 · 분사기 · 전자충격기를 소지하고자 할 경우에는 법인의 대표자가 별지 제10호의3서식의 산업용총 · 가스발사총 · 분사기 · 전자충격기소지허가신청서에 다음 각호의 서류를 첨부하여 관할경찰서장에게 제출하여야 한다. <신설 1996.7.29, 2004.11.1, 2004.12.10, 2006.2.22, 2006.5.30, 2006.9.7>

1. 실제사용자 전원의 신체검사서(건설용타정총 사용자와 「도로교통법」 제80조의 규정에 의한 운전면허가 있는 가스발사총 · 분사기 · 전자충격기 사용자의 경우를 제외한다)

2. 산업용총 · 가스발사총 · 분사기 · 전자충격기의 출처를 증명할 수 있는 서류

3. 정관 및 대표자와 임원의 명단

⑥제5항에 따른 신청서를 제출받은 담당 공무원은 「전자정부법」 제21조제1항에 따라 행정정보의 공동이용을 통하여 법인등기부 등본(법인인 경우에 한한다)을 확인하여야 한다. <신설 2006.9.7, 2008.12.5, 2009.9.30>

제22조 (호신용권총의 소지허가) 영 제14조제1항제1호의 규정에 의하여 호신을 목적으로 권총의 소지허가를 받을 수 있는 사람은 사회적 지위 또는 업무의 성격상 신변의 위협으로부터 몸을 보호하기 위하여 권총의 소지가 필요하다고 인정되는 사람으로 한다.

제23조 (산업용총포) 영 제14조제1항제3호에서 "그 밖에 산업용에 필요한 총포로서 행정안전부령이 정하는 것"이라 함은 다음 각호의 것을 말한다. <개정 1999.7.15, 2008.3.6>

1. 광산용에 사용되는 총포로서 광쇄총과 동등이상의 성능을 가진 것
2. 건설용에 사용되는 총포로서 타정총과 동등이상의 성능을 가진 것
3. 시멘트소성로에 사용되는 총포로서 청소총과 동등이상의 성능을 가진 것

제24조 (사격선수등의 추천기관) 영 제14조제1항제5호의 규정에 의한 사격선수 또는 후보자를 추천하는 기관의 장은 다음 각호와 같다. <개정 1990.4.2, 2001.4.12>

1. 대한체육회장 또는 한국장애인복지진흥회장
2. 대한사격연맹회장, 한국장애인사격연맹회장 또는 그 지회장
3. 삭제 <1990.4.2>

제25조 (국제경기등에 참가하는 사람에 대한 총포 · 도검 · 석궁의 수출입 및 소지허가 <개정 1996.7.29>) ①법 제14조제1항의 규정에 의한 국제경기대회등에 참가하는 사람이 총포 · 도검 · 석궁의 일시 수출입 또는 일시 소지허가를 받고자 하는 때에는 다음 각호의 사항을 기재한 신청서를 출입국항의 소재지를 관할하는 지방경찰청장에게 제출하여야 한다. <개정 1991.9.19, 1996.7.29>

1. 성명 · 국적 · 주소 · 연령 및 직업
2. 총포 · 도검 · 석궁의 제조국명 · 종류 · 형식 · 제조번호 · 구경 및 규격

②제1항의 규정에 의한 일시수출입허가의 기간은 6월을 초과할 수 없다.

제26조 (일시수출입 및 소지허가신청의 대행) ①법 제14조제2항의 규정에 의한 총포(실탄을 포함한다. 이하 이 조에서 같다) · 도검 · 석궁의 일시수출입 및 일시소지허가신청에 있어서는 주소지(법인인 경우에는 주된 사

무소의 소재지)를 관할하는 지방경찰청장의 지정을 받은 사람이 이를 대행할 수 있다. <개정 1991.9.19, 1996.7.29>

②제1항의 규정에 의하여 총포·도검·석궁의 일시수출입 및 일시소지허가의 신청대행자로 지정을 받고자 하는 사람은 별지 제11호서식의 총포·도검·석궁일시수출입 및 소지허가신청대행자지정신청서에 다음 각 호의 서류를 첨부하여 관할지방경찰청장에게 제출하여야 한다. <개정 1991.9.19, 1996.7.29>

1. 수출입 및 사용계획서
2. 총포·도검·석궁의 취급을 증명하는 서류

③지방경찰청장은 제2항의 규정에 의한 신청대행자를 지정한 때에는 별지 제12호서식의 지정서를 교부하여야 한다. <개정 1991.9.19, 1996.7.29>

④제1항의 규정에 의한 허가신청대행자의 허가신청을 할 수 있는 자격은 다음 각호의 1에 해당하는 사람으로 한다. <개정 1996.7.29>

1. 협회의 장 및 그 지부의 장
2. 대한체육회장 또는 사격연맹회장
3. 수렵관계기관단체의 장
4. 사격장경영자(클레이·스키트·라이플 사격장에 한한다)
5. 총포·도검·석궁의 취급업자

第27조 (소지·사용등에 있어서 법의 적용이 배제되는 화공품의 수량) 법 제15조에서 "행정안전부령이 정하는 수량"이라 함은 다음 각호와 같다. <개정 1996.7.29, 1999.7.15, 2008.3.6>

1. 실탄·공포탄(타정총의 공포탄을 제외한다) 및 총용뇌관:400개이하
2. 타정총의 공포탄:5천개이하
3. 신호용뇌관·신호용염관(신호연막을 제외한다) 및 신호용화전:200개이하
4. 신호연막통:100개
5. 시동약:무제한

第28조 (총포소지허가의 갱신등) ①법 제16조제2항의 규정에 의하여 총포소지허가의 갱신을 받고자 하는 사람은 갱신기간 만료일까지 별지 제13호서식의 총포소지허가갱신신청서에 다음 각호의 서류를 첨부하여 허가관청에 제출하여야 한다. 다만, 재해·질병 그밖의 부득이한 사유로 기간내에 신청할 수 없는 경우에는 그 사유를 기재한 서류를 첨부하여 연기신청을 할 수 있으며, 허가관청은 법 제47조제2항의 규정에 의하여 보관중인 총포에 대하여는 그 총포가 반환될 때까지 소지허가의 갱신을 유보할 수 있다. <개정 1990.4.2, 1996.7.29, 2004.2.2>

1. 제21조제4항제1호 및 동조제5항제1호의 규정에 의한 신체검사서
2. 사진(가로 2.5센티미터, 세로 3센티미터)
3. 총포소지허가증 및 사격선수확인증(사격경기를 목적으로 총포를 소지하는 경우에 한한다)

②허가관청이 총포소지허가를 갱신한 때에는 허가증 뒤쪽의 기재사항변경란에 허가갱신사항을 기재하여야 한다. <개정 1996.7.29>

③제1항 단서의 규정에 의하여 허가갱신 연기신청을 하고자 하는 사람은 갱신기간 만료일까지 별지 제13호의2서식의 총포소지허가갱신연기신청서를 허가관청에 제출하여야 하며, 허가갱신의 연기를 받은 사람은 그 사유가 없어진 날부터 3월이내에 허가갱신을 신청하여야 한다. <신설 1990.4.2, 2004.2.2>

[전문개정 1989.3.14]

第28조의2 (총포소지허가의 갱신예고 <개정 2004.2.2>) 총포소지허가를 한 지방경찰청장 또는 경찰서장은 총포소지허가를 받은 사람에게 갱신기간 만료 30일 전까지 허가갱신에 필요한 안내사항을 통지할 수 있다. <개정 2004.2.2>

[본조신설 1996.7.29]

第29조 (화약류의 사용허가신청) ①법 第18조第1항 본문의 규정에 의하여 화약류의 사용허가를 받고자 하는 사람은 별지 第14호서식의 화약류사용(소지) 허가신청서를 사용지를 관할하는 경찰서장에게 제출하여야 한다. 다만, 사용지가 2개소이상인 때에는 주된 사용지를 관할하는 경찰서장에게 제출하여야 하며, 신청서를 접수한 경찰서장은 종된 사용지를 관할하는 경찰서장의 협의를 거쳐 허가를 결정하고 그 허가사항을 통보하여야 한다. <개정 1989.3.14>

②제1항의 규정에 의한 허가신청서에는 다음 각호의 구분에 따른 서류를 첨부하여야 한다. <개정 1989.3.14>

1. 꽃불류의 사용허가신청의 경우
   가. 사용순서대장
   나. 사용책임자 및 작업자의 성명
   다. 제조소명
   라. 사용장소 및 그 부근약도
2. 꽃불류외의 화약류의 사용허가신청의 경우
   가. 사용계획서
   나. 사용하고자 하는 화약류저장소의 설치허가증 사본

第30조 (화약류의 폐기신고) ①법 第20조第1항 본문의 규정에 의한 화약류의 폐기신고는 별지 第15호서식의 화약류폐기신고서에 의한다. 이 경우 폐기계획서를 첨부하여야 한다.

②화약류의 폐기작업중 폐기하고자 하는 화약류에 이상이 있거나 폐기의 방법・장소 또는 화약류관리보안책임자를 변경하고자 하는 때에는 폐기작업을 중지하고 변경신고를 하여야 한다.

第31조 (화약류양도・양수의 허가신청) ①법 第21조第1항 본문의 규정에 의하여 화약류를 양도 또는 양수하고자 하는 사람은 사용지가 특정된 경우에는 사용지를 관할하는 경찰서장의, 사용지가 특정되지 아니한 경우에는 양수하고자 하는 사람의 주소지(법인인 경우에는 주된 사무소의 소재지)를 관할하는 경찰서장의 허가를 받아야 한다. <개정 1996.7.29>

②제1항의 규정에 의한 화약류의 양도 또는 양수의 허가신청은 별지 第16호서식의 화약류 양도・양수허가신청서에 의하되, 다음 각호의 서류를 첨부하여야 한다. <개정 1996.7.29>

1. 화약류사용허가증 사본
2. 광업권허가증 사본・조광권인가서 사본 또는 탐광계획인가서 사본(광물의 채취를 위하여 화약류를 사용하고자 하는 사람에 한한다)

③양수허가의 유효기간은 1년을 초과할 수 없으며, 1회에 허가할 수 있는 화약류의 수량은 화약류 사용계획서에 기재된 그 연도의 1년간의 사용량을 초과할 수 없다.

④화약류를 양도할 때 양도인은 양수인이 소지하는 별지 第39호서식의 화약류 양도・양수허가증 뒷쪽의 양도인・양수인기재란에, 화약류를 양수할 때 양수인은 양도인이 소지하는 별지 第39호서식의 화약류 양도・양수허가증 뒷쪽의 양도인・양수인기재란에 소정의 사항을 각각 기재하여야 한다. <신설 1996.7.29>

第32조 (교육의 과목 및 강사) ①법 第22조의 규정에 의한 교육의 구분과 과목 및 시간은 별표 9와 같다.

②제1항의 규정에 의한 교육을 담당할 강사는 별표 10에 의한 자격을 갖춘 사람중에서 지방경찰청장 또는 경찰서장이 위촉하여야 한다. <개정 1989.3.14, 1991.9.19>

第33조 (교육의 공고 및 수강신청) ①지방경찰청장 또는 경찰서장은 법 第22조의 규정에 의한 교육을 실시하고자 하는 때에는 교육실시 20일전에 교육의 일시・장소 그 밖의 교육의 실시에 관하여 필요한 사항을 공고하여야 한다. 다만, 법 第22조第3항의 규정에 의하여 교육을 위탁한 경우로서 항시 교육을 실시하는 경우에는 그러하지 아니하다. <개정 1989.3.14, 1991.9.19>

②법 제22조의 규정에 의한 교육을 받고자 하는 사람은 별지 제17호서식의 교육수강신청서에 다음 각호의 서류를 첨부하여 지방경찰청장 또는 경찰서장에게 제출하여야 한다. <개정 1989.3.14, 1990.4.2, 1991.9.19, 1996.7.29, 2001.4.12, 2009.9.30>

1. 화약류제조기사ㆍ화약류제조산업기사 자격증 또는 화약류관리기술사ㆍ화약류관리기사ㆍ화약류관리산업기사ㆍ화약취급기능사 자격증(총포ㆍ석궁의 소지허가의 경우는 제외한다)
2. 사후교육의 사유를 증명할 수 있는 서류(사후교육을 받을 자에 한한다)

③법 제22조제2항의 규정에 의한 교육수료증은 별지 제18호서식의 총포ㆍ화약류ㆍ석궁교육수료증서에 의한다. <개정 1990.4.2, 1996.7.29, 2001.4.12>

제33조의2 (교육면제 평가시험) ① 영 제26조제1항제1호바목에 따른 교육면제 평가시험(이하 이 조에서 "시험"이라 한다)은 필기시험의 방법으로 실시하고, 엽총의 소지허가를 위한 교육을 면제받으려는 사람은 70점 이상, 공기총이나 석궁의 소지허가를 위한 교육을 면제받으려는 사람은 60점 이상 득점하여야 한다.

② 시험은 총포ㆍ도검ㆍ화약류 등 단속법령, 야생 동ㆍ식물보호법령, 엽총ㆍ공기총 또는 석궁의 취급 요령에 관하여 출제한다.

③ 시험은 지방경찰청장이 지정하는 경찰서나 그 밖의 장소에서 실시한다.

④ 시험을 보려는 사람은 주소지를 관할하는 경찰서장에게 별지 제17호의2서식의 엽총(공기총ㆍ석궁) 소지허가 교육면제 평가시험 신청서를 제출하여야 한다.

[본조신설 2008.3.17]

제34조 (화약류저장소의 설치허가신청) ①법 제25조제1항의 규정에 의하여 화약류저장소의 설치 또는 변경허가를 받고자 하는 사람은 별지 제19호서식의 화약류저장소설치(변경) 허가신청서를 지방경찰청장(3급저장소 및 간이저장소의 경우에는 경찰서장)에게 제출하여야 한다. <개정 1991.9.19>

②제1항의 허가신청서에는 다음 각호의 서류를 첨부하여야 한다. 다만, 제4호의 서류는 허가관청의 요구가 있는 경우에 한하여 이를 첨부한다. <개정 1989.3.14, 2004.2.2>

1. 신체검사서(종합병원 또는 병원에서 발행한 것에 한한다)
2. 저장소의 설계도 및 그 명세서
3. 저장소 및 그 부근(4방 500미터이내)의 약도(변경허가의 경우에는 저장소위치의 변경에 한한다)
4. 협회에서 발행한 기술검토의견서
5. 안전점검계획서 및 위해예방계획서

제35조 (화약류저장소의 부속시설에 대한 보안거리) 영 제30조제5항의 규정에 의한 화약류저장소의 부속시설에 대한 보안거리는 영 별표 8의 제3종보안물건에 해당하는 거리의 2분의 1로 한다. 다만, 경비실의 경우에는 8분의 1로 한다.

제36조 (피뢰장치) 영 제41조의 규정에 의한 피뢰장치의 위치ㆍ형식ㆍ구조 및 재료등은 다음 각호의 기준에 의한다. <개정 2008.3.17>

1. 피뢰장치는 피뢰침ㆍ피뢰도선ㆍ가공지선 및 전극으로 할 것
2. 피뢰침 및 가공지선은 다음의 기준에 의할 것
   가. 뇌격으로부터 보호하고자 하는 건물(이하 "피보호건물"이라 한다)로부터 독립하여 피뢰침 및 가공지선을 설치하는 경우에는 피뢰침 및 가공지선의 각 부분은 피보호건물로부터 2.5미터이상의 거리를 둘 것
   나. 피뢰침 및 가공지선은 뇌격ㆍ바람등에 의하여 부서지거나 무너지지 아니하도록 단단하게 설치할 것
   다. 피뢰침 및 가공지선을 지탱하기 위한 당김줄을 설치할 때에는 그 당김줄의 지지점을 피뢰도선과 완전히 접속할 것
   라. 다목의 규정에 의한 당김줄은 제3호 라목 내지 바목의 규정에 준하여 설치할 것
3. 피뢰도선은 다음의 기준에 의할 것

가. 피보호건물의 상단이하에 있어서는 2줄이상으로 하여 서로 분리하여 설치할 것. 다만, 피보호건물로부터 독립하여 피뢰침 및 가공지선을 설치하거나 피뢰도선을 단면적 41제곱밀리미터이상의 구리선 또는 그 이상의 전도체로 할 때에는 그러하지 아니하다.

나. 직선으로 설치하되 부득이 곡선으로 할 때에는 그 곡률반경은 20센티미터이상으로 하고, 가공지선 및 피뢰침을 피보호건물로부터 독립하여 설치할 때를 제외하고는 건물의 바깥곁에 설치할 것

다. 단면적 30제곱밀리미터이상의 구리선 또는 그 이상의 전도체로 할 것

라. 전등선・전화선과 가스관 그 밖의 불이 붙기 쉬운 가스 또는 화약류의 가루나 먼지가 나올 염려가 있는 장소에서는 이들과 1미터이상의 거리를 둘 것. 다만, 가스관에 있어서 철근콘크리트벽, 땅에 닿은 금속판 또는 금속망 그 밖의 정전기 차폐물이 있는 경우와 불이 붙기 쉬운 가스 또는 화약류의 가루나 먼지가 나올 염려가 있는 장소에 인화방지 조치를 한 경우에는 그러하지 아니하다.

마. 돌침의 지지물로서 철관을 사용하는 때에는 피뢰도선이 그 관속으로 통하지 아니하게 할 것

바. 피뢰도선으로부터 1미터이내의 거리에 있는 금속제빗물받이통, 사다리 그 밖의 금속성 물질은 단면적 14제곱밀리미터이상의 구리선 또는 그 이상의 전도체로서 땅에 닿게 할 것. 다만, 피뢰도선과 사이에 철근콘크리트벽, 땅에 닿은 금속관 또는 금속망 그 밖의 정전기 차폐물이 있는 때에는 그러하지 아니하다.

4. 돌침 또는 가공지선의 가공선은 다음의 기준에 의할 것

가. 돌침은 지름 12밀리미터이상, 가공선은 단면적 30제곱밀리미터이상의 구리선 또는 그 이상의 전도체로 할 것

나. 돌침은 수직으로, 가공선은 수평으로 할 것

다. 피보호건물의 상단으로부터 돌침의 상단까지의 높이는 3미터이상으로 할 것

라. 돌침 또는 가공선은 피보호건물의 모든면과 돌침의 상단 또는 가공선의 어느 점과 연결하는 직선이 그 점을 통과하는 수직선과 45도의 각도를 넘지 아니하도록 할 것. 다만, 다음의 경우에는 그 각도가 60도 이내가 되도록 할 수 있다.

(1) 1개의 피보호건물에 2개이상의 돌침을 설치하는 경우로서 그 중 2개의 돌침의 상단을 포함하는 수직면에 대하여 30도의 각도를 이루고 다른 돌침의 상단을 통하는 수직면에 의하여 그 피보호건물이 둘러싸이게 되는 경우

(2) 2개의 피보호건물에 2개이상의 가공선을 설치하는 경우로서 그 가공선의 양끝중 어느 한 끝을 포함하는 수직면에 의하여 그 피보호건물이 둘러싸이게 되는 경우

5. 피뢰도선 및 가공지선의 전극은 다음의 기준에 의할 것

가. 전극은 피뢰도선마다 1개이상으로 할 것

나. 전극을 땅에 묻을 때에 그 부근에 가스관이 있을 경우에는 그로부터 1미터이상의 거리를 둘 것

다. 전극은 구리판 또는 그 이상의 전도성이 있는 금속으로 할 것

라. 전극의 접지저항(전극에 접속하는 피뢰도선의 접지저항을 포함한다)은 피뢰도선이 2줄이상인 때에는 그 1줄마다 20옴이하로, 1줄인 때에는 10옴이하로 할 것. 다만, 피뢰침 또는 가공지선을 산지・모래땅 등 대지의 고유저항이 높은 곳에 설치하는 경우에 있어서 단면적 30제곱밀리미터이상, 길이 5미터이상의 구리선 4줄이상을 전극으로 하여 피보호건물로부터 방사상으로 지하 50센티미터이상의 깊이로 묻는 경우에는 그러하지 아니하다.

제37조 (꽃불류저장소주위의 방폭벽) 영 제44조의 규정에 의한 꽃불류저장소주위의 방폭벽의 위치・구조・자재등은 다음 각호의 기준에 의한다.

1. 방폭벽은 꽃불류저장소의 바깥벽과의 거리가 2미터이상이 되도록 할 것
2. 방폭벽은 두께 15센티미터이상의 철근콘크리트조 또는 두께 20센티미터이상의 보강콘크리트블록조로 하고 기초를 단단하게 할 것

3. 방폭벽은 꽃불류저장소의 처마높이(일광건조장에 있어서는 2.5미터)이상으로 할 것

4. 방폭벽의 출입구에는 그 바깥쪽에 다시 방폭벽을 설치하는 등 폭발할 때에 바깥에 폭발의 영향이 미치지 아니하도록 할 것

第38조 (운반신고) ①법 제26조제1항의 규정에 의하여 화약류운반신고를 하고자 하는 사람은 별지 제20호서식의 화약류운반신고서를 특별한 사정이 없는 한 운반개시 4시간전까지 발송지를 관할하는 경찰서장에게 제출하여야 한다. <개정 1989.3.14>

② 삭제 <1989.3.14>

③경찰서장은 제1항의 규정에 의한 신고서를 접수한 때에는 그 운반의 일시・통로・방법 및 화약류의 성능과 적재방법등을 검토하고 재해의 방지 또는 공공의 안전유지를 위하여 필요하다고 인정할 때에는 법 제47조의 규정에 의한 조치를 하여야 한다.

第39조 (신고필증) ①경찰서장은 제38조의 규정에 의한 화약류운반신고서를 접수한 때에는 별지 제21호서식의 화약류운반신고필증을 신고인에게 교부하여야 한다. 이 경우 경찰서장은 제38조제3항의 규정에 의한 조치를 한 때에는 그 내용을 신고서 및 신고필증에 부기하여야 한다.

②제1항의 신고필증을 교부한 경찰서장은 지체없이 당해 운반화약류의 종류・수량・통과일시등 필요한 사항을 도착지를 관할하는 경찰서장에게 통지하여야 한다.

第40조 (신고필증의 반납) ①제39조제1항의 규정에 의하여 신고필증을 교부받은 사람은 다음 각호의 1에 해당할 때에는 그 신고필증을 지체없이 반납하여야 한다.

1. 그 화약류를 운반하지 아니하게 된 때
2. 운반기간이 경과한 때
3. 운반을 완료한 때

②제1항의 신고필증의 반납은 화약류의 발송지를 관할하는 경찰서장에게 하되, 제1항제3호의 경우에는 도착지를 관할하는 경찰서장에게 반납하고 반납받은 경찰서장은 신고필증을 교부한 경찰서장에게 이를 통지하여야 한다. <개정 1989.3.14>

第41조 (화약류제조・관리보안책임자의 선임 및 해임신고) ①법 제27조제1항 및 제2항의 규정에 의한 화약류제조보안책임자 또는 화약류관리보안책임자의 선임 및 해임신고는 별지 제22호서식의 화약류제조(관리) 보안책임자선임(해임)신고서에 의한다.

②허가관청은 제1항의 선임 및 해임신고를 받은 때에는 그 면허증에 선임 및 해임사실을 기재하고 서명날인후 이를 신고인에게 돌려주어야 한다. <신설 1989.3.14>

第42조 (면허의 신청) ①법 제28조제1항의 규정에 의하여 화약류제조보안책임자 또는 화약류관리보안책임자의 면허를 받고자 하는 사람은 별지 제23호서식의 화약류제조(관리)보안책임자면허신청서를 지방경찰청장에게 제출하여야 한다. <개정 1990.4.2, 1991.9.19>

②제1항의 면허신청서에는 다음 각호의 서류를 첨부하여야 한다. <개정 1999.7.15>

1. 신체검사서(종합병원 또는 병원에서 발행한 것에 한한다)
2. 해당 기술자격을 증명하는 서류
3. 사진(가로 3센티미터, 세로 4센티미터)

③시・도지사는 제1항 및 제2항의 규정에 의한 면허신청서를 받은 때에는 법 제29조의 규정에 의한 결격사유에의 해당여부를 확인하여야 한다. <개정 1990.4.2>

第43조 (화약류제조・관리보안책임자면허의 갱신) ①법 제28조제4항의 규정에 의하여 화약류제조보안책임자면허 또는 화약류관리보안책임자면허의 갱신을 받고자 하는 사람은 갱신기간 만료일까지 별지 제24호서식의 화약류제조(관리)보안책임자면허갱신신청서에 다음 각호의 서류를 첨부하여 면허관청에 제출하여야 한

다. 다만, 재해·질병 그 밖의 부득이한 사유로 기간내에 신청할 수 없는 경우에는 그 사유를 명확하게 기재한 서류를 첨부하여 연기신청을 할 수 있다. <개정 1989.3.14, 1990.4.2, 1999.7.15, 2004.2.2>

1. 신체검사서(종합병원 또는 병원에서 발행한 것에 한한다)
2. 사진(가로 3센티미터, 세로 4센티미터)
3. 구면허증
4. 삭제 <1990.4.2>

②면허관청은 화약류제조보안책임자면허 또는 화약류관리보안책임자면허를 갱신한 때에는 구면허증을 회수하고 신면허증을 교부하여야 한다.

③제1항 단서의 규정에 의하여 면허갱신 연기신청을 하고자 하는 사람은 갱신기간 만료일까지 별지 제24호의2서식의 화약류제조(관리)보안책임자면허갱신연기신청서를 면허관청에 제출하여야 하며, 면허갱신의 연기를 받은 사람은 그 사유가 없어진 날부터 3월이내에 면허갱신을 신청하여야 한다. <신설 1990.4.2, 2004.2.2>

第44조 (화공품 안정도시험의 기준등 <개정 2004.2.2>) ①영 제59조제2항제4호의 규정에 의한 화공품 안정도시험의 기준 및 방법은 별표 11의2와 같다. <신설 2004.2.2>

②영 제63조의 규정에 의한 화약류의 안정도시험에 사용하는 시험기등은 다음 각호와 같다. <개정 1999.7.15, 2008.3.6>

1. 내열시험기는 내열시험용시험관 및 탕전기로 할 것
2. 가열시험기는 칭량병 및 칭량시험기로 할 것
3. 유리산시험기 및 내열시험용시험관과 칭량병은 별표 11에 의할 것
4. 청색리트머스시험지·옥도가리전분지·정제활석분 및 표준색지는 행정안전부장관이 지정하는 연구소등에서 시행하는 검정시험에 합격한 것으로 하되, 청색리트머스시험지는 가로 10밀리미터 세로 40밀리미터의 것으로 할 것

第45조 (화약류의 포장기준) 법 제34조제1항 및 영 제9조제21호의 규정에 의한 화약류의 포장 및 영 별표 14의 비고란의 특별한 용기의 기준은 별표 12와 같다.

第46조 (화약류의 응급조치의 신고) 법 제36조의 규정에 의한 화약류의 응급조치의 신고는 별지 제25호서식의 화약류응급조치신고서에 의한다.

第47조 (위해예방규정의 기준) 법 제38조제1항의 규정에 의한 위해예방규정의 기준은 별표 13과 같다.

第48조 (자체안전교육계획의 기준) 법 제39조제1항의 규정에 의한 종업원의 자체안전교육계획의 기준은 별표 14와 같다.

第49조 (자체안전점검계획기준등) ①법 제40조제1항의 규정에 의한 자체안전점검계획의 기준은 별표 15와 같다.

②자체안전점검계획을 수립·실시하여야 할 화약류저장소설치자는 1급·2급 및 3급저장소의 설치자로 한다.

③화약류저장소설치자가 화약류제조업자인 경우에는 제1항의 안전점검계획중에 그 제조시설에 대한 안전점검계획을 포함하여야 한다.

④법 제40조제2항의 규정에 의한 자체안전정기점검의 보고는 별지 제26호서식의 자체안전정기점검보고서에 의한다.

第50조 (총포·분사기·전자충격기·석궁의 검사 <개정 1990.4.2, 1996.7.29>) ①법 제42조제1항 또는 제6항의 규정에 의한 총포의 검사는 별표 16, 분사기의 검사는 별표 16의2, 전자충격기의 검사는 별표 16의3, 석궁의 검사는 별표 16의4의 기준에 의하되, 다음과 같이 구분하여 실시한다. <개정 1990.4.2, 1996.7.29>

1. 제조시제품 종합검사(제조허가를 받아 처음 제조한 총포·분사기·전자충격기·석궁의 검사)
2. 제조품 안전검사(제1호의 검사를 거쳐 제조한 총포·분사기·전자충격기·석궁의 검사)
3. 수입품 안전검사(수입허가를 받아 수입한 총포·분사기·전자충격기·석궁의 검사)
4. 성능개조 여부검사(소지허가를 받은 총포·분사기·전자충격기·석궁의 성능개조여부 검사)

②총포·분사기·전자충격기·석궁의 검사방법은 다음과 같다. <개정 1990.4.2, 1996.7.29, 1999.7.15>

1. 총포·분사기·전자충격기·석궁의 검사는 검사대상인 모든 총포·분사기·전자충격기·석궁에 대하여 실시한다. 다만, 수출용 분사기·전자충격기 및 석궁에 대하여는 제1항제1호 및 제2호의 검사를 하지 아니하고, 수출용 총포에 대하여는 제1항제2호의 검사를 하지 아니한다.
2. 검사결과 합격품에 대하여는 총포는 기관부 왼쪽, 분사기·전자충격기·석궁은 손잡이 부분 또는 몸통과 총포·분사기·전자충격기·석궁의 출처증명서에 각각 소정의 합격표시를 한다.
3. 총포·분사기·전자충격기·석궁의 검사는 협회 또는 제조업소의 검사시설을 이용하여 실시한다.
4. 제조품 안전검사는 제조업소의 장소에서 실시한다.
5. 검사를 한 때에는 검사대상에 검사총포·분사기·전자충격기·석궁의 제조번호등을 기록·유지하고, 검사를 받은 제조업소의 확인을 받아야 한다.

③총포·분사기·전자충격기·석궁의 검사결과 제1항의 규정에 의한 기준에 위반되어 성능개조여부검사에 불합격된 총포·분사기·전자충격기·석궁에 대하여는 법 제47조제2항의 규정에 의하여 이를 임시 영치하여야 한다. <개정 1990.4.2, 1996.7.29>

④법 제42조제3항의 규정에 의하여 협회가 갖추어야 할 총포·분사기·전자충격기·석궁검사 시설기준과 검사업무를 행할 자의 자격기준은 별표 16의 5와 같다. <개정 1990.4.2, 1996.7.29>

[전문개정 1989.3.14]

제51조 (완성검사의 신청) ①총포·도검·화약류·분사기·전자충격기·석궁의 제조업·판매업 또는 화약류 저장소설치의 허가를 받은 사람은 별지 제27호서식의 완성검사신청서에 다음 각호의 서류를 첨부하여 법 제43조의 규정에 의한 완성검사를 신청하여야 한다. 다만, 부득이한 사유로 완성검사 기간내에 신청할 수 없는 때에는 그 사유를 명확하게 기재한 서류를 첨부하여 연기신청을 할 수 있다. <개정 2004.2.2>

1. 시설기기 배치도
2. 협회의 안전진단 결과보고서(허가관청의 요구가 있는 경우에 한하여 첨부한다)

②제1항의 규정에 의하여 신청한 검사에 합격한 사람에게는 별지 제28호서식의 완성검사합격증을 교부한다.

③제1항 단서의 규정에 의하여 완성검사의 연기신청을 하고자 하는 사람은 완성검사기간 만료일까지 별지 제27호의2서식의 완성검사 연기신청서에 부득이한 사유를 증명할 수 있는 서류를 첨부하여 허가관청에 제출하여야 한다. <신설 2004.2.2>

[전문개정 1989.3.14]

제52조 (행정처분의 기준) 법 제30조·법 제45조 및 법 제46조제1항의 규정에 의한 행정처분의 기준은 별표 17과 같다. <개정 1989.3.14, 1996.7.29>

제53조 (소지허가등이 취소되어 임시영치된 총포·도검·화약류·분사기·전자충격기·석궁의 반환 <개정 1990.4.2, 1996.7.29>) ①법 제46조제4항의 규정에 의한 총포·도검·화약류·분사기·전자충격기·석궁의 반환신청은 별지 제29호서식의 총포·도검·화약류·분사기·전자충격기·석궁반환신청서에 의한다. <개정 1990.4.2, 1996.7.29>

②제1항의 신청서에는 다음 각호의 서류를 첨부하여야 한다.

1. 양수를 한 사람 또는 증여를 받은 사람의 소지허가증
2. 소지허가반납증

③제1항의 신청서를 받은 허가관청은 임시영치된 총포·도검·화약류·분사기·전자충격기·석궁의 임시영치증명서 및 소지허가증을 대조·확인한 후 임시영치증명서를 회수하고 신청인에게 임시영치된 총포·도검·화약류·분사기·전자충격기·석궁을 반환하여야 한다. <개정 1990.4.2, 1996.7.29>

第54条 (소지허가등이 취소되어 임시영치된 총포·도검·화약류·분사기·전자충격기·석궁의 처리에 대한 최고 또는 공고 <개정 1990.4.2, 1996.7.29>) ①법 第46조第5항의 규정에 의한 총포·도검·화약류·분사기·전자충격기·석궁의 처리에 대한 최고는 그 처리일 14일전까지 소유권포기를 위한 조치를 할 의무가 있는 사람에게 도달되도록 하여야 한다. <개정 1990.4.2, 1996.7.29>

②법 第46조第5항의 규정에 의한 총포·도검·화약류·분사기·전자충격기·석궁의 처리에 대한 공고는 허가관청의 게시판에 하고 그 기간은 14일이상으로 한다. <개정 1990.4.2, 1996.7.29>

③第2항의 공고에는 다음 각호의 사항을 포함하여야 한다. <개정 1990.4.2, 1996.7.29>

1. 임시영치된 총포·도검·화약류·분사기·전자충격기·석궁의 종류 및 수량
2. 임시영치의 일시·장소 및 보관장소
3. 소유자의 성명 및 주소
4. 처리방법 그 밖에 필요한 사항

第54조의2 (총포 등의 보관서식) 영 第70조의2第2항의 규정에 의한 총포 등의 보관사실을 증명하는 서면은 별지 第29호의2서식에 의한다.

[본조신설 1997.4.16][종전 第54조의2는 第54조의3으로 이동<1997.4.16>]

第54조의3 (총포·도검·화약류·분사기·전자충격기·석궁소지자의 준수사항) 법 第47조第3항의 규정에 의하여 총포·도검·화약류·분사기·전자충격기·석궁을 소지하는 사람이 준수하여야 할 사항은 다음 각호와 같다.

1. 개인이 보관하는 총포는 캐비넷등 자물쇠장치가 된 장소에 보관할 것
2. 수렵을 위한 총포운반전에 주소지 관할경찰관서에 수렵지·수렵기간등의 사항을 신고할 것
3. 수렵기간중 총포야간운반금지를 위하여 관할경찰서장이 일출전·일몰후 경찰관서에 총포를 보관할 것을 지시하는 경우 이에 따를 것
4. 화약류소지자 또는 사용자는 화약류관리보안책임자 또는 화약류취급보조원에게만 화약류를 취급하도록 통제할 것.
5. 기타 공공의 안전유지를 위하여 경찰서장이 발하는 지시·명령에 따를 것

[본조신설 1996.7.29][第54조의2에서 이동<1997.4.16>]

第55조 (제조·판매·사용상황의 보고) 영 第71조의 규정에 의한 총포·도검·화약류·분사기·전자충격기·석궁의 제조·판매 또는 사용상황의 보고는 별지 第30호서식의 총포·도검·화약류·분사기·전자충격기·석궁의제조·판매또는사용상황보고서에 의한다. <개정 1990.4.2, 1996.7.29>

第56조 (장부의 서식등) 영 第81조第1항의 규정에 의한 장부의 서식은 다음 각호와 같다. <개정 1990.4.2, 1996.7.29, 1999.7.15>

1. 총포·도검·화약류·분사기·전자충격기·석궁제조명세부는 별지 第31호서식
2. 원료화약류수지명세부는 별지 第32호서식
3. 총포·도검·화약류·분사기·전자충격기·석궁양도·양수명세부는 별지 第33호서식
4. 화약류출납부는 별지 第34호서식
5. 총포개조·수리명세부는 별지 第34호의2서식

第57조 (허가증등) 법 第65조의 규정에 의한 허가증 또는 면허증의 서식은 다음과 같다. <개정 1990.4.2, 1996.7.29>

1. 총포·도검·화약류·분사기·전자충격기·석궁제조업(판매업)허가증은 별지 第35호서식
2. 총포·도검·화약류·분사기·전자충격기·석궁수출입허가증은 별지 第36호서식
3. 총포소지허가증은 별지 第37호서식

4. 도검소지허가증은 별지 제38호서식
5. 분사기 · 전자충격기 · 석궁 소지허가증은 별지 제38호의 2서식
6. 삭제 <1996.7.29>
7. 화약류사용허가증은 별지 제40호서식
8. 화약류저장소설치(변경)허가증은 별지 제41호서식
9. 화약류제조(관리)보안책임자면허증은 별지 제42호서식

제58조 (허가증등의 반납신고서) 법 제65조제2항의 규정에 의한 허가증이나 면허증의 반납신고는 별지 제43호서식의 허가(면허)증반납신고서에 의하되, 허가가 취소된 경우에 있어서는 허가취소당시에 보유하고 있는 총포 · 도검 · 화약류 · 분사기 · 전자충격기 · 석궁에 대한 처리계획서를 첨부하여야 한다. <개정 1990.4.2, 1996.7.29>

제59조 (허가증등의 기재사항변경) ①법 제65조제3항의 규정에 의하여 허가 또는 면허를 받은 사람이 허가증 또는 면허증의 기재사항에 변경이 있는 때에는 별지 제44호서식의 허가(면허)증기재사항변경신고서에 허가증 또는 면허증을 첨부하여 변경사유가 발생한 날로부터 30일이내에 허가관청 또는 면허관청에 신고하여야 한다. 다만, 허가관청 또는 면허관청이 지방경찰청장인 경우 허가증등의 기재사항중 주소변경에 관하여는 경찰서장에게 신고하여야 한다. <개정 1989.3.14, 1990.4.2, 1991.9.19, 2009.9.30>
② 제1항에도 불구하고 법 제47조제2항에 따라 보관 중인 총포 가운데 경찰관서에 보관된 총포(부품만 보관된 경우는 제외한다)의 경우에는 그 총포의 반환을 신청할 때 신고하여야 한다. 이 경우 동일한 항목의 기재사항이 수차례 변경된 경우에는 최종의 것만 신고하되, 최종의 변경사항이 허가증의 기재내용과 동일한 경우에는 신고하지 아니한다. <신설 2009.9.30>

제60조 (허가증등의 재교부신청) 허가증 또는 면허증을 교부받은 사람이 법 제65조제4항의 규정에 의하여 그 허가증 또는 면허증을 잃어버렸거나 헐어 못쓰게 되어 다시 교부받고자 하는 때에는 지체없이 별지 제45호서식의 허가(면허)증재교부신청서에 다음 각호의 서류를 첨부하여 허가관청 또는 면허관청에 신청하여 재교부를 받아야 한다.
1. 잃어버린 경우 : 잃어버리게 된 경위서
2. 헐어 못쓰게된 경우 : 허가증 또는 면허증

제61조 (폐업 및 휴업신고등) 법 제66조의 규정에 의한 총포 · 도검 · 화약류 · 분사기 · 전자충격기 · 석궁영업의 폐업 · 휴업신고 및 화약류저장소의 용도폐지 신고는 별지 제46호서식의 총포 · 도검 · 화약류 · 분사기 · 전자충격기 · 석궁제조(판매 · 저장소) 폐업(폐지) · 휴업신고서에 의한다.
[전문개정 1996.7.29]

제62조 (수수료) ①법 제58조제1항제2호의 규정에 의한 검사 · 시험 및 교육등의 수수료는 별표 18의 범위안에서 협회의 정관으로 정한다.
②법 제67조의 규정에 의한 허가증 · 면허증의 교부 또는 재교부수수료는 별표 19와 같다.
③제1항의 수수료는 현금 또는 정보통신망을 이용하여 전자화폐 · 전자결제 등의 방법으로 그 실시기관에 납부하게 할 수 있으며, 제2항의 수수료는 그 허가 또는 면허신청서에 수입인지 또는 그 지방자치단체의 수입증지를 첨부하여 납부하거나 정보통신망을 이용하여 전자화폐 · 전자결제 등의 방법으로 납부하게 할 수 있다. <개정 2004.12.10>

제63조 (과태료 부과 고지서 등) ① 법 제74조제1항에 따른 과태료 부과의 사전 통지는 별지 제47호서식의 과태료 부과 사전 통지서에 따른다.
② 법 제74조제1항에 따른 과태료의 부과는 별지 제48호서식의 과태료 부과 고지서에 따른다.

③ 지방경찰청장 또는 경찰서장은 과태료처분을 한 때에는 과태료 부과 및 징수 사항을 별지 제49호서식의 과태료 수납부에 기록·정리하여야 한다.
[전문개정 2008.12.5]

⊞ 부칙 <제108호,2009.9.30>

제1조(시행일) 이 규칙은 공포한 날부터 시행한다.
제2조(적용례) ① 제5조의2의 개정규정은 이 규칙 시행 후 영업자지위승계를 신고하는 것부터 적용한다.
② 제59조제2항의 개정규정은 이 규칙 시행 당시 경찰관서에 보관되어 있는 총포에 대하여도 적용한다.
제3조(서식 개정에 따른 경과조치) 이 규칙 시행 당시 종전의 규정에 따라 작성되어 사용 중인 서식은 계속 사용하되, 이 규칙에 따른 개정내용을 반영하여 사용하여야 한다.

(별표)

총포·도검·화약류 등 단속법 시행규칙

- ⊞ [별표 1] 총의 성능기준(제2조제2항 관련)
- ⊞ [별표 2] 산탄탄알 및 연지탄의 명칭과 규격[제2조제3항관련]
- ⊞ [별표 2의2] 삭제(2004.11.1)
- ⊞ [별표 2의3] 전자충격기의 성능기준[제2조의3제2항관련]
- ⊞ [별표 2의4] 석궁의 성능기준[제2조의4제2항관련]
- ⊞ [별표 3] 격벽의 설치기준[제10조제2항제3호관련]
- ⊞ [별표 4] 방폭면외의 3면의 방폭식 벽의 구조기준[제11조제2항제2호관련]
- ⊞ [별표 5] 방폭면외의 3면의 준방폭식 벽의 구조기준[제12조제2항제2호관련]
- ⊞ [별표 6] 화공품의 1일제조최대수량[제15조제1항]
- ⊞ [별표 7] 위험공실등의 정원·정체량·최대저장량·보안간격등의 기준[제15조제2항관련]
- ⊞ [별표 8] 교재용 또는 연구용 공기총의 관리수칙[제20조관련]
- ⊞ [별표 9] 총기소지허가를 받을 사람등에 대한 교육의 과목 및 시간[제32조제1항관련]
- ⊞ [별표 10] 총포소지허가를 받을 자등에 대한 교육의 강사자격[제32조제2항관련]
- ⊞ [별표 11] 유리산시험 및 내열시험용시험기[제44조제2항제3호관련]

- ⊞ [별표 11의2] 화공품의 안정도시험 기준 및 방법(제44조제1항 관련)
- ⊞ [별표 12] 화약류의 포장기준[제45조관련]
- ⊞ [별표 13] 총포도검·화약류·분사기·전자충격기·석궁 제조업자의 위해예방규정의 기준[제47조관련]
- ⊞ [별표 14] 총포·도검·화약류·분사기·전자충격기·석궁 제조업자등 자체안전 교육계획의 기준[제48조관련]
- ⊞ [별표 15] 화약류저장소설치자의 자체안전점검계획의 기준[제49조제1항관련]
- ⊞ [별표 16] 총포의 검사기준[제50조제1항관련]
- ⊞ [별표 16의2] 분사기의 검사기준[제50조제1항관련]
- ⊞ [별표 16의3] 전자충격기의 검사기준[제50조제1항관련]
- ⊞ [별표 16의4] 석궁의 검사기준[제50조제1항관련]
- ⊞ [별표 16의5] 총포·분사기·전자충격기·석궁의 검사원 자격기준 및 검사시설기준[제50조제4항관련]
- ⊞ [별표 17] 행정처분기준[제52조관련]
- ⊞ [별표 18] 검사·시험·교육 등의 수수료(제62조제1항 관련)
- ⊞ [별표 19] 허가[면허]구분[제62조제2항관련]
- ⊞ [서식 1] ( ) 제조업 허가신청서
- ⊞ [서식 1의2] 영업자 지위승계신고서
- ⊞ [서식 1의3] 삭제(2004.2.2)
- ⊞ [서식 2] 총포 개조 · 수리업 허가신청서
- ⊞ [서식 3] ( ) 제조시설 등의 변경허가신청서
- ⊞ [서식 4] ( ) 판매업 허가신청서
- ⊞ [서식 4의2] ( ) 판매시설 등의 변경허가신청서
- ⊞ [서식 5] ( )[수입·수출] 허가신청서

- [서식 6] 화약류 수입 신고서
- [서식 7] 공기총 사용자 지정 신청서
- [서식 8] 공기총 사용자 지정서
- [서식 8의2] 모의총포 제조신고서
- [서식 8의3] 모의총포 제조 신고필증
- [서식 9] 총포 소지허가 신청서
- [서식 10] 도검 소지허가 신청서
- [서식 10의2] ( ) 소지허가 신청서
- [서식 10의3] ( ) 소지허가 신청서(법인)
- [서식 11] [□일시 수출입□일시 소지허가] 신청대행자 지정 신청서
- [서식 12] 지정서
- [서식 13] 총포 소지허가 갱신 신청서
- [서식 13의2] 총포 소지허가 갱신 연기 신청서
- [서식 14] 화약류 사용(소지) 허가 신청서
- [서식 15] 화약류 폐기 신고서
- [서식 16] 화약류 [□양도□양수] 허가 신청서
- [서식 17] 엽총·공기총·석궁 소지허가 교육 수강신청서
- [서식 17의2] [□ 엽총□ 공기총□ 석궁]소지허가 교육면제 평가시험 신청서
- [서식 18] ( ) 교육 수료증서
- [서식 19] 화약류 저장소 설치(변경) 허가 신청서
- [서식 20] 화약류 운반 신고서
- [서식 21] 화약류 운반 신고필증
- [서식 22] 화약류제조(관리) 보안책임자[□선임□해임]신고서

- [서식 23] 화약류제조(관리)보안책임자 면허 신청서
- [서식 24] 화약류제조(관리)보안책임자 면허 갱신 신청서
- [서식 24의2] 화약류제조(관리)보안책임자 면허갱신 연기 신청서
- [서식 25] 화약류 응급조치 신고서
- [서식 26] 자체 안전 정기점검 보고서
- [서식 27] 완성검사 신청서
- [서식 27의2] 완성검사 연기 신청서
- [서식 28] 완성검사 합격증
- [서식 29] ( ) 반환 신청서
- [서식 29의2] 보관서
- [서식 30] 총포·도검·화약류·분사기·전자충격기·석궁의 제조·판매 또는 사용상황 보고서
- [서식 31] 총포·도검·화약류·분사기·전자충격기·석궁 제조 명세부
- [서식 32] 원료화약류 수지 명세부
- [서식 33] 총포·도검·화약류·분사기·전자충격기·석궁 양도·양수 명세부
- [서식 34] 화약류 출납부
- [서식 34의2] 총포 개조·수리 명세부
- [서식 35] ( ) 제조업(판매업) 허가증
- [서식 36] ( ) 수출(입) 허가증
- [서식 37] 총포( ) 소지 허가증
- [서식 38] 도검 소지 허가증

- ⊞ [서식 38의2] ( ) 소지 허가증
- ⊞ [서식 39] 화약류 [□양도 □양수] 허가증
- ⊞ [서식 40] 화약류 사용 허가증
- ⊞ [서식 41] 화약류 저장소 설치(변경) 허가증
- ⊞ [서식 42] 화약류제조(관리)보안책임자 면허증
- ⊞ [서식 43] [□허가증 □면허증] 반납 신고서
- ⊞ [서식 44] [□허가증 □면허증] 기재사항 변경 신고서
- ⊞ [서식 45] ( )[□허가증 □면허증] 재교부 신청서
- ⊞ [서식 46] (총포 · 도검 · 화약류 · 분사기 · 전자충격기 · 석궁) [□제조업□판매업□저장소] 폐업(폐지) · 휴업신고서
- ⊞ [서식 47] 과태료 부과 사전 통지서
- ⊞ [서식 48] 과태료 부과 고지서 및 영수증
- ⊞ [서식 49] 과태료 수납부

[별표 1] <개정 2006.2.22>

총의 성능기준(제2조제2항 관련)

1. 장약총

총의 종류	탄알	유효사거리 (m 이내)	최대도달거리 (m 이하)
산탄총	18.3㎜이하	60	560
강선총	22호 30호 38호	100 300 300	1,600 2,000 4,000

2. 공기총

총의 종류	구 경	연지탄의 에너지	압축실 시린다 전체체적
단탄총	4.5㎜	60J이하	500㎤이하
	5.0㎜	〃	〃
	5.5㎜	〃	〃
산탄총	5.5～6.4㎜	〃	〃

[별표 2] <개정 2006.2.22>

<u>산탄탄알 및 연지탄의 명칭과 규격</u>(제2조3항관련)

1. 산탄탄알의 규격

구분	표준직경 (탄알의 지름)	탄알의 수	탄알의 형태
장약총용	18.3㎜이하	2개 이상	원형
공기총용	2.9㎜이하	2개 이상	원형

2. 산탄총 번경의 크기

그림 1

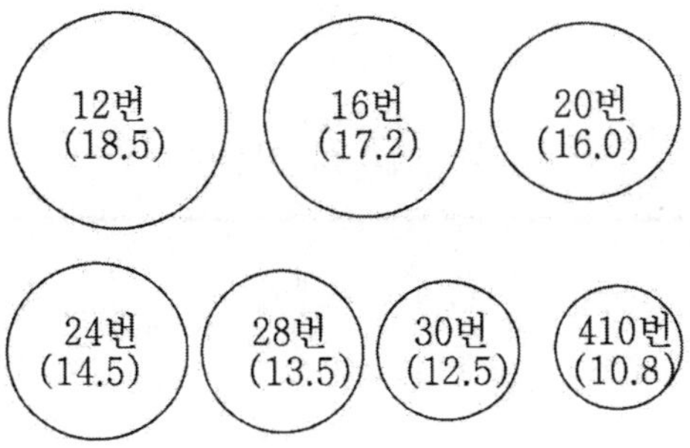

그림 2

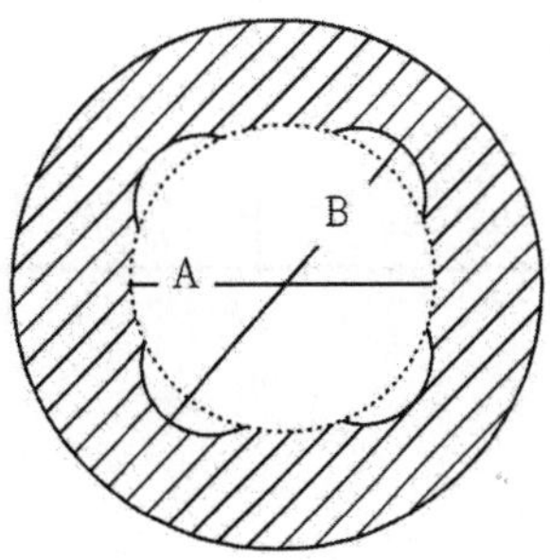

※ ① 그림 1은 산탄총의 번경으로서 ( )안의 숫자는 밀리미터를 표시하는 것

② 그림 2는 라이플총의 4조 우선을 표시하는 것으로서 A는 좁은 지름(산모양), B는 넓은 지름(골모양)임

③ 총의 구경을 표시할 때 제조업소에 따라 좁은 지름으로 표시하는 경우와 넓은 지름으로 표시하는 경우가 있음

3. 공기총 연지탄(납알)의 규격

명칭	중량	표준직경
연지탄 1호 5.5㎜	1.7g이하	5.5±0.1  5.7±0.1 5.5㎜탄의 지름
연지탄 2호 5.0㎜	1.5g이하	5.0±0.1  5.2±01 5.0㎜탄의 지름
연지탄 3호 4.5㎜	1.3g이하	4.5±0.1  4.7±0.1 4.5㎜탄의 지름

[별표 2의3] <개정 1996.7.29>

전자충격기의 성능기준(제2조의3제2항관련)

구 분	성 능
실 효 전 력	10W 이내일 것
절 연 상 태	AC 5,000V에서 0.5mA 이내일 것
실 효 전 류	0.05A 이내일 것
최 대 전 압	60,000V 이내일 것

[별표 2의4] <개정 1999.7.15>

석궁의 성능기준(제2조의4제2항관련)

구 분	성 능
탄 력 성	68kg 이하일 것
유 효 사 거 리	30m 이내

[별표 3]

격벽의 설치기준(제10조제2항제3호관련)

<table>
<tr><th colspan="3">위험공실등의 구분</th><th>격벽의 구조</th></tr>
<tr><td rowspan="6">꽃불류외의 화약류의 위험공실등</td><td rowspan="3">폭발의 위험있는 위험공실등</td><td>정체량 300킬로그램 초과의 경우</td><td>두께 50센티미터 이상의 철근콘크리트조</td></tr>
<tr><td>정체량 100킬로그램 초과, 300킬로그램 이하의 경우</td><td>두께 30센티미터 이상의 철근콘크리트조</td></tr>
<tr><td>정체량 100킬로그램 이하의 경우</td><td>두께 20센티미터 이상의 철근콘크리트조</td></tr>
<tr><td rowspan="3">불이 날 위험있는 위험공실등</td><td>정체량 2,000킬로그램 초과의 경우</td><td>두께 30센티미터 이상의 철근콘크리트조</td></tr>
<tr><td>정체량 600킬로그램 초과, 2,000킬로그램 이하의 경우</td><td>두께 20센티미터 이상의 철근콘크리트조 또는 두께 30센티미터 이상의 보강콘크리트블록조</td></tr>
<tr><td>정체량 600킬로그램 이하의 경우</td><td>두께 15센티미터 이상의 철근콘크리트조 또는 두께 20센티미터 이상의 보강콘크리트블록조</td></tr>
<tr><td rowspan="3">꽃불류등의 위험공실등</td><td rowspan="2">폭발의 위험있는 위험공실등</td><td>정체량 30킬로그램 초과의 경우</td><td>두께 15센티미터 이상의 철근콘크리트조 또는 두께 20센티미터 이상의 보강콘크리트블록조</td></tr>
<tr><td>정체량 30킬로그램 이하의 경우</td><td>두께 10센티미터 이상의 철근콘크리트조 또는 두께 15센티미터 이상의 보강콘크리트블록조</td></tr>
<tr><td>불이 날 위험있는 위험공실</td><td colspan="2">두께 12센티미터 이상의 철망시멘트 모르타르칠, 두께 10센티미터 이상의 콘크리트블록조 또는 이들과 동등 이상의 강도 및 내화성이 있는 구조</td></tr>
</table>

주

1. 이 표의 기준에 있어서의 정체량의 화공품은 그 원료가 되는 화약 또는 폭약의 수량을 말한다.
2. 격벽은 위험공실 등의 구분에 알맞은 구조로 하여야 하며, 이 경우 위험공실 등의 구분에 있어서 다른 구분에 속하는 위험공실 등을 연접할 때에는 각각 그 위험공실의 구분에 따른 격벽구조의 양쪽을 충족시키는 구조로 할 것
3. 격벽의 기초는 폭발 또는 발화할 때 전도되지 못하도록 할 것
4. 격벽은 양쪽 벽으로부터 1미터 이상의 거리를 두고 그 꼭대기에는 위험공실 등의 지붕표면(지붕의 표면을 연장한 부분에 있어서는 그 연장한 면)으로부터 50센티미터 이상의 높이로 할 것

[별표 4]

방폭면외의 3면의 방폭식벽의 구조기준

(제11조제2항제2호관련)

위험공실의 구분			방폭면외의 3면의 벽의 구조
화약류(꽃불류·신호용염관·신호용화전과 이들의 원료용 화약 및 폭약을 제외한다)의 위험공실	폭발의 위험있는 위험공실	정체량 300킬로그램 초과의 경우	두께 50센티미터 이상의 철근콘크리트조
		정체량 100킬로그램 초과 300킬로그램 이하의 경우	두께 30센티미터 이상의 철근콘크리트조
		정체량 4킬로그램 초과 100킬로그램 이하의 경우	두께 20센티미터 이상의 철근콘크리트조
		정체량 4킬로그램 이하의 경우	두께 15센티미터 이상의 철근콘크리트조 또는 두께 20센티미터 이상의 보강콘크리트블록조
	불이 날 위험있는 위험공실	정체량 600킬로그램 초과의 경우	두께 20센티미터 이상의 철근콘크리트조 또는 두께 30센티미터 이상의 보강콘크리트블록조
		정체량 600킬로그램 이하의 경우	두께 15센티미터 이상의 철근콘크리트조 또는 두께 20센티미터 이상의 보강콘크리트블록조
꽃불류등의 위험공실	폭발의 위험있는 위험공실	정체량 30킬로그램 초과의 경우	두께 15센티미터 이상의 철근콘크리트조 또는 두께 20센티미터 이상의 보강콘크리트블록조
		정체량 30킬로그램 이하의 경우	두께 10센티미터 이상의 철근콘크리트조 또는 두께 15센티미터 이상의 철근콘크리트블록조
	불이 날 위험있는 위험공실		두께 12센티미터 이상의 철망시멘트모르타르칠, 두께 10센티미터 이상의 콘크리트블록조 또는 이와 동등 이상의 강도 및 내화성이 있는 구조

[별표 5]

<u>방폭면외의 3면의 준방폭식 벽의 구조기준</u>

(제12조제2항제2호관련)

<table>
<tr><th colspan="3">위 험 공 실 의 구 분</th><th>방폭면외의 3면의
벽의 구조기준</th></tr>
<tr><td rowspan="3">화약류(꽃불류등을 제외한다)의 위험공실</td><td rowspan="2">폭발의 위험있는 위험공실</td><td>정체량 4킬로그램 초과의 경우</td><td>두께 20센티미터 이상의 철근콘크리트구조</td></tr>
<tr><td>정체량 4킬로그램 이하의 경우</td><td>두께 15센티미터 이상의 철근콘크리트조 또는 두께 20센티미터 이상의 보강콘크리트블록조</td></tr>
<tr><td colspan="2">불이 날 위험있는 위험공실</td><td>두께 15센티미터 이상의 철근콘크리트조 또는 두께 20센티미터 이상의 보강콘크리트블록조</td></tr>
<tr><td rowspan="3">꽃불류등의 위험공실</td><td rowspan="2">폭발의 위험있는 위험공실</td><td>정체량 30킬로그램 초과의 경우</td><td>두께 15센티미터 이상의 철근콘크리트조 또는 두께 20센티미터 이상의 보강콘크리트블록조</td></tr>
<tr><td>정체량 30킬로그램 이하의 경우</td><td>두께 10센티미터 이상의 철근콘크리트조 또는 두께 15센티미터 이상의 보강콘크리트블록조</td></tr>
<tr><td colspan="2">불이 날 위험있는 위험공실</td><td>두께 12센티미터 이상의 철망시멘트모르타르칠, 두께 10센티미터 이상의 철근콘크리트블록조 또는 이와 동등이상의 강도 및 내화성이 있는 구조</td></tr>
</table>

(주) 이 기준의 정체량은 화공품에 있어서는 그 원료가 되는 화약 또는 폭약의 수량을 말한다.

[별표 6]

화공품의 1일제조최대수량(제15조제1항)

1. 꽃불류의 1일 최대제조량

<table>
<tr><th>구 분</th><th colspan="6">세 부 기 준</th></tr>
<tr><td rowspan="11">1. 쏘아올리는 꽃불류의 경우</td><td colspan="6">가. 연간 생산할 예정수량을 정하고, 퍼지는 것, 소리를 내는 것 또는 빛을 내는 것으로 구분하여 다음 각호별로 소정의 화약 또는 폭약류의 함유량으로 곱하여 1년에 사용할 화약·폭약량을 산출할 것
나. 1년간 사용할 화약 또는 폭약량을 작업예정일수로 나눈 화약 또는 폭약량을 1일 최대제조량으로 할 것
다. 쏘아올리는 꽃불의 표준 함유 화약 또는 폭약량 및 총중량</td></tr>
<tr><td colspan="2">구슬의 크기</td><td colspan="2">퍼지는 것</td><td colspan="2">소리 또는 빛을 내는 것</td></tr>
<tr><td>호수</td><td>구슬의 외 경 (cm)</td><td>함유화약 ·폭약량 (g)</td><td>총중량 (g)</td><td>함유화약· 폭약량 (g)</td><td>총 중 량 (g)</td></tr>
<tr><td>2호</td><td>약 7.5</td><td>약 40</td><td>약 120</td><td>약 25</td><td>약 80</td></tr>
<tr><td>3호</td><td>약 9</td><td>약 120</td><td>약 230</td><td>약 70</td><td>약 150</td></tr>
<tr><td>4호</td><td>약 12</td><td>약 350</td><td>약 550</td><td>약 130</td><td>약 260</td></tr>
<tr><td>5호</td><td>약 15</td><td>약 630</td><td>약 1,100</td><td>약 240</td><td>약 500</td></tr>
<tr><td>6호</td><td>약 18</td><td>약 1,100</td><td>약 1,800</td><td>약 450</td><td>약 900</td></tr>
<tr><td>7호</td><td>약 21</td><td>약 1,500</td><td>약 2,700</td><td>약 750</td><td>약 1,500</td></tr>
<tr><td>8호</td><td>약 24</td><td>약 2,600</td><td>약 4,000</td><td>약 1,200</td><td>약 2,400</td></tr>
<tr><td>9호</td><td>약 30</td><td>약 4,400</td><td>약 6,500</td><td>약 1,600</td><td>약 3,200</td></tr>
<tr><td>2. 장난감꽃불류및 거는꽃불의경 우</td><td colspan="6">1. 원료화약 또는 폭약의 1일의 배합량의 합계량을 1일 최대제조량으로 할것</td></tr>
<tr><td>3. 쏘아올리는 꽃불류를 하도급을받아 자가제조하는경우</td><td colspan="6">1. 1일의 배합량을 1일 최대제조량으로 할 것</td></tr>
<tr><td>4. 거는 꽃불의조립의경우</td><td colspan="6">1. 1일에 조립하는 수로 할 것</td></tr>
</table>

5. 그밖의 화공품류	1. 해당 화공품의 제조수를 그 제조에 요하는 일수로 나눈수로 할 것

2. 꽃불류의 원료용 화약 또는 폭약의 1일최대제조량을 배합하는 날 [1(쏘아올리는 꽃불) + 5(그밖의 화공품)]의 1일 배합량과 [2(장난감꽃불 및 거는 꽃불) + 3(쏘아올리는 꽃불)]의 1일의 배합량의 합계를 원료용 화약 또는 폭약의 1일 최대제조량으로 할 것

[별표 7] <개정 1996.7.29>

위험공실등의 정원·정체량·최대저장량·보안간격등의 기준(제15조제2항관련)

위험공실등			정체량의 범위	동시에 저치할 수 있는 화약류의 최대수량의 범위	정원의 범위			위험공실등에 대한 보안간격
					작업자	운반자	시채취료자	
			킬로그램 (이하)	일분 (이하)	인 (이하)	인 (이하)	인 (이하)	미터(이하)
1	니트로글리세린·니트로글리콜 또는 이들의 혼합물	초화공실	2,000	1일분	4	2	0	$3.4\times\sqrt[3]{정체량}$
		세정공실	4,000	/	3	2	1	$3.4\times\sqrt[3]{정체량}$
		폐산분리공실	10	/	2	0	0	$3.4\times\sqrt[3]{정체량}$
2	니트로셀룰로오스 그밖의 질산에스텔(다른 난에 기재한 것을 제외한다)	풍건공실	1,000	/	5	3	1	$3.0\times\sqrt[3]{정체량}$
		사분공실	500	/	4	2	1	$3.0\times\sqrt[3]{정체량}$
		분상약건조공실	500	/	5	3	1	$3.0\times\sqrt[3]{정체량}$
		고형약건조공실	3,000	/	4	2	1	$3.0\times\sqrt[3]{정체량}$
		계량공실	500	/	4	2	1	$3.0\times\sqrt[3]{정체량}$
		일시저치장	5,000	/	0	4	1	$3.0\times\sqrt[3]{정체량}$
3	다이나마이트 그밖의 질	배합공실	200	1일분	3	2	0	$3.0\times\sqrt[3]{정체량}$

	산에스텔을 주로 하는 폭약(니트로글리세린 및 니트로글리콜 함유 폭약을 포함한다)	교화공실	600	/	3	2	0	$3.0 \times \sqrt[3]{정제량}$
		배합교화공실	500	/	4	2	0	$3.0 \times \sqrt[3]{정제량}$
		날화공실	1,500	0.5일분	5	1	1	$3.0 \times \sqrt[3]{정제량}$
		예날화공실	600	1일분	4	2	1	$3.0 \times \sqrt[3]{정제량}$
		교화약이체공실	200	/	3	2	1	$3.0 \times \sqrt[3]{정제량}$
		압신공실	600	0.5일분	10	2	1	$3.0 \times \sqrt[3]{정제량}$
		자동포장공실	1,600	/	13	4	1	$3.0 \times \sqrt[3]{정제량}$
		전약공실	600	/	16	3	1	$3.0 \times \sqrt[3]{정제량}$
		자동전약포장공실	600	/	7	4	1	$3.0 \times \sqrt[3]{정제량}$
		포장수함공실	600	/	20	4	1	$3.0 \times \sqrt[3]{정제량}$
		일시저치장	6,000	/	0	3	1	$3.0 \times \sqrt[3]{정제량}$
4	니트로기를 3이상 함유한 니트로화합물과 이를 주로한 폭약 또는 펜타에리스릿트, 데트라나이트렛트 (니트로글리세린 및 니트로글리콜을 함유하지 아니하고 또한 니	초화공실	초화 3회분 (연속초화의 경우는 2,000 킬로그램)	1일분	13	2	1	당해 공실 및 당해 공실에 인접한 시설중 최고 동고의 2배

	트로화합물 함유량이 10 퍼센트를 초과한 폭약을 포함한다)	풍건공실	500	/	6	3	2	$1.5\times\sqrt[3]{정제량}$
		분쇄사분공실	3,000	/	8	2	2	$3.0\times\sqrt[3]{정제량}$
		후레－킹공실	5,000	/	9	3	2	$3.0\times\sqrt[3]{정제량}$
		전조공실	4,000	/	6	2	2	$3.0\times\sqrt[3]{정제량}$
		혼화공실	1,500	0.5일분	6	2	1	$3.0\times\sqrt[3]{정제량}$
		성형공실	1,000	/	15	3	1	$3.0\times\sqrt[3]{정제량}$
		전약공실	1,000	/	15	3	1	$3.0\times\sqrt[3]{정제량}$
		건조취급공실	600	/	6	2	1	$2.8\times\sqrt[3]{정제량}$
		포장수함공실	2,000	/	20	3	1	$2.8\times\sqrt[3]{정제량}$
		함수폭약제조공실	3,000	/	15	2	1	$1.0\times\sqrt[3]{정제량}$
		일시저치장	6,000	/	0	3	1	$2.8\times\sqrt[3]{정제량}$
5	카릿트 그밖의 과염소산염을 주로 한 폭약(니트로글리세린 및 니트로글리콜을 함유하지 아니하고 니트로화합물의 함유량이10퍼센트이하로서 과염소산염을 함유한 폭약을 포함한다)	혼합공실	600	0.5일분	6	3	1	$2.8\times\sqrt[3]{정제량}$
		기계전약공실	600	/	6	3	1	$2.8\times\sqrt[3]{정제량}$
		수전약공실	600	/	10	3	1	$2.8\times\sqrt[3]{정제량}$
		자동전약포장공실	1,000	/	4	4	1	$2.8\times\sqrt[3]{정제량}$
		포장공실	600	/	20	4	1	$2.8\times\sqrt[3]{정제량}$
		수함공실	1,000	/	4	3	1	$2.8\times\sqrt[3]{정제량}$
		포장수함공실	1,000	/	20	4	1	$2.8\times\sqrt[3]{정제량}$

		일시저치장(과염소산염이 10퍼센트이하의 폭약일시 저치장을 제외한다)	6,000	/	0	3	1	$2.8\times\sqrt[3]{정제량}$
		일시저치장(과염소산염 10퍼센트이하의 폭약 일시저치장에 한한다)	6,000	/	0	3	1	$1.5\times\sqrt[3]{정제량}$
6	니트로글리세린 · 니트로글리콜 및 과염산염을 함유하지 아니한 니트로화합물이 10퍼센트이하인 초안 또는 초산염을 주로 한 폭약	혼화공실	2,000	0.5일분	8	2	1	당해 공실 및 당해 공실에 인접된 시설중 최고 높은 동고의 2배
		사분공실	2,000	/	4	2	1	〃
		방냉공실	2,000	/	1	2	1	〃
		배합공실	1,500	/	3	2	1	〃
		전약공실	1,500	/	13	2	1	〃
		포장수함공실	1,000		20	2	1	〃

		자동전약포장수함공실	2,000		17	1	1	〃
		초유폭약일관제조공실	3,000		10	2	1	〃
		함수폭약제조공실	3,000	0.5일분	15	2	1	$1.5\times\sqrt[3]{\text{정제량}}$
		일시저치장	6,000	/	0	3	1	$1.5\times\sqrt[3]{\text{정제량}}$
7	기 폭 약	화성세정공실(디아조디니트로페놀의 공실을 제외한다)	60	1일분	7	2	1	$1.5\times\sqrt[3]{\text{정제량}}$
		디아조디니트로페놀의공실	200	/	7	2	1	$1.5\times\sqrt[3]{\text{정제량}}$
		제수공실	20	/	3	2	1	$1.5\times\sqrt[3]{\text{정제량}}$
		혼화공실	12	/	3	1	1	$1.5\times\sqrt[3]{\text{정제량}}$
		조립공실	6	/	1	1	1	$1.5\times\sqrt[3]{\text{정제량}}$
		습약일시저치장	300	/	0	2	1	$1.5\times\sqrt[3]{\text{정제량}}$
		풍건공실	30	/	2	2	1	$6.0\times\sqrt[3]{\text{정제량}}$
		건조공실	100	/	2	0	0	$6.0\times\sqrt[3]{\text{정제량}}$
		불식공실	3	/	1	1	1	$6.0\times\sqrt[3]{\text{정제량}}$
		사분공실	1	/	1	1	1	$6.0\times\sqrt[3]{\text{정제량}}$
		불식사분공실	4	/	1	1	1	$6.0\times\sqrt[3]{\text{정제량}}$
		건조약일시저치장	100	/	0	1	1	$6.0\times\sqrt[3]{\text{정제량}}$
		기폭약일관제조공실	30	/	3	2	1	$6.0\times\sqrt[3]{\text{정제량}}$

8	무연화학 그밖의 질산에스텔을 주로한 화약 또는 과염소산염을 주로한 화약	건병혼화공실	300	1일분	2	1	1	$2.8\times\sqrt[3]{\text{정제량}}$
		습병혼화공실	6,000	/	8	2	1	$2.8\times\sqrt[3]{\text{정제량}}$
		습병건조공실	1,200	1일분	4	2	1	$2.8\times\sqrt[3]{\text{정제량}}$
		습병배합공실	6,000	0.5일분	8	2	2	$1.5\times\sqrt[3]{\text{정제량}}$
		습병숙성공실	20,000	/	3	2	1	$1.5\times\sqrt[3]{\text{정제량}}$
		습병계량공실	1,000	/	4	2	1	$1.5\times\sqrt[3]{\text{정제량}}$
		날화공실	300	/	3	2	1	$2.8\times\sqrt[3]{\text{정제량}}$
		압신공실	200	/	6	2	1	$2.8\times\sqrt[3]{\text{정제량}}$
		압연공실	200	/	4	2	1	$2.8\times\sqrt[3]{\text{정제량}}$
		절단공실	600	/	9	4	1	$2.8\times\sqrt[3]{\text{정제량}}$
		사분공실	1,000	/	3	2	1	$2.8\times\sqrt[3]{\text{정제량}}$
		조립공실	400	/	6	2	1	$2.8\times\sqrt[3]{\text{정제량}}$
		표면교화광택공실	1,300	/	4	4	2	$2.8\times\sqrt[3]{\text{정제량}}$
		봉부공실	800	/	20	4	2	$2.8\times\sqrt[3]{\text{정제량}}$
		절단완성공실	800	/	20	4	2	$2.8\times\sqrt[3]{\text{정제량}}$
		검량공실	800	/	30	4	2	$2.8\times\sqrt[3]{\text{정제량}}$
		회수건조공실(질소가스입탱크식공실을 제외한다)	10,000	/	4	2	1	$2.8\times\sqrt[3]{\text{정제량}}$

		회수건조공실(질소가스입탱크식공실에 한한다)	2,500	/	2	1	1	$2.8\times^{3}\sqrt{정제량}$
		건조공실	6,000	/	4	2	1	$2.8\times^{3}\sqrt{정제량}$
		혼동공실	100,000	/	26	4	3	$2.8\times^{3}\sqrt{정제량}$
		풍서공실	200,000	/	5	4	3	$2.8\times^{3}\sqrt{정제량}$
		약량조절공실	800	/	20	4	2	$2.8\times^{3}\sqrt{정제량}$
		포장수함공실	1,000	/	30	4	2	$2.8\times^{3}\sqrt{정제량}$
		수함공실	2,000	/	20	4	3	$1.5\times^{3}\sqrt{정제량}$
		일시저치장	20,000	/	0	4	2	$1.5\times^{3}\sqrt{정제량}$
		주조약제조공실	20,000	0.5일분	4	4	1	$1.5\times^{3}\sqrt{정제량}$
9	질산에스텔을 주로한 화약(제8호에 기재한 것을 제외한다)	배합공실	6,000	1일분	8	2	1	$1.0\times^{3}\sqrt{정제량}$
		성형공실	1,000	/	9	4	1	$2.8\times^{3}\sqrt{정제량}$
		건조공실	1,200	/	4	2	1	$1.5\times^{3}\sqrt{정제량}$
		정치공실	20,000	/	5	4	2	$1.5\times^{3}\sqrt{정제량}$
		완성공실	10,000	/	15	4	2	$1.5\times^{3}\sqrt{정제량}$
		일시처치장	40,000	/	0	4	2	$1.5\times^{3}\sqrt{정제량}$
10	과염소산염을 주로한 화약 또는 로켓트추진용의 질산염을 주로하는 화약	배합공실	2,000	1일분	6	5	2	$2.8\times^{3}\sqrt{정제량}$
		성형공실	2,000	/	12	5	3	$1.0\times^{3}\sqrt{정제량}$
		완성공실	4,000	/	20	6	2	$1.0\times^{3}\sqrt{정제량}$
		일시저치장	6,000	/	6	4	2	$1.0\times^{3}\sqrt{정제량}$

11	흑색화약 그밖의 초산염을 주로한 화약	삼미혼화공실	500	1일분	2	1	1	$1.4 \times \sqrt[3]{정제량}$
		압마공실	120	/	2	1	0	$1.4 \times \sqrt[3]{정제량}$
		파쇄공실	500	/	3	1	0	$1.4 \times \sqrt[3]{정제량}$
		수압공실	500	/	4	1	0	$1.4 \times \sqrt[3]{정제량}$
		조립공실	500	/	3	1	0	$1.4 \times \sqrt[3]{정제량}$
		원형조립공실	700	/	3	1	0	$1.4 \times \sqrt[3]{정제량}$
		광택공실	700	/	2	1	0	$1.4 \times \sqrt[3]{정제량}$
		사분공실	700	1일분	2	1	0	$1.4 \times \sqrt[3]{정제량}$
		건조공실	4,000	/	4	2	0	$1.4 \times \sqrt[3]{정제량}$
		혼동공실	1,000	/	3	1	0	$1.4 \times \sqrt[3]{정제량}$
		포장공실	700	/	5	2	1	$1.4 \times \sqrt[3]{정제량}$
		수함공실	1,000	/	5	2	1	$1.4 \times \sqrt[3]{정제량}$
		포장수함공실	1,000	/	8	2	1	$1.4 \times \sqrt[3]{정제량}$
		준비공실	1,000	/	3	2	1	$1.4 \times \sqrt[3]{정제량}$
		일시저치장	6,000	/	0	3	2	$2.4 \times \sqrt[3]{정제량}$
12	로켓트	로켓트제조공실	20,000	/	20	6	2	$1.0 \times \sqrt[3]{정제량}$
		일시저치장	60,000	/	0	6	0	$1.0 \times \sqrt[3]{정제량}$

13	공업용뇌관	첨장약취급공실	400	/	2	1	1	$4.3\times^{3}\sqrt{정제량}$
		폭분전약공실	2	/	1	1	1	$4.3\times^{3}\sqrt{정제량}$
		내관삽입공실	1,000개	/	3	1	1	$4.3\times^{3}\sqrt{정제량}$
		폭분압착공실	1,000개	/	1	1	1	$4.3\times^{3}\sqrt{정제량}$
		완성공실	5,000개	/	3	1	1	$4.3\times^{3}\sqrt{정제량}$
		뇌관전압준비(가치)공실	5,000개	/	0	1	0	$4.3\times^{3}\sqrt{정제량}$
		포장수함공실	100,000개	/	7	2	1	$4.3\times^{3}\sqrt{정제량}$
		일시저치장	200,000개	/	0	2	0	$3.0\times^{3}\sqrt{정제량}$
14	전기뇌관 또는 전기도화선	원관제습공실	100,000개	/	2	1	1	$0.3\times^{3}\sqrt{정제량}$
		점화약배합공실	2	2일분	1	1	1	$0.3\times^{3}\sqrt{정제량}$
		점화약포장공실	3	/	2	1	0	$0.3\times^{3}\sqrt{정제량}$
		점화약분배공실	2	1일분	1	1	1	$30\times^{3}\sqrt{정제량}$
		습점화약일시저치장	50	/	0	2	1	$30\times^{3}\sqrt{정제량}$
		점화약도포공실	0.5	/	20	2	1	$30\times^{3}\sqrt{정제량}$
		점화약피막공실	1	/	6	1	1	$30\times^{3}\sqrt{정제량}$
		점화약건조공실	1	/	1	1	0	$30\times^{3}\sqrt{정제량}$
		점화약 달린 각선검사준비(가치)공실	1	/	0	2	0	$30\times^{3}\sqrt{정제량}$
		니트로셀룰로오스풍건공실	1	/	1	1	1	$30\times^{3}\sqrt{정제량}$

	니트로셀룰로오스장입준비(가치)공실	1	/	0	1	0	$30\times^{3}\sqrt{정제량}$
	점화약장입준비(가치)공실	5	/	0	2	1	$30\times^{3}\sqrt{정제량}$
	점화약장입공실	점화약원관 2,000개	/	2	1	0	$30\times^{3}\sqrt{정제량}$
	점화약도포건조공실	5	/	12	5	2	$30\times^{3}\sqrt{정제량}$
	각선부침준비(가치)공실	20,000개	/	0	2	0	$30\times^{3}\sqrt{정제량}$
	연시장치부침공실	2,000개	/	3	2	1	$30\times^{3}\sqrt{정제량}$
	점화구달린각선검사공실	1	/	3	3	1	$30\times^{3}\sqrt{정제량}$
	니트로셀룰로오스장입공실	니트로셀룰로오스 0.1 전기뇌관 2,000개	/	2	1	1	$30\times^{3}\sqrt{정제량}$
	각선부침공실	1,500개	/	2	1	1	$30\times^{3}\sqrt{정제량}$
	장입공실	4,000개	/	2	1	0	$30\times^{3}\sqrt{정제량}$
	저항측정공실	2,500개	/	5	2	1	$30\times^{3}\sqrt{정제량}$
	완성공실	2,000개	/	5	2	1	$30\times^{3}\sqrt{정제량}$
	포장공실	5,000개	/	5	1	1	$30\times^{3}\sqrt{정제량}$
	수함공실	10,000개	/	2	1	0	$30\times^{3}\sqrt{정제량}$
	포장수함공실	5,000개	/	5	1	0	$30\times^{3}\sqrt{정제량}$
	분해공실	500개	/	1	1	1	$30\times^{3}\sqrt{정제량}$

		지발전기뇌관용원관검사공실	5,000개	/	1	1	1	$30\times^{3}\sqrt{정제량}$
		포장준비(가치)공실	5,000개	/	0	2	1	$30\times^{3}\sqrt{정제량}$
		포장공실	10,000개	/	7	2	1	$30\times^{3}\sqrt{정제량}$
		수함공실	20,000개	/	2	2	0	$30\times^{3}\sqrt{정제량}$
		전기뇌관일관제조공실	30,000개	/	30	3	1	$30\times^{3}\sqrt{정제량}$
		일시저치장	2,000,000개	/	0	2	0	$30\times^{3}\sqrt{정제량}$
15	총용뇌관	건식계량공실	폭분 0.5kg 뇌관 1,000개	/	1	2	1	$2.5\times^{3}\sqrt{정제량}$
		건식전입공실	2,000개	/	2	2	1	$2.5\times^{3}\sqrt{정제량}$
		건식압착공실	5,000개	/	5	1	1	$2.5\times^{3}\sqrt{정제량}$
		건식발화금마침공실	5,000개	/	4	1	1	$2.5\times^{3}\sqrt{정제량}$
		건식완성공실	40,000개	/	2	2	1	$2.5\times^{3}\sqrt{정제량}$
		건식중간검사공실	20,000개	1일분	2	2	1	$2.5\times^{3}\sqrt{정제량}$
		건식포장공실	20,000개	/	2	2	1	$2.5\times^{3}\sqrt{정제량}$
		건식수함공실	150,000개	/	2	2	1	$2.5\times^{3}\sqrt{정제량}$
		건식뇌관전압준비(가치)공실	100,000개	/	0	0	1	$2.5\times^{3}\sqrt{정제량}$
		습식계량공실	습폭분 2kg 뇌관 5,000개	/	10	0	1	$2.5\times^{3}\sqrt{정제량}$
		습식예건조공실	10,000개	/	5	0	0	$2.5\times^{3}\sqrt{정제량}$
		습식압착공실	5,000개	/	5	1	0	$2.5\times^{3}\sqrt{정제량}$
		습식전입공실	5,000개	/	6	0	0	$2.5\times^{3}\sqrt{정제량}$

			습식발화금장입공실	20,000개	/	10	1	0	$2.5\times^{3}\sqrt{정제량}$
			습식완성공실	40,000개	/	2	2	0	$2.5\times^{3}\sqrt{정제량}$
			습식뇌관전압준비(가치)공실	습폭분 5kg 뇌관80,000개	/	0	1	0	$2.5\times^{3}\sqrt{정제량}$
			습식중간검사공실	40,000개	/	5	1	0	$3.0\times^{3}\sqrt{정제량}$
			최종검사공실	50,000개	/	15	2	2	$3.0\times^{3}\sqrt{정제량}$
			건조공실	5,000,000개	/	2	0	1	$3.0\times^{3}\sqrt{정제량}$
			포장수함공실	6,000,000개	/	15	4	1	$3.0\times^{3}\sqrt{정제량}$
			일시저치장	5,000,000개	/	0	2	0	$3.0\times^{3}\sqrt{정제량}$
16	신호용뇌관		발음제배합공실	15kg	/	1	1	1	10
			장전공실	15kg	/	5	1	1	10
			완성공실	3,000개	1일분	8	2	1	10
			풍건공실	5,000개	/	2	2	1	10
			조립수함공실	3,000개	/	8	2	2	10
17	실탄 또는 공포탄	산탄총용실탄	제조공실	뇌관 100,000개	/	40	4	2	15
				실탄 100,000개	/				
				착관약협 100,000개	/				
				화약 100kg	/				

			일시저치장	실탄 200,000개 뇌관 100,000개 화약 300kg	/ / /	6	4	0	15
		건설용타정총용공포탄	발하부제조공실	폭분 4kg 발하부 10,000개	/	6	2	1	15
			장전공실	발하부 또는 뇌관 100,000개 공포탄 100,000개 화약 40kg	/ / /	6	2	1	15
			완성공실	공포탄 100,000개	/	15	2	1	15
			일시저치장	공포탄 1,000,000개 화약 150kg	/ /	0	2	0	15

		기타의 실탄	장전공실	전실탄자 50,000개 뇌관 100,000개 착관약협 100,000개 실탄 · 공포탄 100,000개 화약 300kg	/ / / / /	50	6	2	15
			혼화공실	화약 100kg	0.5일분	10	2	2	15
			압전공실	화약 100kg	/	25	3	2	15
			완성공실	100,000개 (검사용실탄 200,000,000개)	/	45	6	2	15
			일시저치장	실탄공포탄 1,000,000개 전실탄자 100,000개 뇌관 100,000개 화약 500kg 실탄 또는 공포탄만을	/ / / /	0	4	0	15

			저치하는경우 2,000,000개				
18	미진동파쇄기 및 이에 사용하는 원료용 화약	제조공실(점화구 제조공실제외)	약통 5,000개 점화구 5,000개 화약 300kg	1일분 / /	7	2	1	15
		점화구제조공실	점화구 10,000개 점화약 20kg	/ /	10	2	1	5
		일시저치장	약통 50,000개 점화구 50,000개 미진동파쇄기 50,000개 화약 3,000kg	/ / / /	0	2	0	20
19	화 관	점화뇌관공실	뇌관 10,000개 폭분 0.4kg	/ /	12	2	1	15
		조립완성공실	화관 50,000개 뇌관 10,000개	/ /	25	4	2	20

			화약 50kg 화관 50,000개	/ /				
		일시저치장	40,000개	/	0	2	0	15
20	신 관	기폭뇌관공실	기폭약 0.5kg 뇌관 2,000개 폭약 5kg	/ / /	25	1	1	20
		연시약압전공실	화약 50kg 뇌관 1,000개	/ /	20	2	1	20
		전폭약압전공실	화약 100kg	/	10	2	2	20
		조립포장수함공실	뇌관 5,000개 전폭약 100kg 신관 500개	/ / /	30	4	2	20
		일시저치장	40,000개	/	0	2	0	15
21	도폭선	제1종도폭선심약준비공실	25	/	2	1	1	$3.0\times^{3}\sqrt{정제량}$
		제1종도폭선용전공실	25	/	2	1	1	$3.0\times^{3}\sqrt{정제량}$
		제1종도폭선압연공실	50	/	6	2	1	$3.0\times^{3}\sqrt{정제량}$
		제1종도폭선수함공실	25	/	1	1	1	$3.0\times^{3}\sqrt{정제량}$
		제2종도폭선일시저치장	300	/	0	2	1	$3.0\times^{3}\sqrt{정제량}$
		제2종도폭선심약준비공실	200	/	2	0	1	$3.0\times^{3}\sqrt{정제량}$
		제2종도폭선건조공실	200	/	2	2	1	$3.0\times^{3}\sqrt{정제량}$

		제2종도폭선심약사분공실	200	/	2	2	1	$3.0 \times \sqrt[3]{정제량}$
		제2종도폭선함약공실	100	/	8	2	1	$3.0 \times \sqrt[3]{정제량}$
		제2종도폭선수함공실	10	/	2	1	1	$3.0 \times \sqrt[3]{정제량}$
		일시저치장	300	/	0	2	1	$3.0 \times \sqrt[3]{정제량}$
22	도화선	심약일시저치장	600	/	0	2	1	$3.0 \times \sqrt[3]{정제량}$
		심약개함공실	300	/	2	2	1	$3.0 \times \sqrt[3]{정제량}$
		심약사분공실	120	/	2	2	1	$3.0 \times \sqrt[3]{정제량}$
		심약분배공실	300	/	2	2	1	$3.0 \times \sqrt[3]{정제량}$
		심약혼전공실	300	/	2	2	1	$3.0 \times \sqrt[3]{정제량}$
		함약공실	60	/	25	3	1	$3.0 \times \sqrt[3]{정제량}$
		일광건조장	50	/	0	0	0	$3.0 \times \sqrt[3]{정제량}$
		일시저치장	300	/	0	2	1	$3.0 \times \sqrt[3]{정제량}$
23	탄약(약포·약통 및 특수탄을 제외한다)	용전공실	2,000	/	20	4	2	$3.0 \times \sqrt[3]{정제량}$
		압전공실	4,000	/	12	2	1	$3.0 \times \sqrt[3]{정제량}$
		전약탄입공실	1,000	/	15	4	2	$3.0 \times \sqrt[3]{정제량}$
		전폭약식관부착공실	1,000	/	10	4	2	$3.0 \times \sqrt[3]{정제량}$
		발사약화관부착공실	2,000	/	10	4	2	$3.0 \times \sqrt[3]{정제량}$
		탄약통부착공실	1,500	/	8	4	1	$3.0 \times \sqrt[3]{정제량}$

		포장수합공실	2,000	/	2	4	2	$3.0\times^{3}\sqrt{정제량}$
		탄약통조립수합공실	2,000	/	35	6	3	$3.0\times^{3}\sqrt{정제량}$
		일시저치장	6,000	/	0	6	0	$3.0\times^{3}\sqrt{정제량}$
24	탄약의 약포 또는 약통	약포전약공실	800	/	20	4	3	$2.8\times^{3}\sqrt{정제량}$
		약협화관부착공실	2,000개	/	5	4	2	$2.8\times^{3}\sqrt{정제량}$
		약통장전조립공실	200	/	25	4	1	$2.8\times^{3}\sqrt{정제량}$
		수합공실	1,000	/	10	4	1	$2.8\times^{3}\sqrt{정제량}$
		약통조립공실	800	/	25	4	2	$2.8\times^{3}\sqrt{정제량}$
		약통조립수합공실	1,500	/	35	4	3	$2.8\times^{3}\sqrt{정제량}$
		일시저치장	6,000	/	0	4	0	$2.8\times^{3}\sqrt{정제량}$
25	특수탄	전폭약취급공실	100	/	10	2	1	15
		혼화공실	200	0.5일분	10	2	1	15
		전실공실	200	/	20	2	1	15
		점화제연시약취급공실	100	/	20	2	1	15
		조립포장수합공실	화관 1,000개 신관 1,000개 장전폭약50kg 화약 2,000kg	/ /	30	6	2	15
		일시처지장	특수탄 1,000개 화약 2,000kg	/	0	4	0	20

26	다른 난 기재된 것외의 소량의 화약 또는 폭약을 사용하는 화공품	혼화공실	15	0.5일분	5	2	1	$3.0\times\sqrt[3]{정제량}$
		성형공실	15	/	6	2	1	$3.0\times\sqrt[3]{정제량}$
		조립공실	15	/	20	4	2	$3.0\times\sqrt[3]{정제량}$
		포장수함공실	30	/	5	2	1	$3.0\times\sqrt[3]{정제량}$
		일시저치장	1,500	/	0	4	0	$3.0\times\sqrt[3]{정제량}$
27	해 철	실탄공포탄해체공실	100,000	/	45	8	0	15
		탄약류분해공실	2,000	/	30	8	0	$3.0\times\sqrt[3]{정제량}$
		전약탄탈약공실	3,000	/	14	4	0	$3.0\times\sqrt[3]{정제량}$
		특수탄해체탈약공실	1,000	/	10	8	4	15
		화관신관해체공실	20	/	20	4	0	15
		탄약류화관신관해체공실	2,000	/	35	8	0	$3.0\times\sqrt[3]{정제량}$
		일시저치장	6,000	/	0	4	0	$3.0\times\sqrt[3]{정제량}$
28	긴급탈출장치	조립공실	1,000kg	/	20	4	2	$1.0\times\sqrt[3]{정제량}$
		완성공실	2,000kg	/	20	8	2	$1.0\times\sqrt[3]{정제량}$
		일시저치장	10,000kg	/	0	12	5	$1.0\times\sqrt[3]{정제량}$
29	로켓트추약연소시험장		3,000kg	/	20	6	0	$2.0\times\sqrt[3]{정제량}$
30	폭발시험장(수중시험장에 한한다)		50	/				10
31	연소시험장		250	/				15

32	발사시험장		10	/				10
33	화약·화공품의 폐약소각장(꽃불류등의 폐약소각장을 제외한다)		100	/				20
34	폭약폐약 소각장(꽃불류 등 폐약소각장을 제외한다)		200	0.5일분				30
35	꽃불류(장난감 꽃불류를 제외한다) 또는 이의 원료용 화약 · 폭약	배합공실(염소산염을 함유한 화약·폭약을 제외한다)	1,000kg	0.5일분	4	1	1	$2.4\times^3\sqrt{정제량}$
		배합공실(염소산염을 함유한 화약·폭약에 한한다)	60kg	/	2	1	1	$3.0\times^3\sqrt{정제량}$
		전약공실(발음약을 제외한다)	100kg	/	6	1	0	$2.4\times^3\sqrt{정제량}$
		전약공실(발음약에 한한다)	30kg	/	4	1	1	$3.0\times^3\sqrt{정제량}$
		구슬넣는 공실(화물 및 뇌물에 한한다)	60킬로그램(직경80센티미터이상의 타상연화는 120킬로그램)	/	4	1	0	$3.0\times^3\sqrt{정제량}$

		성형공실(구슬 및 활물·뇌물을 제외한다)	100kg	/	6	1	0	$2.4\times^{3}\sqrt{정제량}$
		폭발 위험 있는 건조공실(일건장을 제외한다)	300kg	/	2	1	0	$3.0\times^{3}\sqrt{정제량}$
		발화의 위험 있는 건조공실(일건장을 제외한다)	300kg	/	2	1	0	$2.4\times^{3}\sqrt{정제량}$
		일건장	300kg	/	3	3	0	$1.5\times^{3}\sqrt{정제량}$
		조립완성공실	200kg	/	10	1	0	$2.4\times^{3}\sqrt{정제량}$
		포장수함공실	350kg	/	10	1	0	$2.4\times^{3}\sqrt{정제량}$
		게식연화소비준비공실	200kg	/	10	1	0	$2.4\times^{3}\sqrt{정제량}$
		일시저치장	1,000kg	/	0	2	0	$2.0\times^{3}\sqrt{정제량}$
36	장난감꽃불류 또는 이의 원료용 화약 · 폭약	배합공실(염소산염을 함유한 화약 또는 폭약에 한한다)	폭발의 위험있는 공실은 30킬로그램	0.5일분	2	1	1	$3.0\times^{3}\sqrt{정제량}$
			발화의 위험있는 공실은 50킬로그램	/	2	1	1	$2.4\times^{3}\sqrt{정제량}$
		배합공실 (염소산염을	폭발의 위	/	4	1	1	$3.0\times^{3}\sqrt{정제량}$

	함유한 화약 또는 폭약을 제외한다)	험있는 공실은 30킬로그램					
		발화의 위험있는 공실은 100킬로그램	/	4	1	1	$2.4\times\sqrt[3]{\text{정제량}}$
	재단천공 · 공실	50kg	/	4	1	1	$2.4\times\sqrt[3]{\text{정제량}}$
	발음약의 전약성형공실(재단천공공실을 제외한다)	30kg	/	4	1	1	$3.0\times\sqrt[3]{\text{정제량}}$
	선향꽃불 및 연기를 내는 전약성형공실(재단천공공실을 제외한다)	100kg	/	15	1	1	$1.5\times\sqrt[3]{\text{정제량}}$
	발음약 선향꽃불 및 연기를 내는 것외의 전약성형공실(재단 천공공실을 제외한다)	100kg	/	10	1	1	$2.4\times\sqrt[3]{\text{정제량}}$
	폭발의 위험있는 건조공실(일건장을 제외한다)	30kg	/	2	1	0	$3.0\times\sqrt[3]{\text{정제량}}$
	불이 날 위험있는 건조공실(일건장을 제외한다)	300kg	/	2	1	0	$2.4\times\sqrt[3]{\text{정제량}}$

		일건장	300kg	/	2	1	0	$1.5\times\sqrt[3]{\text{정제량}}$
		완성공실	100kg	/	15	1	0	$1.5\times\sqrt[3]{\text{정제량}}$
		포장수함공실	100kg	/	6	1	0	$1.5\times\sqrt[3]{\text{정제량}}$
		원료용 화약 · 폭약 또는 크랙커볼 일시저치장	1,000kg	/	0	2	0	$2.0\times\sqrt[3]{\text{정제량}}$
		원료용 화약 · 폭약 또는 크랙커볼외의 완구용 꽃불류의 일시저치장	1,000kg	/	0	2	0	$1.0\times\sqrt[3]{\text{정제량}}$
37	신호용 염관·신호용 화전 및 그 원료용 화약	배합공실	100kg	/	2	1	1	$3.0\times\sqrt[3]{\text{정제량}}$
		발화약제조공실	5kg	/	10	1	1	$2.4\times\sqrt[3]{\text{정제량}}$
		전약공실	200kg	/	10	1	1	$2.4\times\sqrt[3]{\text{정제량}}$
		조립완성공실	500kg	/	15	2	0	$2.4\times\sqrt[3]{\text{정제량}}$
		건조공실(일건장을 제외한다)	500kg	/	2	1	0	$2.4\times\sqrt[3]{\text{정제량}}$
		일건장	500kg	/	2	2	0	$1.5\times\sqrt[3]{\text{정제량}}$
		일시저치장	1,000kg	/	0	2	0	$2.0\times\sqrt[3]{\text{정제량}}$
38	꽃불류등의 폭발·연소 시험장 또는 폐약소각장		15kg	/	2	1	0	8

[별표 8] <개정 1999.7.15>

교재용 또는 연구용 공기총의 관리수칙(제20조관련)

항 목	내 용
1. 총기의 수급등	가. 총기의 수급은 교육부·특별시·광역시·도교육위원회 및 공공기관의 장의 수급계획과 각급학교 자체의 구매계획에 의할 것 나. 구매총기의 수송은 각급학교의 장 및 공공기관의 장의 책임하에 행함을 원칙으로 하되, 학교장 및 공공기관의 장이 수송의 안전을 위하여 필요하다고 인정할 때에는 관할경찰서장에게 요청하여 호송을 받을 것 다. 각급학교 또는 공공기관의 장이 총기를 구매(수령)한 때에는 총기원부와 총기 또는 납탄 수불부를 작성 비치하고 소정의 사항을 기재·정리할 것
2. 총기의 보관·관리	가. 보유총기는 각급학교 또는 공공기관에 설치한 총기격납고에 보관할 것. 다만, 학생군사교육훈련용 무기와 함께 보관하고자 할 때에는 이들과 명확히 구분하여 보관할 것 나. 보관총기의 관리는 다음의 기준에 의할 것 (1) 총기마다 고유번호를 부여하고 이를 개머리판에 표시할 것 (2) 총기는 고유번호 순서에 따라 보관할 위치를 정하여 보급 할 것 (3) 납탄은 상자에 넣어 지면으로부터 8cm이상의 벽으로부터 5cm이상의 간격을 두어 보관하고 흩어지지 아니하도록 할 것 (4) 총기의 성능을 유지하기 위하여 격발여부를 확인한 후 보관할 것
3. 총기취급책임자의 선임	가. 각급학교 또는 공공기관의 장은 총기의 선량한 관리를 위하여 소속직원중에서 총기취급책임자를 선임할 것 나. 다음 각항의 1에 해당하는 자는 총기취급책임자가 될 수 없다. (1) 정신병질환자 (2) 성격이 난폭하거나 주벽이 있는 자 (3) 그밖의 사고의 우려가 있다고 인정되는 자 다. 총기취급책임자로 선임된 자가 다음 각항의 1에 해당하는 사유가 발생한 때에는 즉시 해임하고 새로이 선임할 것

	(1) 사망하거나 퇴직한 때 (2) 형사사건으로 구속된 때 (3) 다른 학교 또는 기관으로 전출한 때 (4) "나"의 결격사유에 해당하는 사실이 발생하거나 총기관리 능력이 없다고 인정된 때 라. 각급학교 또는 공공기관의 장은 총기취급책임자를 선임하거나 해임한 때에는 그로부터 10일 이내에 관할경찰서장에게 신고할 것
4. 총기취급책임자의 임무	○ 총기취급책임자는 다음의 임무를 수행할 것 (1) 총기의 총기격납고에의 출고 및 입고 (2) 총기의 대여·회수·고장여부의 확인 및 손질 (3) 총기격납고시설 및 열쇠의 관리 (4) 총기의 망실·도난 등 사고의 방지 (5) 그밖의 총기의 보관관리 업무수행
5. 총기의 출고 및 회수	가. 총기의 출고 및 회수입고는 총기취급책임자가 할 것 나. 총기의 사용 후에는 즉시 회수하여 입고하여야 하며, 입고할 때에는 고장·파손총기의 유무 및 손질상태를 점검하여 이상이 없음을 확인할 것 다. 총기취급책임자가 총기를 출고 입고할 때에는 총기출납부에 기재할 것
6. 총기의 손질	가. 총기의 손질은 주 1회 이상 정기적으로 실시하되, 하절·장마기 및 농무기에는 수시로 손질하여 녹이 슬지 아니하도록 할 것 나. 총기취급책임자는 총기를 손질한 때에는 총기손질 일지에 이를 기재할 것
7. 총기격납고의 위치	○ 총기격납고는 다음의 기준에 적합한 장소에 설치할 것 (1) 화재로부터 방호될 수 있는 장소 (2) 긴급사태 발생시 반출입이 쉬운 장소 (3) 호우시 침수되지 아니하는 지대로서 배수가 잘되는 장소
8. 총기격납고의 시설	○ 총기격납고는 보유총기를 충분히 보관할 수 있는 너비로 견고하게 설치하되 다음의 기준에 의할 것 (1) 통풍에 의하여 습기가 방지될 수 있도록 환기 장치를 할 것 (2) 총기시설은 총을 세워서 진열할 수 있도록 할 것 (3) 출입문은 철제문으로 할 것 (4) 자물쇠는 쉽게 파괴되지 아니하도록 견고한 것으로 하되,

<table>
<tr><td></td><td>2개를 장치할 것
(5) 경보장치는 건전지용으로서 개문시에 경보를 발하도록 하고 그 벨은 당직실과 교무실 및 사무실에 각각 설치할 것
(6) 소화기·방화수·방화사 그밖의 소화시설을 할 것
(7) 전기시설은 누전되지 아니하도록 하되, 내등과 외등을 설치할것</td></tr>
<tr><td>9. 간이총기격납고</td><td>가. 보유총기가 30정이하일 때에는 특수 캐비넷에 격납할 것
나. 간이총기격납고는 각급학교 또는 공공기관의 장이 판단하여 숙직실 등에 설치하되 다음의 기준에 의할 것
(1) 캐비넷은 보유총기를 충분히 보관할 수 있는 크기로 하되, 두터운 철판으로 할 것
(2) 총가는 일반 총기격납고에 준하여 목재로 할 것
(3) 자물쇠는 캐비넷 자물쇠 장치 외에 외부에 1개를 더 장치할 것
(4) 경보장치는 일반총기격납고에 준할 것</td></tr>
<tr><td>10. 총기격납고열쇠의보관</td><td>가. 총기격납고의 열쇠는 일상 사용하는 열쇠 외에 비상용 열쇠를 구비하여야 하며 다음의 구분에 의하여 보관할 것
(1) 일상사용열쇠는 총기취급책임자가 보관할 것
(2) 비상용 열쇠는 주간에는 총기취급책임자가, 밤에는 당직책임자가 보관할 것
나. 비상열쇠는 열쇠함에 넣어 취급책임자가 봉인할 것</td></tr>
<tr><td>11. 점 검</td><td>가. 총기취급책임자는 매일 현물을 점검하고 이상유무를 확인할 것
나. 각급학교 또는 공공기관의 장은 수시로 총기보관 관리상태와 총기격납고시설 등을 점검·확인할 것
다. 관할 경찰서장은 연 2회 지정학교 및 공공기관의 보유총기의 보관상태를 점검하고, 관리상 필요한 조치를 할 것. 다만, 특히 필요한 때에는 수시로 실시할 것</td></tr>
<tr><td>12. 순찰 및 순시</td><td>가. 총기사고방지를 위하여 근무시간이후 다음날 출근시까지는 다음과 같이 총기격납고에 대한 순찰을 할 것
<table>
<tr><th>구 분</th><th>순 찰 자</th><th>순찰기준</th><th>비 고</th></tr>
<tr><td>퇴근 후 출근까지</td><td>일숙직자</td><td>매 2시간 1회</td><td>학군단 또는 예비군 무기고에 같이 보관하는 때에는 학군단 또는 예비군무기관리규정에 의할 것</td></tr>
</table></td></tr>
</table>

	나. 각급학교 또는 공공기관의 장은 주 2회이상, 관할 지·파출소장은 월 1회 이상 무기격납고에 대한 순시를 할 것 다. "나"의 규정에 의하여 순시를 실시할 때에는 감독순시부에 소정사항을 기재할 것
13. 총기의 관리전환	○ 총기를 관리전환한 때에는 인계인수서 사본을 첨부하여 관할경찰서장과 교육감 또는 공공기관의 장에게 증감상황을 보고(통보)할 것
14. 신 고	○ 각급학교 또는 공공기관의 장은 다음의 사고가 발생한 때에는 즉시 관할경찰서장에게 신고할 것 (1) 총기의 분실·망실 (2) 총기의 도난·피탈 (3) 그밖의 총기 사고
15. 총기사고 책임의 한계	○총기관리의 불철저로 사고가 발생한 때에는 다음의 구분에 의하여 1차 책임을 진다. 가. 총기보관중의 사고 (1) 근무시간중에 발생한 사고는 총기취급책임자 (2) 퇴근시간이후 다음날 출근시간 사이에 발생한 사고는 당직 근무자 (3) 사고발생시기가 불분명한 경우는 총기취급책임자 나. 대여중의 사고 (1) 교육·사격훈련(휴식시간 포함)중 발생한 사고는 교육 또는 사격훈련담당자 (2) 총기손질을 위한 대여중에 발생한 사고는 취급책임자
16. 보 고	○각급학교 또는 공공의 기관의 장은 보유총기 현황의 변동이 있을 때에는 그로부터 10일 이내에 관할경찰서장에게 보고할 것
17. 장부의 비치	○각급학교 또는 공공기관의 장·경찰관서(지·파출소)에는 다음의 장부를 비치할 것 가. 학교 및 공공기관 (1) 총기원부 (2) 총기납탄출납부 (3) 총기손질일지 (4) 감독순시실시부 나. 경찰관서 총기보유지정자대장

[별표 9] <개정 2001.4.12>

총기소지허가를 받을 사람등에 대한 교육의 과목 및 시간(제32조제1항관련)

대 상	교 육 과 목		교육시간
1. 총포 · 석궁소지허가를 받고자 하는 사람	1. 총포·도검·화약류등단속법규와 조수보호및 수렵에관한 법규	1. 소지·운반의 제한 2. 허가갱신절차(석궁의 경우 제외) 3. 보관·휴대·운반시의 제한 4. 수렵절차 및 제한(석궁의 경우 제외) 5. 허가목적외 사용금지 6. 성능개조금지	30분
	2. 엽총·공기총·석궁의 취급실기	1. 성능 및 조작방법 2. 사격술(석궁의 경우 제외) 3. 안전관리 수칙 4. 도난·분실·안전사고 발생시 조치요령	30분
2. 화약류 제조·관리 보안책임자 면허를 받고자 하는 사람	1. 총포·도검·화약류등 단속법규	1. 제조시설 및 보안물건과의 보안거리 기준 2. 제조방법의 기준 3. 화약류의 사용허가 절차 4. 제조·관리 보안책임자의 의무 5. 화약류의 안전관리	30분
	2. 화약류·제조 및 취급상의 안전관리실기	1. 화약류의 종류 및 성능에 대한 지식 가. 폭발반응·순폭 및 폭속 나. 화약류의 분류·조성·성질 및 용도 다. 화약류의 위험 또는 안정도 2. 화약류의 취급 가. 화약류의 보관(저장) 나. 화약류의 적재 운반 다. 안정도 검사 및 불량화약류의 처리 3. 발파방법 가. 발파의 준비 나. 천공·장전 및 점화 다. 불발잔약 및 후 가스의 점검 안전처리 4. 사고사례와 방지책	1시간

[별표 10] <개정 2001.4.12>

총포소지허가를 받을 자등에 대한 교육의 강사자격(제32조제2항관련)

교 육 과 목	자 격
1. 총포·도검·화약류 등 단속법규와 조수보호및수렵에관한법규	가. 6급 이상의 공무원 또는 총포·화약안전기술협회의 임·직원중 경찰청장이 지정하는 자로서 5년 이상의 총포·도검 ·화약류·석궁에 관한 사무취급 경력이 있는 사람 나. 군인 또는 경찰공무원으로서 3년 이상의 총포·도검·화약류에 관한 사무취급 경력이 있는 사람
2. 엽총·공기총 및 석궁의 취급실기	가. 엽총소지허가를 받아 10년 이상의 수렵 경험이 있는 사람 나. 엽총소지허가를 받은 사람 또는 받았던 사람으로서 사격선수자격이 있는 사람 다. 총포·석궁 제조·판매업을 5년 이상 경영한 사람 라. 총포 및 석궁의 검사원 자격기준에 의한 검사원 자격을 취득한 후 5년 이상 총포·석궁에 관한 업무에 종사한 경력이 있는 사람
3. 화약류의 제조 및 취급상의 안전관리 실기	가. 화약류의 지식 (1) 화약류제조·보안책임자 면허취득자(1급) (2) 전문대학 이상의 졸업자로서 응용화학 또는 화약학을 전공한 사람 나. 화약류 취급(발파) 및 안전관리 1급 화약류관리보안책임자로서 5년 이상 화약류 취급실무에 종사한 경력이 있는 사람

[별표 11] <개정 2004.2.2>

<u>유리산시험 및 내열시험용시험기</u>(제44조제2항제3호관련)

1. 탕전기의 예

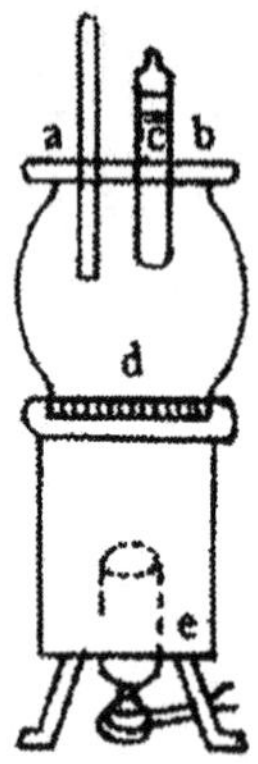

A. 온도계
B. 내열시험관
C. 탕전기의 뚜껑
D. 탕전기
E. 버 너
가. 유리제 칭량병
나. 밀어마치는 뚜껑
다. 밀어마치는 부분
라. 시 료

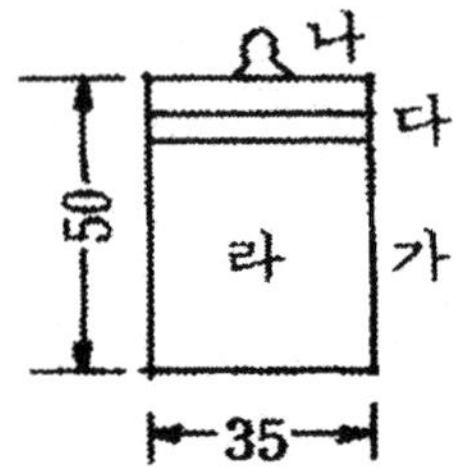

※ 단위는 밀리미터로 한다.

2. 내열용 시험관

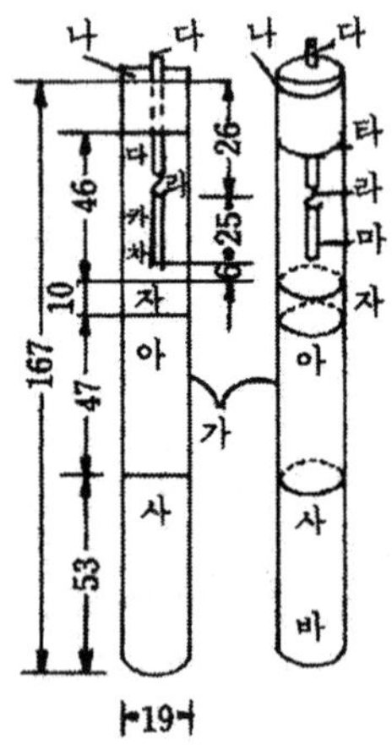

가. 유리시험관(내용적 40 내지 38입방센티미터)
나. 고무마개
다. 유리봉
라. 백금선고리
마. 요도가리전분지
바. 시 료
사. 각선(높이의 $\frac{1}{3}$)
아. 각선(탕의 침탕위치)
자. 각선(탕전의 위치)
차. 시험지하단
카. 시험지상단
타. 각선(고무마개의 하단)
※ 단위는 밀리미터로 한다.

3. 유리산 시험기

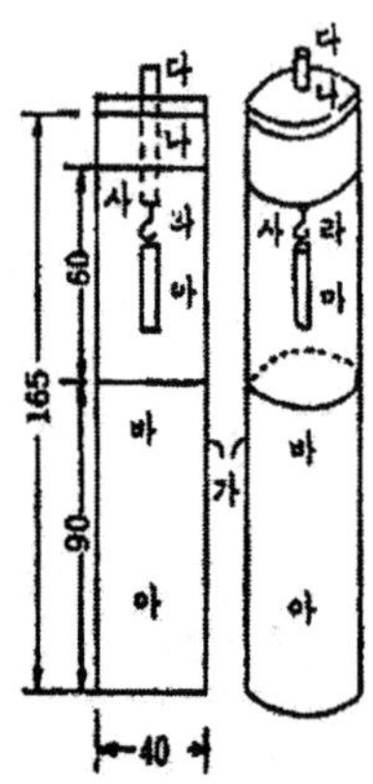

가. 원통유리용기
나. 고무마개
다. 유리봉
라. 백금선고리
마. 청색리트머스 시험지
바. 각선(시료의 높이)
사. 각선(고무마개의 하단)
아. 시 료
※ 단위는 밀리미터로 한다.

[별표 11의2] <신설 2004.2.2>

화공품의 안정도시험 기준 및 방법(제44조제1항관련)

1. 외관검사(수입품에 한한다)

종 목	검 사 항 목	검 사 기 준
화 공 품	종류 및 수량확인	허가된 내용과 제품의 종류·구조·성능이 일치할 것
		수량이 수입허가량 이내이고, 시험대상 수량과 수입량이 일치할 것
	구조형식의 원형 유지상태 검사	구조형식의 변경이나 개조·파손·부식 등의 결함이 없을 것
	기재사항 확인	영 제9조제2항제22호의 기재사항이 기재되어 있을 것(특히, 장난감용 꽃불류의 경우 '장난감용 꽃불류'라는 문구가 명확하게 기재되어 있을 것)
	사용방법 및 주의사항	누구나 쉽게 알아볼 수 있도록 명확하게 기재되어 있을 것

2. 제품시험

가. 장난감용 꽃불류

종 목	시 험 항 목	합 격 기 준
공 통	약량 및 치수 측정	제4조제1항에 적합할 것
	성 능 시 험	제4조제2항에 적합할 것
	점화 · 연소시험	○도화선으로 점화하는 방식인 경우 점화후 발화·발사 및 폭발까지의 시간이 최소한 3초 이상일 것 ○제품이 발화·발사 또는 폭발되지 아니하거나 사용된 제품에 연소되지 아니하는 화약이 남아 있지 아니할 것
불꽃·불티 또는꽃불을 주로 내는 것	사 용 시 험	○화약류의 연소가 일정하게 유지될 것 ○불꽃, 불티가 사방 2m 이상 튀지 아니할 것 ○연소중 제품의 외형이 유지될 것
회전을 주로 하는것		○회전중 화약류의 연소가 일정하게 유지될 것 ○회전중 회전판과 본체가 분리되지 아니할 것

달리기를 주로 하는 것		○달리는 과정에서는 화약류의 연소가 일정하게 유지될 것 ○케이블카꽃불 등 그 밖에 줄이 종이통 등에 달린꽃불류는 본체와 실이 단단하게 부착되어 있을 것
날기를 주로 하는 것		○나는 과정에서 화약류의 연소가 일정하게 유지될 것 ○꼬리가 달린 통꽃불류는 본체와 꼬리가 견고히 부착되어 있을 것
위로 쏘아 올리는 것을 주로 하는것		○쏘아 올려진 방출물은 공중에서 완전히 연소될 것 ○방출물을 담은 둥근통은 연소중 원형을 유지할 것
그 밖의 장난감용 꽃불류		화약류의 연소가 일정하게 유지될 것

나. 꽃불류

종 목	시 험 항 목	합 격 기 준
공 통	점화 · 연소시험	○도화선으로 점화하는 방식인 경우 점화후 발화·발사 및 폭발까지의 시간이 최소한 3초 이상일 것 ○제품이 발화 · 발사 또는 폭발되지 아니하거나 사용된 제품에 연소되지 아니한 화약이 남아 있지 아니할 것
	사 용 시 험	○쏘아 올려진 방출물은 20m 이상의 높이에서 퍼지며 공중에서 완전히 연소할 것(쏘아 올리는 꽃불류에 한한다) ○화약류의 발화 또는 발사로 인하여 프레임이나 철선 등이 변형되지 아니할 것

다. 뇌관류

종 목	시 험 항 목	시 험 방 법	합 격 기 준
전기뇌관	납 판 시 험	한국산업규격KS M-4803의 6.1의 납판시험에 의한다.	두께 4mm의 납판을 관통할 것

	점화전류시험	한국산업규격KS M-4803의 6.2의 점화전류 시험의(1)에 의한다.	0.25A의 전류로 30초간 통전한 때에 발화되지 아니할 것
	내 수 시 험	한국산업규격KS M-4803의 6.3의 내수시험에 의한다.	수압 1.0kgf/㎠에서 1시간 이상 침지한 다음, 납판시험을 하여 납판을 관통할 것
	내정전기시험	한국산업규격KS M-4803의 6.5의 내정전기 시험에 의한다.	방전한 때에 발화되지 아니할 것
공업용 뇌관(비전기 내관)	납 판 시 험	한국산업규격KS M-4803의 6.1의 납판시험에 의한다.	두께 4mm의 납판을 관통할 것
	내 수 시 험	한국산업규격KS M-4803의 6.3의 내수시험에 의한다.	수압 1.0kgf/㎠에서 1시간 이상 침지한 다음, 납판시험을 하여 납판을 관통할 것
전기점화옥	내정전기시험	한국산업규격KS M-4803의 6.5의 내정전기 시험에 의한다.	방전한 때에 발화되지 아니할 것
뇌관용관체	납 판 시 험	한국산업규격KS M-4803의 6.1의 납판시험에 의한다.	두께 4mm의 납판을 관통할 것

라. 실탄(산탄 포함) 및 공포탄류

종 목	시 험 항 목	합 격 기 준
공 통	장착 및 발사 시험	○장착이 용이하고 격발이 가능할 것 ○불발 및 파편이 발생하지 아니할 것

마. 신호용 화공품류

종 목	시 험 항 목	합 격 기 준
공 통	점화장치 작동여부 시험	점화에 위험이 없을 것
		점화장치가 안전하게 작동할 것
	연 소 시 험	화약류의 연소가 일정하게 유지될 것
		연소중 부속품 손상 등 안전에 위해를 미치는 요인이 없을 것

[별표 12] <개정 1996.7.29>

화약류의 포장기준(제45조관련)

1. 목상자

구분		(1)	(2)	(3)
수납화약류 종 류		화약류(신호용염관·신호용화전 및 꽃불류를 제외한다)	신호용염관·신호용화전 또는 꽃불류(인옥 및 크랙커볼을 제외한다)	인옥 또는 크랙커볼
목재	수 종	한국산업규격 KS A2151의 41의(1)의 수종(가문비나무, 소나무, 전나무, 나왕, 미송 그 밖의 이와 동등 이상의 강도를 가진 수종)이어야 한다. 덧대기 재료도 또한 같다.	한국산업규격 KS A2151의 41의(1)의 수종(가문비나무, 소나무, 전나무, 나왕, 미송 그 밖의 이와 동등 이상의 강도를 가진 수종)이어야 한다. 덧대기 재료도 또한 같다.	한국산업규격 KS A2151의 41의(1)의 수종(가문비나무, 소나무, 전나무, 나왕, 미송 그 밖의 이와 동등 이상의 강도를 가진 수종)이어야 한다. 덧대기 재료도 또한 같다.
	등 급	썩거나 갈라지고 부러지지 아니한 건재로 하되, 생절은 40mm 이내 유절은 20mm 이내로서 옹이를 발절접착제로 붙여야 하며, 옹이공 등은 나무로 메꾸어야 한다.	썩거나 갈라지고 부러지지 아니한 건재로 하되, 생절은 40mm 이내 유절은 20mm 이내로서 옹이를 발절접착제로 붙여야 하며, 옹이공 등은 나무로 메꾸어야 한다.	썩거나 갈라지고 부러지지 아니한 건재로 하되, 생절은 40mm 이내 유절은 20mm 이내로서 옹이를 발절접착제로 붙여야 하며, 옹이공 등은 나무로 메꾸어야 한다.
	건조도	수분은 18% 이하로 한다.	수분은 18% 이하로 한다.	수분은 18% 이하로 한다.
	비 중	0.35를 초과하여야 한다.	0.35를 초과하여야 한다.	0.35를 초과하여야 한다.
	판자의 두께 / 모막이판	내용물의 총중량이 25kg 이하인 때에는 13.5mm(보강용 덧대기를 붙일 때에는 11mm)이상, 25kg이상 50kg이하일 때에는 14.5mm(보강용 덧대기를 붙일 때에는 13.5mm)이상으로 한다.	12mm 이상	14mm 이상

	덮개판 옆판 밑판	12mm 이상으로 한다.	11mm 이상. 다만, 상자의 부피가 0.05㎥ 이하로서 내용물의 총중량의 신호용염관, 신호용화전 또는 장난감용 꽃불류외의 꽃불류를 수납하는 경우로서 10kg 이하인 때 및 장난감용 꽃불류를 수납하는 경우로서 20kg 이하일 때에는 9mm 이상이어야 한다.	11mm 이상
	보강용 덧대기판	내용물의 총중량이 25kg 미만인 때에는 11mm 이상, 25kg 이상 50kg 이하인 때에는 13.5mm(판폭이 45mm 이상일 때에는 11mm) 이상으로 한다.	12mm 이상	14mm 이상
	판격	보강용 덧대기판은 40mm 이상 그밖의 판자는 내용물의 총중량이 25kg 미만일 때에는 60mm 이상, 25kg 이상 50kg 이하일 때에는 75mm 이상이어야 하며 3매의 판자를 쪽매를 이을 때에는 그 중심이 되는 판자는 그 3매의 판폭이 합계의 3분의1 이상이 되어야 한다. 다만, 도화선 외의 것을 수납함에 있어서의 보강용 덧대기를 대지 아니할 때에는 모막이판의 판폭은 24mm를 초과하여서는 아니된다.	보강용 덧대기는 40mm 이상 그밖의 판자는 60mm 이상이어야 한다.	보강용 덧대기는 40mm 이상 그밖의 판자는 60mm 이상이어야 한다.

각 부위의 판자의 매수	쪽매맞춤 판자의 폭의 합계가 30cm 이상인 경우에는 3매 이하 그밖의 경우에는 2매 이하로 한다.	쪽매맞춤 판자의 폭의 합계가 30cm 이상인 경우에는 3매 이하 그밖의 경우에는 2매 이하로 한다.	쪽매맞춤 판자의 폭의 합계가 30cm 이상인 경우에는 3매 이하 그밖의 경우에는 2매 이하로 한다.
쪽매맞춤의 구조	쪽매대맞춤 또는 재혀 쪽매맞춤으로 한다.		
못	한국산업규격 KS D3553 일반철못(종류, 형상, 치수에 있어서는 N38B 또는 N45B의 것에 한한다. 다만, 덧대기에 박는 경우에는 N25B 또는 N32B의 것으로 사용할 수 있다) 또는 이와 상응한 못을 사용하되 모막이 판에 박는 못의 줄 안의 간격은 40mm 이상 80mm 이하로 하여야 하며 또한 동일 판자의 양끝에는 각각 2개 이상 사용할 것	한국산업규격 KS D3553 일반철못(종류, 형상, 치수에 있어서는 N38B 또는 N45B의 것에 한한다. 다만, 덧대기에 박는 경우에는 N25B 또는 N32B의 것으로 사용할 수 있다) 또는 이와 상응한 못을 사용하되 모막이 판에 박는 못의 줄 안의 간격은 40mm 이상 80mm 이하로 하여야 하며 또한 동일 판자의 양끝에는 각각 2개 이상 사용할 것	한국산업규격 KS D3553 일반철못(종류, 형상, 치수에 있어서는 N38B 또는 N45B의 것에 한한다. 다만, 덧대기에 박는 경우에는 N25B 또는 N32B의 것으로 사용할 수 있다) 또는 이와 상응한 못을 사용하되 모막이 판에 박는 못의 줄 안의 간격은 40mm 이상 80mm 이하로 하여야 하며 또한 동일판자의 양끝에는 각각 2개 이상 사용할 것
나사못	덮개판에는 한치 2푼나사못 8본 이상을 박고 그 중 2개소에는 덮개판에 지름 30mm 깊이 3mm에 평활한 구멍을 파고 한치 2푼의 놋쇠 나사못을 박은 후 봉지를 첨부하여야 한다.		
기 타	(1) 모막이판은 1매의 판자로 하여야 한다. 다만, 보강용 덧대기를 댈 때에는 예외로 한다. (2) 목상자는 신품을 사용하여야 한다. 다만, 못 판자의 파손등의 결함을	(1) 모막이판은 1매의 판자로 하여야 한다. 다만, 보강용 덧대기를 댈 때에는 예외로 한다. (2) 목상자는 신품을 사용하여야 한다. 다만, 못 판자의 파손등의 결함을	(1) 모막이판은 1매의 판자로 하여야 한다. 다만, 보강용 덧대기를 댈 때에는 예외로 한다. (2) 목상자는 신품을 사용하여야 한다. 다만, 못판자의 파손등의 결함을

		보강할 때에는 예외로 한다.	보강할 때에는 예외로 한다.	보강할 때에는 예외로 한다.

2.골판지 상자

	(1)	(2)	(3)
수납하는 화약류의 종 류	화약류(신호용염관 · 신호용화전 및 꽃불류 또는 공업용뇌관 · 전기뇌관을 제외한다)	신호용염관, 신호용화전 또는 꽃불류(인옥 및 크랙커볼을 제외한다)	인옥 또는 크랙커볼
재질 및 종 류	한국산업규격 KS A1502 및 1531의 2중 양면골판지상자 3종이상의 것으로서 압축하중이 600kg 이상이며 또한 표면라이나에는 내수성이 부여되어 있는 것일 것 다만, 내장을 금속관으로 사용한 것을 수납하는 경우에는 양면골판지상자 4종 이상 또는 이와 동등 이상의 것일 것. 다만, 도화선 · 전기도화선 또는 도포선을 수납할 경우에는 양면골판지상자 5종 이상 또는 이와 동등 이상의 것을 사용할 수 있으며, 이 경우 압축하중에 있어서는 예외로 한다.	한국산업규격 KS A1502 및 1531의 2중 골판지상자 4종 이상이거나 2중 양면골판지상자 3종 이상 또는 이와 동등이상의 것으로서 압축하중 500kg 이상이며 표면 라이나에는 내수성이 부여되어 있는 것일 것. 다만, 장난감용꽃불류를 수납하는 경우로서 내용물의 총중량이 12kg 이하일 경우에는 압축하중에 있어서는 예외로 한다.	한국산업규격 KS A1502 및 1531의 양면골판지상자 6종이거나 2중 양면골판지상자 4종 이상 또는 이와 동등이상의 것으로는 그 압축하중이 600kg 이상이며 라이나에는 내수성이 부여되어 있는 것일 것
접 합	한국산업규격 KS A1523의 천감테이프 KS A1522의 종이감테이프(폭 50mm 이상의 것에 한한다) 또는 이와 동등 이상의 것이어야 하며 또한 평철사를 사용하여 견고하게 접합할 것. 다만, 도화선 외의 것을 수납할 경우의 평철사는 마찰 또는 충격에 의하여 불꽃이 날 염려가 없는 것에 한한다.	한국산업규격 KS A1523의 천감테이프 KS A1522의 종이감테이프(폭 50mm 이상의 것에 한한다) 또는 이와 동등 이상의 것이어야 하며 또한 평철사를 사용하여 견고하게 접합할 것. 다만, 도화선 외의 것을 수납할 경우의 평철사는 마찰 또는 충격에 의하여 불꽃이 날 염려가 없는 것에 한한다.	한국산업규격 KS A1523의 천감테이프 KS A1522의 종이감테이프(폭 50mm 이상의 것에 한한다) 또는 이와 동등 이상의 것이어야 하며 또한 평철사를 사용하여 견고하게 접합할 것. 다만, 도화선 외의 것을 수납할 경우의 평철사는 마찰 또는 충격에 의하여 불꽃이 날 염려가 없는 것에 한한다.

봉 합	밑면은 바깥날개와 안날개와의 접합면을 접착제로 붙이든가 또는 평철사로 봉합하고 뚜껑은 바깥날개와 안날개와의 접합면을 접착제로 맞붙이고 다시밑면(평철사로 봉한 것을 제외한다) 및 뚜껑은 이외에 한국산업규격 KS A1523의 2종 또는 3종 천감테이프(폭이 50mm 이상의 것에 한한다) 또는 한국산업규격 KS A1522의 2종 이상의 종이감테이프(폭 50mm 이상의 것에 한한다) 또는 이와 동등 이상의 것으로 봉함한다.	밑면은 바깥날개와 안날개와의 접합면을 접착제로 붙이든가 또는 평철사로 봉합하고 뚜껑은 바깥날개와 안날개와의 접합면을 접착제로 맞붙이고 다시밑면(평철사로 봉한 것을 제외한다) 및 뚜껑은 이외에 한국산업규격 KS A1523의 2종 또는 3종 천감테이프(폭이 50mm 이상의 것에 한한다) 또는 한국산업규격 KS A1522의 2종 이상의 종이감테이프(폭 50mm 이상의 것에 한한다) 또는 이와 동등 이상의 것으로 봉함한다.	밑면은 바깥날개와 안날개와의 접합면을 접착제로 붙이든가 또는 평철사로 봉합하고 뚜껑은 바깥날개와 안날개와의 접합면을 접착제로 맞붙이고 다시밑면(평철사로 봉한 것을 제외한다) 및 뚜껑은 이외에 한국산업규격 KS A1523의 2종 또는 3종 천감테이프(폭이 50mm 이상의 것에 한한다) 또는 한국산업규격 KS A1522의 2종 이상의 종이감테이프(폭 50mm 이상의 것에 한한다) 또는 이와 동등 이상의 것으로 봉함한다.
기 타	1. 골판지 상자는 신품을 사용할 것 2. 평철사는 아연 또는 구리로 도금한 것을 사용할 것	1. 골판지 상자는 신품을 사용할 것 2. 평철사는 아연 또는 구리로 도금한 것을 사용할 것	1. 골판지 상자는 신품을 사용할 것 2. 평철사는 아연 또는 구리로 도금한 것을 사용할 것

3. 지제 또는 합성수지제의 포대

수납하는 화약류의 종류	초 유 폭 약
재질 및 구조	합성수지제의 포대(접합부가 없는 튜브상으로 된 것에 한한다) 또는 한국산업규격 KS M7501크라프트지로 된 포대를 사용하되 6겹 이상의 경우에는 맨 안겹에는 내유성을, 맨 바깥겹에는 내수성을 부여하여야 하며, 4겹 이상의 경우에는 맨 안겹에는 합성수지제의 포대를 사용할 것
강 도	한국산업규격 KS A1015 시험방법에 의하여 파열(개봉을 포함한다)까지의 낙하 회수가 10회 이상일 것
봉 함	마찰 또는 충격에 의하여 불꽃이 날 염려가 없고 또한 다른 포장물을 손상할 염려가 없는 것으로 봉함할 것
기 타	포대는 신품을 사용할 것

4. 공업용뇌관, 전기뇌관의 외장용 특별용기

재 료 및 규 격
화약 또는 폭약류와 같이 싣는 경우에는 공업용뇌관 10,000개 또는 전기뇌관 2,500개 이하를 화약류와 같은 규격으로 겉포장한 것을 다음에 기재한 용기에 수납할 것 1. 목상자로 할 것 2. 재질은 화약과 같은 것으로 할 것 3. 판의 두께 (1) 모막이판은 16mm 이상일 것 (2) 덮개판, 옆판 및 밑판은 13mm 이상일 것 (3) 보강용 덧대기판은 사용한 모막이판의 두께이상으로 할 것 4. 판의 폭은 보강용 덧대기판은 45mm 이상, 그밖의 판은 75mm 이상으로 하고 3매의 판을 쪽매맞춤할 때에는 그 중심이 되는 판은 3매의 판의 폭의 합계의 3분의 1 이상으로 할 것 5. 모막이면은 보강 손잡이 덧대기로 하고 또한 손잡이 느림줄등을 사용할 것 6. 쪽매맞춤은 상자 1면에 수매의 판을 사용하는 경우는 쪽매대맞춤 재허쪽매 또는 앙알쪽매로 할 것 7. 판의 대수는 상자 1면의 폭이 30cm 미만의 경우에 있어서는 2매 이하, 30cm 이상의 경우에는 3매 이하의 판을 사용할 것 8. 못 또는 나무나사 못은 (1) 한국산업규격 KS D3553 일반용 철못에 적합한 못중 N38B이상의 것을 사용할 것 (2) 보강용 덧대기판에 보강을 위하여 박는 못은 선단부를 박아 굽힐 수 있는 긴 것을 사용하고 박은 못의 선단부는 박아 굽힐 것 (3) 나무나사 못은 철제 외의 것을 사용할 것 9. 두께를 고정함에 있어 두께는 철물이 밖에 나타나지 아니하도록 정첩 쇠못받이 등을 사용 고정하여야 하며 이에 사용하는 쇠못받이류는 용기의 내면 및 외면에 돌출하지 아니하도록 할 것 10. 완출방법은 겉포장과 용기와의 간격을 25mm 이상으로 하고 이 간격에는 완충재(톱밥, 스티로폴, 목면 등)를 충전할 것 11. 사용제한 허술하게 박힌 못, 일그러진 판자, 금이 간 판자, 파손 등의 결함이 있는 용기는 사용하지 말 것

[주] 1. 섭씨 21도의 물에 24시간 담가도 떨어지지 아니하게 목재를 접착할 수 있는 접착제를 사용하여야 한다.

2. 골판지 상자 또는 지대 및 합성수지제의 포대에 내수성 또는 내유성을

부여하기 위하여 사용하는 약제 등은 연소성이 가장 적은 것을 사용하여야 한다.

3. 내용물의 총중량은 목상자에 있어서는 50kg 이하로 하고 골판지상자 또는 지대 및 합성수지제의 포대에 있어서는 25kg 이하로 할 것. 다만, 화공품을 겉포장하는 경우 그 중량에 따라 이 표에 기재한 기준에 의한 목상자 또는 골판지상자와 동등 이상의 강도를 가진 목상자 또는 골판지상자를 사용할 수 있다.
4. 내용물의 총중량 또는 부피가 극소할 때 그밖에 상자의 치수 형상 등이 이표에 의한 기준에 의하기가 곤란하거나 이 기준에 의할 필요가 없는 때에는 그 중량·부피에 따라 이 표의 기준에 의한 목상자 또는 골판지 상자와 동등 이상의 강도를 가진 목상자 또는 골판지상자를 사용할 수 있다.
5. 겉포장하는 경우에는 그 화약류의 성질에 따라 금속관·종이상자·폴리에틸렌대·포대·방습지대·크라프트지대 등 운반의 안전을 위하여 필요하다고 인정되는 것을 사용하여 속포장을 한 위에 겉포장과의 사이에는 내용물의 동요를 방지하기 위한 적당한 완충제(톱밥·스티로폴·목면 등)를 채워 넣을 것. 다만, 속포장할 필요가 없는 것에 대하여는 그러하지 아니하다.

[별표 13] <개정 1999.7.15>

총포·도검·화약류·분사기·전자충격기·석궁 제조업자의 위해예방규정의 기준(제47조관련)

구 분	기 준
1. 제조시설	가. 보안거리 등 안전조치에 관한 사항
	나. 건물 및 공작물에 관한 사항
	다. 전기공작물 등 일반장치에 관한 사항
	라. 시설방호에 관한 사항
	마. 경계요원의 수 및 장비에 관한 사항
2. 제조방법	가. 일반안전에 관한 사항
	나. 위험작업 일반에 관한 사항
	다. 포장 및 수함에 관한 사항
	라. 폭발시험등의 시험 및 폐약처리에 관한 사항
	마. 및 바. <삭제>

(주) 제조하는 총포·도검·화약류·분사기·전자충격기·석궁의 종류마다 작성할 것

[별표 14] <개정 1996.7.29>

총포·도검·화약류·분사기·전자충격기·석궁 제조업자등 자체안전교육계획의 기준(제48조관련)

항 목	내 용
1. 자체안전교육대상업소	○자체안전교육을 실시하여야 할 업소는 다음과 같다. 가. 법 제4조의 규정에 의하여 허가를 받은 총포·도검·화약류·분사기·전자충격기·석궁 제조업소 나. 법 제6조의 규정에 의하여 허가를 받은 화약류 판매업소 다. 법 제18조의 규정에 의하여 허가를 받은 화약류 사용업소
2. 자체안전교육계획	가. (안전교육계획)자체안전교육계획은 그 내용·방법·시기를 정한다. 나. 총포·도검·화약류·분사기·전자충격기·석궁 제조업자는 종업원의 구분에 따라 다음에 정한 내용의 교육을 실시한다. (1) 간부종업원 및 안전관계종업원에 대한 안전교육 (가) 안전의식의 제고에 관한 사항 (나) 총포·도검·화약류·분사기·전자충격기·석궁 일반의 성질 및 성능개요에 관한 사항 (다) 제조 총포·도검·화약류·분사기·전자충격기·석궁의 조성·성질 및 성능 등에 관한 사항 (라) 제조시설의 구조·위치 및 설비의 기술상의 기준 등에 관한 사항 (마) 당해 제조소의 제조방법의 기술상의 기준에 관한 사항 (바) 화약류의 저장상의 취급기술 기준에 관한 사항 (사) 화약류·저장소의 구조·위치 및 설비의 기술상의 기준에 관한 사항 (아) 제조작업일지 또는 화약류저장소에서의 화약류의 출납의 기재에 관한 사항 (자) 위험상황시의 응급조치 및 대피방법 등의 전반에 관한 사항 (차) 위에 기재한 것 외의 총포·도검·화약류등단속법령의 규정중 필요한 사항에 관한 사항 (카) 그밖의 총포·도검·화약류·분사기·전자충격기·석궁의 제조 및 이에 따른 취급상의 안전관리 기술에 관한 사항

(2) 일반종업원의 교육

(가) 안전의식의 제고 및 총포·도검·화약류·분사기·전자충격기·석궁 일반의 성질개요에 관한 사항

(나) 작업예정 또는 작업중인 제조 총포·도검·화약류·분사기·전자충격기·석궁의 성질에 관한 사항

(다) 사용예정이거나 사용하고 있는 총포·도검·화약류·분사기·전자충격기·석궁 제조시설의 구조·위치 및 설비의 기술상의 기준에 관한 사항

(라) 제조예정 또는 제조중인 총포·도검·화약류·분사기·전자충격기·석궁의 제조방법의 기술상의 기준에 관한 사항

(마) 취급예정이거나 취급하고 있는 화약류의 저장상의 취급기술에 관한 사항

(바) 제조작업일지 또는 화약류저장소에 있어서의 화약류의 출납의 기재에 관한 사항

(사) 위험시의 응급조치 및 대피방법에 관한 사항

(아) 위에 기재한 것외에 총포·도검·화약류등단속법령의 규정중 필요한 사항에 관한 사항

(자) 그밖의 총포·도검·화약류·분사기·전자충격기·석궁의 제조작업상의 안전에 필요한 사항

(3) 미숙련 종업원의 교육

(가) (2)항에 기재한 사항

(나) 총포·도검·화약류등단속법령의 규정중 필요한 사항에 관한 사항

(다) 그밖의 위에 기재한 것 외에 총포·도검·화약류·분사기·전자충격기·석궁제조작업에 따른 안전상 필요한 사항

(라) 안전교육은 제조책임자 그밖의 총포·도검·화약류·분사기·전자충격기·석궁의 제조 또는 취급에 대한 안전지식 및 경험이 풍부한 자가 실시하여야 한다.

(마) 안전교육은 종업원의 안전의식을 높이고 필요한 지식을 수습할 수 있도록 적당한 기간을 두고 반복 실시 하여야 한다.

(바) 미숙련 종업원에 대하여는 위의 규정에 의하는 것 외에 당해 제조작업 등 취급에 종사하기 전에 안전교육을 실시하여야 한다.

다. 화약류판매업자는 다음에 정한 내용의 안전교육을 실시하

	여야 한다. (1) "나"항에 기재한 사항 (2) 법 제6조의 규정에 의한 판매허가를 받은 화약류의 성질에 관한 사항 (3) 판매(양도·양수)명세 또는 화약류저장소에 있어서의 화약류의 출납의 기재요령 (4) 위에 기재한 것 외에 법령의 규정중에 필요한 부분에 관한 사항 (5) 그밖의 화약류의 판매 및 화약류저장소에서 취급되는 안전관리상의 기술에 관한 사항 라. 화약류사용자는 다음에 정한 내용의 안전교육을 실시하여야 한다. (1) "다"항에 기재한 사항 (2) 사용허가를 받은 화약류의 성질에 관한 사항 (3) 사용(양도·양수)명세 또는 화약류저장소에 있어서의 화약류 출납의 기재요령 및 발파작업일지의 기재요령 (4) 화약류 저장 및 사용에 있어서의 안전관리기술에 관한 사항
3. 안전교육자의 지정	가. 지방경찰청장 및 경찰서장은 재해발생을 방지하기 위하여 필요한 때에는 총포·도검·화약류·분사기·전자충격기·석궁의 제조업자, 화약류판매업자 또는 다량의 화약류를 사용하거나 상당기간 계속 화약류를 사용하는 사람을 안전교육계획을 수립하여 실시하는 사람으로 지정할 수 있다. 나. 안전교육실시자로 지정된 사람은 종업원의 구분에 따라 다음에 정한 내용의 교육을 실시하여야 한다. (1) 간부종업원 및 안전관계 종업원에 대한 안전교육 (가) 총포·도검·화약류·분사기·전자충격기·석궁제조업의 간부종업원 및 안전관계 종업원에 대한 안전교육의 사항 (나) 사용중이거나 현재 사용하고 있는 화약류의 성질에 관한 사항 (다) 사용중이거나 사용하고 있는 화약류의 발파기술상의 기준에 관한 사항 (라) 화약류의 사용 또는 화약류저장소에 있어서의 화약류의 출납 기재요령 (마) 위에 기재한 것외에 총포·도검·화약류등단속법령

	의 규정중 필요한 부분에 관한 사항 (바) 그밖의 총포·도검·화약류·분사기·전자충격기·석궁의 사용에 따른 취급에 대한 안전관리기술에 관한 사항 (2) 일반종업원 및 미숙련 종업원의 안전교육 (가) 총포·도검·화약류·분사기·전자충격기·석궁제조업의 일반종업원 및 미숙련 종업원에 대한 안전교육의 사항 (나) 총포·도검·화약류·분사기·전자충격기·석궁의 관리 및 화약류 발파의 준비, 화약류취급소 및 발파장소에 있어서의 취급, 발파(전기발파·대발파를 포함한다)의 기술상의 기준에 관한 사항

[별표 15] <개정 1991.9.19>

화약류저장소설치자의 자체안전점검계획의 기준(제49조제1항관련)

항 목	내 용
1. 정기점검 실시	가. 정기점검을 실시하여야 할 제조시설은 다음과 같다. (1) 화약류 제조소의 제조시설 (가) 위험공실 (나) 화약류 적체장 (다) 위험공실에 부속한 동력실 및 경비실 (라) 니트로셀룰로오스의 초화공실 등 (마) 붕산고형건조공실 (바) 폐산분리 및 폐산치장 등 나. 정기점검은 다음의 기준에 의하여 실시할 것 (1) 연 2회 이상 정기적으로 실시하되 제조 또는 저장에 있어 성수기가 있는 제조시설 또는 저장소는 성수기 직전에 1회 이상 실시할 것 (2) 제조시설 또는 저장소는 대청소를 한 후 그 구조·위치·설비가 영 제8조 및 제9조·제28조 내지 제47조의 규정의 기술기준에 적합한지의 여부 등을 점검할 것 (3) 피뢰장치 · 경보장치 및 소화설비 등이 기술상의 설비기준에 적합한지의 여부 등을 점검할 것 (4) 흙둑은 영 제42조 및 영 제43조의 규정에 의한 기술설비기준에 적합한지의 여부 등을 점검할 것
2. 정기점검계획	가. 제조업자 또는 저장소의 소유자는 점검규정을 제정하여 제조업자는 경찰청장, 저장소의 소유자는 지방경찰청장 또는 경찰서장에게 제출할 것. 이 규정을 변경할 때도 또한 같다. 나. 제조업자 및 저장소의 소유자나 점유자가 점검을 실시한 때에는 지체없이 제조시설 및 저장소의 설치 허가관청에 보고하여야 한다. 이 보고서에는 제조시설 또는 저장소의 소재지 및 명칭, 점검실시기간, 점검결과와 시정 및 보수사항을 기재하고, 점검을 지휘·감독한 안전책임자가 기명날인한다.

[별표 16] <개정 2004.2.2, 2006.2.22>

총포의 검사기준(제50조제1항관련)

1. 성능개조여부 검사기준

구 분	총 종	검 사 항 목	검 사 및 합 격 기 준
구조형식	총 및 포	1. 구조형식의 원형유지상태 검사	○구조형식의 변형이나 개조·손괴·부식 등의 결함이 없을 것
		2. 기관부 및 총신의 원형유지상태 검사	○기관부 및 총신의 대체 등의 변경이 없을 것
		3. 제조번호의 타각 유지상태 검사	○총기 제조번호의 타각, 변경 등의 결함이 없을 것

2. 제조 시제품 종합검사 및 제조품 안전검사 기준

구 분	총 종	검 사 항 목	검사 및 합격기준
구조형식	엽 총 및 사 격 총	1. 설계도면 일치여부	○허가당시 제출한 설계도면과 일치할 것
		2. 재질검사	○국가공인기관의 재질합격 규격품일 것
		3. 격발장치	○연속 자동격발식이 아닐 것
		4. 방아쇠압력	○방아쇠를 당길 수 있는 힘이 1kg 이상일 것(사격총 제외)
		5. 안전장치	○안전장치의 결함이 없을 것
		6. 조준경 부착장치	○조준경을 부착할 수 있는 장치가 없을 것(공기총 제외)
		7. 제조총번 및 구경표시	○제조연도 및 번호 · 형식 · 구경표시 등이 되어 있을 것
		8. 연지탄의 에너지 및 탄속	○60J 이하일 것
		9. 공기압축실 시린다	○전체의 체적은 500㎤를 초과하지 아니할 것
		10. 공기총의 전체길이	○공기총의 전체길이는 80cm 내지 120cm일 것
		11. 총신과 압축실 시린다 재질	○이은 자리가 없고 180kg/㎠ 이상의 압력에 견딜 수 있는 재질로 할 것
		12. 탄 창	○탄창은 6개 이하의 실탄 또는 금속성탄알을 장전할 수 있는 것일 것

	13. 총의 구경	○엽총의 번경은 12번경 이내일 것 ○공기총의 구경은 4.5mm~5.5mm인 것에 한하고, 산탄 공기총의 경우는 5.5mm~6.4mm일 것
권총·소총	1. 설계도면 일치여부	허가당시 제출한 설계도면과 일치할 것
	2. 격발장치	연속 자동격발식이 아닐 것(경찰장비 제외)
	3. 방아쇠압력	방아쇠를 당길 수 있는 힘이 1kg 이상일 것
	4. 조준경 부착장치	조준경을 부착할 수 있는 장치가 없을 것
	5. 제조총번 및 구경표시	제조연도 및 번호·형식·구경표시 등이 되어 있을 것
	6. 안전장치	안전장치에 결함이 없을 것
	7. 총의 구경	0.22"이상 0.38" 이하일 것
마 취 총	1. 설계도면 일치여부	허가당시 제출한 설계도면과 일치할 것
	2. 격발장치	연속 자동격발식이 아닐 것(경찰장비 제외)
	3. 방아쇠압력	방아쇠를 당길 수 있는 힘이 1kg 이상일 것
	4. 조준경 부착장치	조준경을 부착할 수 있는 장치가 없을 것
	5. 제조총번 및 구경표시	제조연도 및 번호·형식·구경표시 등이 되어 있을 것
	6. 안전장치	안전장치에 결함이 없을 것
	7. 총 열	총열에 강선이 없을 것
가스발사총	1. 설계도면 일치여부	허가당시 제출한 설계도면과 일치할 것
	2. 격발장치	연속 자동격발식이 아닐 것(경찰장비 제외)
	3. 방아쇠압력	방아쇠를 당길 수 있는 힘이 1kg 이상일 것
	4. 조준경 부착장치	조준경을 부착할 수 있는 장치가 없을 것

		5. 제조총번 및 구경표시	제조연도 및 번호 · 형식 · 구경표시등이 되어 있을 것
		6. 최대사거리	45°로 발사하여 추진용 캡슐이 떨어지는 지점이 25m이하일 것
		7. 총의구경	강선이 없는 것으로 16mm이내일 것
안 전 도 (내 압) 시 험	1. 강 선 총 (라이플)	1. 기관부·약실 및 총열에 대한 내압시험	○구경별 총포의 종류에 적합한 실탄·공포탄(이하 "적합실탄"이라 한다)으로 계속 7발을 시험발사하여 팽창 또는 균열·파열 등의 결함이 없을 것
	2. 산탄총	1. 기관부 약실 및 총열에 대한 내압시험	○번경별 적합실탄(매그넘탄 사용총은 매그넘탄)으로 계속 5발을 시험 발사하여 팽창 또는 파열 등의 결함이 없을 것(약협을 포함한다)
	3. 공기총·공기 또는 가스압축식 · 가스용수철식	1. 공기 또는 가스탱크의 내압시험	○180kg/㎠ 압력에 팽창이나 균열·파열 등의 결함이 없을 것
안 전 도 (내 압) 시 험	권총·소총	1. 기관부 약실 및 총열에 대한 내압시험	계속 6발을 시험발사하여 팽창 또는 균열·파열 등의 결함이 없을 것
		2. 낙하시험	1m높이에서 콘크리트 바닥에 떨어뜨려 파손 및 작동의 결함이 없을 것
성능시험		1. 발사시험	계속 6발을 시험발사하여 기계기능고장 및 불발이 없을 것
안 전 도 (내 압) 시 험	마 취 총	1. 총열 내압시험	계속 6발을 시험발사하여 팽창 또는 균열·파열 등의 결함이 없을 것
		2. 공기 또는 가스탱크의 내압시험	180kg/㎡ 압력에서 팽창이나 균열·파열 등의 결함이 없을 것
		3. 낙하시험	1m높이에서 콘크리트 바닥에 떨어뜨려 파손 및 작동의 결함이 없을 것
성능시험		1. 발사시험	계속 6발을 시험발사하여 기계기능고장 및 불발이 없을 것

안 전 도 (내 압) 시 험	가스발사총	1. 기관부 약실 및 총열에 대한 내압시험	계속 10발을 시험발사하여 팽창 또는 균열·파열 등의 결함이 없을 것
		2. 낙하시험	1m높이에서 콘크리트 바닥에 떨어뜨려 파손 및 작동의 결함이 없을 것
성능시험		1. 발사시험	계속 10발을 시험발사하여 기계기능고장 및 불발이 없을 것

[별표 16의2] <개정 2004.1.1 : 제2호 음영부분의 시행일 2005·11·2>

분사기의 검사기준(제50조제1항관련)

1. 성능개조 여부 검사기준

구분	종목	검사항목	검사합격기준
구조형식	분사기	1. 구조형식의 원형유지 상태 검사	·구조형식의 변경이나 개조·손괴·부식 등의 결함이 없을 것
		2. 손잡이 및 몸통원형 유지상태 검사	·손잡이 및 몸통이 대체 등의 변경이 없을 것
		3. 제조번호의 타각유지 상태 검사	·제조번호의 타각·변경 등의 결함이 없을 것

2. 제조시 제품종합검사 및 제조품 안전검사기준

가. 분말분사기

구 분	종 목	검 사 항 목	검 사 합 격 기 준
구조형식	분말분사기	1. 설계도면 일치 여부	·허가당시 제출한 설계도면과 일치할 것
		2. 재질검사	·분말약제통은 연속 5회 이상 사용하여도 팽창·균열되는 등의 결함이 없을 것 ·1m높이에서 충격시험기에 떨어뜨려 파손·균열이 안될 것
		3. 발사장치	·격발식방아쇠는 안되며 지레목식 방아쇠장치일 것 ·탄창장전식이 아니며 화약을 사용하지 말 것 ·방아쇠 바늘은 연속 5회 이상 사용하여도 마모 또는 파손되지 아니할 것
		4. 안전장치	·안전장치에 결함이 없을 것
		5. 제조번호 등 표시	·제작하는 분사기마다 손잡이 부분에 제조회사·제품명칭(영문약자2자) 및 두자리의 제조연도와 제조순번에 따라 일련번호로 여섯자리의 제조번호를 새겨서 표시할 것

		6. 분사거리	·3m~7m 이내일 것
		6. 분사거리	·7m 이내일 것 (막대형은 10m 이내일 것)
		7. 압력사용제한	·CO_2가스는 17g 이하를 사용할 것
		8. 분사기의 전체 길이	·40cm 이하일 것 (막대형은 60cm 이하 일 것)
		9. 분사기의 구경	·분사기의 구경은 4mm 이내일 것
		9. 분사구의 직경	·분사구의 직경은 4mm 이내일 것
		10. 약제통	·화약을 사용하거나 분사시 약제통이 회전하는 방식이 아닐 것
안전도 내압시험	약제통	약제통의 내압시험	·이은자리가 없는 재질로 하여 20kg/㎠ 이상의 압력에 견딜 수 있을 것
약제성분 시험	약제	약제의 성분검사	·약제별 성분검사를 하며, 독물·극물·최루가스 등 법령에 의하여 제조·사용이 제한되는 물질을 사용하지 말 것. 다만, 치안목적용 등으로 경찰청장의 승인을 얻은 경우에는 그러하지 아니하다.

나. 액체분사기

구 분	종 목	검 사 항 목	검 사 합 격 기 준
구조형식	액체분사기	1. 설계도면 일치여부	·허가당시 제출한 설계도면과 일치할 것
		2. 재질검사	·1m높이에서 충격시험기에 떨어뜨려 파손 · 균열이 안될 것
		3. 발사장치	·누르는 방식이어야 하고, 노즐을 이용한 액체분무식일 것
		3. 발사장치	·탄창장전식이 아니며 화약을 사용하지 말 것
		4. 제조번호 등 표시	·제작하는 분사기마다 몸통부분에 제조회사·제품명칭(영문약자 2자) 및 두자리의 제조연도와 제조순번에 따라 일련번호로 여섯자리의 제조번호를 새겨서 표시할 것
		5. 분사거리	·2m~5m 이내일 것(막대형은 5m~10m 이내일 것)
		5. 분사거리	·7m 이내일 것(막대형은 10m 이내일 것)
		6. 압력사용제한	·액체의 분사형태는 내장된 가스압력

			에 의하여야 하고 가스압력은 8kg/㎠ 이하일 것(막대형은 CO_2 가스 17g 이하일 것)
		6. 압력사용제한	·액체의 분사형태는 내장된 가스압력에 의하여야 하고 가스압력은 8kg/㎠ 이하일 것(막대형은 CO_2가스 17g 이하일 것)
		7. 분사기의 전체 길이	·20cm 이하일 것(막대형은 60cm 이하일 것)
		8. 분사기의 모양	·원통형일 것
		8. 분사구의 직경	·분사구의 직경은 4mm 이내일 것
		9. 약제통	·화약을 사용하거나 분사시 약제통이 회전하는 방식이 아닐 것
안전도 내압시험	약제통	약제통의 내압시험	·액체약제통은 15kg/㎠의 압력에 균열·파열되는 등의 결함이 없을 것
안전도 내압시험	약제통	약제통의 내압시험	·액체약제통은 15kg/㎠(가스용기를 사용하는 경우에는 20kg/㎠)의 압력에 균열·파열되는 등의 결함이 없을 것
약제성분 시험	약제	약제의 성분검사	·액체분사기의 약제는 불연성액체를 사용할 것 ·독물·극물·최루가스 등 법령에 의하여 제조·사용이 제한되는 물질을 사용하지 말 것. 다만, 치안목적용 등으로 경찰청장의 승인을 얻은 경우에는 그러하지 아니하다.

[별표 16의3] <개정 1999.7.15>

전자충격기의 검사기준(제50조제1항관련)

1. 성능개조여부검사

구 분	종 목	검 사 항 목	검 사 합 격 기 준
구조형식	전자충격기	1. 구조형식의 원형 유지상태	·구조형식의 변경이나 개조·손괴·부식 등의 결함이 없을 것
		2. 전류유지상태검사	·허가당시 제출한 전류가 유지될 것
		3. 제조번호의 타각 유지상태검사	·제조번호의 타각변경 등의 결함이 없을 것

2. 제조시 제품종합검사 및 제조품안전검사기준

구 분	종 목	검 사 항 목	검사 및 합격기준	검 사 요 령
구 조 형 식	전 자 충격기	1. 설계도면 일치 여부	·허가당시 제출한 설계도면과 일치할 것 ·구조는 전원스위치·단속기·변압기 및 방전장치로 구성될 것	
		2. 재질검사	·1m높이에서 충격시험기에 떨어뜨려 파손·균열이 안될 것	
		3. 발사장치여부	·발사하는 장치가 없을 것(치안목적용 제외)	
		4. 제조번호등표시	·제작하는 전자충격기마다 몸통 부분에 제조회사·제품명칭(영문약자 2자) 및 두자리의 제조연도와 제조순번에 따라 일련번호로 여섯자리의 제조번호를 새겨서 표시할 것	
		5. 전자충격기의 전체길이	·전체길이는 60cm 이하일 것(치안목적용 제외)	

안전도시험		1. 실효전력 (OUTPUT POWER)	·10W 이내일 것	디지탈오실로스코프와 프로브를 이용 측정검사한다.
		2. 절연상태	·AC 5,000V에서 0.5mA 이내일 것	절연상태 측정기를 사용하여 기준에 적합한지를 검사한다.
		3. 실효전류 (RMS : Root Mean Square)	·0.05A 이내일 것	디지털오실로스코프와 프로브를 이용 측정검사한다.
		4. 최대전압 (Maximum Voltage)	·60,000V 이내일 것	
		※ 실효전력, 실효전류 측정시 직류(DC) 저항 4000 내지 4500(Ω)을 걸어서 측정할 것		

[별표 16의4] <개정 1999.7.15>

석궁의 검사기준(제50조제1항관련)

1. 성능개조여부 검사기준

구 분	종 목	검 사 항 목	검 사 합 격 기 준
구조형식	석 궁	1. 구조형식의 원형 유지상태	·구조형식의 변경이나 개조·손괴·부식 등의 결함이 없을 것
		2. 개머리 및 기관부 원형 유지상태	·개머리 및 기관부의 대체 등의 변경이 없을 것
	석궁및 화 살	1. 제조번호의 타각유지 상태	·제조번호의 타각·변경 등의 결함이 없을 것

2. 제조시 제품종합검사 및 제조품안전검사기준

구 분	종 목	검 사 항 목	검 사 합 격 기 준
구조형식	석 궁	1. 설계도면 일치여부	·허가당시 제출한 설계도면과 일치할 것
		2. 탄력성	·68kg 이하일 것
		3. 격발장치	·연속격발식이 아닐 것(수출용 제외)
		4. 방아쇠압력	·방아쇠를 당기는 압력이 1kg 이상일 것(선수용 제외)
		5. 안전장치	·안전장치에 결함이 없을 것
		6. 현을 당기는 힘	·도르래식이 아닐 것
	석궁및 화 살	1. 제작회사 및 제조번호 표시	·제작회사·제품명칭·제조연도 및 제조번호가 표시되어 있을 것
안 전 도 시 험	석 궁	1. 탄력성 검사	·현을 당기는 힘이 68kg에서 현 및 림의 결함이 없을 것

[별표 16의5] <개정 1996.7.29>

총포·분사기·전자충격기·석궁의 검사원 자격기준 및 검사시설기준(제50조제4항관련)

1. 총포·분사기·전자충격기·석궁 검사원의 자격기준
   가. 전문대학 이상의 학교에서 기계·금속·화공·물리·전기에 관한 학과를 이수한 사람
   나. 군의 병기학교에서 3월 이상의 총포분야교육을 이수하고 총포관계업무에 3년 이상 종사한 경력이 있는 사람
   다. 공인된 시험·검사기관에서 총포·분사기·전자충격기·석궁에 관한 시험·연구 또는 검사업무에 2년 이상 종사한 경력이 있는 사람
   라. 군인 또는 경찰공무원으로서 총포 관계업무에 5년 이상 종사한 경력이 있는 사람
   마. 총포제조업소에서 5년 이상 종사한 경력이 있는 사람
   바. 분사기·전자충격기·석궁 제조업소에서 3년 이상 종사한 경력이 있는 사람
2. 총포·분사기·전자충격기·석궁 검사시설의 기준
   가. 검사시설의 면적

구 분	검 사 실	시 사 대	격 납 고
최저보유면적 (제곱미터 이상)	30	10	7

   나. 시험기기명 및 규격

번 호	시 험 기 기 명	규 격	비 고
1	경도시험기		
2	충격치시험기		
3	압력측정기 가. 컴프레서 나. 유압측정기	211kg/㎠	
4	탄속측정기		
5	방아쇠압력측정기	1～3kg	
6	정밀비교측정기		
7	다이얼노기스	$150^{m}/_{m}$	
8	시린다게이지	$15 \sim 30^{m}/_{m}$	
9	마이크로미터	$0 \sim 13^{m}/_{m}$	
10	스몰게이지	$3 \sim 13^{m}/_{m}$	
11	줄 자	3m	
12	약제분석기		
13	공기정화측정기		

14	절연시험기		
15	고전압측정기		
16	다기능시험기		

[별표 17] <개정 2004.2.2>

행정처분기준(제52조관련)

항 목	위 반 사 항	적용법령	처분기준					
			취소	효력정지				경고
				6월	3월	1월	15일	
1. 총포·도검·화약류·분사기·전자충격기·석궁제조업자	1. 허가요건 결격사유 발생	법 제45조 (법 제5조)	○					
	2. 속임수를 쓰거나 그 밖의 옳지 못한 방법으로 허가를 받은 경우	법 제45조	○					
	3. 제조소 또는 제조시설 및 화약류 저장소를 구비하지 못하게 된 때	법 제45조	○					
	4. 제조시설·설비 또는 화약류저장소에 대해 지정된 기간내에 완성검사를 받지 못한 때	법 제45조 (법 제43조)	○					
	5. 제조총포·분사기·전자충격기·석궁을 검사받지 아니하고 판매한 때	법 제45조 (법 제42조)						
	○1회위반			○				
	○2회위반		○					
	6. 허가받지 아니한 사람에게 제품양도	법 제45조 (법 제21조)						
	○1회위반				○			
	○2회위반			○				
	○3회위반		○					
	7. 행정처분기간중 계속 조업	법 제45조	○					

8. 법에 의한 지시 명령 위반	법 제45조						
○1회위반							○
○2회위반					○		
○3회위반			○				
○4회위반		○					
9. 지정기간 내 사업 미개시	법 제45조						
○1회위반					○		
○2회위반			○				
○3회위반		○					
10. 정당한 사유없이 1년 이상 휴업	법 제45조	○					
11. 공공의 안녕질서를 해칠 염려가 있다고 믿을 만한 상당한 이유가 있을 때	법 제45조						
○1회위반					○		
○2회위반				○			
○3회 이상 위반			○				
12. 무허가 수출입의 경우	법 제45조 (법 제9조)						
○1회위반					○		
○2회위반			○				
○3회위반		○					
13. 제조보안책임자 선임의무 위반	법 제27조 영 제54조						
○1회위반						○	
○2회위반				○			
○3회위반			○				
○4회위반		○					
14. 화약류 안정도 시험 불이행	법 제32조 영 제59조						
○1회위반						○	
○2회위반				○			

○3회위반			○				
○4회위반		○					
15. 화약류 포장 기준 위반	법 제34조					○	
16. 도난신고 불이행	법 제35조					○	
17. 위해예방 규정 준수 불이행	법 제38조						
○1회위반						○	
○2회 이상 위반					○		
18. 자체안전교육 불성실 또는 자체안전점검 불이행	법 제39조 법 제40조						
○1회위반						○	
○2회 이상 위반					○		
19. 장부 부실기재 또는 미기재	법 제63조 영 제81조						
○1회위반						○	
○2회위반				○			
○3회위반			○				
20. 간판 그 밖의 표지 미게시	법 제64조						
○1회위반							○
○2회 이상 위반						○	
21. 제조종류 및 시설을 임의로 변경하여 제조 또는 설치한 경우	법 제4조						
○1회위반					○		
○2회위반			○				
○3회 이상 위반		○					
22. 응급조치 불이행	법 제36조 영 제65조						
○1회위반						○	
○2회 이상 위반					○		
23. 공실의 정원 또는 정체량 초과 작업	법 제4조						
○1회위반							○
○2회 이상 위반						○	

	24. 화약류 폐기신고 또는 기준위반	법 제20조						
	○1회위반							○
	○2회 이상 위반						○	
	25. 안전방호를 위한 명령 불이행	법 제47조						
	○1회위반						○	
	○2회 이상 위반					○		
	26. 수출하기 위한 목적으로 제조된 총포·도검·화약류·분사기·전자충격기 또는 석궁을 국내에 판매하거나 유출시킨 때	법 제45조	○					
	27. 제조업자의 지위 승계신고 불이행	법 제45조						
	○1회위반							○
	○2회위반						○	
	○3회위반		○					
2. 총포·도검·화약류·분사기·전자충격기·석궁판매업자	1. 허가요건 결격사유 발생	법 제45조 (법 제7조)	○					
	2. 속임수를 쓰거나 그 밖의 옳지 못한 방법으로 허가를 받은 경우 또는 판매업소를 허가받지 아니한 사람에게 위탁·대여·양도한 때	법 제45조 (법 제6조)	○					
	3. 총포·도검·분사기·전자충격기·석궁 판매업소 또는 화약류저장소를 구비하지 못하게 된 때	법 제45조 (법 제6조)	○					
	4. 판매시설·설비 또는 화약류저장소에 대해 지정된 기간내에 완성검사를 받지 못한 때	법 제45조 (법 제43조)	○					

5. 검사합격의 표시가 없는 총포·분사기·전자충격기·석궁을 판매하거나 판매할 목적으로 진열한 때	법 제45조 (법 제42조)						
○1회위반				○			
○2회위반			○				
○3회 이상 위반		○					
6. 소지 또는 양수허가를 받지 아니한 사람에게 양도	법 제21조						
○1회위반				○			
○2회위반			○				
○3회위반		○					
7. 이 규칙이 정하는 공기총의 성능 기준을 초과하여 압축공기 또는 가스를 주입한 때	법 제45조						
○1회위반				○			
○2회위반			○				
○3회위반		○					
8. 행정처분 기간중 계속 조업	법 제45조	○					
9. 법에 의한 지시명령 위반	법 제45조						
○1회위반							○
○2회위반					○		
○3회위반			○				
○4회위반		○					
10. 지정기간 내 사업 미개시	법 제45조						
○1회위반					○		
○2회위반			○				
○3회위반		○					
11. 정당한 사유없이	법 제45조	○					

1년 이상 휴업하거나 판매실적이 없는 경우							
12. 공공의 안녕질서를 해할 염려가 있다고 믿을 만한 상당한 이유가 있을 때	법 제45조						
○1회위반					○		
○2회위반				○			
○3회 이상 위반			○				
13. 무허가 수출입의 경우	법 제45조 (법 제9조)						
○1회위반					○		
○2회위반			○				
○3회위반		○					
14. 관리보안책임자 선임의무위반	법 제27조 영 제55조						
○1회위반						○	
○2회위반				○			
○3회위반			○				
○4회위반		○					
15. 분실·도난신고 불이행	법 제35조					○	
16. 자체안전점검 불이행	법 제40조 영 제66조						
○1회위반						○	
○2회 이상 위반					○		
17. 장부의 부실기재 또는 미기재	법 제63조 영 제81조						
○1회위반						○	
○2회위반				○			
○3회 이상 위반			○				
18. 간판 또는 표지 미게시	법 제64조						
○1회위반							○
○2회 이상 위반						○	

	19. 화약의 변형 또는 총기구조 및 성능의 임의개조	법 제4조						
	○1회위반					○		
	○2회위반			○				
	○3회위반		○					
	20. 화약류 폐기신고 또는 폐기기준위반	법 제20조 영 제30조						
	○1회위반							○
	○2회 이상 위반						○	
	21. 안전방호를 위한 명령 불이행	법 제47조						
	○1회위반						○	
	○2회 이상 위반					○		
	22. 판매업자의 지위 승계신고 불이행	법 제45조						
	○1회위반							○
	○2회위반						○	
	○3회위반		○					
3. 화약류저장소설치사용자	1. 허가조건 결격사유 발생	법 제45조 (법 제5조)	○					
	2. 속임수를 쓰거나 그 밖의 옳지 못한 방법으로 허가를 받은 경우	법 제45조	○					
	3. 화약류저장소를 구비하지 못하게 된 때	법 제45조 (법 제25조)	○					
	4. 지정된 기간 내에 완성검사를 받지 못한 때	법 제45조 (법 제43조)	○					
	5. 법에 의한 지시 명령 위반	법 제45조						
	○1회위반							○
	○2회위반					○		
	○3회위반			○				
	○4회위반		○					

6. 지정기간 내 불사용	법 제45조						
○1회위반					○		
○2회위반			○				
○3호위반		○					
7. 정당한 사유없이 1년 이상 사용폐지	법 제45조	○					
8. 공공의 안녕질서를 해할 염려가 있다고 믿을 한한 상당한 이유가 있을 때	법 제45조						
○1회위반					○		
○2회위반				○			
○3회 이상 위반			○				
9. 저장소를 다른 사람에게 관리 위탁 또는 대여한 경우	법 제24조						
○1호위반					○		
○2호위반			○				
○3호위반		○					
10. 행정처분 기간중 계속 사용	법 제45조	○					
11. 분실·도난신고 불이행	법 제35조					○	
12. 자체안전점검 불이행	법 제40조 영 제66조						
○1회위반						○	
○2회 이상 위반					○		
13. 장부 부실기재 또는 미기재	법 제63조 영 제81조						
○1회위반						○	
○2회위반				○			
○3회 이상 위반			○				
14. 저장정량 초과 저장	법 제24조						
○1회위반						○	
○2회위반				○			

	○3회위반		○					
	15. 보안거리 미달 (보안물건 침범)	법 제47조						감량 또는 이전 명령
	16. 응급조치 불이행 ○1회위반 ○2회 이상 위반	법 제36조				 ○	 ○	
	17. 안전·방호를 위한 명령 불이행 ○1회위반 ○2회 이상 위반	법 제47조				 ○	 ○	
	18. 화약류저장소설치자의 지위승계 신고 불이행 ○1회위반 ○2회위반 ○3회위반	법 제45조	 ○				 ○	 ○
4. 화약류제조·관리보안책임자	1. 면허의 미갱신	법 제28조	○					
	2. 화약류제조·관리보안책임자 결격사유 발생	법 제29조	○					
	3. 금고 이상의 형수형	법 제30조	○					
	4. 이 법에 의한 벌금형 수형	법 제30조 (법 제29조)	○					
	5. 속임수를 쓰거나 그 밖의 옳지 못한 방법으로 면허취득	법 제30조	○					
	6. 국가기술자격법에 의하여 기술자격이 취소 또는 정지된 경우 ○취소된 경우 ○정지된 경우	법 제30조	 ○					기술자격정지기간동안 면허정지

	7. 면허를 다른 사람에게 대여한 경우	법 제30조	○					
	8. 고의에 의하여 폭발사고를 야기한 경우	법 제30조	○					
	9. 과실에 의해 폭발사고를 야기하여 인명을 사상케 한 경우	법 제30조						
	○10명사상			○				
	○5명사상				○			
	○1명사상					○		
	10. 법에 의한 지시명령 위반	법 제45조						
	○1회위반							○
	○2회위반					○		
	○3회위반			○				
	○4회위반		○					
	11. 감독직무위반	법 제31조						
	○1회위반						○	
	○2회 이상 위반					○		
	12. 응급조치불이생	법 제36조						
	○1회위반						○	
	○2회 이상 위반					○		
5. 총포·도검·화약류·분사기·전자충격기·석궁소지사용자	1. 허가요건 결격사유 발생	법 제46조 (법 제13조)	○					
	2. 소지허가 받은 총포의 임의 개조	법 제46조 (법 제17조)	○					
	3. 총포소지허가의 미갱신	법 제16조	○					
	4. 총포·도검·화약류·분사기·전자충격기·석궁의 도난 · 분실신고 불이행	법 제35조					○	

5. 총포·도검·화약류·분사기·전자충격기·석궁의 소지허가를 받지 아니한 사람에게 양도 ○1회위반 ○2회위반	법 제21조	 ○	○				
6. 총포·도검·화약류·분사기·전자충격기·석궁의 허가받은 용도외 사용	법 제46조 (법 제17조)	○					
7. 정당한 사유없는 총포·도검·화약류·분사기·전자충격기·석궁의 소지운반	법 제46조 (법 제17조)	○					
8. 법 또는 법에 의한 명령에 위반한 때 ○1회위반 ○2회위반 ○3회위반 ○4회위반	법 제45조 법 제47조	 ○		 ○	 ○		○
9. 취급금지 위반 ○1회위반 ○2회 이상 위반	법 제19조				 ○	○	
10. 화약류관리보안 책임자 선임의무 불이행 ○1회위반 ○2회 이상 위반	법 제27조				 ○	○	
11. 화약류취급소 미설치 사용 ○1회위반 ○2회 이상 위반	영 제17조				 ○	○	
12. 발파 또는 연소의 기술기준위반 ○1회위반 ○2회 이상 위반	영 제18조 내지 제23조					 ○	○

	13. 화약류 폐기신고 및 기준위반	영 제14조 영 제24조 영 제62조						
	○1회위반							○
	○2회 이상 위반						○	
	14. 화약류저장소외의 장소에 저장 등 저장기준위반	법 제24조 영 제27조						
	○1회위반						○	
	○2회 이상 위반				○			
	15. 화약류운반신고의무위반 또는 화약류운반시 적재방법 기술기준위반	법 제26조 법 제39조 영 제49조						
	○1회위반						○	
	○2회 이상 위반					○		

(주)

1. 위반행위가 2 이상일 때에는 그중 무거운 처분기준(무거운 처벌기준이 동일할 때에는 그중 하나의 처분기준을 말한다)에 의한다.
2. 위반행위의 횟수에 따른 행정처분의 기준은 최근 3년간 행정처분을 받은 경우에 적용된다.
3. 법 제12조제2항 본문의 규정에 의하여 법인의 대표자가 일괄 소지허가를 받은 경우에 제5호의 적용에 있어서는 위반사항에 해당되는 산업용총 등을 대상으로 개별적으로 행정처분을 행한다.

[별표 18] <개정 2008.3.14>

검사·시험·교육 등의 수수료(제62조제1항 관련)

(검사·시험 교육) 구분	수수료
1. 총포	
가. 제조시제품종합검사	
(1) 장약총	10만원
(2) 공기총	5만원
나. 제조품 안전검사	
(1) 장약총	3천원
(2) 공기총	2천원
다. 수입품 안전검사	
(1) 장약총	3천원
(2) 공기총	2천원
2. 분사기·전자충격기·석궁	
가. 제조시제품 종합검사	5만원
나. 제조품 안전검사	생산자 공급가격의 2%
다. 수입품 안전검사	수입원가의 2%
3. 총포소지허가전 안전교육	2만원
4. 화약류 면허전 안전교육	2만원
5. 삭제 <2008.3.17>	3만원
6. 화약류 안정도시험	
가. 화약류 유리산·내열·가열시험	4만원
나. 폭약의 감도·충격·낙추·탄동·구포·폭속 시험	5만원
다. 화공품	
(1) 유리산·내열·가열·음향시험	2만원
(2) 엽용탄(산탄) 종합시험	3천원
(3) 뇌관류의 종합시험	3천원
(4) 구명 신호류 종합시험	1만5천원
(5) 쏘아 올리는 꽃불류 종합시험	1만7천원
(6) 장난감용 꽃불류 종합시험	1만원

[별표 19] <개정 2004.2.2>

(제62조제2항관련)

허 가(면 허)구 분	수 수 료
1. 법 제4조의 규정에 의한 제조업허가	
가. 총포(공기총을 제외한다) 제조업허가	3만원
나. 공기총·도검·분사기·전자충격기·석궁 제조업허가	2만원
다. 총포 수리업허가	1만원
라. 산탄탄알·연지탄 제조업허가	5천원
마. 화약·폭약·제조업허가	5만원
바. 화약류 변형 가공업허가	3만원
사. 화공품 제조업허가	2만원
아. 꽃불류 제조업허가	1만원
자. 제조업 허가사항 변경	5천원
2. 법 제6조의 규정에 의한 판매업허가	
가. 총포·도검·분사기·전자충격기·석궁 판매업허가	1만5천원
나. 화약류 판매업허가	2만원
다. 판매업허가사항 변경	5천원
3. 법 제19조의 규정에 의한 화약류의 양도·양수허가	
가. 화약·폭약 40톤 이상의 양도·양수허가	1만원
나. 화약·폭약 20톤 이상 40톤 미만의 양도·양수허가	8천원
다. 화약·폭약 10톤 이상 20톤 미만의 양도·양수허가	5천원
라. 화약·폭약 10톤 미만의 양도·양수허가	3천원
4. 법 제12조의 규정에 의한 총포·도검·분사기·전자충격기·석궁의 소지허가	
가. 엽총·소총·권총의 소지허가	5천원
나. 공기총·도검·산업공업용총·그 밖의 총포·분사기·전자충격기·석궁의 소지허가	3천원
5. 법 제16조의 규정에 의한 총포 소지허가의 갱신허가	2천원
6. 법 제18조의 규정에 의한 화약류의 사용허가	
가. 화약·폭약 100톤 이상의 사용허가	1만원
나. 화약·폭약 50톤 이상 100톤 미만의 사용허가	8천원
다. 화약·폭약 10톤 이상 50톤 미만의 사용허가	5천원
라. 화약·폭약 1톤 이상 10톤 미만의 사용허가	3천원
마. 화약·폭약 1톤 미만의 사용허가	2천원
바. 꽃불류 사용허가	1천원
7. 법 제25조의 규정에 의한 화약류저장소 설치허가	

가. 1급 저장소 설치허가	1만원
나. 2급 저장소 설치허가	8천원
다. 3급 저장소 설치허가	5천원
라. 수중·실탄·꽃불류·장난감용 꽃불류·도화선 저장소 및 간이저장소 설치허가	3천원
8. 법 제28조의 규정에 의한 화약류제조보안책임자 면허 및 화약류관리보안책임자 면허	3천원
9. 허가증 또는 면허증의 재교부	1천원
10. 법 제4조의2의 규정(법 제6조의2 및 제25조의2의 규정에 의하여 준용되는 경우를 포함한다)에 의한 영업자의 지위승계신고	
가. 총포(공기총을 제외한다)제조업자의 지위승계 신고	1만원
나. 공기총·도검·분사기·전자충격기·석궁 제조업자의 지위승계 신고	6천6백원
다. 총포수리업자의 지위승계 신고	3천3백원
라. 산탄탄알 및 연지탄 제조업자의 지위승계 신고	1천6백원
마. 화약·폭약 제조업자의 지위승계 신고	1만6천6백원
바. 화약류 변형 가공업자의 지위승계 신고	1만원
사. 화공품 제조업자의 지위승계 신고	6천6백원
아. 꽃불류 제조업자의 지위승계 신고	3천3백원
자. 총포·도검·분사기·전자충격기·석궁 판매업자의 지위승계 신고	5천원
차. 화약류 판매업자의 지위승계 신고	6천6백원
카. 1급 화약류저장소설치자의 지위승계 신고	3천3백원
타. 2급 화약류저장소설치자의 지위승계 신고	2천6백원
파. 3급 화약류저장소설치자의 지위승계 신고	1천6백원
하. 수중·실탄·꽃불류·장난감용 꽃불류·도화선 저장소 및 간이저장소설치자의 지위승계 신고	1천원

[별지 제1호서식] <개정 2009.9.30> (앞쪽)

<table>
<tr><td colspan="5" rowspan="2">(　　　　) 제조업 허가신청서</td><td>처리기간</td></tr>
<tr><td>20 일</td></tr>
<tr><td rowspan="4">신청인</td><td>① 법 인 명</td><td colspan="4"></td></tr>
<tr><td>② 사무소 소재지</td><td colspan="4">(전화 :)</td></tr>
<tr><td>③ 대 표 자</td><td></td><td>④ 주민등록번호</td><td colspan="2"></td></tr>
<tr><td>⑤ 주 소</td><td colspan="4">(전화 :)</td></tr>
<tr><td colspan="2">⑥ 제 조 소 명</td><td></td><td>⑦ 종 업 원 수</td><td colspan="2"></td></tr>
<tr><td colspan="2">⑧ 영 업 종 별</td><td></td><td>⑨ 제 품 종 류</td><td colspan="2"></td></tr>
<tr><td colspan="2">⑩ 제조소 소재지</td><td colspan="4"></td></tr>
<tr><td colspan="2">⑪ 작업개시일</td><td></td><td>⑫ 월 생산 예정량</td><td colspan="2"></td></tr>
<tr><td colspan="6">「총포·도검·화약류 등 단속법」 제4조 및 같은 법 시행규칙 제5조제1항에 따라 위와 같이 신청합니다.
년 월 일
신청인 (서명 또는 인)
경 찰 청 장
지방경찰청장 귀하</td></tr>
<tr><td rowspan="2">구비서류</td><td colspan="3">신청인(대표자) 제출서류</td><td>담당공무원 확인사항</td><td>수수료</td></tr>
<tr><td colspan="3">1. 신체검사서(종합병원 또는 병원에서 발행한 것에 한합니다) 1부
2. 사업계획서 1부
3. 위해예방계획서 1부
4. 총포·도검·분사기·전자충격기·석궁의 경우에는 설계도면, 화약류·분사기의 경우에는 성분 및 구조설명서 각 1부
5. 총포·도검·분사기·전자충격기·석궁의 경우에는 안전교육계획서, 화약류의 경우에는 안전교육 및 점검계획서 각 1부
6. 총포·화약안전기술협회의 기술검토의견서 1부
7. 정관과 대표자 및 임원의 명단(법인인 경우만 해당합니다) 각 1부</td><td>법인등기부 등본</td><td>5,000원
~
50,000원</td></tr>
</table>

210㎜×297㎜[일반용지 60g/㎡(재활용품)]

(뒤쪽)

◈ 기재요령

1. 신청인이 법인이 아닌 경우에는 대표자란에 신청인의 성명을 씁니다.
2. 사업계획서의 내용은 다음 사항을 기재합니다.
 가. 제조시설의 구조설비 및 위치
 나. 제조방법
 다. 제조하고자 하는 총포 또는 화약류의 종류와 그의 사용방법·성능 및 특징
 라. 제조하고자 하는 총포 또는 화약류의 보관 또는 저장방법
 마. 원료화약의 조달 및 저장방법
 바. 고용하고자 하는 종업원 수
 사. 자본금

이 신청서는 아래와 같이 처리됩니다.

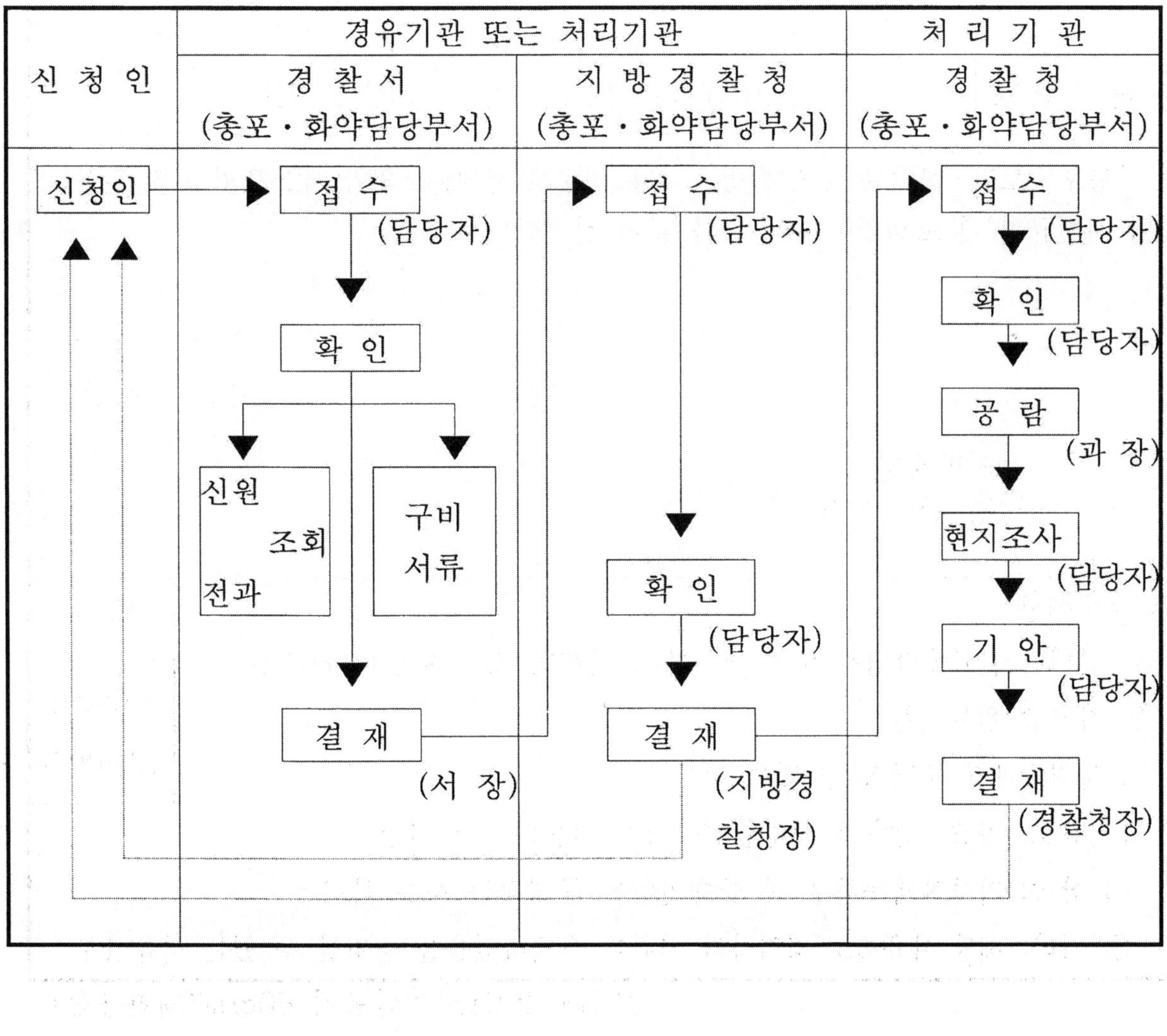

[별지 제1호의2서식] <개정 2009.9.30> (앞쪽)

<table>
<tr><td colspan="5">영업자 지위승계신고서
※ 뒤쪽의 신고안내를 참고하시기 바라며, □는 ∨표를 합니다.</td><td>처리기간
즉시</td></tr>
<tr><td rowspan="2">① 승계를 하는 사 람</td><td>성 명</td><td colspan="2"></td><td>주민등록번호</td><td></td></tr>
<tr><td>주 소</td><td colspan="4">(전화 :)</td></tr>
<tr><td rowspan="2">② 승계를 받는 사람(신고인)</td><td>성 명</td><td colspan="2"></td><td>주민등록번호</td><td></td></tr>
<tr><td>주 소</td><td colspan="4">(전화 :)</td></tr>
<tr><td rowspan="4">③ 영 업 소</td><td rowspan="2">명칭(상호)</td><td colspan="2">변경 전</td><td colspan="2">변경 후</td></tr>
<tr><td colspan="2"></td><td colspan="2"></td></tr>
<tr><td>영업의 종류</td><td colspan="4"></td></tr>
<tr><td>소 재 지</td><td colspan="4">(전화 :)</td></tr>
<tr><td>④ 허 가 번 호</td><td></td><td>⑤승계사유</td><td colspan="3">□양도・양수 □상속 □기타( )</td></tr>
<tr><td colspan="6">「총포・도검・화약류 등 단속법」 제4조의2제3항(제6조의2, 제25조의2) 및 같은 법 시행규칙 제5조의2에 따라 위와 같이 신고합니다.

년 월 일

신고인 (서명 또는 인)

지방경찰청장
경 찰 서 장 귀하</td></tr>
<tr><td colspan="5">※ 구비서류
1. 신체검사서(종합병원 또는 병원에서 발행한 것에 한합니다) 1부
2. 허가증 원본 1부
3. 지위승계를 증명할 수 있는 서류
○ 양도: 양도・양수를 증명할 수 있는 서류의 사본 1부
○ 상속: 가족관계등록부 및 상속인임을 증명하는 서류 각 1부
○ 기타: 해당 사유별로 영업자의 지위를 승계하였음을 증명할 수 있는 서류 1부</td><td>수수료
1,000원
~
16,600원</td></tr>
</table>

210㎜×297㎜[일반용지 60g/㎡(재활용품)]

(뒤쪽)

행정처분의 내용고지 등 확인서

1. 양도인은 최근 3년 이내에 다음과 같이 「총포·도검·화약류 등 단속법」 제45조, 같은 법 시행규칙 제52조 및 별표 17에 따라 행정처분을 받았다는 사실 및 행정제재처분의 절차가 진행 중인 사실(최근 3년 이내에 행정처분을 받은 사실이 없는 경우에는 없다는 사실)을 양수인에게 알려주었습니다.

가. 최근 3년 이내에 양도인이 받은 행정처분

처 분 받 은 일 자	행 정 처 분 내 용	행 정 처 분 사 유

나. 행정제재처분 절차 진행사항

적 발 일 자	위 반 내 용	진 행 중 인 내 용

1) 최근 3년 이내에 행정처분을 받은 사실이 없는 경우에는 위 표의 처분받은 일자란에 "없음"이라고 적어 넣어야 합니다.
2) 양도·양수허가 담당공무원은 위 행정처분의 내용을 행정처분대장과 대조하여 일치하는가의 여부를 확인하여야 하며, 일치하지 아니하는 경우에는 양도인 및 양수인에게 그 사실을 알리고 위 난을 보완하도록 하여야 합니다.

2. 양수인은 「총포·도검·화약류 등 단속법」 제45조, 같은 법 시행규칙 제52조 및 별표 17에 따라 양도인이 받은 행정처분의 효과가 양수인에게 승계된다는 사실을 알고 있음을 확인합니다.

년 월 일

양도인 성 명 (서명 또는 인)
주 소

양수인 성 명 (서명 또는 인)
주 소

이 신고서는 아래와 같이 처리됩니다.

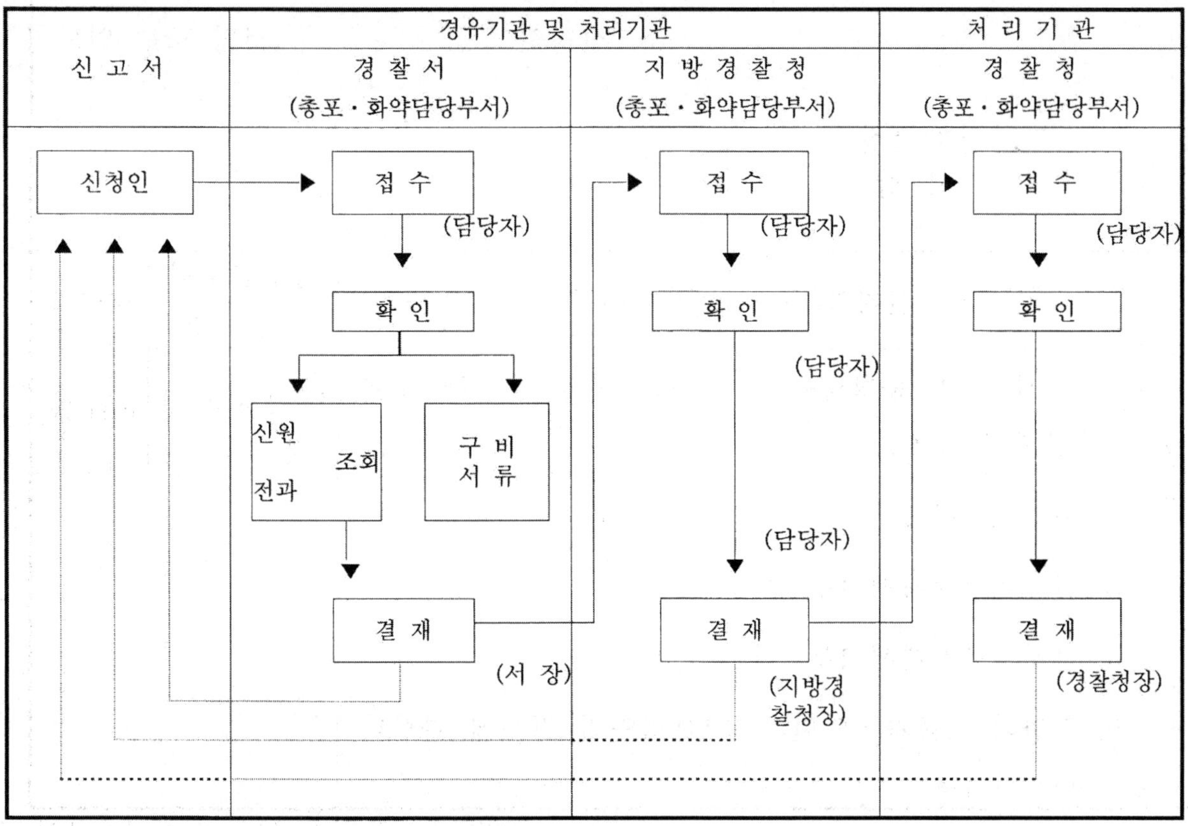

[별지 제2호서식] <개정 2009.9.30> (앞쪽)

<table>
<tr><td colspan="6">총포 개조·수리업 허가신청서</td><td>처리기간
15 일</td></tr>
<tr><td rowspan="2">신
청
인</td><td>① 성명</td><td colspan="2"></td><td>② 주민등록번호</td><td colspan="2"></td></tr>
<tr><td>③ 주소</td><td colspan="5">(전화 :)</td></tr>
<tr><td colspan="2">④ 상 호</td><td></td><td>⑤ 사 무 소
소 재 지</td><td colspan="3">(전화 :)</td></tr>
<tr><td colspan="2">⑥ 수리 업소명</td><td></td><td>⑦ 수 리 업
소 재 지</td><td colspan="3">(전화 :)</td></tr>
<tr><td colspan="2">⑧ 수 리 종 류</td><td></td><td>⑨ 월간수리
예 정 량</td><td></td><td>⑩ 저 장
방 법</td><td></td></tr>
<tr><td colspan="2">⑪ 종 업 원 수</td><td></td><td>⑫ 영 업
개 시 일</td><td colspan="3"></td></tr>
<tr><td colspan="7">「총포·도검·화약류 등 단속법」 제4조 및 같은 법 시행규칙 제6조에 따라 위와 같이 신청합니다.

년 월 일

신청인 (서명 또는 인)

지방경찰청장
경 찰 서 장 귀하</td></tr>
<tr><td rowspan="2">구
비
서
류</td><td colspan="3">신청인(대표자) 제출서류</td><td colspan="2">담당공무원
확인사항</td><td>수수료</td></tr>
<tr><td colspan="3">1. 신체검사서(종합병원 또는 병원에서 발행한 것에 한합니다) 1부
2. 사업계획서 1부
3. 위해예방계획서 1부
4. 안전교육계획서 1부
5. 정관과 대표자·임원의 명단(법인인 경우에 한합니다) 각 1부</td><td colspan="2">법인등기부 등본</td><td>10,000원</td></tr>
</table>

210㎜×297㎜[일반용지 60g/㎡(재활용품)]

(뒤쪽)

◈ 기재상 주의사항

사업계획서에는 다음 사항을 기재합니다.

가. 수리방법

나. 수리총포의 보관 또는 저장방법

다. 자본금

라. 전문기술공의 고용사항

마. 그 밖의 참고사항

이 신청서는 아래와 같이 처리됩니다.

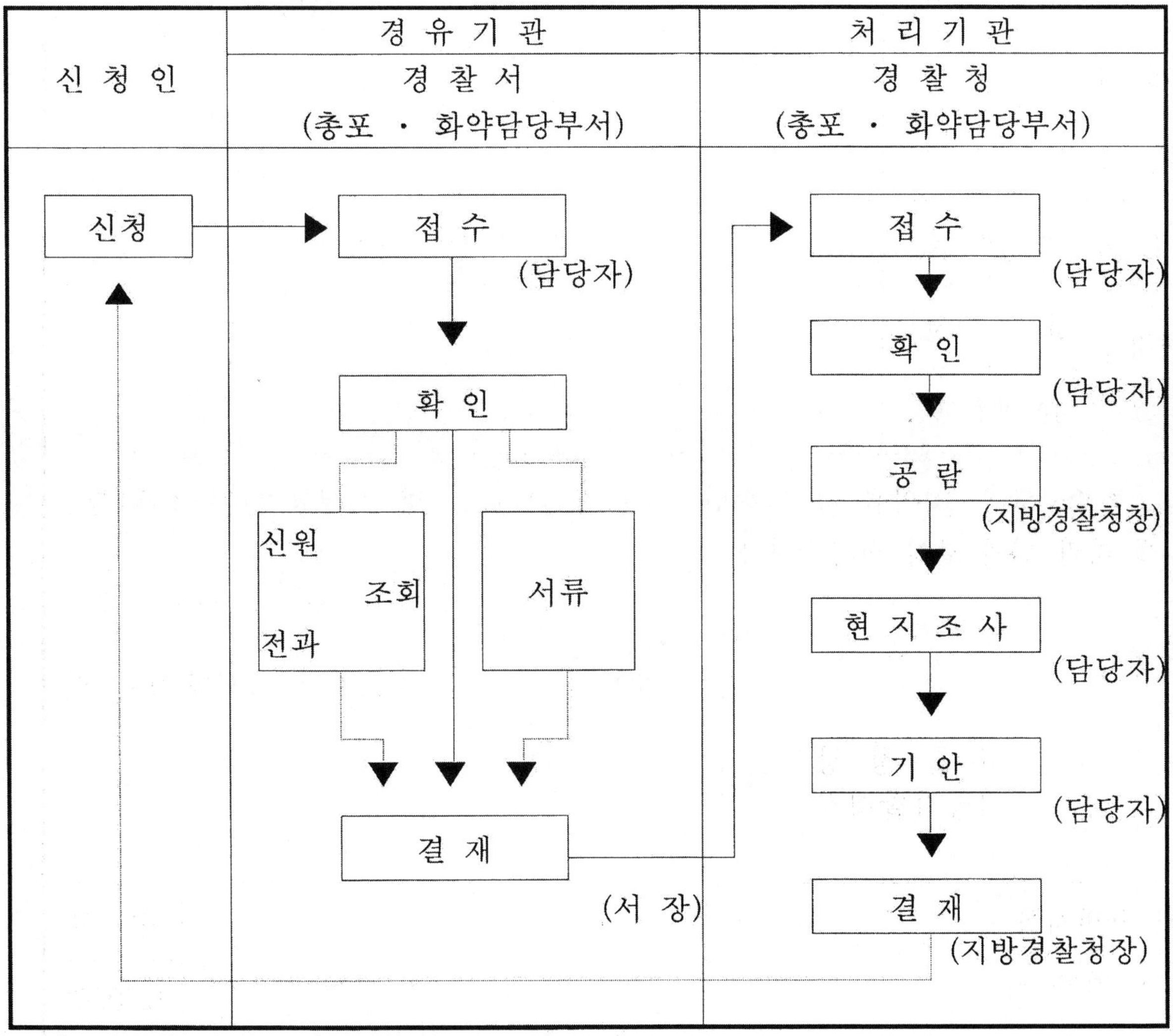

[별지 제3호서식] <개정 2009.9.30> (앞쪽)

<table>
<tr><td colspan="5">(　　　　) 제조시설 등의 변경허가신청서</td><td>처리기간
10 일</td></tr>
<tr><td rowspan="4">신청인</td><td>① 법 인 명</td><td colspan="4"></td></tr>
<tr><td>② 사 무 소 소 재 지</td><td colspan="4">(전화 　　　　)</td></tr>
<tr><td>③ 대 표 자</td><td></td><td>④ 주민등록번호</td><td colspan="2"></td></tr>
<tr><td>⑤ 주 소</td><td colspan="4">(전화 　　　　)</td></tr>
<tr><td colspan="2">⑥ 업 소 명</td><td colspan="4"></td></tr>
<tr><td colspan="2">⑦ 소 재 지</td><td colspan="4"></td></tr>
<tr><td colspan="2">⑧ 허 가 번 호</td><td></td><td>⑨ 허가 연월일</td><td colspan="2">. . .</td></tr>
<tr><td rowspan="2">변경사항</td><td>⑩ 변경 전</td><td colspan="4"></td></tr>
<tr><td>⑪ 변경 후</td><td colspan="4"></td></tr>
<tr><td colspan="6">「총포·도검·화약류 등 단속법」 제4조 및 같은 법 시행규칙 제7조제1항에 따라 위와 같이 신청합니다.
년 월 일
신청인 (서명 또는 인)
경 찰 청 장
지방경찰청장 귀하</td></tr>
<tr><td colspan="5">※ 구비서류
1. 허가증
2. 제조시설 등의 변경에 따른 사업계획서 및 위해예방계획서 각 1부
3. 협회의 기술검토의견서 1부
4. 설계도면(제조종목 및 제조시설의 변경허가에 한합니다) 1부</td><td>수수료
5,000원</td></tr>
</table>

210㎜×297㎜[일반용지 60g/㎡(재활용품)]

(뒤쪽)

◈ 기재요령

1. 신청인이 법인이 아닌 경우에는 대표자란에 신청인의 성명을 씁니다.
2. 사업계획서의 내용은 다음 사항을 기재합니다.
 가. 제조시설의 구조설비 및 위치
 나. 제조방법
 다. 제조하고자 하는 총포 또는 화약류의 종류와 그의 사용방법·성능 및 특징
 라. 제조하고자 하는 총포 또는 화약류의 보관 또는 저장방법
 마. 원료화약의 조달 및 저장방법
 바. 고용하고자 하는 종업원 수
 사. 자본금

이 신청서는 아래와 같이 처리됩니다.

신 청 인	경유기관 또는 처리기관		처 리 기 관
	경 찰 서 (총포·화약담당부서)	지 방 경 찰 청 (총포·화약담당부서)	경 찰 청 (총포·화약담당부서)

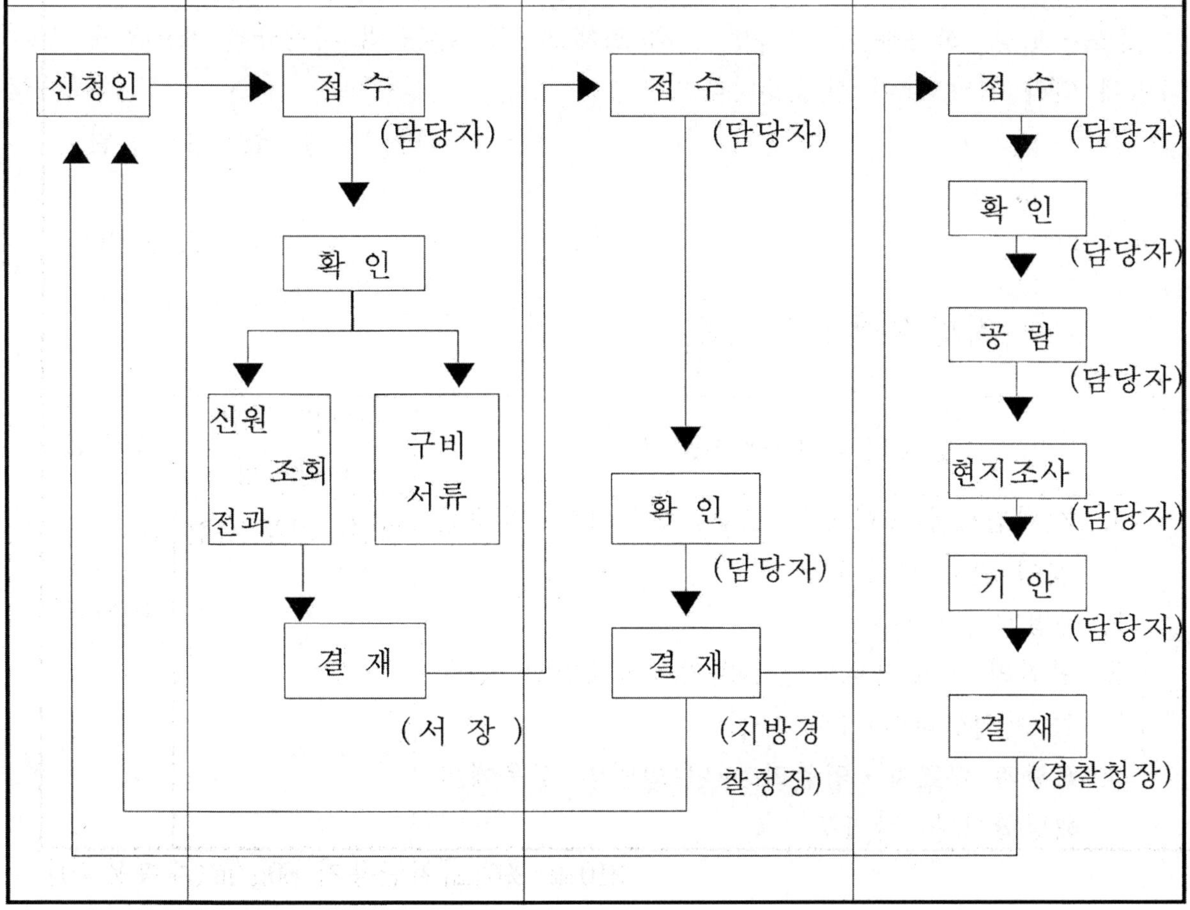

[별지 제4호서식] <개정 2009.9.30> (앞쪽)

<table>
<tr><td colspan="4" rowspan="2">(　　　　) 판매업 허가신청서</td><td>처리기간</td></tr>
<tr><td>10 일</td></tr>
<tr><td rowspan="5">신청인</td><td>① 법 인 명</td><td colspan="3"></td></tr>
<tr><td>② 사무소 소재지</td><td colspan="3">(전화 :)</td></tr>
<tr><td>③ 대 표 자</td><td></td><td>④ 주민등록번호</td><td></td></tr>
<tr><td>⑤ 주 소</td><td colspan="3">(전화 :)</td></tr>
<tr><td colspan="2">⑥ 상 호</td><td colspan="3"></td></tr>
<tr><td colspan="2">⑦ 사무소 소재지</td><td colspan="3"></td></tr>
<tr><td colspan="2">⑧ 판 매 업 명</td><td colspan="3"></td></tr>
<tr><td colspan="2">⑨ 판매소 소재지</td><td colspan="3"></td></tr>
<tr><td colspan="2">⑩ 판 매 종 류</td><td></td><td>⑪ 월판매 예정량</td><td></td></tr>
<tr><td colspan="2">⑫ 보관 또는 저장방법</td><td></td><td>⑬ 영 업 개 시 일</td><td></td></tr>
</table>

「총포·도검·화약류 등 단속법」 제6조제1항 및 같은 법 시행규칙 제16조제1항에 따라 위와 같이 신청합니다.

년 월 일

신청인 (서명 또는 인)

지방경찰청장 귀하

<table>
<tr><td rowspan="2">구비서류</td><td>신청인(대표자) 제출서류</td><td>담당공무원 확인사항</td><td>수수료</td></tr>
<tr><td>1. 신체검사서(종합병원 또는 병원에서 발행한 것에 한합니다) 1부
2. 사업계획서 1부
3. 협회의 기술검토의견서(화약류판매업인 경우는 제외합니다) 1부
4. 정관과 대표자·임원의 명단(법인인 경우에만 해당합니다) 각 1부</td><td>법인등기부 등본</td><td>5,000원 ~ 20,000원</td></tr>
</table>

210㎜×297㎜[일반용지 60g/㎡(재활용품)]

(뒤쪽)

◈ 기재요령

사업계획서에는 다음 사항을 기재합니다.

가. 판매업소의 위치 · 구조 · 설비

나. 판매하고자 하는 총포 · 도검 · 화약류 · 분사기 · 전자충격기 · 석궁의 종류

다. 관리 또는 그 밖에 고용하고자 하는 종업원 수

라. 보관 또는 저장방법

마. 안전교육계획서(화약 판매업만 해당합니다)

이 신청서는 아래와 같이 처리됩니다.

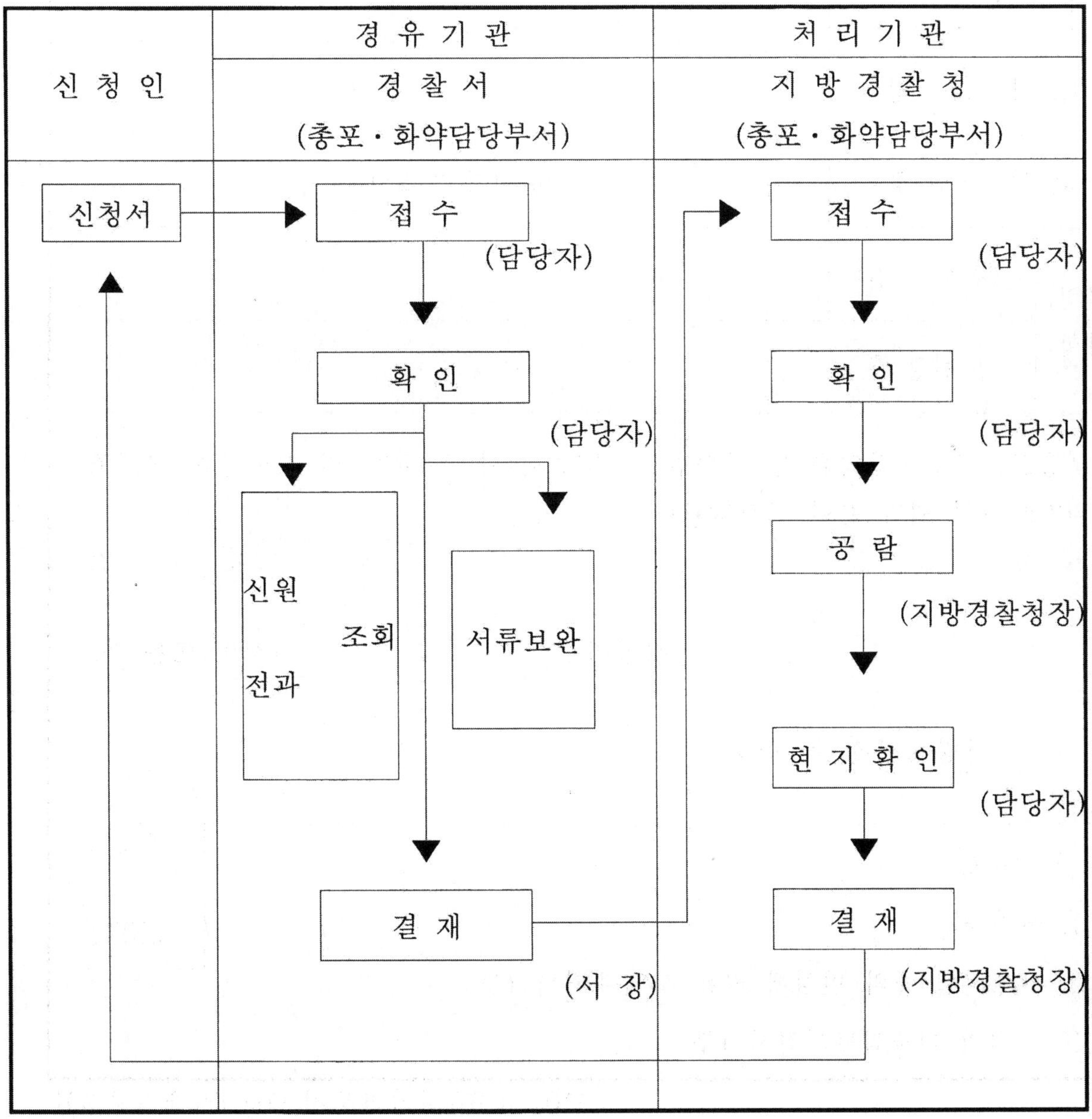

[별지 제4호의2서식] <개정 2009.9.30> (앞쪽)

<table>
<tr><td colspan="4">(　　　) 판매시설 등의 변경허가신청서</td><td>처리기간
10 일</td></tr>
<tr><td rowspan="4">신청인</td><td>① 법 인 명</td><td colspan="3"></td></tr>
<tr><td>② 사무소 소재지</td><td colspan="3">(전화　　　　　)</td></tr>
<tr><td>③ 대 표 자</td><td></td><td>④ 주민등록번호</td><td></td></tr>
<tr><td>⑤ 주 소</td><td colspan="3"></td></tr>
<tr><td colspan="2">⑥ 업 소 명</td><td></td><td>⑦ 소 재 지</td><td></td></tr>
<tr><td colspan="2">⑧ 허 가 번 호</td><td></td><td>⑨ 허가 연월일</td><td>.　　.　　.</td></tr>
<tr><td rowspan="2">변경사항</td><td>⑩ 변경 전</td><td colspan="3"></td></tr>
<tr><td>⑪ 변경 후</td><td colspan="3"></td></tr>
<tr><td colspan="5">「총포·도검·화약류 등 단속법」 제6조제1항 및 같은 법 시행규칙 제16조의2에 따라 위와 같이 신청합니다.
년　　월　　일
신청인　　　　(서명 또는 인)
지방경찰청장 귀하</td></tr>
<tr><td colspan="4">※ 구비서류
1. 허가증
2. 판매시설 등의 변경에 따른 사업계획서 1부
3. 협회의 기술검토의견서 1부</td><td>수수료
5,000원</td></tr>
</table>

210㎜×297㎜[일반용지 60g/㎡(재활용품)]

이 신청서는 다음과 같이 처리됩니다. (뒤쪽)

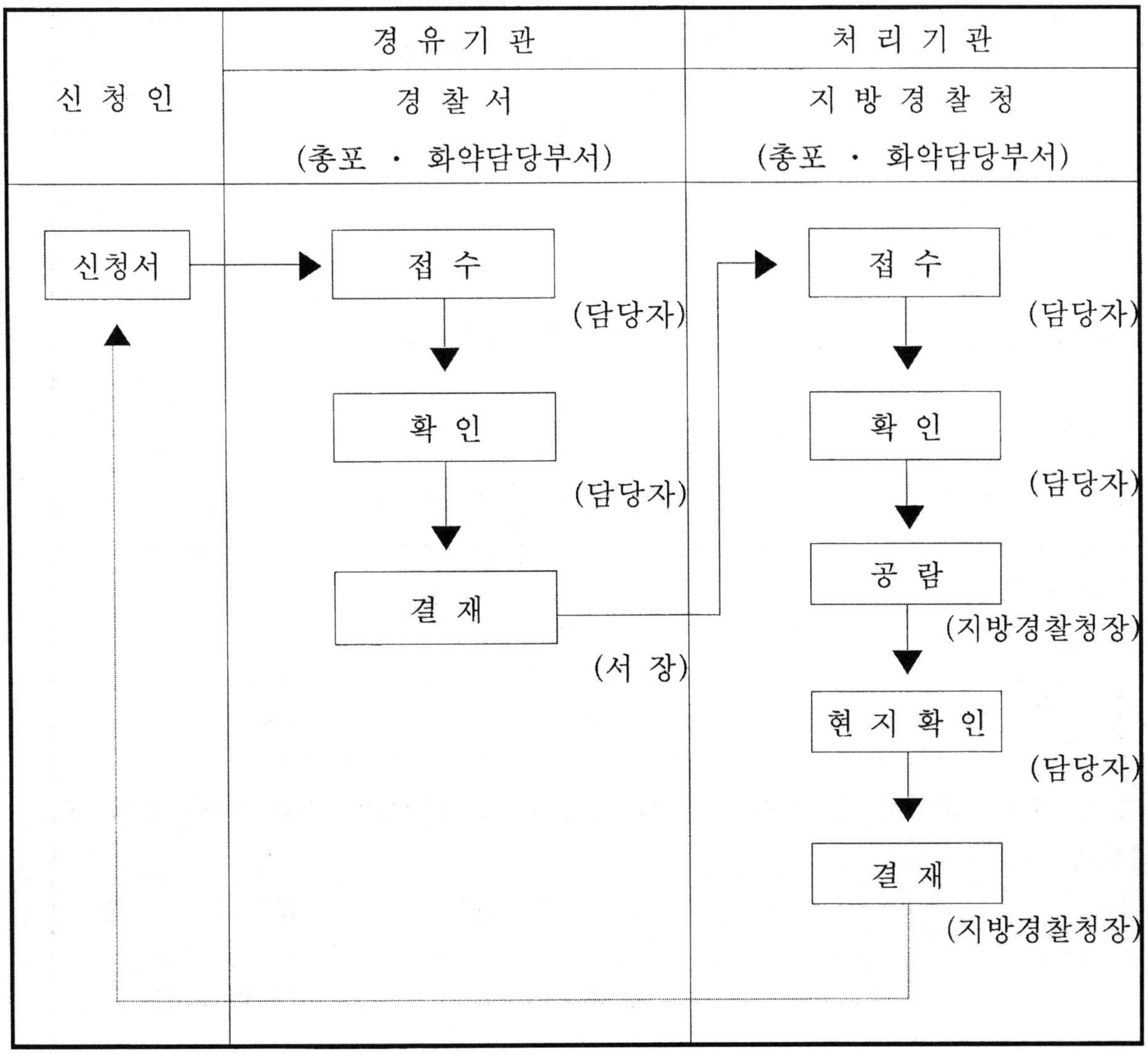

[별지 제5호서식] <개정 2009.9.30> (앞쪽)

<table>
<tr><td colspan="4">( ) □수 입
□수 출 허가신청서</td><td>처리기간
10 일</td></tr>
<tr><td rowspan="4">신청인</td><td>① 법 인 명</td><td colspan="3"></td></tr>
<tr><td>② 사 무 소
소 재 지</td><td colspan="3"></td></tr>
<tr><td>③ 대 표 자</td><td></td><td>④ 주민등록번호</td><td></td></tr>
<tr><td>⑤ 주 소</td><td colspan="3"></td></tr>
<tr><td colspan="2">⑥ 종류 및 수량</td><td></td><td>⑦ 수 출 입
목 적</td><td></td></tr>
<tr><td colspan="2">⑧ 수출입 방법</td><td></td><td>⑨ 수 출 입
국 명 (선)</td><td></td></tr>
<tr><td colspan="2">⑩ 수 출 입 지</td><td colspan="3"></td></tr>
<tr><td colspan="2">⑪ 수 출 입
예 정 기 간</td><td colspan="3">. . . 부터 . . . 까지</td></tr>
</table>

「총포·도검·화약류 등 단속법」 제9조제1항 및 제2항에 따라 위와 같이 신청합니다.

년 월 일

신청인 (서명 또는 인)

경 찰 청 장
지방경찰청장 귀하

<table>
<tr><td rowspan="2">※ 구비서류
1. 총포·도검·분사기·전자충격기·석궁의 경우
총포·도검·분사기·전자충격기·석궁의 종류·성능 및 용도와 사용방법에 관한 설명서 각 1부
2. 화약·폭약 및 분사기의 경우
화약·폭약 및 분사기의 성분 및 배합비율에 관한 설명서 1부
3. 화공품의 경우
화공품의 구조 및 조성에 관한 설명서 1부</td><td>수수료</td></tr>
<tr><td>없음</td></tr>
</table>

210㎜×297㎜[일반용지 60g/㎡(재활용품)]

이 신청서는 다음과 같이 처리됩니다. (뒤쪽)

신 청 인	경 유 기 관		처 리 기 관
	경찰서 (총포·화약 담당부서)	지방경찰청 (총포·화약 담당부서)	경찰청 (총포·화약 담당부서)

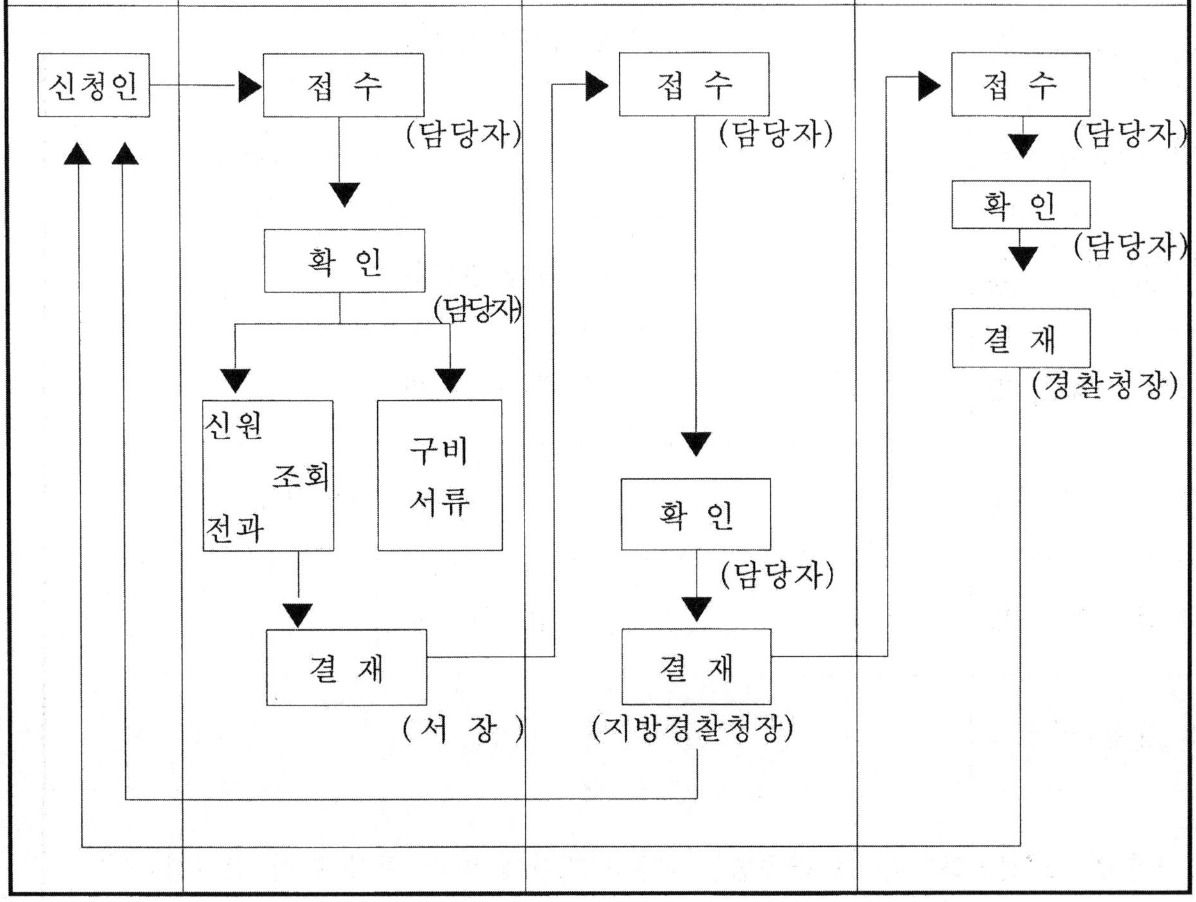

[별지 제6호서식] <개정 2009.9.30>

<table>
<tr><td colspan="4" rowspan="2">화약류 수입 신고서</td><td>처리기간</td></tr>
<tr><td>즉시</td></tr>
<tr><td rowspan="2">신청인</td><td>① 성 명</td><td></td><td>② 주민등록번호</td><td></td></tr>
<tr><td>③ 주 소</td><td colspan="3">(전화)</td></tr>
<tr><td colspan="2">④ 수입허가 번호</td><td></td><td>⑤ 허가 연월일</td><td>. . .</td></tr>
<tr><td colspan="2">⑥ 업 소 명</td><td></td><td>⑦ 대표자명</td><td></td></tr>
<tr><td colspan="2">⑧ 종류 및 수량</td><td colspan="2"></td><td>⑨ 적재지</td></tr>
<tr><td colspan="2">⑩ 선 박 명</td><td></td><td>⑪ 입 항 지</td><td></td></tr>
<tr><td colspan="2">⑫ 입항 연월일</td><td colspan="3"></td></tr>
<tr><td colspan="5">「총포·도검·화약류 등 단속법」 제9조제5항에 따라 위와 같이 신고합니다.
년 월 일
신고인 (서명 또는 인)

경찰서장 귀하</td></tr>
<tr><td colspan="4" rowspan="2">※ 구비서류: 선하증권</td><td>수수료</td></tr>
<tr><td>없 음</td></tr>
<tr><td colspan="5">※ 주의사항: 선박 또는 항공기가 대한민국 항구 또는 공항 내에 도착한 때부터 24시간 이내에 신고하여야 합니다.</td></tr>
</table>

210㎜×297㎜[일반용지 60g/㎡(재활용품)]

[별지 제7호서식] <개정 2009.9.30> (앞쪽)

<table>
<tr><td colspan="4">공기총 사용자 지정 신청서</td><td>처리기간
10 일</td></tr>
<tr><td rowspan="2">신청인</td><td>① 대 표 자</td><td></td><td>② 학교(기관)명</td><td></td></tr>
<tr><td>③ 소 재 지</td><td colspan="3">(전화:)</td></tr>
<tr><td colspan="2">④ 보 유 총 종</td><td></td><td>⑤ 총의 수량</td><td></td></tr>
<tr><td colspan="2">⑥ 총기고 격납고 면적</td><td colspan="3"></td></tr>
<tr><td colspan="2">⑦ 총 기 취 급 책임자 성명</td><td></td><td>⑧주민등록번호</td><td></td></tr>
<tr><td colspan="2">⑨ 목 적</td><td colspan="3"></td></tr>
</table>

「총포·도검·화약류 등 단속법 시행령」 제12조제1항제2호에 따라 위와 같이 신청합니다.

년 월 일

신청인 (○○학교장 / ○○기관장) (인)

경찰서장 귀하

수수료
없음

※ 구비서류

1. 총기 격납고 설계도(간이 총기격납고는 그 사진)
2. 취급책임자 선임승낙서

210㎜×297㎜[일반용지 60g/㎡(재활용품)]

이 신청서는 아래와 같이 처리됩니다. (뒤쪽)

신 청 인	처 리 기 관
	경 찰 서 생 활 안 전 과

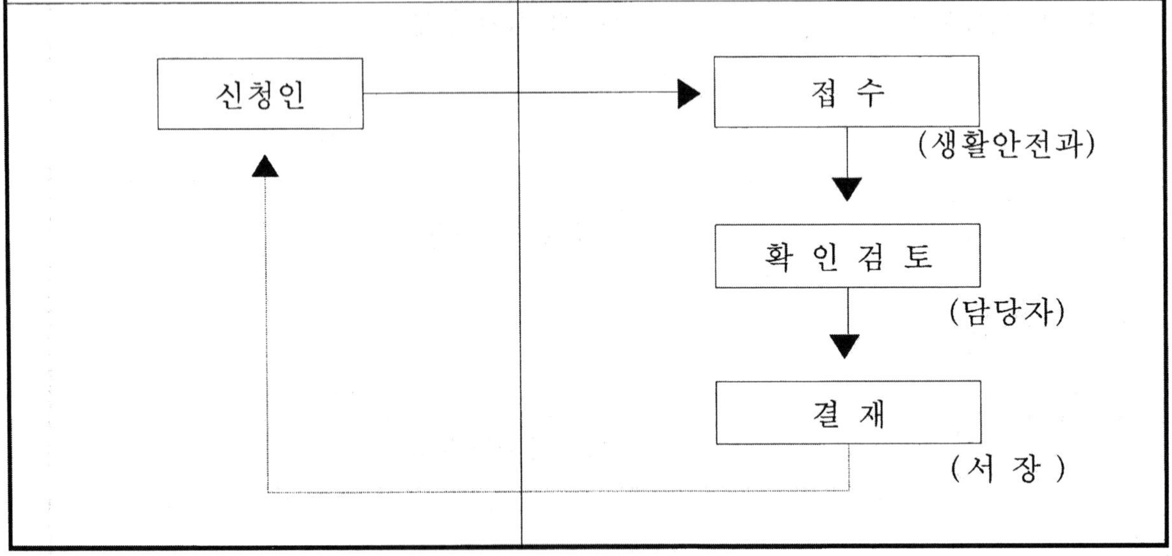

[별지 제8호서식] <개정 2009.9.30>

제　　　호

공기총 사용자 지정서

① 대 표 자		② 학교(기관)명	
③ 소 재 지			
④ 총　종			
⑤ 취급책임자 성　명	(생년월일:　　　)	⑥ 보 관 위 치	
⑦ 목　적			

「총포·도검·화약류 등 단속법 시행규칙」 제19조제2항에 따라 교육(연구)용 공기총의 보유학교(기관)로 지정합니다.

년　　월　　일

경 찰 서 장 [직인]

1. 관계 법령을 준수하시기 바랍니다.
2. 문의사항이 있을 때에는 전화　　　　번으로 연락 바랍니다.

210㎜×297㎜[보존용지(1종) 120g/㎡]

[별지 제8호의2서식] <개정 2009.9.30> (앞쪽)

<table>
<tr><td colspan="6">모의총포 제조신고서</td><td>처리기간
7 일</td></tr>
<tr><td rowspan="2">신고인</td><td>① 성 명</td><td colspan="2"></td><td>②주민등록번호</td><td colspan="2">-</td></tr>
<tr><td>③ 주 소</td><td colspan="5">(전화 :)</td></tr>
<tr><td rowspan="2">법인</td><td>④ 명 칭</td><td colspan="5"></td></tr>
<tr><td>⑤ 주 소</td><td colspan="5">(전화 :)</td></tr>
<tr><td colspan="2">⑥ 상 호</td><td colspan="5"></td></tr>
<tr><td colspan="2">⑦ 사무소 소재지</td><td colspan="5">(전화 :)</td></tr>
<tr><td colspan="2">⑧ 목 적</td><td colspan="5"></td></tr>
<tr><td colspan="2">⑨ 제조소 소재지</td><td colspan="5">(전화 :)</td></tr>
<tr><td colspan="2">⑩ 영 업 종 별</td><td></td><td>⑪ 제품 종류</td><td colspan="3"></td></tr>
<tr><td colspan="2">⑫ 월 생산 예정량</td><td></td><td>⑬ 종업원 수</td><td></td><td>⑭ 작업 개시일</td><td></td></tr>
<tr><td colspan="7">「총포·도검·화약류 등 단속법」 제11조에 따라 위와 같이 신고합니다.

년 월 일
신고인 (서명 또는 인)

경찰서장 귀하</td></tr>
</table>

<table>
<tr><td rowspan="2">구비서류</td><td>신고인(대표자) 제출서류</td><td>담당공무원 확인사항</td><td>수수료</td></tr>
<tr><td>1. 사업(수출)계획서
2. 모의총포의 설계 도면
3. 위해예방계획서
4. 정관 및 대표자와 임원의 명단(법인인 경우에만 해당합니다)
※ 상속, 유증, 영업의 양수로 사업을 승계한 경우에는 제1호부터 제3호까지의 서류 제출 생략</td><td>법인등기부 등본</td><td>20,000원</td></tr>
</table>

210㎜×297㎜[일반용지 60g/㎡(재활용품)]

(뒤쪽)

※ 기재상 주의사항

1. 법인인 경우에는 신청인란에 대표자의 사항을 씁니다.
2. 사업(수출)계획서의 내용은 다음 사항을 기재합니다.

가. 제조시설의 구조설비 및 위치
나. 제조방법
다. 제조하고자 하는 모의총포의 종류와 그의 사용방법·성능 및 특징
라. 제조하고자 하는 모의총포의 보관 또는 저장방법
마. 고용하고자 하는 종업원수
바. 자본금

이 신고는 아래와 같이 처리됩니다.

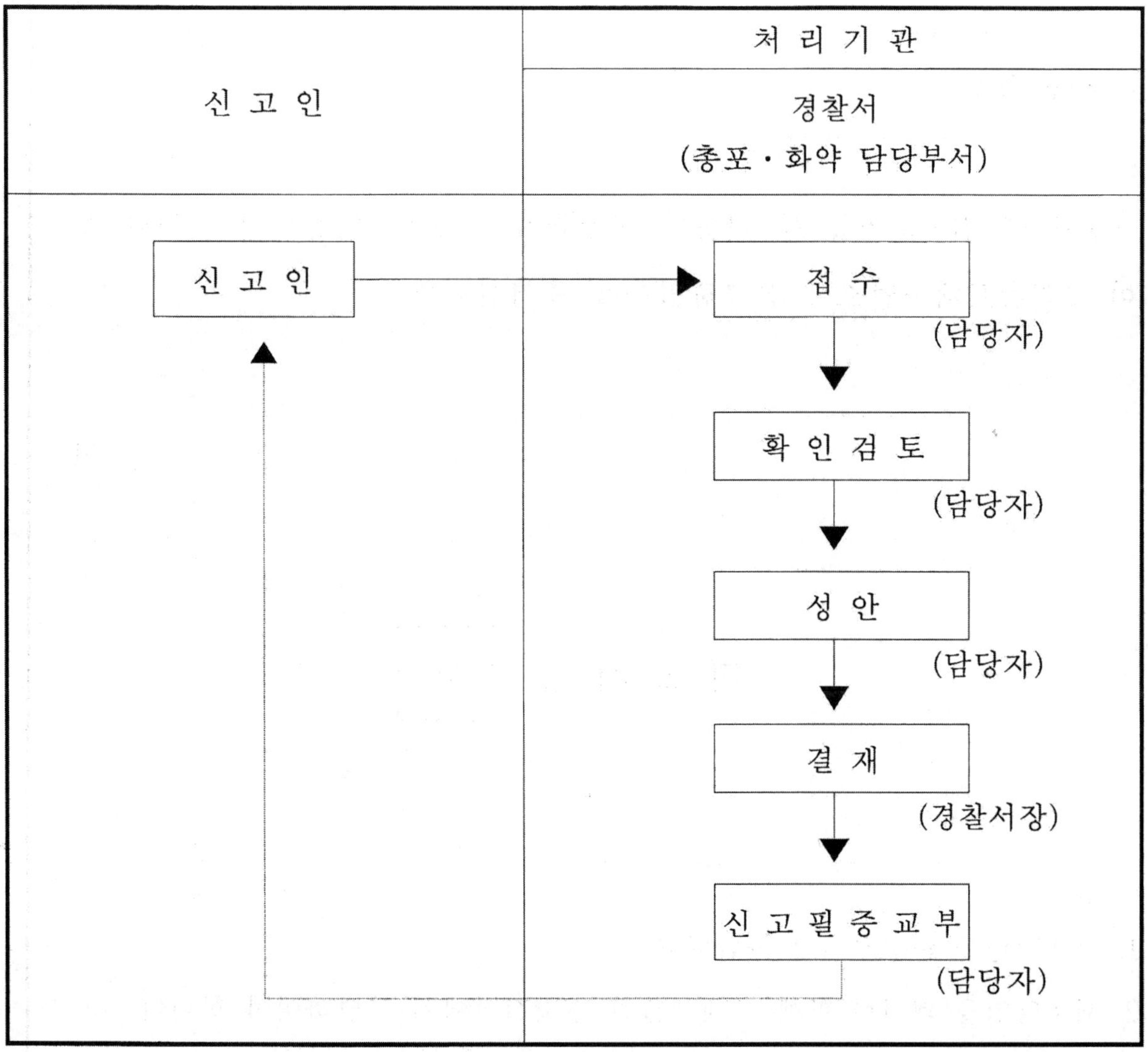

[별지 제8호의3서식] <개정 2009.9.30>

제 호

모의총포 제조 신고필증

① 상 호	
② 대 표 자	[생년월일(남/녀):]
③ 위 치	
④ 목 적	
⑤ 제품 종류	

「총포·도검·화약류 등 단속법 시행규칙」 제20조의2에 따라 위와 같이 모의총포제조업소로 신고하였음을 증명합니다.

년 월 일

경 찰 서 장 [직인]

1. 관계법령을 준수하시기 바랍니다.
2. 제조영업을 폐지한 때에는 지체없이 경찰서장에게 반납하여야 합니다.

210㎜×297㎜[보존용지(1종) 120g/㎡]

[별지 제9호서식] <개정 2009.9.30> (앞쪽)

# 총포 소지허가 신청서	처리기간
	경찰서장 허가 7일 지방경찰청장 허가 10일

신청인				
신청인	성 명		주민등록번호	
	직 업	(전화번호 :)	운전면허번호	
	주 소			

총포내용 — 총종형식(※ 해당 사항에 ○으로 표시)

산탄외대	산탄상하쌍대	산탄수평쌍대	삼연쌍대	라이플	공기총스프링	공기총(펌프)	공기총(가스)	권총회전	권총착탈	공간	원절	중절	레바	수동장전	자동장전	기타

총포내용					
총 명	제조국명			명 칭	
구 경	공 칭	번(구경)		총 신 장	cm
	실측치수	mm		총 전 장	cm
대체총신	구 경	번(구경)	mm	총 신 장	cm
총 번(제조번호)		제 호		총 중 량	kg
적합실탄공포탄명				탄창장전탄수	개

용도	호신	수렵	유해조수구제	사격경기	어획	건축	공업	기타산업	신호구명	도살마취	시험연구

발사물등록	연 월 일 시도 제 호					허가증 교 부
입수경유 — 양도인	성 명		주민등록번호			
	직업 또는 지 위		주 소			
	허 가 청		업 소 명			
	허가번호	제 호	허 가 연월일	년 월 일	양도양수 연 월 일	년 월 일
입수경유 — 수 입 내 용	수입면장 번 호	제 호	수입연월일	년 월 일		조사 복명
	수입국명		수 입 지			
보관	총포허가증이 교부될 때까지 보관함		보관연월일	년 월 일		
	보관처		보관책임자	(인)		

「총포·도검·화약류 등 단속법」 제12조제1항 및 같은 법 시행규칙 제21조제1항에 따라 위와 같이 신청합니다.

신원·전과 조회

년 월 일

신청인 (서명 또는 인)

(지방경찰청장 / 경 찰 서 장) 귀하

※ 구비서류

1. 신체검사서(공기총·가스발사총·마취총·산업용총 및 구명줄발사총의 경우 외에는 종합병원 또는 병원에서 발행한 것에 한하며, 가스발사총의 경우 「도로교통법」 제80조의 규정에 의한 운전면허가 있는 사람은 신체검사서를 첨부하지 아니합니다)
2. 총포의 출처를 증명할 수 있는 서류(총포출처증명서)
3. 사격선수확인증(사격경기용 총포를 소지하는 경우에만 해당합니다)

수수료
3,000~5,000원

210㎜×297㎜[일반용지 60g/㎡(재활용품)]

(뒤쪽)

◈ 총포의 출처를 증명할 수 있는 서류는 입수경위에 따라 다음과 같습니다.

가. 기존 허가총포의 경우는 총포소지허가증

나. 소지허가총포로서 상품화할 경우에는 허가증 반납증명서

다. 수입 또는 양도 총포의 경우는 수입면장

라. 국내 제품인 경우에는 제작명세서

이 신청서는 아래와 같이 처리됩니다.

신 청 인	경유기관 또는 처리기관	처 리 기 관
	경찰서 (총포·화약담당부서)	지방경찰청 (총포·화약담당부서)

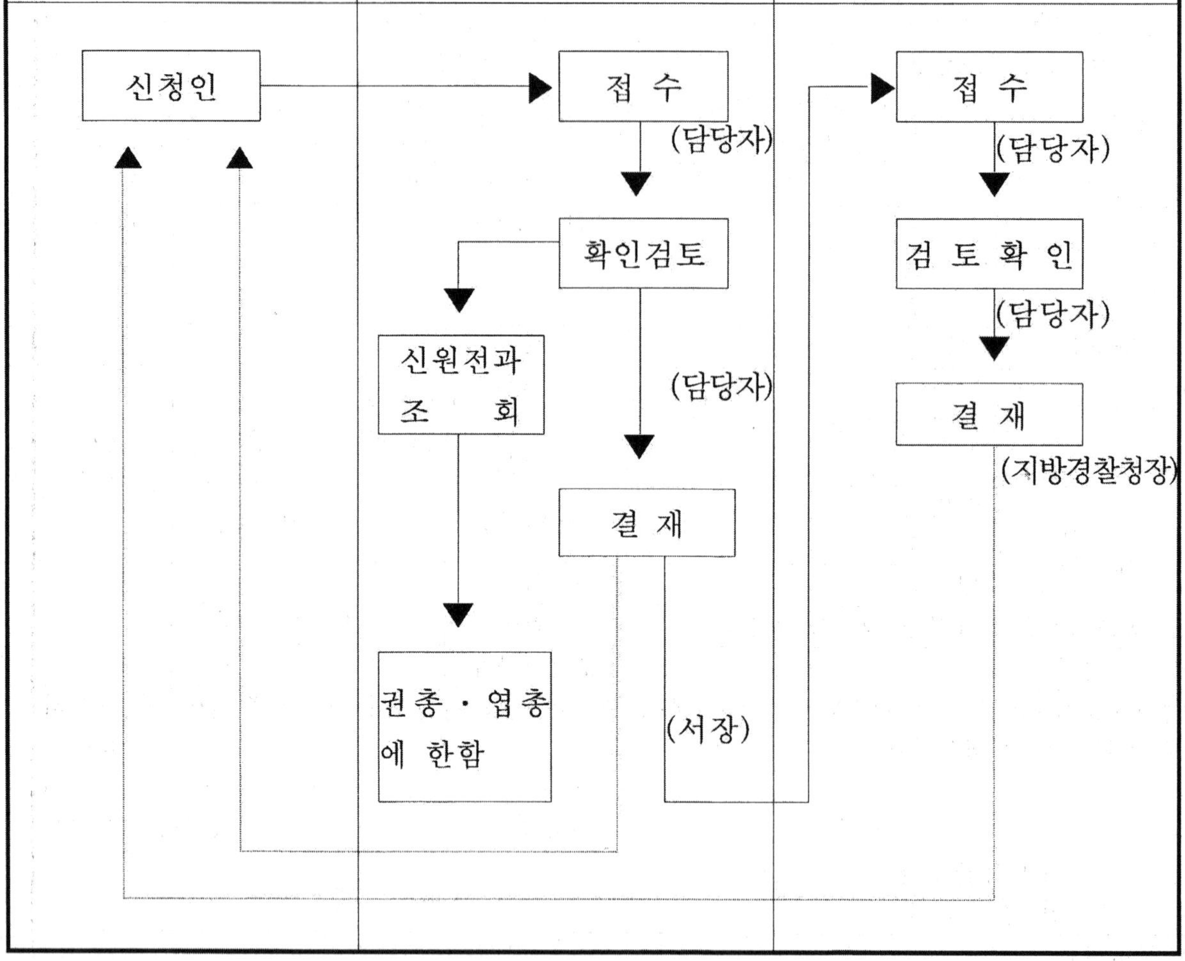

[별지 제10호서식] <개정 2009.9.30> (앞쪽)

도검 소지허가 신청서

처리기간
7 일

신청인	① 성 명		②주민등록번호		
	③ 주 소				
	④ 직 업	(전화번호:)	⑤운전면허번호		

⑥ 종류	형식(해당 사항에 ○으로 표시)				
	도 검	비 수	창	비출나이프	재크나이프
⑦ 형식	비 출 식	개 폐 식	칼집수납식		

⑧ 도검 규격	제조국명		명 칭	
	날의길이		칼의전장	cm
	칼의길이		총 량	kg

⑨ 용도	수 렵	검도수련	예식지휘	도 살	어업건설	호신장식	가보문화재

⑩ 입 수 경위	양도인	성 명		주민등록번호				
		직 업		주 소				
		허 가 청		업소명				
		허가번호	제 호	허 가 연월일	년 월 일	양수양도 연월일	년 월 일	
	수입 내용	수입면장 번 호	제 호	수입연월일	년 월 일			
		수입국명		수 입 지				

⑪보관	도검허가증이 교부될 때까지 보관함	보관연월일	년 월 일
	보 관 처	보관책임자	(인)

「총포·도검·화약류 등 단속법」 제12조제1항에 따라 위와 같이 신청합니다.

년 월 일

신청인 (서명 또는 인)

경찰서장 귀하

※ 구비서류

1. 도검류출처증명서 1부
2. 신체검사서(「도로교통법」 제80조에 따른 운전면허가 있는 사람은 첨부하지 아니합니다)

수수료
3,000원

210㎜×297㎜[일반용지 60g/㎡(재활용품)]

(뒤쪽)

◈ 도검류의 출처증명서는 입수경위에 따라 다음과 같습니다.

가. 기존허가 도검류의 경우는 소지허가증

나. 소지허가된 도검류로서 상품화한 경우에는 동 허가증 반납증명서

다. 수입 또는 양도 도검류의 경우에는 수입면장

라. 국내제품인 경우에는 제작증명서

이 신청서는 아래와 같이 처리됩니다.

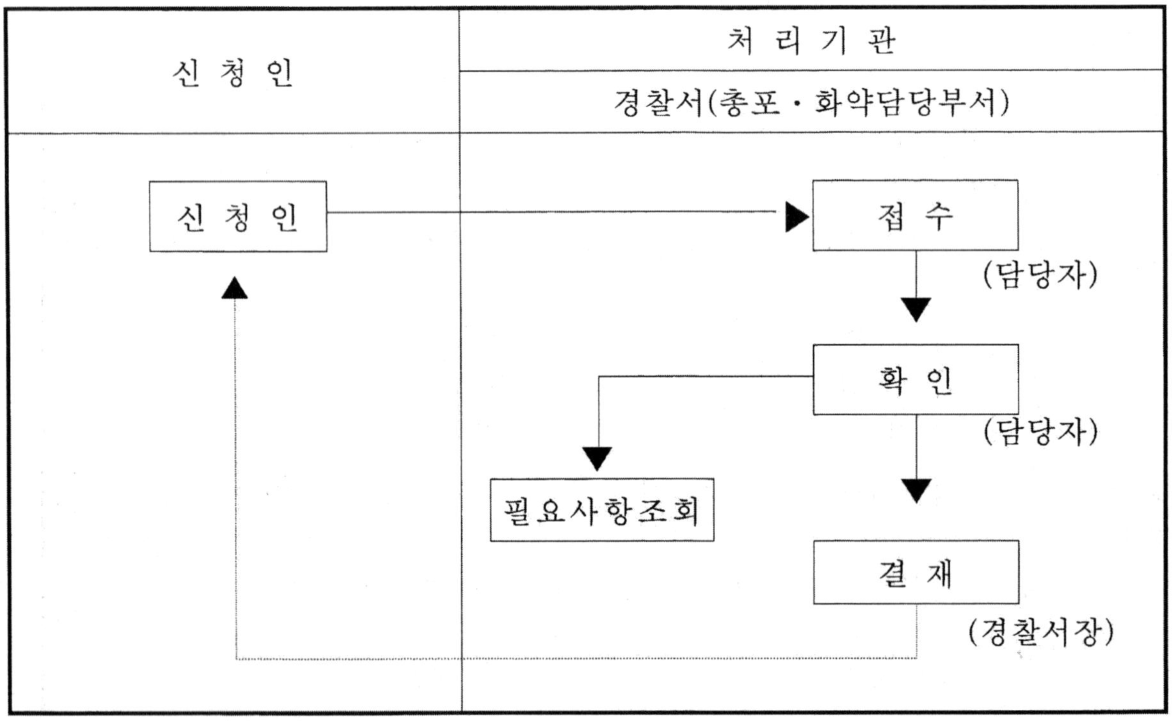

[별지 제10호의2서식] <개정 2009.9.30> (앞쪽)

( ) 소지허가 신청서				처리기간 5 일
신청인	① 성 명		② 주민등록번호	
	③ 주 소	(전화 :)		
	④ 직 업		⑤ 운전면허번호	
⑥ 재 질				
⑦ 형 식				
⑧ 제조국 및 회 사 명			⑨ 명칭 및 제조번호	
⑩ 길 이			⑪ 중 량	
⑫ 용 도				

「총포ㆍ도검ㆍ화약류 등 단속법」 제12조제1항에 따라 위와 같이 신청합니다.

년 월 일

신청인 (서명 또는 인)

경찰서장 귀하

※ 구비서류	수수료
1. 출처증명서 1부 2. 신체검사서(분사기ㆍ전자충격기의 경우 「도로교통법」 제80조에 따른 운전면허가 있는 사람은 첨부하지 아니합니다) 1부	3,000원

210㎜×297㎜[일반용지 60g/㎡(재활용품)]

(뒤쪽)

◈ 분사기 · 전자충격기 · 석궁의 출처증명서는 입수경위에 따라 다음과 같습니다.
가. 기존허가된 경우는 소지허가증
나. 소지허가된 분사기 · 전자충격기 · 석궁으로서 상품화된 경우에는 동 허가증 반납증명서
다. 수입 또는 양도의 경우에는 수입면장
라. 국내제품인 경우에는 제작증명서

이 신청서는 아래와 같이 처리됩니다.

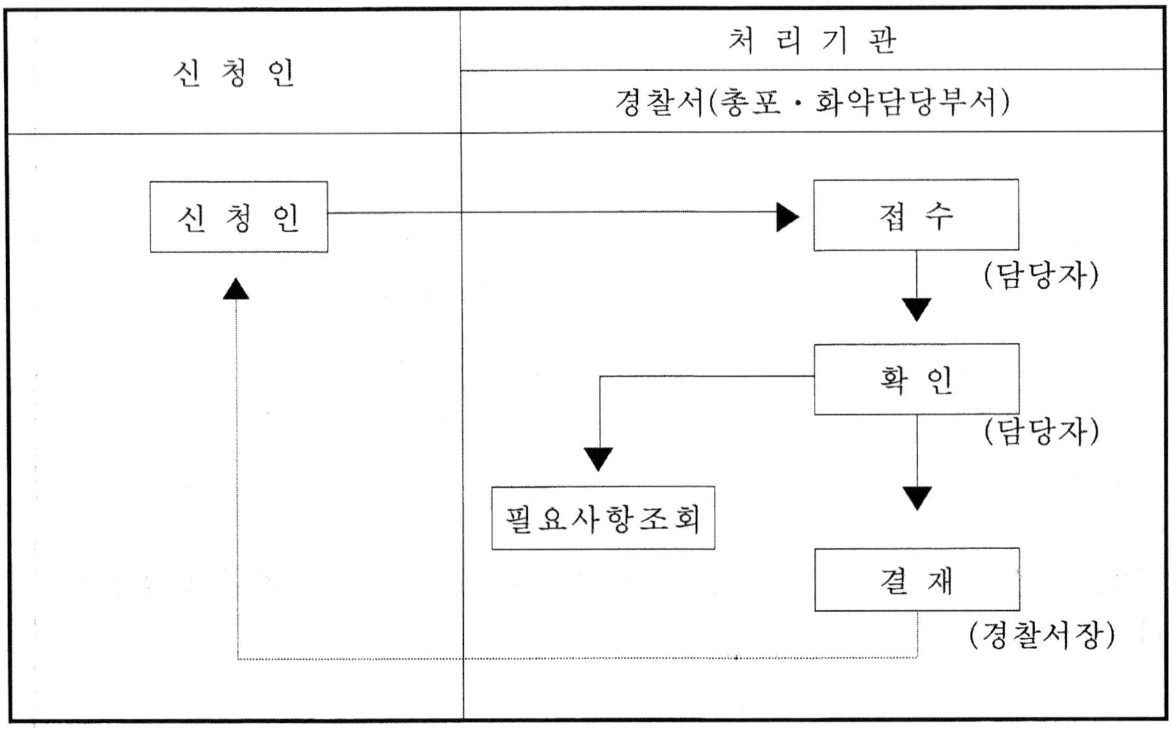

[별지 제10호의3서식] <개정 2009.9.30> (앞쪽)

<table>
<tr><td colspan="5" rowspan="2">(　　　　) 소지허가 신청서(법인)</td><td>처리기간</td></tr>
<tr><td>10 일</td></tr>
<tr><td colspan="2">① 법 인 명</td><td colspan="4"></td></tr>
<tr><td colspan="2">② 사무소 소재지</td><td colspan="4">(전화 :)</td></tr>
<tr><td colspan="2">③ 대 표 자</td><td></td><td>④주민등록번호</td><td colspan="2"></td></tr>
<tr><td colspan="2">⑤ 주 소</td><td colspan="4">(전화 :)</td></tr>
<tr><td colspan="2">⑥ 재 질</td><td colspan="4"></td></tr>
<tr><td colspan="2">⑦ 형 식</td><td colspan="4"></td></tr>
<tr><td colspan="2">⑧ 제조국 및 회사명</td><td></td><td>⑨ 명칭 및 제조번호</td><td colspan="2"></td></tr>
<tr><td colspan="2">⑩ 길 이</td><td></td><td>⑪ 중 량</td><td colspan="2"></td></tr>
<tr><td colspan="2">⑫ 용 도</td><td></td><td>⑬ 수 량</td><td colspan="2"></td></tr>
<tr><td colspan="6">「총포·도검·화약류 등 단속법」 제12조제2항에 따라 위와 같이 신청합니다.
년 월 일
신청인 (서명 또는 인)
경찰서장 귀하</td></tr>
<tr><td rowspan="2">구비서류</td><td colspan="3">신청인(대표자) 제출서류</td><td colspan="2">담당공무원 확인사항</td></tr>
<tr><td colspan="3">1. 실제사용자 전원의 신체검사서(건설용타정총 사용자와 「도로교통법」 제80조에 따른 운전면허가 있는 가스발사총·분사기·전자충격기 사용자의 경우는 제외합니다)
2. 출처증명서 수량마다 각 1부
3. 정관 및 대표자와 임원의 명단 각 1부</td><td>법인등기부 등본</td><td>수수료
3,000원 × 수량</td></tr>
</table>

210㎜×297㎜[일반용지 60g/㎡(재활용품)]

(뒤쪽)

◈ 출처증명서는 입수경위에 따라 다음과 같습니다.

가. 기존허가된 경우는 소지허가증

나. 소지허가된 산업용총・가스발사총・분사기・전자충격기로서 상품화된 경우에는 동 허가증 반납증명서

다. 수입 또는 양도의 경우에는 수입면장

라. 국내제품인 경우에는 제작증명서

이 신청서는 아래와 같이 처리됩니다.

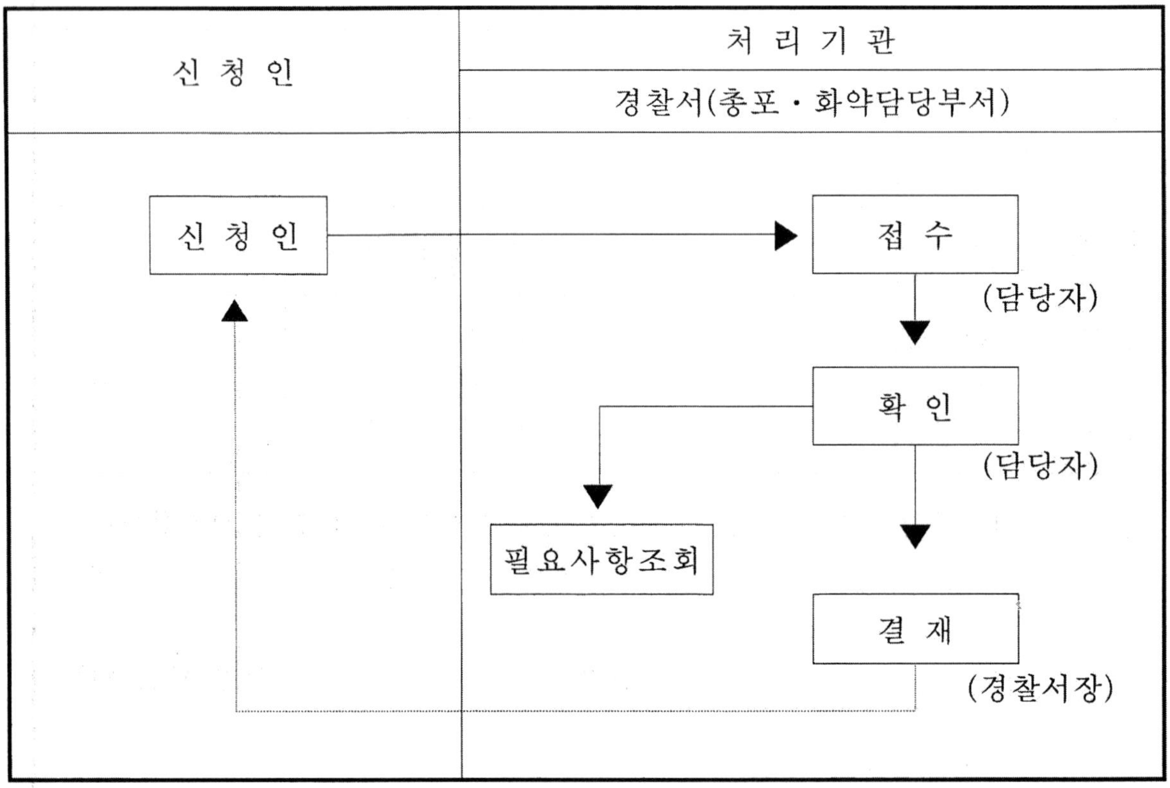

[별지 제11호서식] <개정 2009.9.30> (앞쪽)

<table>
<tr><td colspan="3">(　　　) □일시 수 출 입
　　　　□일시 소지허가 신청대행자 지정 신청서</td><td>처리기간
10 일</td></tr>
<tr><td rowspan="4">신
청
인</td><td>① 법 인 명</td><td colspan="2"></td></tr>
<tr><td>② 사 무 소
소 재 지</td><td colspan="2">(전화 :　　　　)</td></tr>
<tr><td>③ 대 표 자</td><td></td><td>④ 주민등록번호</td></tr>
<tr><td>⑤ 주　　소</td><td colspan="2">(전화 :　　　　)</td></tr>
<tr><td colspan="2">⑥ 업 체 명</td><td colspan="2"></td></tr>
<tr><td colspan="2">⑦ 목　　적</td><td colspan="2"></td></tr>
<tr><td colspan="4">「총포·도검·화약류 등 단속법」 제14조제1항 및 같은 법 시행규칙 제26조에 따라 위와 같이 신청합니다.

년　　월　　일
신청인　　　　(서명 또는 인)

지방경찰청장 귀하</td></tr>
<tr><td colspan="3">※ 구비서류
1. 수출입 및 사용계획서 1부
2. 총포·도검·석궁의 취급을 증명하는 서류 1부</td><td>수수료
없음</td></tr>
</table>

210㎜×297㎜[일반용지 60g/㎡(재활용품)]

이 신청서는 아래와 같이 처리됩니다. (뒤쪽)

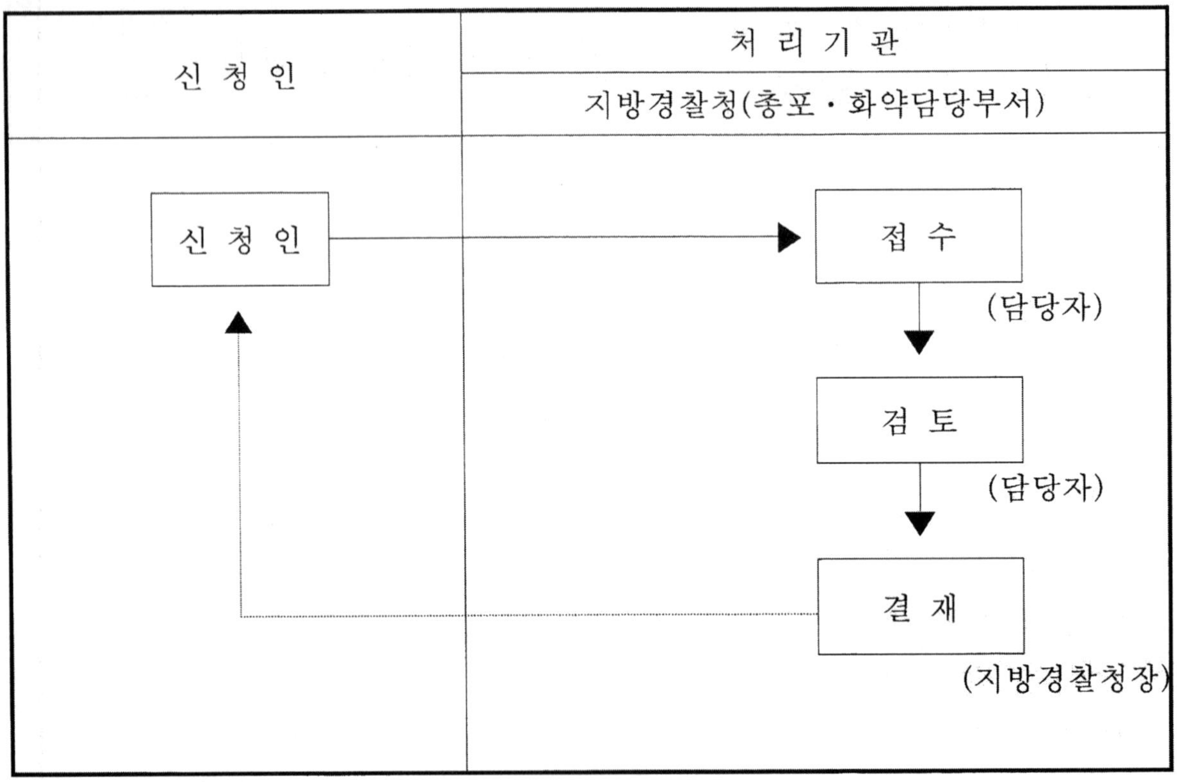

[별지 제12호서식] <개정 2009.9.30>

제　　　　호

지　정　서

○ 성　명　　　　　　　　　　　　(생년월일:　　.　.　.)

○ 주　소

「총포·도검·화약류 등 단속법」 제14조제1항 및 같은 법 시행규칙 제26조에 따라 국제경기대회 참가 외국인이 소지하고 입국하는 총포·도검의 일시 수출입 및 소지 신청대행자로 다음과 같이 지정합니다.

1. 지정기간:　　.　　.　　.　~　　.　　.　　. (년간)

2. 총포·도검의 종류

년　　월　　일

지 방 경 찰 청 장 [직인]

210㎜×297㎜[보존용지(1종) 120g/㎡]

[별지 제13호서식] <개정 2009.9.30> (앞쪽)

<table>
<tr><td colspan="3" rowspan="2">총포 소지허가 갱신 신청서</td><td colspan="2">처리기간</td></tr>
<tr><td colspan="2">경찰서장 허가 7일
지방경찰청장 허가 10일</td></tr>
<tr><td rowspan="3">신청인</td><td>① 성 명</td><td></td><td>② 주민등록번호</td><td></td></tr>
<tr><td>③ 주 소</td><td colspan="3"></td></tr>
<tr><td>④ 직 업</td><td></td><td>⑤ 전 화 번 호</td><td></td></tr>
<tr><td rowspan="4">현 소지 허가 증 내용</td><td>⑥ 허가된 총포의 종 류</td><td colspan="3"></td></tr>
<tr><td>⑦ 교 부 일</td><td></td><td>⑧ 갱신기간만료일</td><td></td></tr>
<tr><td>⑨ 총포 보관장소</td><td colspan="3"></td></tr>
<tr><td>⑩ 번 호</td><td></td><td>⑪ 허 가 관 청</td><td></td></tr>
<tr><td rowspan="2">지난 5년간</td><td>⑫ 수렵 면허장 조수포획허가 취득 장소</td><td colspan="3"></td></tr>
<tr><td>⑬ 엽용 화약류 양수 및 실탄 소비상황 사격실시상황</td><td colspan="3"></td></tr>
<tr><td colspan="5">「총포·도검·화약류 등 단속법」 제16조 및 같은 법 시행규칙 제28조에 따라 위와 같이 신청합니다.

년 월 일

신청인 (서명 또는 인)

(지방경찰청장 / 경 찰 서 장) 귀하</td></tr>
<tr><td colspan="4">※ 구비서류
1. 신체검사서(종합병원 또는 병원에서 발행한 것에 한합니다) 1부
2. 사진(가로 2.5센티미터, 세로 3센티미터)
3. 총포소지허가증 및 사격선수확인증(사격경기를 목적으로 총포를 소지하는 경우에만 해당합니다)</td><td>수수료
2,000원</td></tr>
</table>

210㎜×297㎜[일반용지 60g/㎡(재활용품)]

이 신청서는 아래와 같이 처리됩니다. (뒤쪽)

신 청 인	경유기관 또는 처리기관	처 리 기 관
	경찰서(총포 · 화약담당부서)	지방경찰청(총포 · 화약담당부서)

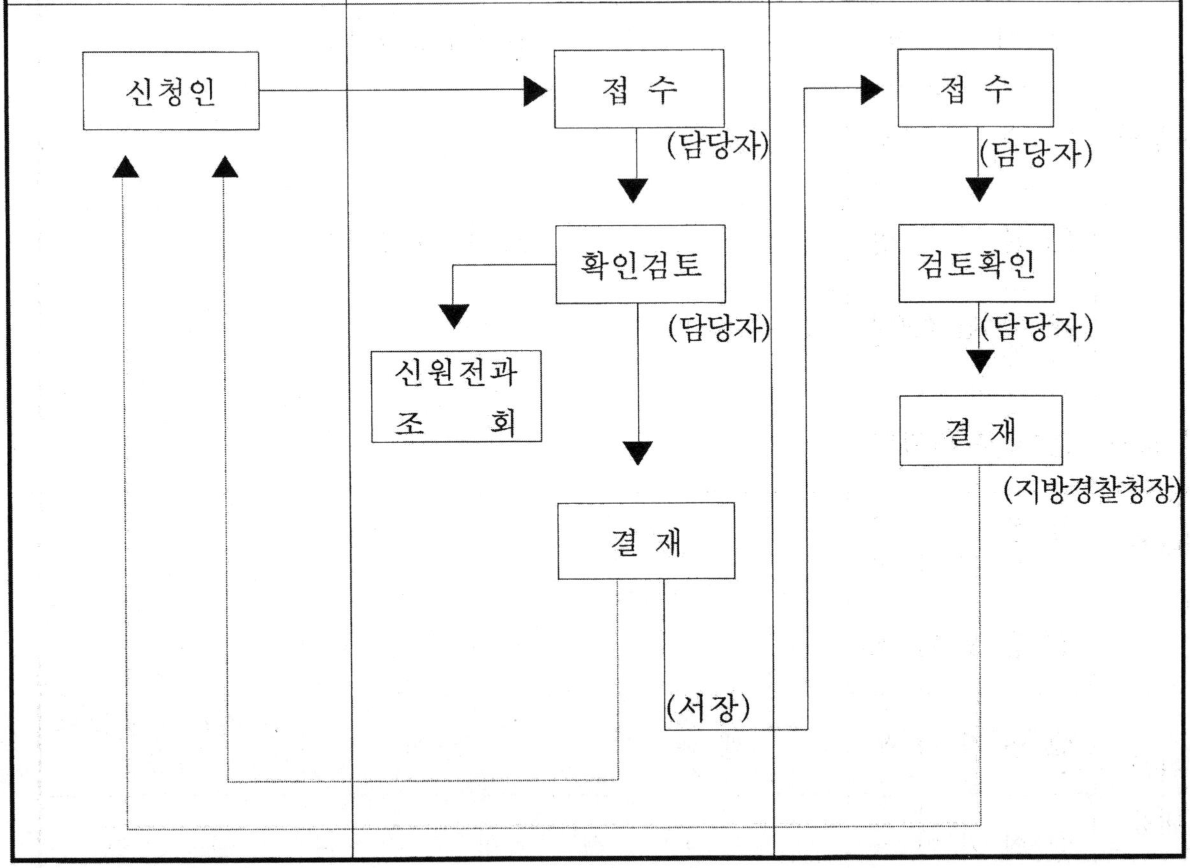

[별지 제13호의2서식] <개정 2009.9.30> (앞쪽)

<table>
<tr><td colspan="4">총포 소지허가 갱신 연기 신청서</td><td>처리기간
즉 시</td></tr>
<tr><td rowspan="3">신청인</td><td>① 성 명</td><td></td><td>② 주민등록번호</td><td></td></tr>
<tr><td>③ 주 소</td><td colspan="3"></td></tr>
<tr><td>④ 직 업</td><td></td><td>⑤ 전 화 번 호</td><td></td></tr>
<tr><td rowspan="4">현 소지 허가증 내용</td><td>⑥ 허가된 총포의 종 류</td><td colspan="3"></td></tr>
<tr><td>⑦ 교부 연월일</td><td></td><td>⑧ 기간 만료일</td><td></td></tr>
<tr><td>⑨ 총 포 보 관 장 소</td><td colspan="3"></td></tr>
<tr><td>⑩ 총 포 번 호</td><td></td><td>⑪ 허 가 관 청</td><td></td></tr>
<tr><td rowspan="2">연기 내용</td><td>⑫ 연 기 사 유</td><td>재 해</td><td>질 병</td><td>그 밖의 부득이한 사유</td></tr>
<tr><td>⑬ 연 기 기 간</td><td colspan="3">연 월 일 ~ 년 월 일</td></tr>
</table>

「총포·도검·화약류 등 단속법」 제16조 및 같은 법 시행규칙 제28조에 따라 위와 같이 신청합니다.

년 월 일

신청인 (서명 또는 인)

(지방경찰청장 / 경 찰 서 장) 귀하

※ 구비서류: 연기사유에 해당하는 서류 1부	수수료 없음

210㎜×297㎜[일반용지 60g/㎡(재활용품)]

이 신청서는 아래와 같이 처리됩니다. (뒤쪽)

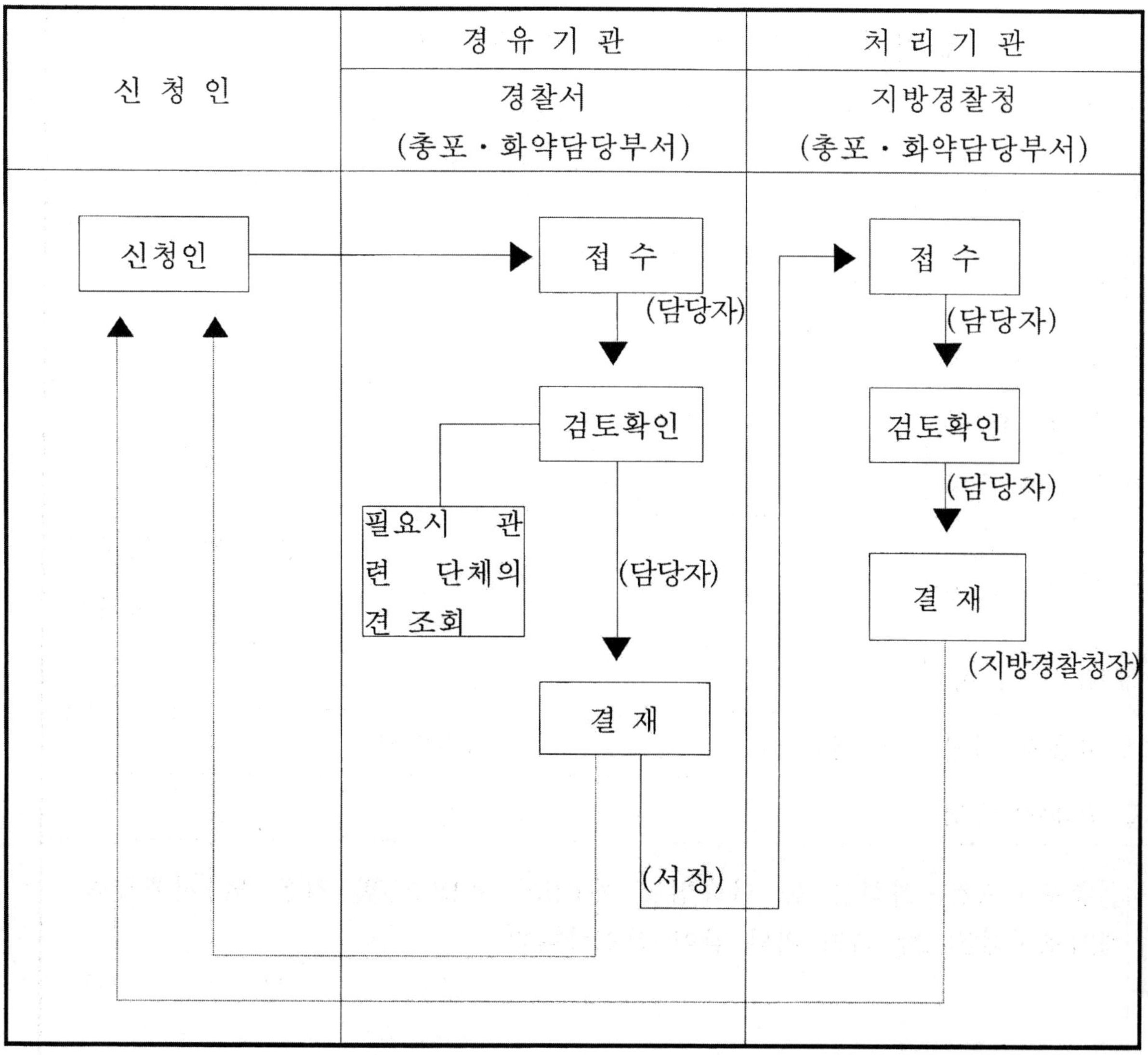

[별지 제14호서식] <개정 2009.9.30> (앞쪽)

<table>
<tr><td colspan="4">화약류 사용(소지) 허가 신청서
※ ⑪, ⑫란은 꽃불류 사용허가신청의 경우에만 기재합니다.</td><td>처리기간
5일</td></tr>
<tr><td rowspan="2">신청인</td><td>① 성 명</td><td></td><td>②주민등록번호</td><td></td></tr>
<tr><td>③ 주 소</td><td colspan="3">(전화:)</td></tr>
<tr><td colspan="2">④ 업 체 명</td><td colspan="3"></td></tr>
<tr><td colspan="2">⑤ 소 재 지</td><td colspan="3"></td></tr>
<tr><td colspan="2">⑥ 사 용 목 적</td><td colspan="3"></td></tr>
<tr><td colspan="2">⑦ 종류 및 수량</td><td colspan="3"></td></tr>
<tr><td colspan="2">⑧ 사 용 장 소</td><td></td><td>⑨사용시간</td><td>년 월 일부터
년 월 일까지</td></tr>
<tr><td colspan="2">⑩ 제 조 소 명</td><td colspan="3"></td></tr>
<tr><td colspan="2">⑪ 사용자 서명</td><td>(책임자)</td><td colspan="2">(작업자)</td></tr>
<tr><td colspan="2">⑫ 위해예방방법</td><td colspan="3"></td></tr>
<tr><td colspan="5">「총포·도검·화학류 등 단속법」 제12조·제18조 및 같은 법 시행규칙 제21조·제29조에 따라 위와 같이 신청합니다.
년 월 일
신청인 (서명 또는 인)
경찰서장 귀하</td></tr>
<tr><td colspan="3">※ 구비서류
1. 꽃불류 사용허가 신청의 경우
가. 사용순서대장
나. 사용장소 부근 약도
2. 꽃불류 외의 화약류 사용허가 신청의 경우
가. 사용계획서
나. 사용하고자 하는 화약류저장소 설치허가증 사본</td><td colspan="2">수 수 료
○ 화약·폭약 100톤 이상: 1만원
○ 화약·폭약 50톤~100톤: 8천원
○ 화약·폭약 10톤~50톤: 5천원
○ 화약·폭약 1톤~10톤 : 3천원
○ 화약·폭약 1톤 미만 : 2천원
○ 꽃 불 류 : 1천원</td></tr>
</table>

210mm×297mm[일반용지 60g/m²(재활용품)]

(뒤쪽)

◈ 위해예방방법은 다음 사항에 대한 것을 말합니다.

가. 운반 및 저장상의 위해예방사항

나. 발파(사용)상의 위해예방사항

다. 화약류의 변질 또는 폐기상의 위해예방사항

◈ 저장소 없이 사용하는 경우

가. 사용 장소에서 가까운 판매업소에서 1일 사용량만 운반사용

나. 잔량은 매일 판매업소 저장소에 반납 보관

이 신청서는 아래와 같이 처리됩니다.

신 청 인	처 리 기 관
	총 포 · 화 약 담 당 부 서

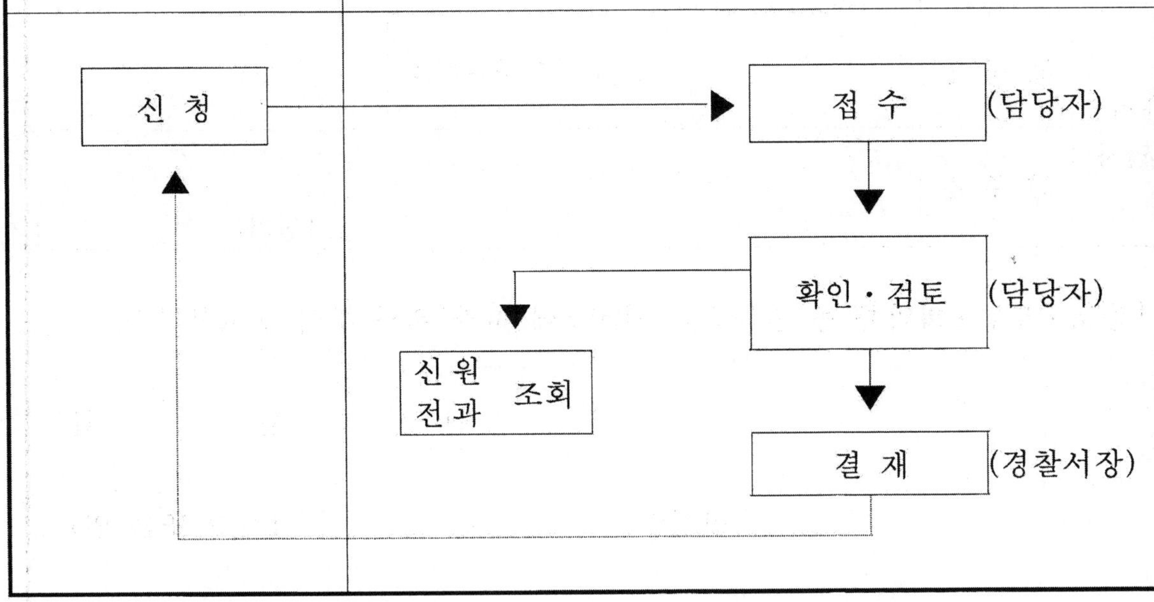

[별지 제15호서식] <개정 2009.9.30> (앞쪽)

<table>
<tr><td colspan="4" rowspan="2">화약류 폐기 신고서</td><td>처리기간</td></tr>
<tr><td>5일</td></tr>
<tr><td rowspan="2">신청인</td><td>① 성 명</td><td></td><td>② 주민등록번호</td><td></td></tr>
<tr><td>③ 주 소</td><td colspan="3">(전화:)</td></tr>
<tr><td colspan="2">④ 화 약 류 저 장 위 치</td><td colspan="3"></td></tr>
<tr><td colspan="2">⑤ 폐 기 일 시</td><td></td><td>⑥ 폐 기 장 소</td><td></td></tr>
<tr><td colspan="2">⑦ 폐 기 방 법</td><td></td><td>⑧ 폐 기 사 유</td><td></td></tr>
<tr><td rowspan="2">폐기 책임자</td><td>⑨ 성 명</td><td></td><td>⑪ 주민등록번호</td><td></td></tr>
<tr><td>⑩ 주 소</td><td colspan="3">(전화:)</td></tr>
<tr><td colspan="5">「총포·도검·화약류 등 단속법」 제20조에 따라 위와 같이 신고합니다.

년 월 일

신청인 (서명 또는 인)

경찰서장 귀하</td></tr>
<tr><td colspan="4" rowspan="2">※ 구비서류: 폐기계획서 1부</td><td>수 수 료</td></tr>
<tr><td>없 음</td></tr>
</table>

210㎜×297㎜[일반용지 60g/㎡(재활용품)]

(뒤쪽)

◈ 폐기계획서 내용은 다음 사항을 기재합니다.

1. 폐기작업상의 위해방지에 관한 사항
2. 방법 일시 장소의 적부에 관한 사항
3. 작업인원에 관한 사항

이 신청서는 아래와 같이 처리됩니다.

신 청 인	경 유 기 관	처 리 기 관
	없 음	경 찰 서 (총포 · 화약담당부서)
신 청 서 →		접 수 (담 당) ↓ 전 열 (방범과장) ↓ 현지확인 (담 당 자) ↓ 검토보완 (담 당 자) ↓ 결 재 (서 장) → 신 청 서

[별지 제16호서식] <개정 2009.9.30> (앞쪽)

화약류 □양 도 □양 수 허가 신청서				처리기간 7일
신청인	① 성 명		② 주민등록번호	
	③ 주 소	(전화:)		
④ 사 업 체 명			⑤ 양도(양수)의 목 적	
⑥ 사업체 소재지				
⑦ 화 약 류 의 종류 · 수량				
⑧ 양도(양수) 화약류 소재지			⑨ 저장 또는 보관장소	
⑩ 사 용 기 간			⑪ 사 용 장 소	
양수인	⑫ 성 명		⑬ 주민등록번호	
	⑭ 주 소	(전화:)		

「총포 · 도검 · 화약류 등 단속법」 제21조제1항에 따라 위와 같이 신청합니다.

년 월 일

신청인 (서명 또는 인)

경찰서장 귀하

※ 구비서류	수 수 료
1. 화약류사용허가증 사본 2. 광업권허가증 사본 · 조광권인가서 사본 또는 탐광계획인가서 사본 (광물의 시굴 또는 채굴을 하는 사람에만 해당합니다)	없 음

210㎜×297㎜[일반용지 60g/㎡(재활용품)]

(뒤쪽)

◈ 비 고

1. 화약류 사용허가 여부 확인
2. 광업권 설정자는 광업권 조광권 허가초본 확인
3. 저장소 및 최대저장량 확인

이 신청서는 아래와 같이 처리됩니다.

신 청 인	경 유 기 관	처 리 기 관
	없 음	경 찰 서 (총포 · 화약담당부서)
신 청 서		접 수 (담 당) → 확 인 (담 당 자) → 기 안 (담 당 자) → 결 재 (서 장) → 신 청 서

[별지 제17호서식] <개정 2010.9.10>

<table>
<tr><td colspan="4">□ 엽총・공기총・석궁 소지허가
□ 화약류 제조보안(관리보안) 책임자 **교육 수강신청서**</td><td>처리기간
즉시</td></tr>
<tr><td rowspan="3">신청인</td><td>① 성 명</td><td></td><td>② 주민등록번호</td><td></td></tr>
<tr><td>③ 주 소</td><td colspan="3">(전화번호:)</td></tr>
<tr><td>④ 직 업</td><td colspan="3"></td></tr>
<tr><td colspan="2">⑤ 교육지망연월일</td><td colspan="3"></td></tr>
<tr><td colspan="2">⑥ 교육지망장소</td><td colspan="3"></td></tr>
<tr><td colspan="5">「총포・도검・화약류 등 단속법」 제22조에 따라 위와 같이 교육을 신청합니다.
년 월 일
신 청 인 (서명 또는 인)
귀 하</td></tr>
<tr><td rowspan="3">첨부서류</td><td>신청인 제출서류</td><td colspan="3">담당 공무원 확인사항
(담당 공무원의 확인에 동의하지 아니하는 경우 신청인이 직접 제출하여야 하는 서류)</td></tr>
<tr><td rowspan="2">사후 교육의 사유를 증명할 수 있는 서류 1부
※ 엽총・공기총・석궁 소지허가에 대한 사후교육 대상자인 경우에 한정합니다.</td><td colspan="2" rowspan="2">화약류제조기사・화약류제조산업기사 자격증 또는 화약류관리기술사・화약류관리기사・화약류관리산업기사・화약취급기능사 자격증 사본
※ 화약류제조보안책임자 또는 화약류관리보안책임자의 면허를 받으려는 사람에 한정합니다.</td><td>수수료</td></tr>
<tr><td>20,000원</td></tr>
<tr><td colspan="5">본인은 이 건 업무처리와 관련하여 「전자정부법」 제36조제1항에 따른 행정정보의 공동이용을 통하여 담당 공무원이 위의 담당 공무원 확인사항을 확인하는 것에 동의합니다.
신청인 (서명 또는 인)</td></tr>
</table>

210㎜×297㎜[일반용지 60g/㎡(재활용품)]

[별지 제17호의2서식] <개정 2009.9.30>

□ 엽총
□ 공기총 소지허가 교육면제 평가시험 신청서
□ 석궁

신청인	① 성 명		② 주민등록번호	
	③ 주 소	(전화 :)		
	④ 직 업			
⑤ 시험지망일				
⑥ 시험장소				

「총포·도검·화약류 등 단속법 시행령」 제26조제1항제1호바목 및 같은 법 시행규칙 제33조의2에 따라 위와 같이 교육면제 평가시험을 신청합니다.

년 월 일

신 청 인 (서명 또는 인)

경찰서장 귀 하

210㎜×297㎜[일반용지 60g/㎡(재활용품)]

[별지 제18호서식] <개정 2009.9.30>

제　　　　호

(　　　　　　) 교육 수료증서

1. 성　　　명:　　　　　　　　　　　(생년월일:　　　.　　.　　.)

2. 주　　　소:

3. 수강연월일:

4. 수 강 장 소:

5. 수 강 내 용:

위 사람은「총포·도검·화약류 등 단속법」 제22조에 따른 소정의 교육과정을 이수하였음을 증명합니다.

년　　　월　　　일

경 찰 서 장
총포화약안전기술협회 이사장　[직인]

210㎜×297㎜[보존용지(1종) 120g/㎡]

[별지 제19호서식] <개정 2009.9.30> (앞쪽)

<table>
<tr><td colspan="3" rowspan="2">화약류 저장소 설치(변경) 허가 신청서</td><td colspan="2">처리기간</td></tr>
<tr><td colspan="2">10 일</td></tr>
<tr><td rowspan="2">신청인</td><td>① 성 명</td><td></td><td>② 주민등록번호</td><td></td></tr>
<tr><td>③ 주 소</td><td colspan="3">(전화:)</td></tr>
<tr><td rowspan="2">법 인</td><td>④ 명 칭</td><td colspan="3"></td></tr>
<tr><td>⑤ 주 소</td><td colspan="3">(전화:)</td></tr>
<tr><td colspan="2">⑥ 업 체 명</td><td></td><td>⑦ 저 장 소
설 치 목 적</td><td></td></tr>
<tr><td colspan="2">⑧ 사무소 소재지</td><td colspan="3">(전화:)</td></tr>
<tr><td colspan="2">⑨ 저장소 종류
및 동수</td><td colspan="3"></td></tr>
<tr><td colspan="2">⑩ 종류별 허가
저 장 량</td><td colspan="3"></td></tr>
<tr><td rowspan="2">저장소
위 치</td><td>⑪ 변경 전</td><td colspan="3"></td></tr>
<tr><td>⑫ 변경 후</td><td colspan="3"></td></tr>
<tr><td colspan="2">⑬ 준공 및 사용
연 월 일</td><td></td><td>⑭ 변 경 사 유</td><td></td></tr>
<tr><td colspan="5">「총포·도검·화약류 등 단속법」 제25조제1항 및 같은 법 시행규칙 제34조 제1항에 따라 위와 같이 신청합니다.

년 월 일

신청인 (서명 또는 인)

경 찰 서 장
지방경찰청장 귀하</td></tr>
<tr><td colspan="4">※ 구비서류
1. 신체검사서(종합병원 또는 병원에서 발행한 것에 한합니다) 1부
2. 저장소의 설계도 및 그 명세서 각 1부
3. 저장소 및 그 부근(사방 500미터 이내)의 약도(변경허가의 경우 위치변경에 한합니다) 1부
4. 협회에서 발행한 기술검토의견서 1부
5. 안전점검계획서 및 위해예방계획서 각 1부</td><td>수수료
3,000원~
10,000원</td></tr>
</table>

210㎜×297㎜[일반용지 60g/㎡(재활용품)]

(뒤쪽)

◈ 저장소설계명세서에는 다음 사항을 씁니다.

가. 사방 500m 내의 상황 및 보안물건과의 보안거리

나. 구조설비 · 설계내용

다. 그 밖에 필요한 사항(방범 · 방화 시설 등)

이 신청서는 아래와 같이 처리됩니다.

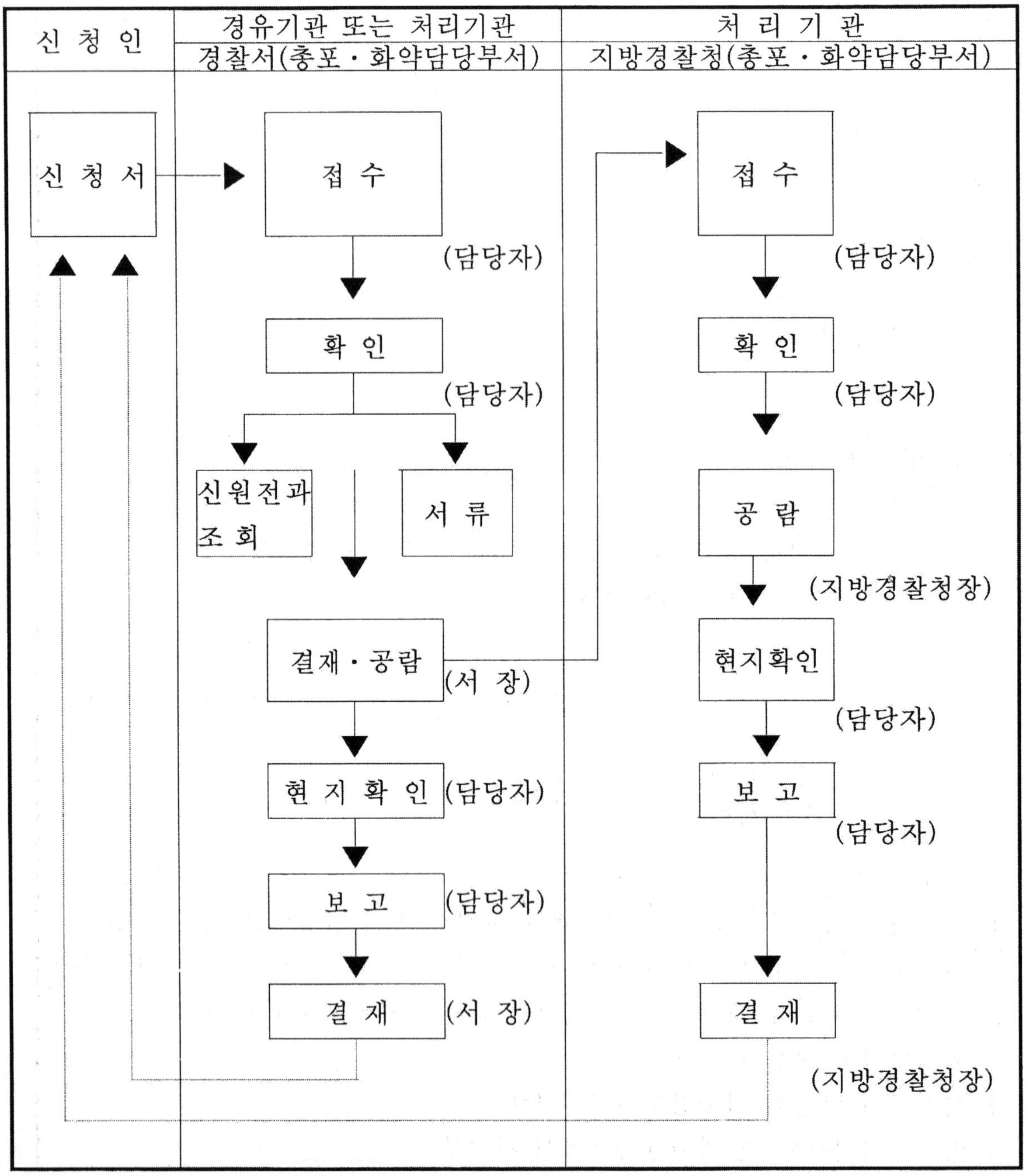

[별지 제20호서식] <개정 2009.9.30>

<table>
<tr><td colspan="5" rowspan="2">화약류 운반 신고서</td><td>처리기간</td></tr>
<tr><td>즉 시</td></tr>
<tr><td colspan="2" rowspan="2">신고인
(발송인)</td><td>① 성 명</td><td></td><td>② 주민등록번호</td><td></td></tr>
<tr><td>③ 주 소</td><td colspan="3">(전화:)</td></tr>
<tr><td colspan="3">④ 화약류의 종류
및 수량</td><td></td><td>⑤ 양수허가 연월일
및 허가번호</td><td></td></tr>
<tr><td colspan="3">⑥ 발 송 지</td><td></td><td>⑦ 도 착 지</td><td></td></tr>
<tr><td colspan="2" rowspan="2">수취인</td><td>⑧ 성 명</td><td></td><td>⑨ 주민등록번호</td><td></td></tr>
<tr><td>⑩ 주 소</td><td colspan="3">(전화:)</td></tr>
<tr><td rowspan="7">운
반
계
획</td><td colspan="2">⑪ 구간 및
경 유 지</td><td colspan="3"></td></tr>
<tr><td rowspan="2">운 반
책임자</td><td>⑫ 성 명</td><td></td><td>⑬ 주민등록번호</td><td></td></tr>
<tr><td>⑭ 주 소</td><td colspan="3">(전화:)</td></tr>
<tr><td rowspan="2">운 반
수 단</td><td>⑮ 종 류</td><td></td><td>⑯ 운전자 성명</td><td></td></tr>
<tr><td>⑰ 대 수</td><td></td><td>⑱ 운 반 기 간</td><td></td></tr>
<tr><td>운 반
경 비</td><td>⑲ 성 명</td><td colspan="3">외 명</td></tr>
</table>

「총포·도검·화약류 등 단속법」 제26조에 따라 위와 같이 신고합니다.

년 월 일

신고인 (서명 또는 인)

경찰서장 귀하

	수수료
	없 음

210㎜×297㎜[일반용지 60g/㎡(재활용품)]

[별지 제21호서식] <개정 2009.9.30>

제 호

화약류 운반 신고필증

<table>
<tr><td colspan="3">① 양수허가 번호</td><td></td><td>② 양수허가 연 월 일</td><td></td></tr>
<tr><td colspan="2" rowspan="2">신고인 (발송인)</td><td>③ 성 명</td><td></td><td>④ 생년월일</td><td></td></tr>
<tr><td>⑤ 주 소</td><td colspan="3">(전화:)</td></tr>
<tr><td colspan="3">⑥ 화약류의 종류 및 수량</td><td colspan="3"></td></tr>
<tr><td colspan="3">⑦ 발 송 지</td><td></td><td>⑧ 도 착 지</td><td></td></tr>
<tr><td colspan="2" rowspan="2">수취인</td><td>⑨ 성 명</td><td></td><td>⑩ 생 년 월 일</td><td></td></tr>
<tr><td>⑪ 주 소</td><td colspan="3">(전화:)</td></tr>
<tr><td rowspan="6">운반계획</td><td colspan="2">⑫구간 및 경유지</td><td colspan="3"></td></tr>
<tr><td rowspan="2">운 반 책임자</td><td>⑬ 성 명</td><td></td><td>⑭ 생 년 월 일</td><td></td></tr>
<tr><td>⑮ 주 소</td><td colspan="3">(전화:)</td></tr>
<tr><td rowspan="2">운 반 수 단</td><td>⑯ 종 류</td><td></td><td>⑰ 운전자 성명</td><td></td></tr>
<tr><td>⑱ 대 수</td><td></td><td>⑲ 운 반 기 간</td><td></td></tr>
<tr><td>운 반 경 비</td><td>⑳ 성 명</td><td colspan="3">외 명</td></tr>
<tr><td colspan="6">※ 준수사항</td></tr>
<tr><td colspan="6">년 월 일

경 찰 서 장 [직인]</td></tr>
</table>

210㎜×297㎜[일반용지 60g/㎡(재활용품)]

[별지 제22호서식] <개정 2009.9.30> (앞쪽)

화약류제조(관리) 보안책임자 □선임 □해임 신고서				처리기간
				10일
① 사업의 종류			② 사업소 명칭	
③ 사업소 소재지		(전화:)		
제조 보안 책임자	④ 성 명		⑤ 면허의 종류	
	⑥ 주민등록 번 호		⑦ 면 허 번 호	
	⑧ 면허등급		⑨ 교 부 관 청	
관리 보안 책임자	⑩ 성 명		⑪ 면허의 종류	
	⑫ 주민등록 번 호		⑬ 면 허 번 호	
	⑭ 면허등급		⑮ 교 부 관 청	
⑯ 취급 및 취급 장소				
⑰ 2인 이상의 경우에는 직무의 범위				
⑱ 해임 및 변경 사 유			⑲ 선임·해임·변 경 일	

「총포·도검·화약류 등 단속법」 제27조제1항·제2항 및 같은 법 시행규칙 제41조에 따라 위와 같이 신고합니다.

년 월 일

신고인 (서명 또는 인)

경 찰 서 장
지방경찰청장 귀하

※ 구비서류: 화약류제조보안책임자 또는 화약류관리보안책임자 면허증	수수료
	없 음

210㎜×297㎜[일반용지 60g/㎡(재활용품)]

이 신고서는 아래와 같이 처리됩니다. (뒤쪽)

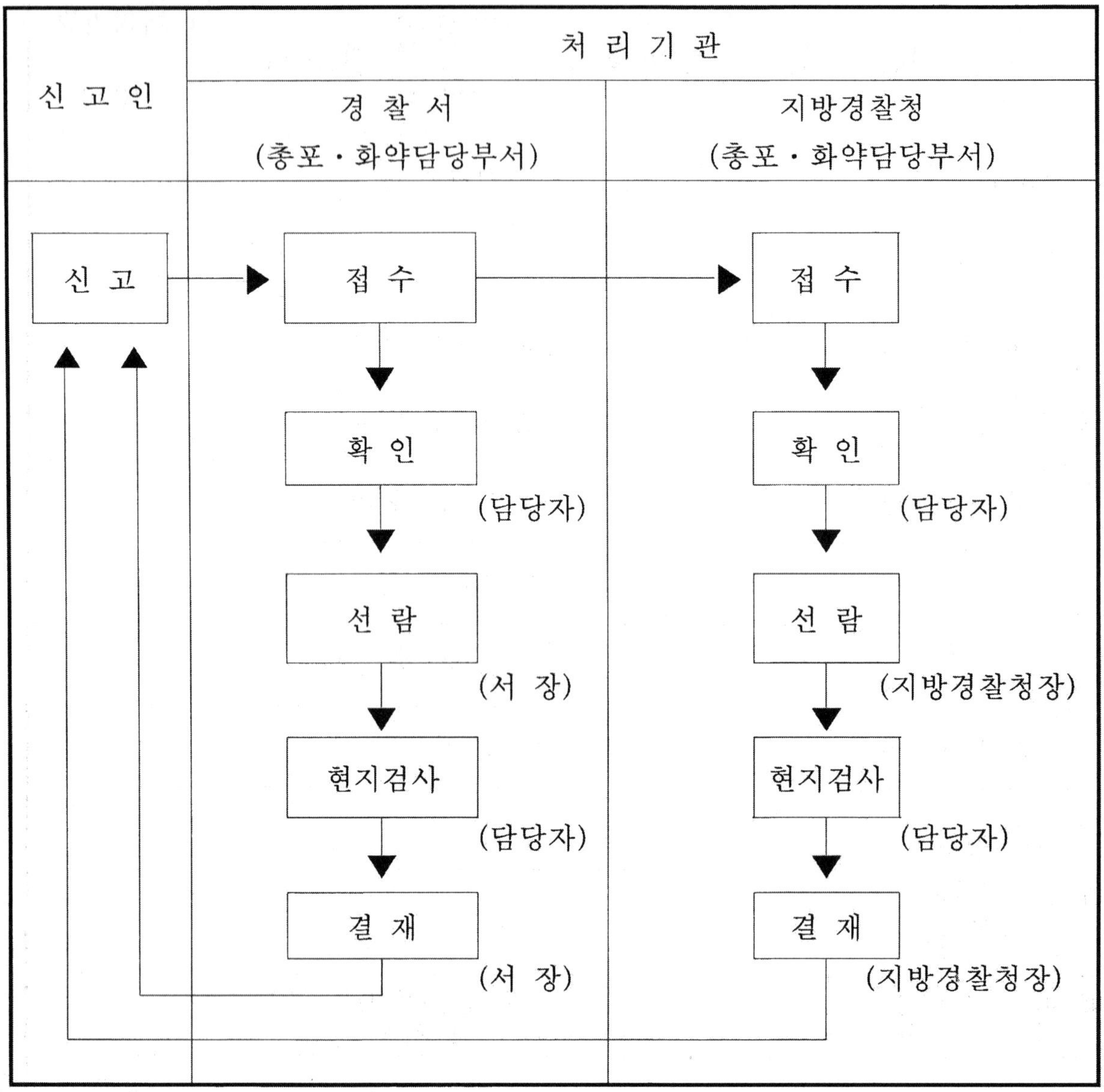

[별지 제23호서식] <개정 2010.9.10> (앞쪽)

<table>
<tr><td colspan="4">**화약류제조(관리)보안책임자 면허 신청서**</td><td>처리기간
10 일</td></tr>
<tr><td rowspan="2">신청인</td><td>① 성 명</td><td></td><td>② 주민등록번호</td><td></td></tr>
<tr><td>③ 주 소</td><td colspan="3">(전화번호:)</td></tr>
<tr><td rowspan="3">자격증</td><td>④ 등록번호</td><td></td><td>⑤ 종목 및 등급</td><td></td></tr>
<tr><td>⑥ 계 열</td><td colspan="3"></td></tr>
<tr><td>⑦ 발급일</td><td></td><td>⑧ 발 급 관 청</td><td></td></tr>
<tr><td colspan="5">「총포ㆍ도검ㆍ화약류 등 단속법」 제28조제1항 및 같은 법 시행규칙 제42조에 따라 위와 같이 신청합니다.
년 월 일
신청인 (서명 또는 인)
지방경찰청장 귀하</td></tr>
<tr><td rowspan="2">첨부서류</td><td colspan="2">신청인 제출서류</td><td colspan="2">담당 공무원 확인사항
(담당 공무원의 확인에 동의하지 아니하는 경우 신청인이 직접 제출하여야 하는 서류)</td></tr>
<tr><td colspan="2">1. 신체검사서(종합병원 또는 병원에서 발행한 것에 한합니다)
2. 사진(가로 3㎝, 세로 4㎝) 2매</td><td>해당 국가기술자격을 증명하는 서류</td><td>수수료
3,000원</td></tr>
<tr><td colspan="5">본인은 이 건 업무처리와 관련하여 「전자정부법」 제36조제1항에 따른 행정정보의 공동이용을 통하여 담당 공무원이 위의 담당 공무원 확인사항을 확인하는 것에 동의합니다.
신청인 (서명 또는 인)</td></tr>
</table>

210㎜×297㎜[일반용지 60g/㎡(재활용품)]

이 신청서는 아래와 같이 처리됩니다. (뒤쪽)

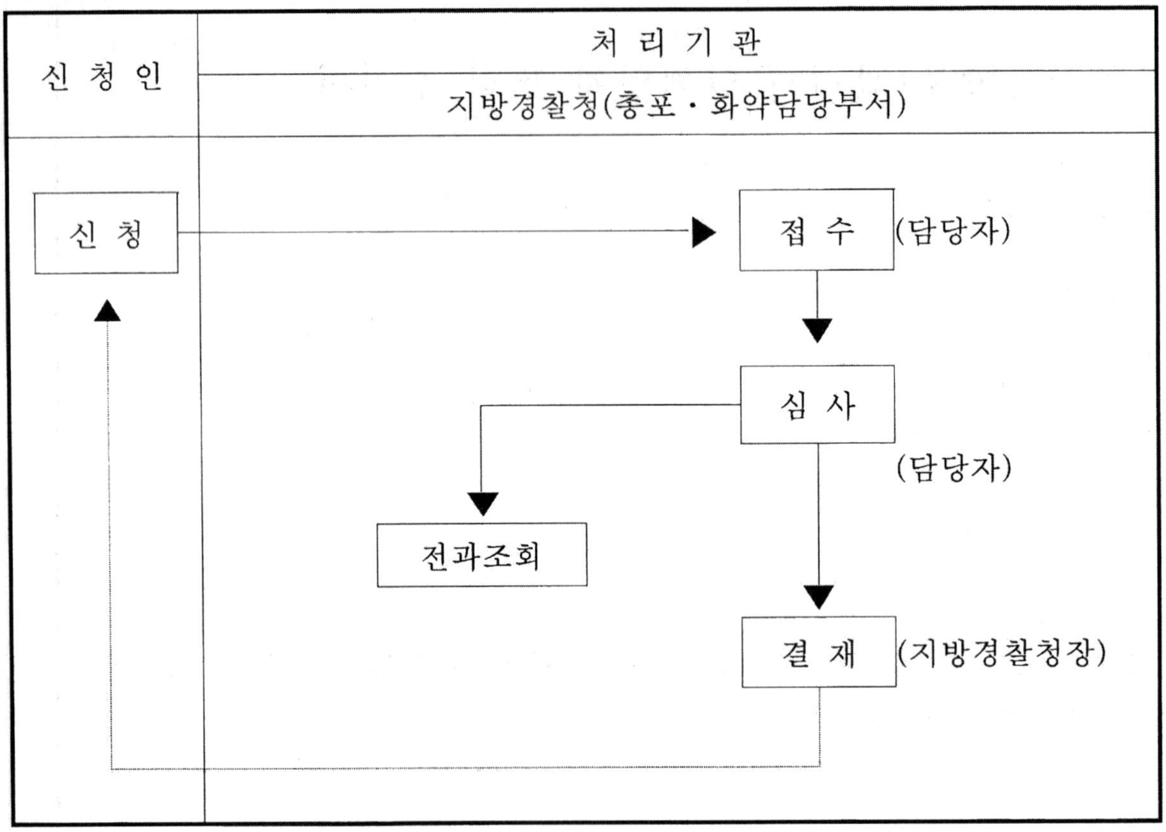

[별지 제24호서식] <개정 2009.9.30> (앞쪽)

화약류제조(관리)보안책임자 면허 갱신 신청서					처리기간 10일
신청인	① 성 명		② 주민등록번호		
	③ 주 소	(전화:)			
면허증	④ 발급번호		⑤ 종목 및 발급		
	⑥ 발급연월일		⑦ 면 허 관 청		

「총포·도검·화약류 등 단속법」 제28조 및 같은 법 시행규칙 제43조에 따라 위와 같이 신청합니다.

년 월 일

신청인 (서명 또는 인)

지방경찰청장 귀하

※ 구비서류 1. 신체검사서(종합병원 또는 병원에서 발행한 것에 한한다) 2. 사진(가로 3센티미터, 세로 4센티미터) 2매 3. 구 면허증	수수료 3,000원

210㎜×297㎜[일반용지 60g/㎡(재활용품)]

이 신청서는 아래와 같이 처리됩니다. (뒤쪽)

신 청 인	처 리 기 관
	지방경찰청(총포·화약담당부서)

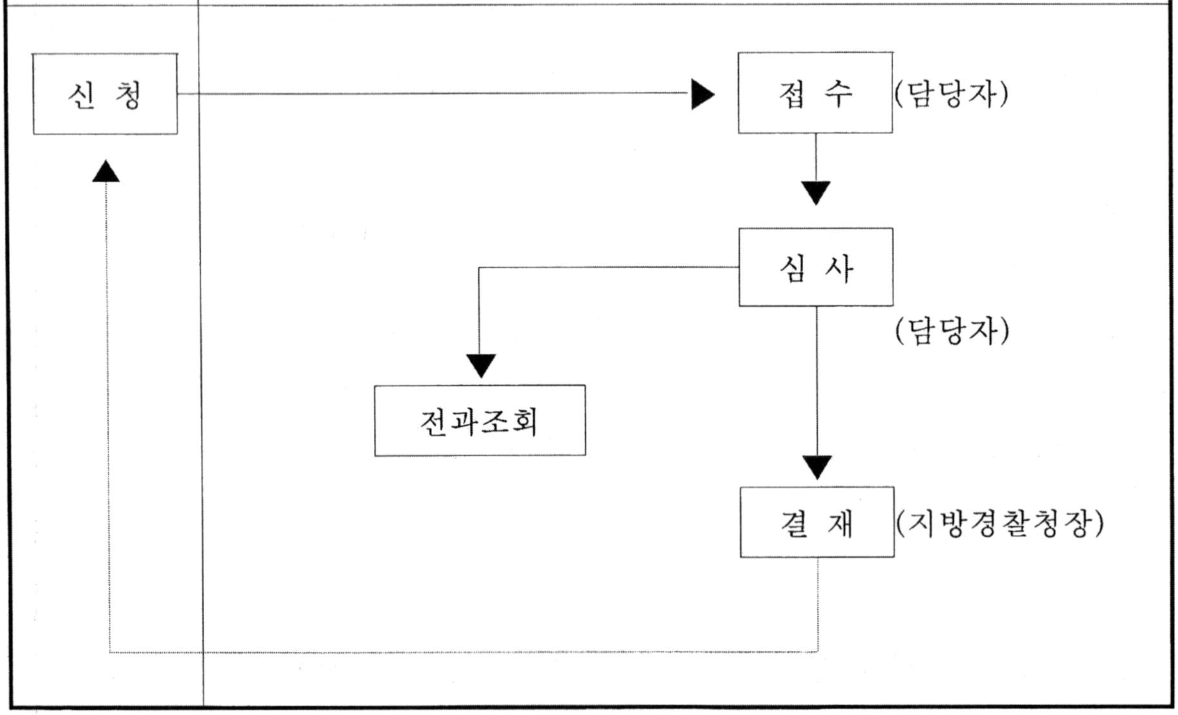

[별지 제24호의2서식] <개정 2009.9.30> (앞쪽)

<table>
<tr><td colspan="5" rowspan="2">화약류제조(관리)보안책임자 면허갱신 연기 신청서</td><td>처리기간</td></tr>
<tr><td>즉 시</td></tr>
<tr><td rowspan="2">신청인</td><td>① 성 명</td><td></td><td>② 주민등록번호</td><td colspan="2"></td></tr>
<tr><td>③ 주 소</td><td colspan="4">(전화:)</td></tr>
<tr><td rowspan="2">면허증</td><td>④ 발급번호</td><td></td><td>⑤ 종목 및 등급</td><td colspan="2"></td></tr>
<tr><td>⑥ 발 급 연 월 일</td><td></td><td>⑦ 면 허 관 청</td><td colspan="2"></td></tr>
<tr><td rowspan="2">연기 내용</td><td>⑧ 연기사유</td><td>재 해</td><td>질 병</td><td colspan="2">그 밖의 부득이한 사유</td></tr>
<tr><td>⑨ 연기기간</td><td colspan="4">년 월 일 ~ 년 월 일</td></tr>
</table>

「총포·도검·화약류 등 단속법」 제28조제4항 및 같은 법 시행규칙 제43조에 따라 위와 같이 신청합니다.

년 월 일

신청인 (서명 또는 인)

지방경찰청장 귀하

	수수료
※ 구비서류: 연기사유에 해당하는 서류 1부	없 음

210㎜×297㎜[일반용지 60g/㎡(재활용품)]

이 신청서는 아래와 같이 처리됩니다. (뒤쪽)

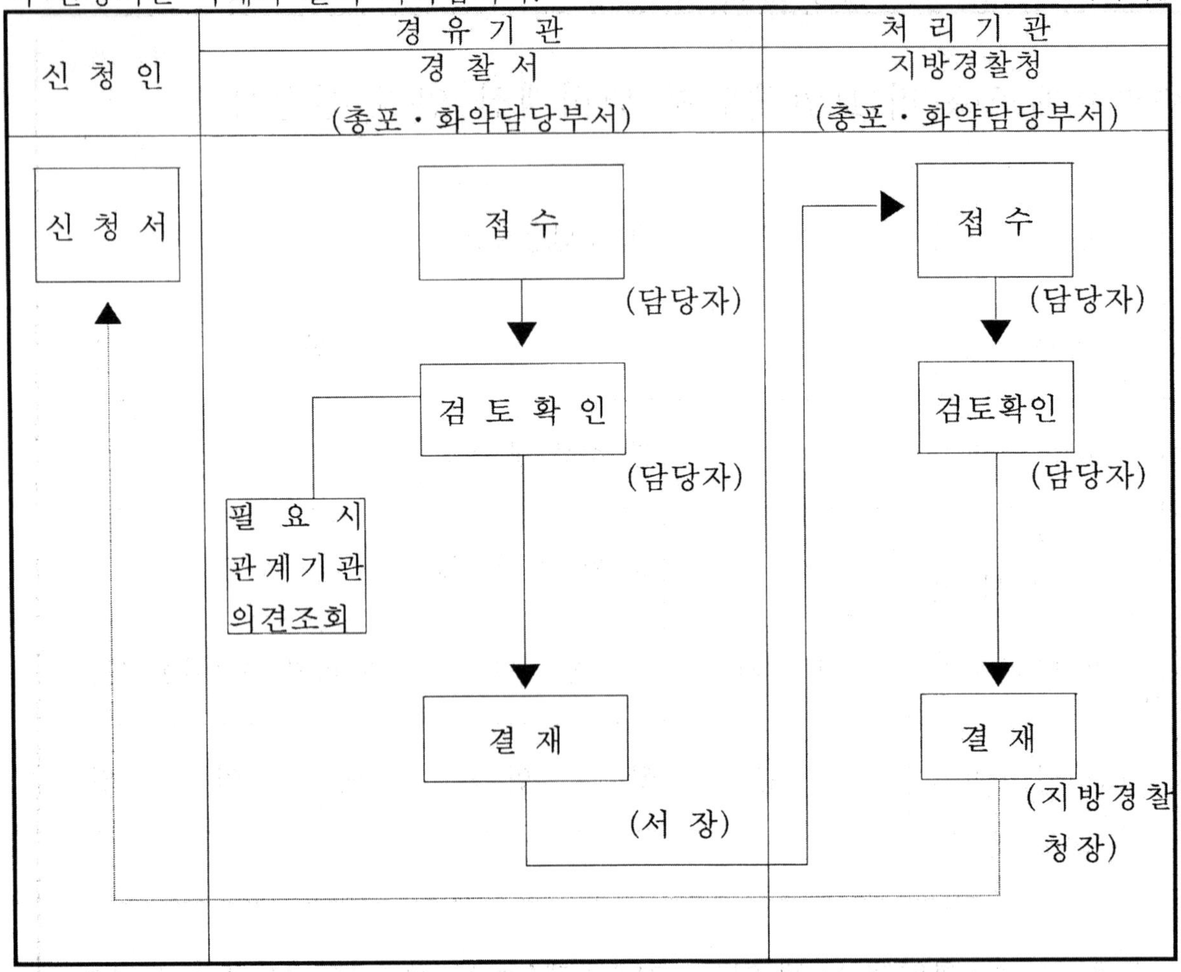

[별지 제25호서식] <개정 2009.9.30>

<table>
<tr><td colspan="4" rowspan="2">화약류 응급조치 신고서</td><td>처리기간</td></tr>
<tr><td>즉 시</td></tr>
<tr><td rowspan="3">신고인</td><td>① 성명(법인의 경우 대표자)</td><td></td><td>② 생년월일</td><td></td></tr>
<tr><td>③ 주 소</td><td colspan="3">(전화:)</td></tr>
<tr><td>④ 사무소 소재지</td><td colspan="3">(전화:)</td></tr>
<tr><td colspan="2">⑤ 화약류의 종류 및 수 량</td><td colspan="3"></td></tr>
<tr><td colspan="2">⑥ 폐 기 사 유</td><td colspan="3"></td></tr>
<tr><td colspan="2">⑦ 폐 기 방 법</td><td colspan="3"></td></tr>
<tr><td colspan="2">⑧ 폐 기 장 소</td><td colspan="3"></td></tr>
<tr><td colspan="2">⑨ 폐 기 일 시</td><td colspan="3"></td></tr>
<tr><td colspan="2">⑩ 폐 기 책 임 자</td><td colspan="3"></td></tr>
<tr><td colspan="2">⑪ 위해 예방 방법</td><td colspan="3"></td></tr>
<tr><td colspan="5">「총포·도검·화약류 등 단속법」 제36조에 따라 위와 같이 신고합니다.

년 월 일

신고인 (서명 또는 인)

경찰서장 귀하</td></tr>
<tr><td colspan="4" rowspan="2">※ 구비서류: 없 음</td><td>수수료</td></tr>
<tr><td>없 음</td></tr>
</table>

210㎜×297㎜[일반용지 60g/㎡(재활용품)]

[별지 제26호서식] <개정 2009.9.30>

업 체 명

(전화번호)

(분류기호 및 문 서 번 호)

수 신 : 발 신 : ㊞

제 목 : 자체 안전 정기점검 보고서

① 점 검 대 상	
② 점 검 방 법	
③ 점검 책임자	

④ 조 치 사 항	⑤ 조치 연월일

210㎜×297㎜[일반용지 60g/㎡(재활용품)]

[별지 제26호서식] <개정 2009.9.30>

<table>
<tr><td colspan="3">업 체 명
(전화번호)

(분류기호 및 문 서 번 호)
수 신 : 발 신 : ㉿
제 목 : 자체 안전 정기점검 보고서</td></tr>
<tr><td>① 점 검 대 상</td><td colspan="2"></td></tr>
<tr><td>② 점 검 방 법</td><td colspan="2"></td></tr>
<tr><td>③ 점검 책임자</td><td colspan="2"></td></tr>
<tr><td colspan="2">④ 조 치 사 항</td><td>⑤ 조치 연월일</td></tr>
<tr><td colspan="2"></td><td></td></tr>
</table>

210㎜×297㎜[일반용지 60g/㎡(재활용품)]

[별지 제27호의2서식] <개정 2009.9.30> (앞쪽)

<table>
<tr><td colspan="4" rowspan="2">완성검사 연기 신청서</td><td>처리기간</td></tr>
<tr><td>즉 시</td></tr>
<tr><td rowspan="2">신청인</td><td>① 성 명</td><td></td><td>② 주민등록번호</td><td></td></tr>
<tr><td>③ 주 소</td><td colspan="3">(전화:)</td></tr>
<tr><td rowspan="2">법 인</td><td>④ 명 칭</td><td colspan="3"></td></tr>
<tr><td>⑤ 주 소</td><td colspan="3">(전화:)</td></tr>
<tr><td colspan="2">⑥ 허 가 번 호</td><td></td><td>⑦ 허가 연월일</td><td></td></tr>
<tr><td colspan="2">⑧ 업 소 명</td><td></td><td>⑨ 대표자 성명</td><td></td></tr>
<tr><td colspan="2">⑩ 업 소 소 재 지</td><td colspan="3">(전화:)</td></tr>
<tr><td colspan="2">⑪ 시설의 종류 및 명 칭</td><td colspan="3"></td></tr>
<tr><td colspan="2">⑫ 연 기 사 유
(부득이한사유)</td><td colspan="3"></td></tr>
<tr><td colspan="2">⑬ 연 기 기 간</td><td colspan="3">년 월 일~ 년 월 일</td></tr>
<tr><td colspan="5">「총포ㆍ도검ㆍ화약류 등 단속법」 제43조 및 같은 법 시행규칙 제51조제3항에 따라 위와 같이 신청합니다.
년 월 일
신청인 (서명 또는 인)

경 찰 청 장
지방경찰청장 귀하
경 찰 서 장</td></tr>
<tr><td colspan="4" rowspan="2">※ 구비서류: 부득이한 사유를 증명할 수 있는 서류 1부</td><td>수수료</td></tr>
<tr><td>없 음</td></tr>
</table>

210㎜×297㎜[일반용지 60g/㎡(재활용품)]

이 신고서는 아래와 같이 처리됩니다. (뒤쪽)

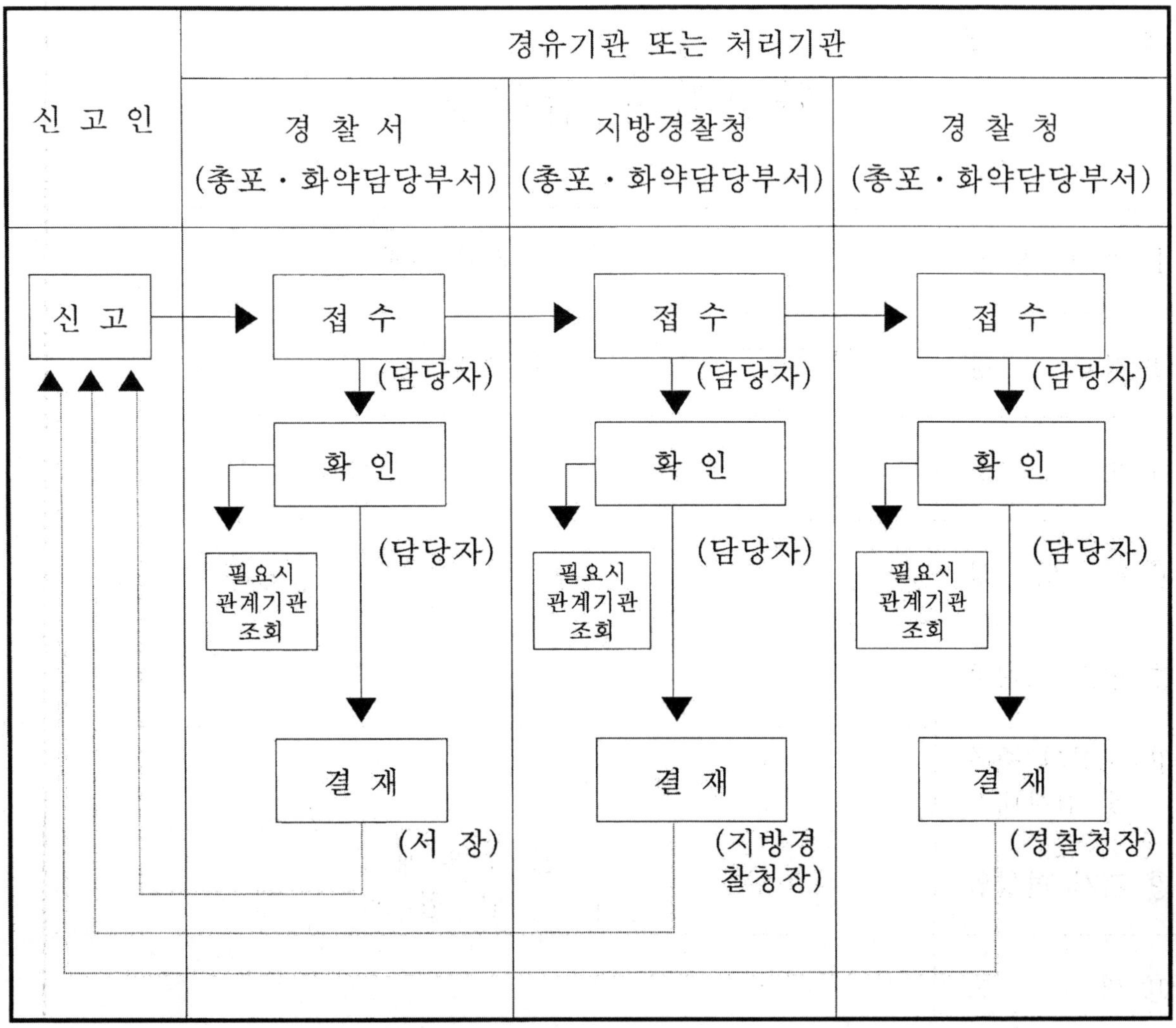

[별지 제28호서식] <개정 2009.9.30>

제 호

완성검사 합격증

① 허 가 번 호		② 허가 연월일	
③ 성 명		④ 생 년 월 일	
⑤ 주 소	(전화:)		
⑥ 사 업 명			
⑦ 업소 소재지			
⑧ 시설의 종류 및 검사내용			
⑨ 검사 연월일		⑩ 사 용 개 시 연 월 일	
⑪ 비 고			

위의 시설은 완성검사에 합격되었음을 증명합니다.

년 월 일

경 찰 청 장
지방경찰청장
경 찰 서 장

직인

210㎜×297㎜[보존용지(1종) 120g/㎡]

[별지 제29호서식] <개정 2009.9.30> (앞쪽)

<table>
<tr><td colspan="4" rowspan="2">(　　　　) 반환 신청서</td><td>처리기간</td></tr>
<tr><td>3 일</td></tr>
<tr><td rowspan="4">신청인</td><td colspan="2">① 법 인 명</td><td colspan="2"></td></tr>
<tr><td colspan="2">② 사 무 소
소 재 지</td><td colspan="2">(전화:)</td></tr>
<tr><td colspan="2">③ 대 표 자</td><td></td><td>④ 주민등록번호</td></tr>
<tr><td colspan="2">⑤ 주 소</td><td colspan="2">(전화:)</td></tr>
<tr><td rowspan="4">임시영치 처분을 받은 자</td><td colspan="2">⑥ 성 명</td><td></td><td>⑦ 주민등록번호</td></tr>
<tr><td colspan="2">⑧ 주 소</td><td colspan="2">(전화:)</td></tr>
<tr><td rowspan="2">허가증</td><td>⑨ 번 호</td><td></td><td>⑩ 허가 연월일</td></tr>
<tr><td>⑪ 종 별</td><td></td><td>⑫ 허 가 청</td></tr>
<tr><td colspan="3">⑬ 신 청 사 유</td><td colspan="2"></td></tr>
</table>

「총포·도검·화약류 등 단속법」 제46조에 따라 위와 같이 신청합니다.

년 월 일

신청인 (서명 또는 인)

지방경찰청장
경 찰 서 장 귀하

※ 구비서류 1. 소지허가증 2. 소지허가반납증	수수료 없 음

210㎜×297㎜[일반용지 60g/㎡(재활용품)]

이 신고서는 아래와 같이 처리됩니다. (뒤쪽)

신 청 인	경 유 기 관	처 리 기 관
	경찰서 생활안전과	지방경찰청 생활안전(질서)과

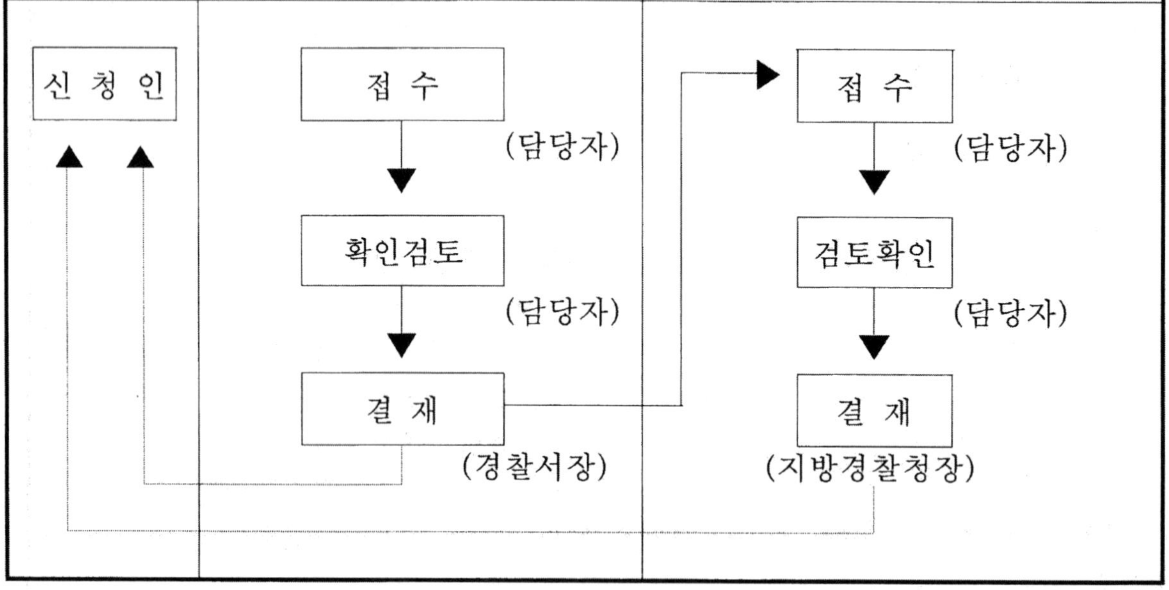

[별지 제29호의2서식]<신설 1997·4·16>

제　　호

(　　　　　　)보 관 서

제출자	①성 명		②주민등록 번 호		③직 업	
	④주 소		⑤소 속	(전화　　　)		
⑥적 용 법 조		⑦허가번호·일자 또는 면장번호				

보 관 물 의 종류 및 수량	총 포					도 검				화약류	
	⑧ 제조 국명	⑨ 명칭	⑩ 형식	⑪ 구경	⑫ 제조 번호	⑬ 제조 국명	⑭ 명칭	⑮ 칼날 길이	⑯ 제조 번호	⑰ 제조 국명	⑱ 종류

보 관 물 의 종류 및 수량	분 사 기			전 자 충 격 기			석 궁		
	⑲ 제조 국명	⑳ 형식	21 제조 번호	22 제조 국명	23 형식	24 제조 번호	25 제조 국명	26 형식	27 제조 번호

28집행연월일 및 집 행 관 소 속, 계 급, 성 명	년　월　일 ㊞	29보관사유	

제 호

( )보 관 증 명 서

제출자	①성 명		②주민등록 번호		③직 업	
	④주 소				⑤소 속	
⑥적 용 법 조			⑦허가번호·일자 또는 면장번호			

보 관 물 의 종 류 및 수 량

총 포					도 검				화약류	
⑧ 제조 국명	⑨ 명칭	⑩ 형식	⑪ 구경	⑫ 제조 번호	⑬ 제조 국명	⑭ 명칭	⑮ 칼날 길이	⑯ 제조 번호	⑰ 제조 국명	⑱ 종류

분 사 기			전 자 충 격 기			석 궁		
⑲ 제조 국명	⑳ 형식	㉑ 제조 번호	㉒ 제조 국명	㉓ 형식	㉔ 제조 번호	㉕ 제조 국명	㉖ 형식	㉗ 제조 번호

㉘집행연월일 및 집행관소속, 계급, 성명	년 월 일 ㊞	㉙보관사유	

※ 이 증명서는 보관물을 반환받고자 할 때 제출하여야 하므로, 잘 보관하시기 바랍니다.

년 월 일

○○경찰서장 [인]

21026-44111일 210mm×297mm

97.3.26 승인 (신문용지 54g/㎡)

[별지 제30호서식] <개정 2009.9.30>

총포·도검·화약류·분사기·전차충격기·석궁의 제조·판매 또는 사용상황 보고서

1. 제조상황

총포·도검·분사기·전자충격기·석궁						화약류					
종류	전월 이월	본월 제조	양도 (판매)	현재 고	비고	종류	전월 이월	본월 제조	양도 (판매)	현재 고	비고

2. 판매상황

총포·도검·분사기·전자충격기·석궁						화약류					
종류	전월 이월	본월 제조	양도 (판매)	현재 고	비고	종류	전월 이월	본월 제조	양도 (판매)	현재 고	비고

3. 화약류사용현황

종류	전월이월	본월양수	사용(소비)	현재고	비고

「총포·도검·화약류 등 단속법 시행령」 제71조에 따라 총포·도검·화약류·분사기·전자충격기·석궁의 월중 제조·판매·사용현황을 위와 같이 보고합니다.

년 월 일

업소명 (전화)

보고인 (서명 또는 인)

(경 찰 청 장
지방경찰청장
경 찰 서 장) 귀하

※ 판매 또는 양도 외에 폐기, 도난, 망실, 그 밖의 사유로 금월말 현재고가 감소할 경우에는 그 수량 및 사유를 비고란에 기입하시오.

(단위) ┌ 총포·도검 - 정 / 분사기·전자충격기·석궁 - 개
└ 화약·폭약 - kg / 뇌관 - 개 / 도화선 - m

210㎜×297㎜[일반용지 60g/㎡(재활용품)]

[별지 제31호서식] <개정 2009.9.30>

총포 · 도검 · 화약류 · 분사기 · 전자충격기 · 석궁 제조 명세부

1. 총포 · 도검 제조 · 양도 명세부

번호	제 조 연월일	총포 · 도검 내역						양도 연월일	양수인					
		총종 또는 도검 형태	구경	제조번호	신장	전량	중량		성명	주민등록 번 호	주소	허가 기관	허 가 연월일	허가 번호

364㎜×257㎜[보존용지(2종) 70g/㎡]

2. 화약류 제조·양도 명세부

번호	제 조 연월일	종 류	제조량	판매 또는 양도량	현재고	비고

210㎜×297㎜[보존용지(2종) 70g/㎡]

3. 분사기·전자충격기·석궁 제조·양도 명세부

번호	제 조 연월일	분사기·전자충격기·석궁				양 도 연월일	양수인					
		명칭	형태	제조 번호	제원		성명	주민등록 번 호	상 호 소재지	허가 기간	허 가 연월일	허가 번호

364㎜×257㎜(보존용지(2종) 70g/㎡)

[별지 제32호서식] <개정 2009.9.30>

원료화약류 수지 명세부

년월일	종 류	전월재고	수입량	사용량	현재고	비고

210㎜×297㎜[보존용지(2종) 70g/㎡]

[별지 제33호서식] <개정 2009.9.30>

총포·도검·화약류·분사기·전자충격기·석궁 양도·양수 명세부

1. 총포·도검·분사기·전자충격기·석궁 양도·양수 대장

번호	양수연월일	양수							내역								양도연월일	양도					
		성명	주민등록번호	주소	허가기관	허가연월일	허가번호	제작, 수입, 반납연월일	제조국(제조회사)	종별(명칭)	구경(형태)	제조번호	전량	중량	특징	비고		성명	주민등록번호	주소	허가기관	허가연월일	허가번호

420㎜×297㎜[보존용지(2종) 70g/㎡]

2. 화약류 양도·양수 대장

양수·양도일	양수·양도허가일	운반신고일	양수·양도처	양						수							량			양					
				폭 약						화 약			뇌 관					도화선(m)	도폭선(m)	폭 약					
				계(kg)	다이나마이트	초안폭약	초유폭약AN-FO	정밀폭약	함수폭약	계(kg)	흑색화약	미진동화약	계(kg)	공뇌	전뇌	지발뇌관	순발뇌관			계(kg)	다이나마이트	초안폭약	초유폭약AN-FO	정밀폭약	함수폭약

도량										재고량																학인자 서명
화약			뇌관					도화선 (m)	도폭선 (m)	폭약						화약			뇌관					도화선 (m)	도폭선 (m)	
계 (kg)	흑색화약	미진동 화약	계 (kg)	공뇌	전뇌	지발뇌관	순발뇌관			계 (kg)	다이나마이트	초안폭약	초유폭약 AN-FO	정밀폭약	함수폭약	계 (kg)	흑색화약	미진동화약	계 (kg)	공뇌	전뇌	지발뇌관	순발뇌관			

420㎜×297㎜[보존용지(2종) 70g/㎡]

3. 실탄·공포탄·산탄탄알 및 연지탄·꽃불류 양도·양수명세부

※ 꽃불류의 경우 구경란에 제품명을 기재합니다.

번호	구분	양수사항								양도사항				용도	구 경 (제품명)	보관현황			비고
		양 수 연월일	성 명	주민등록 번 호	주 소	허가 기관	허 가 연월일	허가 번호	양 도 연월일	성 명	주민등록 번 호	주 소				양수 량	양도 량	재고 량	

420㎜×297㎜[보존용지(2종) 70g/㎡]

[별지 제34호서식] <개정 2009.9.30>

화약류 출납부

① 연월일	② 양수량 (수입량)	③ 지출량	④ 사용량	⑤ 반납량	⑥ 현재고	⑦ 비 고

210㎜×297㎜[보존용지(2종) 70g/㎡]

[별지 제34호의2서식] <개정 2009.9.30>

총포 개조·수리 명세부

번호	개조·수리 연월일	총포내역						개조·수리 내역			개조·수리 의뢰인 (총포 소지허가 받은 자)					
		제조국 (제조회사)	종별 (명칭)	구경	총번 (제조번호)	전장	중량	개조·수리 의뢰 내용	개조·수리 전 총포 상태	개조·수리 내용	성명	주민등록 번 호	주 소	허가 번호	허가 연월일	허가 기간

364㎜×257㎜[보존용지(2종) 70g/㎡]

[별지 제35호서식] <개정 2009.9.30>

제　　　호

(　　　) 제조업(판매업) 허가증

○ 성　　명:　　　　　　　[생년월일(남/녀):　　　　　　]

○ 주　　소:

○ 업 소 명:

○ 소 재 지:

○ 허가조건:

「총포·도검·화약류 등 단속법」 제4조(제6조)에 따라 (　　　) 제조업(판매업)을 허가합니다.

년　　　월　　　일

경 찰 청 장
지방경찰청장　직인

210㎜×297㎜[보존용지(1종) 120g/㎡]

[별지 제36호서식] <개정 2009.9.30>

제 호

( ) 수출(입) 허가증

○ 성 명: (주민등록번호: -)

○ 주 소:

○ 제조업소 및 상호:

○ 종 류 및 수 량:

○ 수출(입)의 목적:

○ 수출(입)의 방법:

○ 수 출 (입)국 선:

○ 수 출 (입) 지:

○ 수출(입) 예정일:

○ 허 가 기 간:

○ 허 가 조 건:

「총포·도검·화약류 등 단속법」 제9조에 따라 ( ) 수출(입)을 허가합니다.

년 월 일

경 찰 청 장
지방경찰청장 직인

210㎜×297㎜[일반용지 60g/㎡(재활용품)]

[별지 제37호서식] <개정 2009.9.30>

(앞쪽)

<table>
<tr><td colspan="5">총포(　　) 소지 허가증 제　　호</td></tr>
<tr><td>성 명</td><td colspan="2"></td><td>주민등록번호</td><td></td></tr>
<tr><td>주 소</td><td colspan="4"></td></tr>
<tr><td rowspan="5" colspan="1">사진
(2.5cm×3cm)</td><td>제조회사</td><td></td><td>명칭</td><td></td></tr>
<tr><td>구　경</td><td></td><td>총번</td><td></td></tr>
<tr><td>대체총신</td><td colspan="3">구경　번(구경) mm, 총신장　cm</td></tr>
<tr><td>교부일자</td><td></td><td>용도</td><td></td></tr>
<tr><td>갱신기간
만 료 일</td><td colspan="3"></td></tr>
<tr><td colspan="5">지방경찰청장 · 경찰서장 직인</td></tr>
</table>

85mm×55mm[보존용지(1종) 120g/㎡]

(뒤쪽)

연 월 일	기 재 사 항 변 경	확 인 인

1. 총포소지자는 반드시 이 증을 소지하여야 합니다.
2. 주소지 변경 등 기재사항의 변경이 있는 경우에는 30일 이내에, 분실한 때에는 지체없이 신고하여야 합니다.
3. 이 증은 타인에게 양도하거나 빌려줄 수 없습니다.
4. 갱신기간 만료일까지 소지허가갱신을 하지 아니하면 소지허가가 취소됩니다.

[별지 제38호서식] <개정 2009.9.30>

(앞쪽)

<table>
<tr><td colspan="4">도검 소지 허가증 제　　호</td></tr>
<tr><td>성 명</td><td></td><td>주민등록번호</td><td></td></tr>
<tr><td>주 소</td><td colspan="3"></td></tr>
<tr><td rowspan="5">사진
(2.5cm×3cm)</td><td>제조회사</td><td colspan="2"></td></tr>
<tr><td>명　칭</td><td colspan="2"></td></tr>
<tr><td>날의길이</td><td colspan="2"></td></tr>
<tr><td>용　도</td><td colspan="2"></td></tr>
<tr><td>교부일자</td><td colspan="2"></td></tr>
<tr><td colspan="4">경 찰 서 장 [직인]</td></tr>
</table>

85mm×55mm[보존용지(1종) 120g/㎡]

(뒤쪽)

연 월 일	기 재 사 항 변 경	확 인 인

1. 도검소지자는 반드시 이 증을 소지하여야 합니다.
2. 주소지 변경 등 기재사항의 변경이 있는 경우에는 30일 이내에, 분실한 때에는 지체없이 신고하여야 합니다.
3. 이 증은 타인에게 양도하거나 빌려줄 수 없습니다.

[별지 제39호서식] <개정 2009.9.30> (앞쪽)

제 호

화약류 □양도 □양수 허가증

○ 성 명: (생년월일: . . .생)

○ 주 소:

○ 종류 및 수량:

○ 양도(양수) 목적:

○ 양도(양수) 장소:

○ 저장(보관) 장소:

○ 허 가 기 간: . . .부터 . . .까지

○ 조 건:

「총포·도검·화약류 등 단속법」 제21조에 따라 화약류 양도·양수를 허가합니다.

년 월 일

경 찰 서 장 직인

210㎜×297㎜[보존용지(2종) 70g/㎡]

(뒤쪽)

양도(양수)인 기재란						
회 수	양도(양수)화약량		허가수량에 대한 잔량	양도(양수) 연 · 월 · 일	서명 또는 인	비 고
	종 류	수 량				

[별지 제40호서식] <개정 2009.9.30>

제 호

화약류 사용 허가증

○ 성 명:

○ 주 소:

○ 종류 및 수량:

○ 사 용 목 적:

○ 사 용 일 시:

○ 사 용 장 소:

○ 사 용 기 간: . . .부터 . . .까지

○ 조 건:

사진 (3㎝×4㎝)

「총포·도검·화약류 등 단속법」 제18조에 따라 화약류 사용을 허가합니다.

년 월 일

경 찰 서 장 직인

1. 관계법령을 준수하여 주시기 바랍니다.
2. 의문사항이 있을 때에는 전화 번으로 연락바랍니다.

210㎜×297㎜[보존용지(2종) 70g/㎡]

[별지 제41호서식] <개정 2009.9.30>

제　　　　　호

화약류 저장소 설치(변경) 허가증

○ 성　　　명:

○ 생년월일(남/녀):

○ 주　　　소:

○ 위　　　치:

○ 종　　　류:

○ 최대 저장량:

○ 조　　　건:

사진
(3㎝×4㎝)

「총포·도검·화약류 등 단속법」 제25조에 따라 화약류 저장소의 설치(변경)를 허가합니다.

년　　　월　　　일

지방경찰청장
경 찰 서 장　　직인

210㎜×297㎜[보존용지(1종) 120g/㎡]

[별지 제42호서식] <개정 2009.9.30>

(1 쪽)

( )급

화약류제조(관리)보안책임자
면 허 증

지방경찰청장

70mm×100mm[보존용지(1종) 120g/㎡]

(2 쪽)

사진
(3cm×4cm)

(3쪽)

제 호

화약류제조(관리)보안책임자

○ 성 명 :
○ 주민등록번호 :
○ 주 소 :
○ 갱신기간 만료일 :

년 월 일

지방경찰청장 [직인]

(4쪽)

이 동 사 항		
연월일	이동사항	확인인

(5쪽)

이 동 사 항		
년월일	이동사항	확인인

(6쪽)

주의사항

1. 화약류를 다룰 때에는 이 면허증을 휴대하여야 합니다.
2. 주소지 변경 등 기재사항의 변경이 있는 때에는 30일 이내에, 분실한 때에는 지체없이 신고하여야 합니다.
3. 이 면허증을 다른 사람에게 양도하거나 대여할 수 없습니다.
4. 갱신기간 만료일까지 면허를 갱신하지 아니하면 면허가 취소됩니다.

[별지 제43호서식] <개정 2009.9.30>

<table>
<tr><td colspan="3">□허가증
□면허증 반납 신고서</td><td>처리기간
즉 시</td></tr>
<tr><td>허가·면허번호</td><td>제 호</td><td>허가·면허
연 월 일</td><td></td></tr>
<tr><td>① 성 명</td><td></td><td>② 생년월일</td><td></td></tr>
<tr><td>③ 직 업</td><td colspan="3"></td></tr>
<tr><td>④ 주 소</td><td colspan="3">(전화:)</td></tr>
<tr><td>허가(면허)내용</td><td colspan="3"></td></tr>
<tr><td colspan="4">「총포·도검·화약류 등 단속법」 제65조에 따라 위와 같이 허가증(면허증)을 반납 신고합니다.

년 월 일

신청인 (서명 또는 인)

(경 찰 서 장
지방경찰청장
경 찰 청 장) 귀하</td></tr>
<tr><td colspan="3">※ 구비서류: 허가(면허)증</td><td>수수료
없 음</td></tr>
</table>

210㎜×297㎜[일반용지 60g/㎡(재활용품)]

[별지 제44호서식] <개정 2009.9.30> (앞쪽)

<table>
<tr><td colspan="4">(　　　　) □허가증 □면허증 기재사항 변경 신고서</td><td>처리기간
10 일</td></tr>
<tr><td rowspan="2">신고인</td><td>① 성 명</td><td></td><td>② 생 년 월 일</td><td></td></tr>
<tr><td>③ 주 소</td><td colspan="3">(전화:　　　　　)</td></tr>
<tr><td colspan="2">④ 허가(면허)의 종류</td><td colspan="3"></td></tr>
<tr><td colspan="2">⑤ 허가(면허) 번호</td><td></td><td>⑥ 허가(면허)일</td><td></td></tr>
<tr><td colspan="2">⑦ 현 재 사 항</td><td colspan="3"></td></tr>
<tr><td colspan="2">⑧ 변 경 사 항</td><td colspan="3"></td></tr>
<tr><td colspan="2">⑨ 사 유</td><td colspan="3"></td></tr>
<tr><td colspan="5">「총포·도검·화약류 등 단속법」 제65조제3항 및 같은 법 시행규칙 제59조에 따라 위와 같이 신고합니다.
년 월 일
신고인 (서명 또는 인)
(경 찰 청 장 / 지방경찰청장 / 경 찰 서 장) 귀하</td></tr>
<tr><td colspan="4">※ 구비서류: 허가(면허)증</td><td>수수료
1,000원</td></tr>
</table>

210㎜×297㎜[일반용지 60g/㎡(재활용품)]

이 신고서는 아래와 같이 처리됩니다. (뒤쪽)

신 고 인	경유기관 또는 처리기관		
	경 찰 서 (총포·화약담당부서)	지방경찰청 (총포·화약담당부서)	경 찰 청 (총포·화약담당부서)

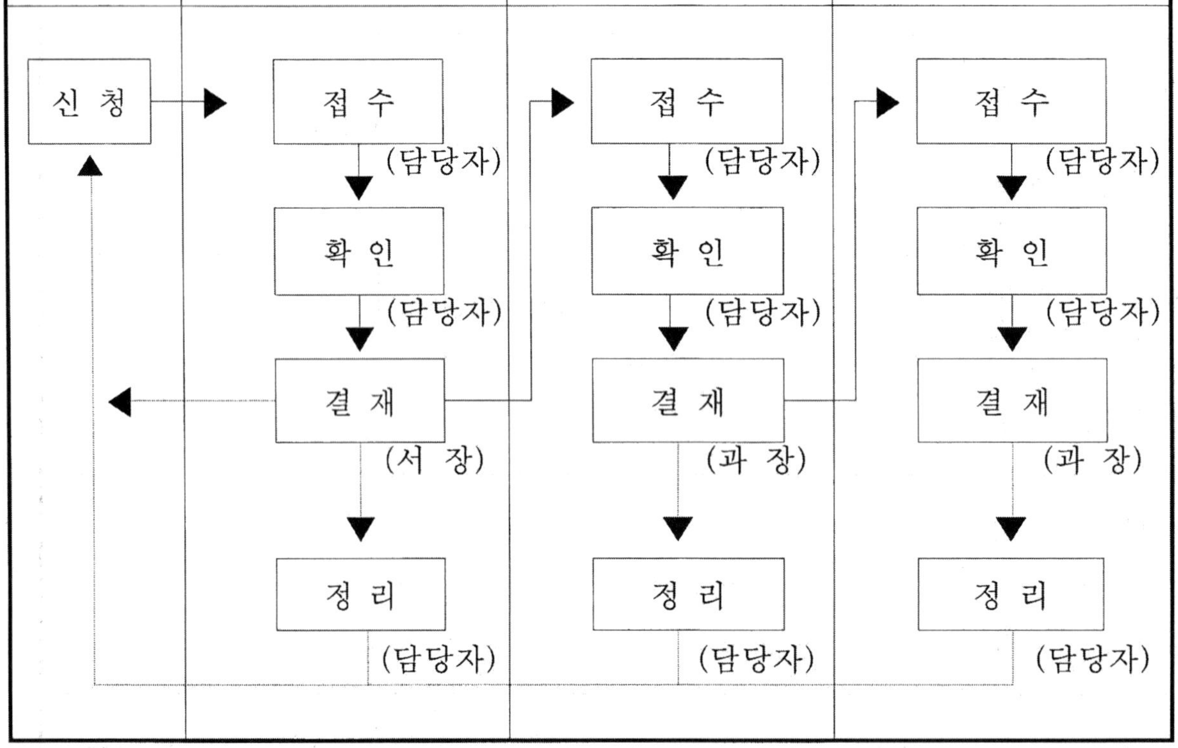

[별지 제45호서식] <개정 2009.9.30> (앞쪽)

<table>
<tr><td colspan="4">(　　　　) □허가증 □면허증 재교부 신청서</td><td>처리기간
10 일</td></tr>
<tr><td rowspan="2">신청인</td><td>① 성 명</td><td></td><td>② 생 년 월 일</td><td></td></tr>
<tr><td>③ 주 소</td><td colspan="3">(전화 :　　　　)</td></tr>
<tr><td colspan="2">④ 허가 또는 면허의 종류</td><td colspan="3"></td></tr>
<tr><td colspan="2">⑤ 허가 또는 면허 번호</td><td></td><td>⑥ 허가 또는 면허 일자</td><td></td></tr>
<tr><td colspan="2">⑦ 사 유</td><td colspan="3"></td></tr>
</table>

「총포・도검・화약류 등 단속법」 제65조 및 같은 법 시행규칙 제60조에 따라 위와 같이 신청합니다.

년 월 일

신청인 (서명 또는 인)

(경 찰 청 장 / 지방경찰청장 / 경 찰 서 장) 귀하

※ 구비서류

1. 잃어버린 경우: 잃어버리게 된 경위서
2. 헐어서 못쓰게 된 경우: 허가증 또는 면허증

수수료
1,000원

210㎜×297㎜[일반용지 60g/㎡(재활용품)]

이 신청서는 아래와 같이 처리됩니다. (뒤쪽)

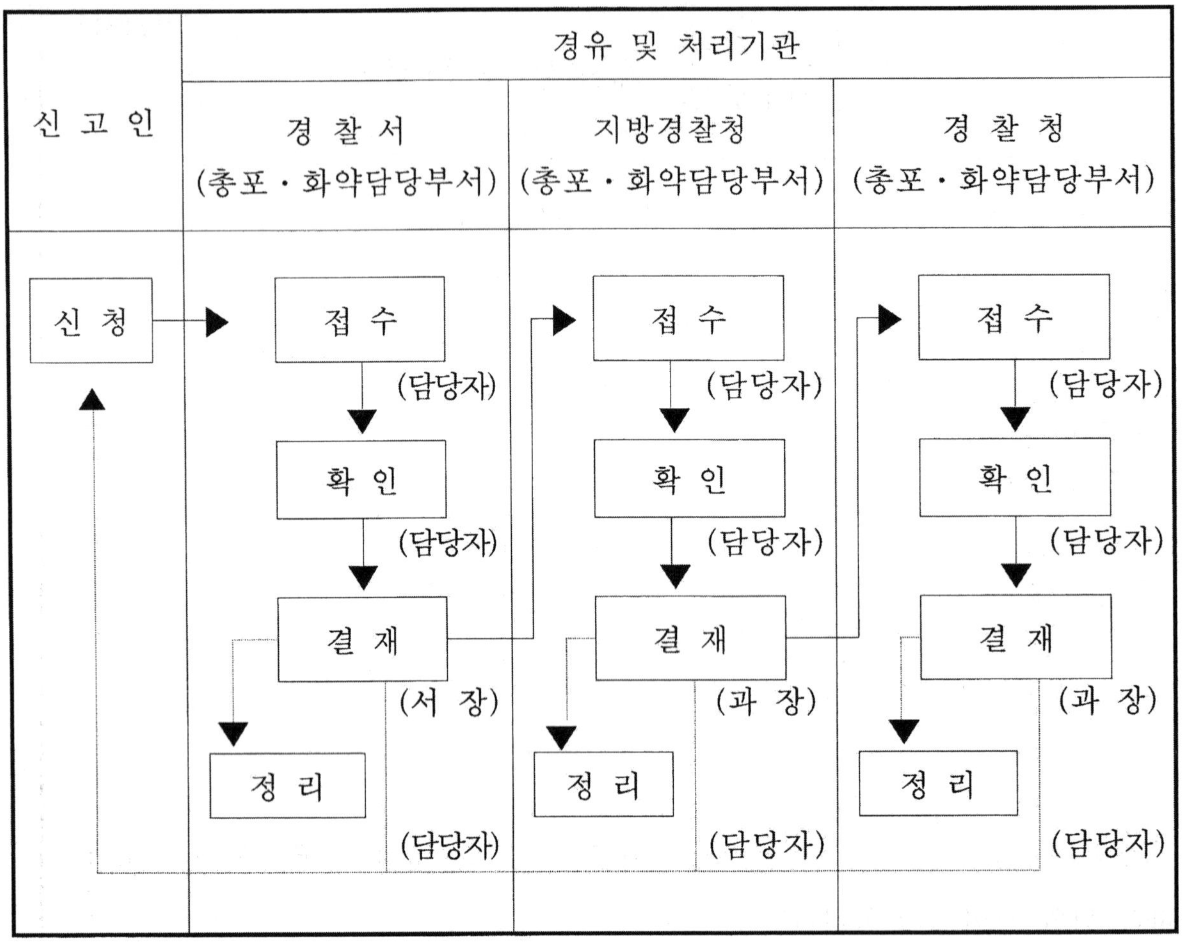

[별지 제46호서식] <개정 2009.9.30>

<table>
<tr><td colspan="5">(총포·도검·화약류·
분사기·전자충격기·석궁) □제조업
□판매업 폐업(폐지)·휴업신고서
□저장소</td><td>처리기간
즉 시</td></tr>
<tr><td colspan="2">① 허 가 번 호</td><td></td><td>② 허가 연월일</td><td colspan="2"></td></tr>
<tr><td rowspan="5">허 가
받은 자</td><td>③ 성 명</td><td></td><td>④ 생 년 월 일</td><td colspan="2"></td></tr>
<tr><td>⑤ 주 소</td><td colspan="4"></td></tr>
<tr><td>⑥ 사 무 소
소 재 지</td><td colspan="4"></td></tr>
<tr><td>⑦ 사 업 명</td><td colspan="4"></td></tr>
<tr><td colspan="2">폐업·휴업 사유</td><td colspan="4"></td></tr>
<tr><td colspan="6">「총포·도검·화약류 등 단속법」 제66조에 따라 위와 같이 신고합니다.

년 월 일

신고인 (서명 또는 인)

경 찰 청 장
지방경찰청장 귀하</td></tr>
<tr><td colspan="5">※ 구비서류: 허가증 및 완성검사 합격증</td><td>수수료
없 음</td></tr>
</table>

210㎜×297㎜[일반용지 60g/㎡(재활용품)]

[별지 제47호서식] <개정 2009.9.30> (앞쪽)

제 호

과태료 부과 사전 통지서
(의견제출 통지)

_________________ 귀하

「총포·도검·화약류 등 단속법」 제74조제1항에 따라 아래와 같이 과태료를 부과하고자 하오니 의견이 있으시면 기한 내에 의견을 제출하여 주시기 바랍니다.

<table>
<tr><td rowspan="2">과태료
부과 대상자</td><td>성 명</td><td>(생년월일 . . .)</td></tr>
<tr><td>주 소</td><td></td></tr>
<tr><td colspan="2">과태료 금액</td><td></td></tr>
<tr><td rowspan="3">과태료 부과
원인 행위</td><td>일 시</td><td></td></tr>
<tr><td>장 소</td><td></td></tr>
<tr><td>내 용</td><td></td></tr>
<tr><td colspan="2">적용 법령</td><td></td></tr>
<tr><td colspan="2">의견제출 기한</td><td>~</td></tr>
<tr><td colspan="3"><의견>

년 월 일

지방경찰청장
경 찰 서 장 [직인]</td></tr>
</table>

210㎜×297㎜[일반용지 60g/㎡(재활용품)]

(뒤쪽)

<의견제출 시 유의사항>

1. 귀하는 앞쪽의 과태료 부과 사항에 대하여 이 서면 또는 정보통신망을 이용하여 의견제출을 할 수 있으며, 주장을 입증할 증거자료를 함께 제출할 수 있습니다. 다만, 정보통신망을 이용하여 의견을 제출하려는 경우에는 미리 의견제출기관에 알려주시고, 의견을 제출한 후에 의견의 도달 여부를 담당자에게 확인하여 주시기 바랍니다.

2. 의견제출 기한까지 의견을 제출하지 아니하는 경우에는 의견이 없는 것으로 간주합니다.

3. 귀하께서 행정청에 출석하여 의견진술을 하려는 경우에는 행정청에 미리 그 사실을 알려주십시오.

4. 그 밖에 궁금한 사항이 있으면 아래 연락처로 문의하시기 바랍니다.

의 견 제 출 기 관

부 서 명		담 당 자	
주 소		전화번호	
전자우편주소		모사전송	

[별지 제48호서식] <개정 2009.9.30> (앞쪽)

봉 함 엽 서

보내는 사람

○○ 지방경찰청장(경찰서장)

주 소

□□□-□□□

우체국

요금후납

받는 사람

과태료 부과 고지서 재중

귀하

□□□-□□□

접 는 선

접 는 선

제 호

과태료 부과 고지서 및 영수증(납부자용)

납부자: 주민(법인)번호: -*******

주 소:

세입징수관	계좌번호

귀하에 대하여「총포ㆍ도검ㆍ화약류 등 단속법」 제74조제1항에 따라 아래와 같이 과태료를 부과하니 납부기한까지 납부하시기 바랍니다.

과태료 금액			납부기한	~
위반 사항	일시		위반내용	
	장소		적용법령	

년 월 일

지방경찰청장
경 찰 서 장 직인

위 금액을 정히 영수합니다.

*** 납기 후 수납 불가**

년 월 일 수납인

210㎜×297㎜[일반용지 60g/㎡(재활용품)]

(뒤쪽)

접는선

제　　　　호

과태료 부과 고지서 및 영수증(수납기관용)

경찰청

납부자:　　　　　　주민(법인)번호:　　　　　-*******

주　소:

세입징수관	계좌번호

과태료 금액		납부기한	~

금액을 수납 의뢰합니다.

년　　월　　일　　　　　　은행(우체국)　　　　지점

지방경찰청장
경 찰 서 장　직인　　　　수납인

접는선

< 안 내 말 씀 >

❖ 앞쪽에 기재된 과태료 금액을 한국은행 국고(수납) 대리점인 은행, 우체국, 신용협동조합, 새마을금고 또는 상호저축은행에 납부하시기 바랍니다.

❖ 과태료 부과에 불복하실 경우 납부기한까지 우리 경찰서(지방경찰청)에 서면으로 이의제기를 하실 수 있습니다.

❖ 이의제기 없이 기한까지 납부하지 않으실 경우 「질서위반행위규제법」 제24조에 따라 5/100의 가산금이 부과되며, 매 1개월 경과 시마다 12/1000의 중가산금이 부과됩니다. 아울러 같은 법 제52조에 따라 체납 또는 결손처분자료가 신용정보기관에 제공될 수 있고, 같은 법 제53조에 따라 관허사업의 제한을 받을 수 있으며, 같은 법 제54조에 따라 법원의 결정으로 감치에 처해질 수 있습니다.

❖ 영수증은 5년간 보관하시기 바랍니다.

[별지 제49호서식] <개정 2009.9.30>

과 태 료 수 납 부

일련번호	고지서번호	위반일자	의견제출기한	납부기한	납부연월일	과태료 금액			과태료 부과 대상자			위반사항
						결정액	가산액	납부액	성명	주민등록번호	주 소	

210㎜×297㎜[일반용지 60g/㎡(재활용품)]

광산 보안법과
총포·도검·화약류 등 단속법

2010년 12월 5일 발행

편　자: 편집부
발행인: 이무형
발행처: 태학원
　등록: 제10-193호(1988년 1월 23일)
　주소: 서울시 마포구 신수동 88-13호
　전화: 02-719-6680, 02-715-3554
　팩스: 02-719-6681

가격: 20,000원

ISBN: 978-89-92832-48-9　93360